面向新工科专业建设计算机系列教材

程序设计教程

（C语言微课版）

陈菁 王忠 范青刚 马晓丹◎编著

清华大学出版社
北京

内 容 简 介

本书是根据《教育部高等教育司关于开展新工科研究与实践的通知》编写的关于计算机程序设计课程的教材。本书从C语言程序设计的基本原理及程序设计的基本思想出发，以培养读者的计算机思维为目标，紧扣基础，循序渐进，面向应用。全书主要分为三篇，即基础篇、提高篇和应用篇。基础篇以结构化程序设计为主线，主要讲述程序设计中的基本概念和经典算法，如基本控制语句和函数、结构化程序设计和模块化程序设计等；提高篇以数据结构的使用为主线，主要内容包括数组、指针、结构、文件的概念及其应用、常用数据结构的C语言实现等；在掌握了这些基本概念和技巧的基础上，应用篇进一步引入面向对象、可视化编程、单片机、嵌入式编程、软件工程等面向实际应用的知识，拓宽读者的视野。

本书可作为高等院校、水平考试、各类成人教育的程序设计的教材使用，也可供计算机爱好者自学。

图书在版编目(CIP)数据

程序设计教程：C语言微课版/陈菁等编著. —北京：清华大学出版社，2022.7（2025.3重印）
面向新工科专业建设计算机系列教材
ISBN 978-7-302-61098-4

Ⅰ. ①程…　Ⅱ. ①陈…　Ⅲ. ①C语言－程序设计－高等学校－教材　Ⅳ. ①TP312.8

中国版本图书馆CIP数据核字(2022)第101041号

责任编辑：白立军
封面设计：刘　乾
责任校对：焦丽丽
责任印制：宋　林

出版发行：清华大学出版社
网　　址：https://www.tup.com.cn，https://www.wqxuetang.com
地　　址：北京清华大学学研大厦A座　　**邮　　编：**100084
社 总 机：010-83470000　　**邮　　购：**010-62786544
投稿与读者服务：010-62776969，c-service@tup.tsinghua.edu.cn
质量反馈：010-62772015，zhiliang@tup.tsinghua.edu.cn
课件下载：https://www.tup.com.cn，010-83470236
印 装 者：三河市铭诚印务有限公司
经　　销：全国新华书店
开　　本：185mm×260mm　**印　张：**26.75　**插　页：**1　**字　数：**618千字
版　　次：2022年8月第1版　**印　次：**2025年3月第5次印刷
定　　价：79.00元

产品编号：094454-01

出版说明

一、系列教材背景

人类已经进入智能时代，云计算、大数据、物联网、人工智能、机器人、量子计算等是这个时代最重要的技术热点。为了适应和满足时代发展对人才培养的需要，2017年2月以来，教育部积极推进新工科建设，先后形成了"复旦共识""天大行动"和"北京指南"，并发布了《教育部高等教育司关于开展新工科研究与实践的通知》《教育部办公厅关于推荐新工科研究与实践项目的通知》，全力探索形成领跑全球工程教育的中国模式、中国经验，助力高等教育强国建设。新工科有两个内涵：一是新的工科专业；二是传统工科专业的新需求。新工科建设将促进一批新专业的发展，这批新专业有的是依托于现有计算机类专业派生、扩展而成的，有的是多个专业有机整合而成的。由计算机类专业派生、扩展形成的新工科专业有计算机科学与技术、软件工程、网络工程、物联网工程、信息管理与信息系统、数据科学与大数据技术等。由计算机类学科交叉融合形成的新工科专业有网络空间安全、人工智能、机器人工程、数字媒体技术、智能科学与技术等。

在新工科建设的"九个一批"中，明确提出"建设一批体现产业和技术最新发展的新课程""建设一批产业急需的新兴工科专业"。新课程和新专业的持续建设，都需要以适应新工科教育的教材作为支撑。由于各个专业之间的课程相互交叉，但是又不能相互包含，所以在选题方向上，既考虑由计算机类专业派生、扩展形成的新工科专业的选题，又考虑由计算机类专业交叉融合形成的新工科专业的选题，特别是网络空间安全专业、智能科学与技术专业的选题。基于此，清华大学出版社计划出版"面向新工科专业建设计算机系列教材"。

二、教材定位

教材使用对象为"211工程"高校或同等水平及以上高校计算机类专业及相关专业学生。

三、教材编写原则

(1) 借鉴 *Computer Science Curricula 2013*(以下简称 CS2013)。CS2013 的核心知识领域包括算法与复杂度、体系结构与组织、计算科学、离散结构、图形学与可视化、人机交互、信息保障与安全、信息管理、智能系统、网络与通信、操作系统、基于平台的开发、并行与分布式计算、程序设计语言、软件开发基础、软件工程、系统基础、社会问题与专业实践等内容。

(2) 处理好理论与技能培养的关系,注重理论与实践相结合,加强对学生思维方式的训练和计算思维的培养。计算机专业学生能力的培养特别强调理论学习、计算思维培养和实践训练。本系列教材以"重视理论,加强计算思维培养,突出案例和实践应用"为主要目标。

(3) 为便于教学,在纸质教材的基础上,融合多种形式的教学辅助材料。每本教材可以有主教材、教师用书、习题解答、实验指导等。特别是在数字资源建设方面,可以结合当前出版融合的趋势,做好立体化教材建设,可考虑加上微课、微视频、二维码、MOOC 等扩展资源。

四、教材特点

1. 满足新工科专业建设的需要

系列教材涵盖计算机科学与技术、软件工程、物联网工程、数据科学与大数据技术、网络空间安全、人工智能等专业的课程。

2. 案例体现传统工科专业的新需求

编写时,以案例驱动,任务引导,特别是有一些新应用场景的案例。

3. 循序渐进,内容全面

讲解基础知识和实用案例时,由简单到复杂,循序渐进,系统讲解。

4. 资源丰富,立体化建设

除了教学课件外,还可以提供教学大纲、教学计划、微视频等扩展资源,以方便教学。

五、优先出版

1. 精品课程配套教材

主要包括国家级或省级的精品课程和精品资源共享课的配套教材。

2. 传统优秀改版教材

对于已经出版、得到市场认可的优秀教材,由于新技术的发展,计划给图书配上新的教学形式、教学资源的改版教材。

3. 前沿技术与热点教材

反映计算机前沿和当前热点的相关教材，例如云计算、大数据、人工智能、物联网、网络空间安全等方面的教材。

六、联系方式

联系人：白立军
联系电话：010-83470179
联系和投稿邮箱：bailj@tup.tsinghua.edu.cn

面向新工科专业建设计算机系列教材编委会
2019 年 6 月

面向新工科专业建设计算机系列教材编委会

FOREWORD
前言

本书是根据《教育部高等教育司关于开展新工科研究与实践的通知》，为普通高等学校非计算机专业学生编写的教材。

程序设计是高等学校重要的计算机基础课程，它以编程语言为平台，介绍程序设计的思想和方法。通过该课程的学习，学生不仅要掌握高级程序设计语言的知识，更重要的是在实践中逐步掌握程序设计的思想和方法，培养问题求解和语言应用的能力。

程序设计是每个科技工作者使用计算机的基本功。C语言是目前使用比较广泛的一种程序设计语言。它既具备高级语言的特性，又具有直接操纵计算机硬件的能力，并因其丰富灵活的数据结构、简洁而高效的语句表达、清晰的程序结构和良好的可移植性而拥有大量的使用者，也是高校计算机程序设计语言类课程的首选。

本书旨在讲授程序设计基础和C语言基础，突出C语言课程本身实践性强的特点，以解决实践中的问题为目标，通过应用案例讲解程序设计的基本思想和方法，以及相关的语言知识。以倡导启发式教学和研究性学习，激发学习者的兴趣和潜能，注重学习者思考能力和创新能力的培养，从重视知识目标转向重视能力目标。

本书"从零开始"，在内容组织上循序渐进，在实践案例上精心设计，力争做到理论与实践并重，基础与前沿同步。全书共分12章，主要包括三篇，即基础篇、提高篇和应用篇。基础篇的主要内容包括程序设计中的基本概念与经典算法，如基本控制语句和函数、结构化程序设计和模块化程序设计等。提高篇的主要内容包括数组、指针、结构、文件的概念及其应用、常用数据结构的C语言实现等。在掌握了这些基本概念与应用的基础上，在应用篇适时引入面向对象、可视化编程、单片机、嵌入式编程、软件工程等面向实际应用的知识。

程序设计是一门实践性很强的课程，学习者必须通过大量的编程训练，在实践中掌握语言知识，培养程序设计的基本能力，并逐步理解和掌握程序设计的思想和方法。因此，本教材以二维码的形式将课程核心内容的微课、典型算法应用案例的分析实现的微视频等内嵌在对应章节，便于读者扫码学习，极大地提高了学习效率。

本书配套课件通过如下二维码下载。

配套课件

本书第1、4、9、10、12章由陈菁编写，第2、3章由马晓丹编写，第5～8章由范青刚编写，第11章由王忠编写，全书由陈菁统稿。

由于作者水平有限，书中难免存在谬误之处，敬请读者指正。

编　者

2022年3月

CONTENTS

目录

第一篇　基　础　篇

第二篇 提 高 篇

第三篇 应 用 篇

第一篇 基 础 篇

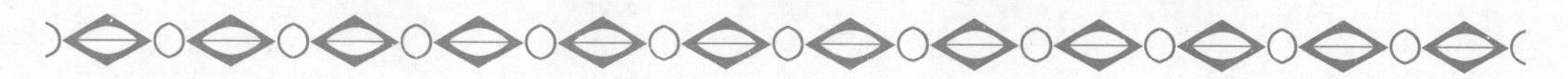

身处“数字时代”，程序设计已经与人们的工作和生活紧密相连，它教会你如何思考，它改变你做事的方式。计算机只会一些最基本的语句和函数，任何超级复杂的软件都是用这些语句和函数组合而成的。

本篇主要介绍C语言程序设计的基础知识，强调运用模块化、结构化程序设计方法分解生活中的复杂任务，将其转换成一系列简单步骤，再用顺序、选择、循环结构将这些步骤逐一组合并实现。

通过本篇学习，应掌握以下内容：

- 语言基本类型数据的表示、存储与处理。
- 结构化程序设计方法：自顶向下、逐步求精。
- 模块化程序设计方法：分而治之(高内聚、低耦合)。
- 计算机求解问题的常用“搜索”方法：枚举法、迭代法、递归。
- 计算思维：分解、抽象、算法、复用。

第1章

程序设计导论

程序设计是有规律可循的一门科学。通过学习程序设计的基本思想、概念和技术，在大量实践训练的基础上，可以掌握程序设计的一般步骤和规律，最终达到灵活运用计算机解决实际问题的目标，让计算机更好地服务于我们的工作和生活。

本章围绕程序设计展开相关知识介绍，包括：计算机软件、计算机程序、计算机语言；程序设计方法、软件开发方法；计算思维；数据结构、算法等内容。

1.1 程序概述

手机里的微信、计算机里的百度搜索、汽车里的车载导航……，这些深刻影响和改变人们生活方式的应用是如何工作的？又是如何被设计出来的？如果你也想设计属于自己的应用，该从何学起呢？或许学完本节你就能找到答案了。

1.1.1 计算机软件、程序与语言

计算机作为20世纪最重要的发明之一，自问世以来，几乎在人类活动的所有领域均得到了广泛的应用，深刻而持久地改变着人们的工作和生活。

计算机系统由计算机硬件系统和计算机软件系统两部分组成。计算机硬件系统提供了一个具有广泛通用性的计算平台，俗称“裸机”。计算机系统功能的多样性和复杂性，主要取决于计算机软件系统的功能设计。可以说，没有软件支持的硬件系统只能是一堆“废铁”，而软件功能的发展则主要取决于人们的需求，以及软件开发者的理解力、创造力和程序设计能力。

1. 计算机软件

计算机软件(Software，也称软件)是指计算机系统中的程序及其文档。程序是对计算任务处理对象和处理规则的描述，一般包含数据和程序两部分；文档是为了便于理解程序所需的阐明性资料。简单地说，软件就是程序、数据和文档的集合体。

一个完整的计算机软件应包含以下三个部分：

(1) 运行时能够提供所要求功能和性能的指令或计算机程序的集合。

(2) 使程序能够顺利处理信息的数据结构。

(3) 描述程序功能需求以及程序如何操作/使用的文档。

一般来讲,计算机软件被划分为系统软件和应用软件。系统软件一般由计算机生产厂家提供,是为了便于用户使用、管理和维修计算机软硬件资源而编制的程序集合的总称。例如,各种硬件的驱动程序、BIOS(Basic Input Output System,基本输入输出系统)等。应用软件一般指用户在各自的应用领域中,为解决各类实际问题而编制的软件。例如,Microsoft Office、Internet Explorer、Adobe Photoshop 等。

知识小档案: BIOS

它是一组固化到计算机主板上 ROM 芯片内的程序,保存着计算机最重要的基本输入输出的程序、开机后自检程序和系统自启动程序,可以从 CMOS 中读写系统设置的具体信息,是个人计算机启动时加载的第一个软件。其主要功能是为计算机提供最底层的、最直接的硬件设置和控制。此外,BIOS 还向作业系统提供一些系统参数。系统硬件的变化可通过 BIOS 隐藏,程序使用 BIOS 功能而不是直接控制硬件。现代作业系统会忽略 BIOS 提供的抽象层并直接控制硬件组件。因此,BIOS 已成为一些病毒木马的目标,一旦它被破坏,其后果不堪设想。

2. 计算机程序

计算机的每一个操作都是根据人们事先指定的指令进行的,每一条指令使计算机执行特定的操作。所谓程序,就是一组计算机能够识别和执行的,用以实现特定功能的指令序列。计算机执行程序的过程就是自动且顺序地执行各条指令的过程。

3. 计算机语言

计算机语言是为了方便描述计算过程而人为设计的符号语言,是人与计算机进行信息交流的语言工具。程序最终需要在计算机上执行,因此必须借助计算机能够接受的某种计算机语言来描述解决问题的方法和步骤。

综上可知,计算机软件的核心是程序,而程序又必须基于某种计算机语言才能存在和执行。因此,熟练掌握一门计算机语言是学习程序设计的前提和基础。

1.1.2 计算机语言的发展

计算机不能理解和执行人类的自然语言,计算机与人类交流时必须使用计算机能够识别的语言。因此,需要一种能够准确表达问题的求解步骤,同时还具备能够被计算机接受的表达方法,即程序设计语言。自从有了计算机,也就有了计算机编程语言。计算机语言的发展经历了以下几个阶段。

1. 第一代程序设计语言——机器语言

最初的计算机编程语言是机器语言。一组机器指令就是程序,称为机器语言程序。计算机可以理解并执行的命令即为指令。每种计算机都有自己的指令集合。计算机能够执行的全部指令集合构成计算机的指令系统。每条指令都是由 0、1 组成的二进制代码。因此，机器语言程序是 0、1 二进制代码的集合。每种计算机的指令系统都是不同的，因此同一个题目在不同的计算机上计算时，必须另编机器语言程序。

机器语言是低级语言，是面向机器的语言。用机器语言编写的程序相当烦琐，程序产生率很低，质量难以保证，并且程序不能通用。另外，用机器语言编写程序相当麻烦、易出错，程序难以检查和调试。

2. 第二代程序设计语言——汇编语言

由于用机器语言编写程序过于烦琐，且程序的可读性差，难以检查和调试。20 世纪 50 年代出现了汇编语言，它使用助记符表示每条机器指令。用指令助记符及地址符号书写的指令称为汇编指令，而用汇编指令编写的程序称为汇编语言程序。例如，在 8086CPU 的指令系统中，用 MOV 表示数据传送，ADD 表示加，DEC 表示将数值减 1，可以用十进制数和十六进制数。

需要指出的是，计算机不能直接识别用汇编语言编写的程序，必须由一种专门的翻译程序将汇编语言程序翻译成机器语言程序，计算机才能识别和执行。这种翻译的过程称为“汇编”，负责翻译的程序称为汇编程序。汇编语言程序与硬件密切相关，因此汇编程序也不能通用。

例如，为了计算表达式 5＋3 的值，用汇编语言编写的程序与用机器语言（8086CPU 的指令系统）编写的程序如下：

```
PUSH  BP              01010101
MOV   BP,SP           10001011  11101100
DEC   SP              01001100
DEC   SP              01001100
PUSH  SI              01010110
PUSH  DI              01010111
MOV   DI,0005         10111111 00000101  00000000
MOV   SI,0003         10111111 00000011  00000000
MOV   AX,DI           10001011 1100011
MOV   AX,SI           00000011 11000110
MOV   [BP-02],AX      10001001 01000110 11111110
POP   DI              01011111
POP   SI              01011110
MOV   SP,BP           10001011  11100101
POP   BP              01011110
RET                   11000011
```

其中每一行的前半部分为汇编语言指令，后半部分（二进制形式的指令代码）为对应的机器语言指令。

虽然汇编语言相对于机器语言有很大改进，但依然对机器的依赖性大，开发的程序通用性差。因此，汇编语言也是低级语言。在保证程序正确的前提下，程序设计的主要目标是程序的可读性、易维护性和可移植性。机器语言程序和汇编语言程序很难达到这样的目标。

3. 第三代程序设计语言——高级语言

随着计算机技术的发展以及计算机应用领域的不断扩大，计算机用户队伍也不断壮大。为了使广大的计算机用户也能胜任程序开发的工作，从20世纪50年代中期开始逐步发展面向问题的程序设计语言，称为高级语言。例如，FORTRAN、BASIC、Pascal、Java、Python、C和C++等，其中，C和C++是当今主流的高级程序设计语言。高级语言与具体的计算机硬件无关，其表达方式接近于被描述的问题，易为人们接受和掌握。用高级语言编写程序比低级语言容易得多，并大大简化了程序的编制和调试过程，编程效率大大提高。高级语言的显著特点是独立于具体的计算机硬件，通用性和可移植性较好。用高级语言编写的程序同自然英语语言非常接近，易于学习。一条高级语言程序的语句相当于几条机器语言的指令。用高级语言编写程序不需要熟悉计算机硬件。

要计算表达式5+3的值，如果使用高级语言来编程就简单得多。

例如，用BASIC语言编写的程序：

```
i=5
j=3
k=i+j
```

又如，用C语言编写的程序：

```
int main() {
    int i,j,k;
    i=5;
    j=3;
    k=i+j;
    return 0;
}
```

必须指出，用高级语言编写的程序(称为源程序)需要翻译成机器语言程序(称为目标程序)后计算机才能执行。

从程序设计语言的发展过程可以看出，程序设计语言越来越接近人类自然语言。目前高级语言已经形成了一个庞大的家族，包括结构化程序设计语言、面向对象程序设计语言、可视化程序设计语言、网络程序设计语言等。

随着计算机硬件性能的不断提高，使用计算机解决问题的能力不断提高，用高级语言编写的计算机程序也越来越复杂，但同时也出现了一些问题。1968年，荷兰计算机科学家狄杰斯特拉(Edsger Wybe Dijkstra)发表了论文《GOTO语句的害处》，指出调试和修改程序的难度与程序中包含GOTO语句的数量成正比。从此，结构化程序设计理念逐渐确立起来。结构化程序设计思想包括：整个程序由若干模块搭接而成，每个模块采用顺序、选择和循环三种基本结构作为程序设计的基本单元，这样的程序有以下四个特征：只有一个入口;只有一个出口;无死语句;无死循环。C语言是这种程序设计语言的典型代表。

面向对象的程序设计语言最早是在20世纪70年代提出的,其出发点和基本原则是尽可能的模拟现实世界中人类的思维进程,使程序设计的方法和过程尽可能接近人类解决现实问题的方法和过程。随着面向对象程序设计方法和工具的成熟,从20世纪90年代开始,面向对象程序设计逐渐成为最流行的程序设计技术,Java、C++、C#等都是面向对象程序设计语言。

可视化程序设计是在面向对象程序设计的基础上发展起来的,可视化程序设计语言把图形用户界面设计的复杂性封装起来,编程人员只需用系统提供的工具在屏幕上画出各种图形对象,并设置这些对象的属性,语言工具会自动生成代码,大大提高了编程效率。如Visual Basic、Visual C++等都是可视化程序设计语言。

网络程序设计是在网络环境下进行的程序设计,包括服务器程序设计和客户端程序设计,常用的服务器端的程序设计语言有JSP、ASP和PHP,常用的客户端程序设计语言有JavaScript和VBScript。

4. 第四代程序设计语言——非过程式语言

20世纪80年代初,随着数据库技术和微型计算机的发展,出现了面向问题的非过程式程序设计语言。利用第四代语言工具开发软件只需考虑"做什么"而不必考虑"如何做",不涉及太多的算法细节。编程效率大大提高。迄今为止,使用最广泛的第四代语言是数据库查询语言,如Oracle、Sybase等都包含有第四代语言成分。

5. 第五代程序设计语言——智能型语言

第五代计算机语言是智能型的计算机语言。力求摆脱传统语言那种状态转换语义模式,适应现代计算机系统知识化、智能化的发展趋势。主要用于人工智能的研究。代表语言是LISP语言和PROLOGE语言。LISP语言属于函数型语言,以λ演算为基础。PROLOGE语言属于逻辑型语言,以形式逻辑和谓词演算为基础。

未来,第四代和第五代语言会有很大发展。但目前很不成熟,还存在很多问题。目前常用的程序设计语言仍然是第三代高级语言。同时汇编语言由于运行效率较高,在实时控制、实时检测等领域的应用软件仍然使用汇编语言程序。

1.1.3 运用计算机求解问题与程序设计

运用计算机求解问题和数学解题、物理解题一样,也是人们寻求问题解的一种有效手段。但是,它又和数学解题、物理解题有着本质的区别,其区别主要体现在以下两点:

(1) 所得问题解不同:数学解题、物理解题会得到问题的具体解,一般以数值的形式存在;而计算机解题是对整个问题求解过程的抽象描述,得到的是对问题计算过程的自动化描述,一般以程序的形式存在,只有在计算机上运行该程序才会得到问题的具体解——某个数值。

(2) 解题约束不同:数学解题、物理解题基于领域知识,由人实施计算/推理过程;计算机解题则必须基于计算机,所采用的方法都必须限定在计算机的能力范围之内。

从本质上讲,计算机就是一台能够自动运行程序的机器。想要运用计算机解决人类所面临的各种问题就必须针对具体问题设计相应的程序,只有最终能够在计算机上运行良好的程序才能为人们解决特定的实际问题。因此,利用计算机求解问题的过程本质就是程序设计的过程。

1. 程序设计

程序设计是给出解决特定问题程序的过程,包括分析、设计、编码、调试、测试等不同阶段。

程序设计往往以某种程序设计语言为工具,给出这种语言下的程序。

由于程序是软件的主要组成部分,因此程序设计也是软件构造活动中的重要组成部分。由于软件的质量主要是通过程序的质量来体现的,因此程序设计在软件研究中的地位就显得非常重要,内容涉及有关的基本概念、规范、工具、方法以及方法学。

2. 程序设计的一般过程

程序设计过程不能简单地理解为只是编制程序。实际上程序设计包括多方面的内容,具体编制程序只是其中的一个方面。有人将程序设计描述成如下的一个公式:

程序设计=方法+数据结构+算法+工具

由此看出,在整个程序设计的过程中,要涉及数据结构的选择与构造、算法的设计与实现、设计方法和工具的运用等诸多方面。虽然人们用计算机求解某一问题时可能编制出各种不同的程序,但是编制程序一般应有共同的基本步骤,特别是对于大型或复杂程序更应如此。从这个概念出发,一般来说,可以将程序设计的过程分为以下几个步骤:

(1) 分析问题。

(2) 确定解题思路(建立数学模型)。

(3) 绘制流程图或结构图(选择或设计算法)。

(4) 编写源程序。

(5) 上机调试。

(6) 修改源程序,最后确定源程序。

无论是什么类型的实际问题,要用计算机来求解,首先必须分析问题,从具体问题抽象出一个适当的数学模型,用这个数学模型得出该问题的精确或近似解。然后确定数学模型的计算方法(即算法),即根据问题的具体要求,在已知的各种算法中选择一种合适的算法或设计一种新的算法。接下来就是用某种程序设计语言为确定的算法编制计算机程序,同时准备好作为程序处理对象的各种数据。再接下来就开始程序的调试运行,用一些典型的数据和描述边界条件的数据对程序进行测试,以便发现和纠正程序中的错误。错误的纠正可能导致前面步骤的多次反复。最后,在程序调试达到所要求的质量标准之后,就可正式投入运行,最终在计算机上得出问题的解。

1.1.4　从程序设计到软件开发

某种意义上，程序设计的出现甚至早于电子计算机。英国著名诗人拜伦的女儿爱达·勒芙蕾丝(Augusta Ada King)曾设计了巴贝奇分析机上计算伯努利数的一个程序。她甚至还创建了循环和子程序的概念。由于她在程序设计上的开创性工作，爱达·勒芙蕾丝被称为世界上第一位程序员。

任何设计活动都是在各种约束条件和相互矛盾的需求之间寻求一种平衡，程序设计也不例外。在计算机技术发展的早期，由于机器资源比较昂贵，程序的时间和空间代价往往是设计关心的主要因素。随着硬件技术的飞速发展和软件规模的日益庞大，程序的结构、可维护性、复用性、可扩展性等因素日益重要。

另一方面，在计算机技术发展的早期，软件构造活动主要就是程序设计活动。但随着软件技术的发展，软件系统越来越复杂，逐渐分化出许多专用的软件系统，如操作系统、数据库系统、应用服务器等，而且这些专用的软件系统愈来愈成为普遍的计算环境的一部分。这种情况下软件构造活动的内容越来越丰富，不再只是纯粹的程序设计，还包括数据库设计、用户界面设计、接口设计、通信协议设计和复杂的系统配置过程。

软件是由计算机程序和程序设计的概念发展演化而来的，是在程序和程序设计发展到一定规模并且逐步商品化的过程中形成的。软件开发经历了程序设计阶段、软件设计阶段和软件工程阶段的演变过程。

1. 程序设计阶段

程序设计阶段出现在1946—1955年。此阶段的特点是：尚无软件的概念，程序设计主要围绕硬件进行开发，规模很小，工具简单，无明确分工(开发者和用户)，程序设计追求节省空间和编程技巧，无文档资料(除程序清单外)，主要用于科学计算。

2. 软件设计阶段

软件设计阶段出现在1956—1970年。此阶段的特点是：硬件环境相对稳定，出现了“软件作坊”的开发组织形式。开始广泛使用产品软件(可购买)，从而建立了软件的概念。随着计算机技术的发展和计算机应用的日益普及，软件系统的规模越来越庞大，高级编程语言层出不穷，应用领域不断拓宽，开发者和用户有了明确的分工，社会对软件的需求量剧增。但软件开发技术没有重大突破，软件产品的质量不高，生产效率低下，从而导致了“软件危机”的产生。

3. 软件工程阶段

自1970年起，软件开发进入了软件工程阶段。由于“软件危机”的产生，迫使人们不得不研究、改变软件开发的技术手段和管理方法。从此软件生产进入了软件工程时代。此阶段的特点是：硬件已向巨型化、微型化、网络化和智能化四个方向发展，数据库技术已成熟并广泛应用，第三代、第四代语言出现；第一代软件技术：结构化程序设计在数值计算领域取得优异成绩；第二代软件技术：软件测试技术、方法、原理用于软件生产过程；

第三代软件技术：处理需求定义技术用于软件需求分析和描述。

1.2 程序设计方法

相较于人而言，计算机最大的优点有两个：几近不限容量的记忆能力和永远不厌其烦、不知疲倦的重复工作能力。它并不具备类似人的抽象、归纳、推理等思维能力。因此，运用计算机求解问题不能像解数学题那样利用归纳证明、等价变换、公式推导等方法。对于某些无法用数学知识得到解析解/精确解的特定问题，在计算机求解时可以通过构造算法得到其近似解。

1.2.1 计算机求解问题的核心方法：搜索

计算机寻求问题解的过程从本质上讲就是“搜索”，即在问题的解空间(所有可能的解)中搜索确定的解。具体来说有以下步骤：

(1) 确定合理的解空间，并将解空间抽象表示为某种数据结构；

(2) 利用已知的约束条件尽可能快地压缩可能的解空间，直至解空间足够小，就可以直接求解；

(3) 如果很难确定解空间的范围，或者很难有效缩小解空间，这个问题就是一个难解题目。这时，我们可以采用分解的方法(类似数学中的分情况讨论)将原问题分解成多个简单的子问题，分别再对子问题进行“搜索”求解。这里的分解可以一直反复，直至子问题可解或可逼近解。

人们运用计算机求解问题解的过程就是要将上述描述的搜索过程程序化，最终通过一段程序的执行让计算机帮助我们“自动”得到/找到问题的实际解。这段程序正是该问题的计算机解。

因此，运用计算机解决实际问题需要将解决问题的过程步骤化、程序化，这个过程并不简单，人们之所以愿意运用计算机求解问题，主要是因为它能够“一劳永逸”，即同类问题的求解只需进行一次程序设计即可永久使用。比如：求一元高次方程根的程序，可以设计成适用于求解任意一元高次方程的形式，而不必针对每个一元高次方程编写特定的程序。由此减少的工作量是不可估量的，这也正是程序设计的魅力所在。当然，编写通用性越强的程序对程序设计人员的抽象能力要求就越高。本质上讲，这种反复使用的通用性就是对这个程序整体的“复用”——反复使用。

程序设计领域中所说的复用，主要指在程序内部或程序间对某段代码的复用。随着计算机在各领域的深度应用，软件的规模和复杂度日益增强，对软件开发速度和质量的要求也越来越高。复用性逐渐成为软件开发，乃至程序设计的焦点。也因此催生了面向对象的程序设计语言和面向对象的程序设计方法。

1.2.2 程序设计方法

随着程序规模和复杂度的日益变化，程序设计方法也在不断地演进。但无论多么复杂的程序，经过层层分解之后的子问题一定是简单的、易实现的。因此，面向过程的程序设计方法是一个底层编码程序员必须熟练掌握的基本技能；而面向对象的程序设计方法则是进行中大型软件开发的必备基础，是团队协作与沟通的前提。

1. 面向过程的程序设计

面向过程程序设计方法由艾兹格·迪杰斯特拉（E. W. Dijkstra）在1965年提出，是以模块化设计为中心，将待开发的软件系统/程序划分为若干个相互独立的模块，这样使完成每一个模块的工作变得单纯而明确，为设计一些较大的软件/程序打下良好的基础。

面向过程程序设计方法的基本原则包括：

（1）自顶向下，逐步求精。

指从问题的全局下手，把一个复杂的任务分解成许多易于控制和处理的子任务，子任务还可能做进一步分解，如此重复，直到每个子任务都容易解决为止。

（2）使用三种基本控制结构构造程序。

任何程序都由顺序、选择、循环三种基本控制结构构造。

① 用顺序方式对过程分解，确定各部分的执行顺序。

② 用选择方式对过程分解，确定某个部分的执行条件。

③ 用循环方式对过程分解，确定某个部分进行重复的开始和结束的条件。

④ 对处理过程仍然模糊的部分反复使用以上分解方法，最终可将所有细节确定下来。

支持面向过程程序设计方法的计算机语言有C、FORTRAN、Pascall、Ada、BASIC。

在面向过程程序设计中，问题被看作一系列需要完成的任务/子任务，函数（在此泛指程序、函数、过程）用于完成这些任务/子任务，解决问题的焦点集中于函数的设计与实现。基于这种思想进行程序设计的整体思路清楚，目标明确；设计工作中阶段性强，有利于系统开发的总体管理和控制；在系统分析时可以诊断出原系统中存在的问题和结构上的缺陷。

功能单一、需求明确的小型程序通常采用面向过程的程序设计方法实现。

2. 面向对象的程序设计

1967年挪威计算中心的克里斯汀·尼加德（Kisten Nygaard）和奥利-约翰·达尔（Ole-Johan Dahl）开发了Simula67语言。该语言提供了比子程序更高一级的抽象和封装，引入了数据抽象和类的概念，它被认为是第一个面向对象语言。“对象”和“对象的属性”这样的概念可以追溯到20世纪50年代初，它们首先出现于关于人工智能的早期著作中。但是出现了面向对象语言之后，面向对象思想才得到迅速的发展。

面向对象程序设计方法（Object Oriented Programming，OOP）以对象为基础，利用特定的软件工具直接完成从对象客体的描述到软件结构之间的转换。这是面向对象设计方法最主要的特点和成就。

面向对象设计方法的应用解决了传统结构化开发方法中客观世界描述工具与软件结构的不一致性问题，缩短了开发周期，解决了从分析和设计到软件模块结构之间多次转换映射的繁杂过程，是一种很有发展前途的系统开发方法。但是面向对象设计方法需要一定的软件基础支持才可以应用,另外在大型的管理信息系统(Management Information System,MIS)开发中如果不经自顶向下地整体划分,而是一开始就自底向上地采用面向对象设计方法开发系统,同样也会造成系统结构不合理、各部分关系失调等问题。所以面向对象程序设计方法和面向过程程序设计方法目前仍是两种在系统开发领域相互依存的、不可替代的方法。

3. 面向切面的程序设计

面向切面编程(Aspect Oriented Programming,AOP)是一个比较热门的话题。AOP主要的目的是针对业务处理过程中的切面进行提取,它所面对的是处理过程中的某个步骤或阶段,以获得逻辑过程中各部分之间低耦合性的隔离效果。

例如以我们最常见的日志记录举个例子,现在提供一个查询学生信息的服务,但是我们希望记录有谁进行了这个查询。如果按照传统的OOP实现的话,可以实现一个查询学生信息的服务接口(StudentInfoService)和其实现类(StudentInfoServiceImpl.java)。同时为了要进行记录,需要在实现类(StudentInfoServiceImpl.java)中添加其实现记录的过程。这样的话,假如我们要实现的服务有多个呢?那就要在每个实现的类都添加这些记录过程。这样做的话就会有点烦琐,而且每个实现类都与记录服务日志的行为紧耦合,违反了面向对象的规则。那么怎样才能把记录服务的行为从业务处理过程中分离出来呢?看起来好像就是查询学生的服务自己在进行,但却是背后日志记录对这些行为进行记录,并且查询学生的服务不知道存在这些记录过程,这就是我们要讨论AOP的目的所在。

AOP的编程,就是把我们在某个方面的功能提出来与一批对象进行隔离,这样就能够降低一批对象之间的耦合性,实现对某个功能进行编程。

1.2.3 程序设计中的计算思维

计算思维是指运用计算机科学的基础概念去求解问题、设计系统和理解人类行为,它包括了一系列广泛的计算机科学的思维方法。

计算思维具有如下特征:

(1) 计算思维是概念化的抽象思维,而非程序思维。

(2) 计算思维是人的思维,而非机器的思维。

(3) 计算思维是思想,而非人造品。

(4) 计算思维与数学和工程思维互补、融合。

(5) 计算思维面向所有的人,所有的领域。

(6) 如同“读、写、算”一样,计算思维是一项基本技能。

有学者认为,计算思维核心的元素是:分解、模式识别、抽象和算法。具备了这四个能力,人们就能为问题找到解决方案。解决方案表达为程序,则可以在计算机上执行;表达为流程或规章制度,则可以由人遵照执行。

一般地,运用计算思维寻求问题解决方案的过程可分为两步:对问题进行建模和模拟,其核心本质是抽象和自动化。建模是对问题域的刻画,即运用抽象的方法将现实世界中的问题客体转换成各种数据结构(包括数据和数据间的关系)。这种抽象是完全超越物理时空观的,并且必须完全基于符号表示。所建立的模型是可动态演化的,足以支撑后续的模拟。模拟是对问题求解过程的自动化实现,是对现实世界中问题客体行为(包括动作和次序)的描述。它是完全基于前述模型的。

1. 抽象

在计算思维中,抽象思维最重要的用途是产生各种各样的系统模型,以此作为解决问题的基础。抽象思维是对同类事物去除其现象的次要方面,抽取共同的主要方面,从个别把握一般,从现象把握本质的认知过程和思维方法。

(1) 分离:暂时不考虑研究对象与其他事物的总体联系。任何一种对象与其他事物都有着千丝万缕的联系,都是整体的一部分。

(2) 提纯:观察分析隔离出来的现实事物,“从共性中寻找差异,从差异中寻找共性”,提取出淹没在各种现象和差异中的共性要素。

(3) 区分:对研究对象各方面的要素进行区分,并考虑这种区分的必要性和可行性。

(4) 命名:恰当地对每个需要区分的要素给予命名,以反映“区分”的结果。命名体现的是“抽象化是现实事物的概念化”,以概念的形式命名和区分所理解的要素。

(5) 约简:撇开非本质要素,以简略的形式表述前面提到的“区分”和“命名”的要素及其之间的关系,形成“抽象化”的最终结果。

2. 自动化

自动化包括自动执行和自动控制两方面。

(1) 自动执行:可以按预先设计好的程序或系统自动运行。这需要一组预定义的指令及预定义的执行顺序,一旦执行,这组指令就可根据安排自动完成某个特定任务。

(2) 自动控制:自动执行体现了程序执行后的必然效果,但这种执行并非总是线性的,往往因时而变,程序应能随时响应用户的需要。

自动控制不仅体现在计算机程序中,在社会事务的处理方面也很常见,例如各种应急预案就是针对特定事件的产生而“自动执行”的快速反应机制。自动化技术正在改变人们的生产、生活和学习方式,也正改变着人们的思维方式。随着人工智能技术的发展,自动控制已逐步走向智能化,自动控制过程已无须人工干预,就能独立驱动智能机器自主实现目标。

从程序设计的角度理解计算思维,就是要综合运用符号化、计算化、自动化的思维,以分解、抽象、组合、递归为特征构造程序。对计算思维能力进行训练,不仅帮助我们理解计算机的实现机制和约束、建立计算意识、形成计算能力,而且有利于提高信息素养,从而更有效地利用计算机。

综上所述,程序设计中的计算思维主要是在程序层对问题进行抽象描述并实现其自动化处理,包括数据结构的设计和算法的设计两大部分,两者各司其职又紧密相关。

1.3 数据和数据结构

数据是信息的载体,是现实世界在计算机中的存在形式,是计算机程序/软件操作的对象。这里所说的数据特指计算机能够识别、存储和处理的数据,即计算机化的数据。通常计算机所处理的数据并不是单一的或杂乱无章的,而是有一定内在联系的数据的集合。

1.3.1 数据的计算机化

目前,所有的计算机都是基于二进制设计的,它只接受0或1。因此,现实世界中的各种数据(包括数字、字母、文字、图片、视频、声音等)都必须转换成0、1序列的形式才能被计算机识别、存储和处理。我们称这种转换过程为数据编码。在计算机内部,数据以二进制的形式存储和运算,最小单位是比特(或称为bit),数据存取的最小单位是字节(Byte,1字节由8个二进制位组成)。数据在计算机中的常见编码形式如表1-1所示。

表1-1 数据在计算机中的常见编码形式

数据类别	编 码 形 式
数值	二进制补码
字符	ASCII码
汉字	输入码、国标码、区位码、机内码、字形码
图片	基于像素点RGB: bmp、jpeg、png、gif等
音频	数字化: 采样、量化、编码;MP3等
视频	基于帧: MJPEG、MPEG标准

1.3.2 数据结构

数据结构(data structure)是带有结构特性的数据元素的集合,它研究的是数据的逻辑结构、物理结构以及它们之间的相互关系,对这种结构定义相适应的运算,设计出相应的算法,并确保经过这些运算以后所得到的新结构仍保持原来的结构类型。简而言之,数据结构是相互之间存在一种或多种特定关系的数据元素的集合。即带"结构"的数据元素的集合。"结构"不仅包括对数据元素之间关系(包括逻辑结构和存储结构)的描述,还涵盖对这些关系的运算。因此,设计数据结构主要包括: 数据的逻辑结构、数据的存储结构,以及定义于其上的运算三个方面。

1. 逻辑结构

数据的逻辑结构反映数据元素之间的逻辑关系,其中的逻辑关系是指数据元素之间逻辑上的前后关系,而与它们在计算机中的存储位置无关。逻辑结构包括集合、线性结构、树结构、图结构。

(1) 集合: 数据结构中的元素之间除了"同属一个集合"的相互关系外,别无其他关系。

(2) 线性结构：数据结构中的元素存在一对一的相互关系。

(3) 树结构：数据结构中的元素存在一对多的相互关系。

(4) 图结构：数据结构中的元素存在多对多的相互关系。

2. 存储结构

数据的逻辑结构在计算机存储空间中的存放形式称为数据的存储结构。数据的逻辑结构和物理结构是数据结构的两个密切相关的方面，同一逻辑结构可以对应不同的存储结构。

常用的存储结构有顺序存储、连接存储、索引存储、哈希存储。

(1) 顺序存储：借助元素在存储器中的相对位置来表示数据元素之间的逻辑关系。

(2) 链式存储：借助指示元素存储地址的指针表示数据元素之间的逻辑关系。

(3) 索引存储：分别存储元素和元素间的逻辑关系(索引)。

(4) 哈希存储：借助哈希函数指示元素在存储器中的相对位置，专用于集合结构的存储。

3. 运算

数据结构研究的内容：如何按一定的逻辑结构，把数据组织起来，并选择适当的存储表示方法把逻辑结构组织好的数据存储到计算机的存储器里。为了更有效地处理数据，提高数据运算效率，需要进一步对基于该数据结构的运算进行研究，这些通用型的基本运算是后续程序设计的基础。它是定义在数据的逻辑结构之上，但运算的具体实现又要在存储结构上进行。

常用的运算包括：

(1) 检索：给定某字段的值，在数据结构中找具有该字段值的结点。

(2) 插入：往数据结构中增加新的结点。

(3) 删除：把指定的结点从数据结构中去掉。

(4) 更新：改变指定结点的一个或多个字段的值。

(5) 排序：把结点按某种指定的顺序重新排列。例如递增或递减。

数据结构的研究内容是构造复杂软件系统的基础，它的核心技术是分解与抽象。通过分解可以划分出数据的 3 个层次(即指数据、数据元素、数据项)；再通过抽象，舍弃数据元素的具体内容，就得到逻辑结构。类似地，通过分解将处理要求划分成各种功能，再通过抽象舍弃实现细节，就得到运算的定义。上述两个方面的结合可以将问题域变换为数据结构。这是一个从具体(即具体问题)到抽象(即数据结构)的过程。然后，通过增加对实现细节的考虑进一步得到存储结构和实现运算，从而完成设计任务。这是一个从抽象(即数据结构)到具体(即具体实现)的过程。

4. 常用数据结构

在计算机科学的发展过程中，数据结构也随之发展。程序设计中常用的数据结构包括数组、栈、队列、链表、树、图、堆、散列表等。一般地,按照数据的逻辑结构对其进行简单分类,可分为线性结构和非线性结构两类。

(1) 数组

数组(Array)是一种聚合数据类型,它是将具有相同类型的若干变量有序地组织在一起的集合。数组可以说是最基本的数据结构,在各种编程语言中都有对应。一个数组可以分解为多个数组元素,按照数据元素的类型,数组可以分为整型数组、字符型数组、浮点型数组、指针数组和结构体数组等。数组还可以有一维、二维以及多维等表现形式。

(2) 栈

栈(Stack)是一种特殊的线性表,它只能在一个表的一个固定端进行数据结点的插入和删除操作。栈按照后进先出的原则来存储数据,也就是说,先插入的数据将被压入栈底,最后插入的数据在栈顶。读出数据时,从栈顶开始逐个读出。栈在汇编语言程序中,经常用于重要数据的现场保护。当栈中没有数据时,称为空栈。

(3) 队列

队列(Queue)和栈类似,也是一种特殊的线性表。和栈不同的是,队列只允许在表的一端进行插入操作,而在另一端进行删除操作。一般来说,进行插入操作的一端称为队尾,进行删除操作的一端称为队头。队列中没有元素时,称为空队列。

(4) 链表

链表(Linked List)是一种数据元素按照链式存储结构进行存储的数据结构,这种存储结构具有在物理上非连续的特点。链表由一系列数据结点构成,每个数据结点包括数据域和指针域两部分。其中,指针域保存了数据结构中下一个元素存放的地址。链表结构中数据元素的逻辑顺序是通过链表中的指针连接次序来实现的。

(5) 树

树(Tree)是典型的非线性结构,它是包括 2 个结点的有穷集合 K。在树结构中,有且仅有一个根结点,该结点没有前驱结点。在树结构中的其他结点都有且仅有一个前驱结点,而且可以有两个后继结点,$m \geqslant 0$。

(6) 图

图(Graph)是另一种非线性数据结构。在图结构中,数据结点一般称为顶点,而边是顶点的有序偶对。如果两个顶点之间存在一条边,那么就表示这两个顶点具有相邻关系。

(7) 堆

堆(Heap)是一种特殊的树形数据结构,一般讨论的堆都是二叉堆。堆的特点是根结点的值是所有结点中最小的或者最大的,并且根结点的两个子树也是一个堆结构。

(8) 散列表

散列表(Hash)源自于散列函数(Hash function),其思想是如果在结构中存在关键字和 T 相等的记录,那么必定在 $f(T)$的存储位置可以找到该记录,这样就可以不用进行比较操作而直接取得所查记录。

在进行实际问题的建模过程中,我们可以通过分析问题域数据元素间的逻辑关系确定采用哪种数据结构(比如栈),再依据问题域中的常用操作确定其存储结构,最后依据问题处理的特殊要求定义并实现运算。通常情况下,精心选择的数据结构可以带来更高的运行或者存储效率。数据结构设计的优劣往往决定了后续程序设计的效率和复杂度。

从某种意义上来看，数据结构的设计过程类似在面向对象程序设计过程中构造一个通用型的基础类的过程。

1.3.3　建模：对问题解空间的描述

建立问题模型的实质是分析问题，从中提取决定事物性质或变化规律的关键因素，找出这些因素之间的关系，并用符号语言（数学语言或计算机语言）加以描述，其本质就是基于数学语言或计算机语言对问题解空间进行描述。它是运用计算机解决实际问题所必须完成的第一步工作，也是最重要的工作。一个问题是否能用计算机得出解答或得出的解答是否正确，首先取决于所建立问题模型的正确与否及质量高低。

如果建模时用的符号语言是数学语言，则该模型即为数学模型。实际上，对于很多常见的实际问题，前人在数学模型的建立上已经做了很多工作。例如，预报人口增长情况的数学模型是微分方程；各城市间交通线路最优设计的数学模型是网等。

需要计算机解决的实际问题大致可分为数值计算和非数值计算两大类。许多实际问题的抽象结果是数学方程，比如例 1.1，这些数学方程可以用解析法求出精确解，或者用模拟法求出近似解。但更多的实际问题无法用数学方程来描述，这些问题所求的不是某个数值，而是某种检索的结果，某种排列的状态……这些问题的模型无法用数学方程表达，只能用数据结构来描述数据及数据之间的相互关系，比如例 1.2。

例 1.1　导弹攻击问题。飞机受到空对空巡航导弹的攻击，在任何时刻，导弹的头部均指向飞机，求导弹的飞行轨迹。

假定飞机和导弹都在同一高度的水平面 XOY 上飞行；飞机从坐标原点 $O(0,0)$ 出发沿 x 轴以速度 v_p 作匀速飞行；导弹的初始坐标为 (x_0, y_0)，以速度 v_m 飞行，且头部始终指向飞机；导弹与飞机的初始距离为 s_0。由于飞机是运动的，所以为了保持弹头一直指向飞机，导弹飞行的方向也要随之不断变化。

为建立导弹飞行的问题模型，我们将导弹的整个飞行时间分成若干相等的足够小的时间段，则导弹在某间隔时间 Δt 内的运动情况可近似看作直线运动。设在某时刻 t，飞机在 $P(d,0)$ 点位置，导弹在 $M(x,y)$ 点位置，导弹与飞机的距离为 s，若用 θ 表示导弹飞行的方向，如图 1-1 所示，则有：

$$\sin\theta = (x-d)/s$$
$$\cos\theta = y/s$$

经过一个时间间隔 Δt 后，导弹的坐标从 (x,y) 变动到 (x',y')，飞机的坐标从 $(d,0)$ 变动到 $(d',0)$，在新的坐标位置上，导弹与飞机的距离为 s'，则导弹攻击问题的模型可用如下 4 个公式组成：

$$x' = x - v_m \cdot \Delta t \cdot \sin\theta = x - v_m \cdot \Delta t \cdot (x-d)/s$$
$$y' = y - v_m \cdot \Delta t \cdot \cos\theta = y - v_m \cdot \Delta t \cdot y/s$$
$$d' = d + v_p \cdot \Delta t$$
$$s' = \sqrt{(y')^2 + (x'-d)^2}$$

按照上述问题模型计算出每一个 Δt 后的导弹坐标，就可以把导弹的飞行轨迹近似地描画出来,如图 1-2 所示。Δt 取值越小,所描画的导弹飞行轨迹就越精确。该模型的计算是一个反复迭代的过程,其计算的初值为 $x=x_0, y=y_0, d=0, s=s_0$,当 s' 接近于零时,计算终止。

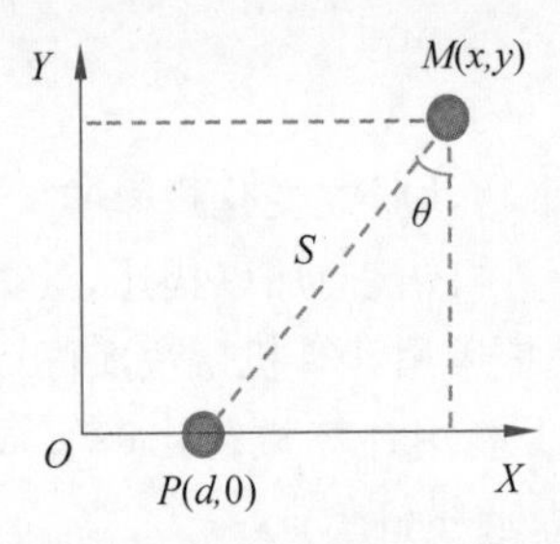

图 1-1 导弹与飞机在时刻 t 的位置关系

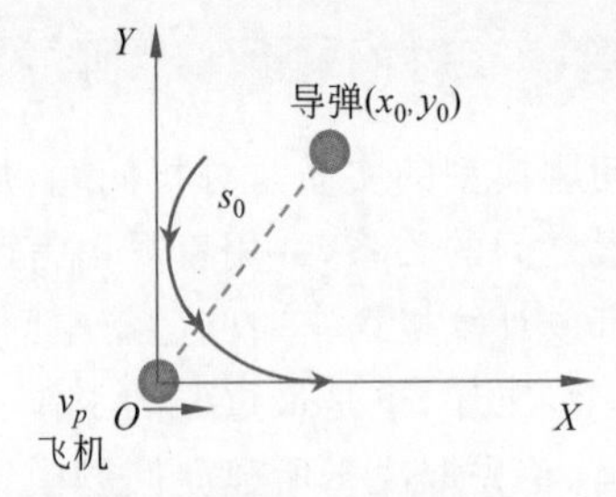

图 1-2 导弹攻击飞机的飞行轨迹

例 1.2 城市之间高铁选线设计问题。已知 6 个城市之间可能建造的高铁长度如表 1-2 所示,如何选择它们之间的高铁线路使总造价最低,假定高铁的造价只与长度有关。

表 1-2 城市之间可能建造的高铁线路长度 (单位:千米)

城市	A	B	C	D	E	F
A		6	1	5		
B	6		5		3	
C	1	5		5	6	4
D	5		5			2
E		3	6			6
F			4	2	6	

该问题难以用数学方程来表示问题模型,需要用一种数据结构——图——来表示。将城市抽象表示为图中的顶点,用带权的边抽象表示城市间高铁的长度,如图 1-3 所示,则原问题的解即该图的最小生成树(可能不唯一),如图 1-4 所示。

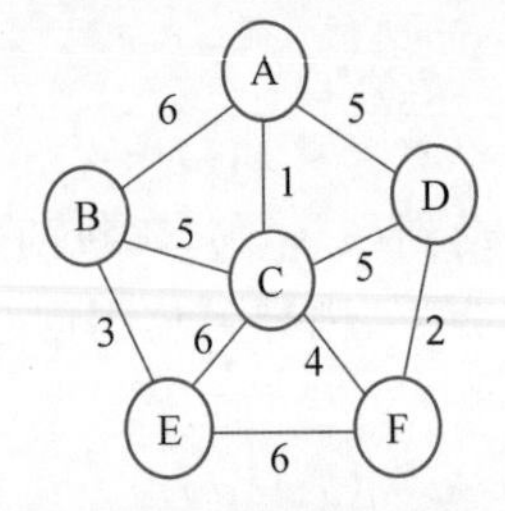

图 1-3 城市间高铁选线数据结构

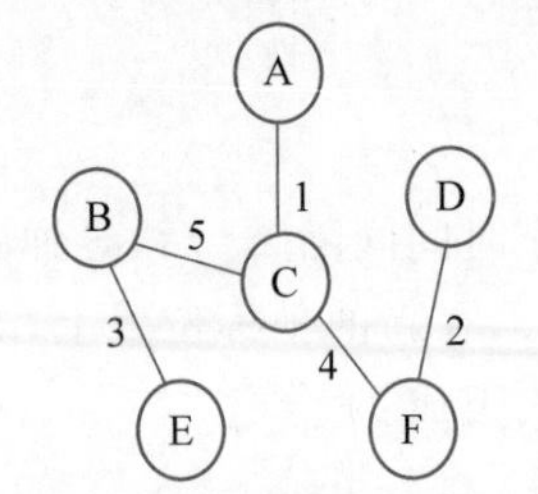

图 1-4 城市间高铁选线结果

知识小档案:最小生成树

在一给定的无向图 $G=(V,E)$ 中,(u,v) 代表连接顶点 u 与顶点 v 的边,而 $\omega(u,v)$

代表此边的权重，若存在 T 为 E 的子集，且为无循环图，使得 $\omega(T)$ 最小，则此 T 为 G 的最小生成树。最小生成树其实是最小权重生成树的简称。

$$\omega(T)=\sum_{(u,v)\in T}\omega(u,v)$$

1.4 算法和算法分析

对于一个用计算机求解的实际问题，除了正确分析数据之间的逻辑结构和合理选择数据的存储结构之外，还要有一个数据处理的好算法。算法是程序设计的灵魂，语言是算法实现的形式和工具。只要有正确的算法，可以使用任何一种计算机语言编写程序代码。

1.4.1 算法的概念

算法是对特定问题求解步骤的一种描述，它是操作的有限序列。算法(即演算法)的中文名称出自《周髀算经》；而英文名称 Algorithm 来自于 9 世纪波斯数学家 Al-Khwarizmi。“算法”原为 algorism，意思是阿拉伯数字的运算法则，在 18 世纪演变为 algorithm。欧几里得算法(又称辗转相除法)被人们认为是史上第一个算法。例 1.3 为欧几里得算法的基本思想描述。

例 1.3 欧几里得算法。

求两个自然数的最大公约数，该算法的基本思想是：设两个自然数是 m 和 n，且 $m\geqslant n$，将 m 和 n 辗转相除直到余数为 0。例如，$m=36$，$n=16$，m 除以 n 的余数用 r 表示，计算过程如下：

被除数 m	除数 n	余数 r
36	16	4
16	4	0

当余数 r 为 0 时，除数 n 就是 m 和 n 的最大公约数。

由于 well-defined procedure 缺少数学上精确的定义，19 世纪和 20 世纪早期的数学家、逻辑学家在定义算法上出现了困难。直至 20 世纪，英国数学家图灵提出了著名的图灵论题，并提出一种假想的抽象计算模型——图灵机，才解决了算法定义的难题。同时，图灵的思想也深刻地影响了算法的发展。

通常一个算法必须具备下列 5 个特征：

(1) 输入：一个算法可以有零个(即算法可以没有输入)或多个输入，这些输入通常取自于某个特定的对象集合。

(2) 输出：一个算法有一个或多个输出(即算法必须有输出)，通常输出与输入之间有着某种特定的关系。

(3) 有穷性：一个算法必须是在执行有穷步之后结束(对任何合法的输入)，且每一步都在有穷时间内完成。

(4) 确定性：算法中每一条指令必须有确切的含义，不存在二义性。并且在任何条件下，对于相同的输入只能得到相同的输出。

(5) 可行性：算法描述的操作可以通过已经实现的基本操作执行有限次来实现。

1.4.2 常用算法设计策略

1. 回溯法和分支界限法

回溯法实际上是一个类似枚举的搜索尝试过程，两者的区别仅在于枚举是在一个线性解空间中搜索，而回溯是在一个树形解空间中搜索。因此，在搜索尝试过程中，当发现不满足求解条件或子树已经搜索完成时，就需要"回溯"返回，尝试别的路径。

回溯法是一种选优搜索法，按选优条件向前搜索，以达到目标。但当探索到某一步时，发现原先选择并不优或达不到目标，就退回一步重新选择，这种走不通就退回再走的技术为回溯法，而满足回溯条件的某个状态的点称为"回溯点"。许多复杂的，规模较大的问题都可以使用回溯法，有"通用解题方法"的美称。

回溯法求解问题的基本思想是：在包含问题所有解的解空间树中，按照深度优先搜索的策略，从根结点出发深度探索解空间树。当探索到某一结点时，要先判断该结点是否包含问题的解，如果包含，就从该结点出发继续探索下去；如果该结点不包含问题的解，则逐层向其祖先结点回溯(其实回溯法就是对隐式图的深度优先搜索算法)。而分支限界法常常利用一个适当选取的评估函数，以决定该从哪一点开始下一步搜索(分支)，以及哪一点下方不可能存在解答，从而确定这点的下方不必进行搜索(限界)。

2. 分治法

分治法求解问题的基本思想是：将整个问题分解成若干个小问题后分而治之。如果分解得到的子问题相对来说还太大，则可反复使用分治策略将这些子问题分成更小的同类型子问题，直至产生出方便求解的子问题，必要时逐步合并这些子问题的解，从而得到问题的解。

分治法的基本步骤：

(1) 分解：将原问题分解为若干个规模较小、相互独立、与原问题形式相同的子问题。

(2) 解决：若子问题规模较小而容易被解决则直接解，否则再继续分解为更小的子问题，直到容易解决。

(3) 合并：将已求解的各个子问题的解，逐步合并为原问题的解。

有时问题分解后，不必求解所有的子问题，也就不必进行第三步操作。比如折半查找，在判别出问题的解在某一个子问题中后，其他的子问题就不必求解了，问题的解就是最后(最小)的子问题的解。分治法的这类应用，又称为"减治法"。

多数问题需要所有子问题的解，并由子问题的解，使用恰当的方法合并成为整个问题的解，比如归并排序，就是不断将子问题中已排好序的解合并成较大规模的有序子集。

适合用分治法的问题：当求解一个输入规模为 n 且 n 取值又相当大的问题时，用蛮力策略效率一般得不到保证。若问题能满足以下几个条件，就能用分治法来提高解决问题的效率。

(1) 能将这 n 个数据分解成 k 个不同子集合，且得到的 k 个子集合是可以独立求解的子问题，其中 $1<k\leqslant n$。

(2) 分解所得到的子问题与原问题具有相似的结构，便于利用递归或循环机制。

(3) 在求出这些子问题的解之后，就可以推解出原问题的解。

3. 贪婪法

贪婪法是指在对问题进行求解时，在每一步选择中都采取最好或者最优(即最有利)的选择，从而希望能够导致结果是最好或者最优的算法。值得注意的是，贪婪法所得到的结果往往不是最优的结果(有时候会是最优解)，但是都是相对近似(接近)最优解的结果。

贪婪法并没有固定的算法解决框架，算法的关键是贪婪策略的选择，根据不同的问题选择不同的策略。必须注意的是：策略的选择必须具备无后效性，即某个状态的选择不会影响之前的状态，只与当前状态有关，所以对采用的贪婪策略一定要仔细分析其是否满足无后效性。比如最短路径问题(广度优先、迪杰斯特拉)都属于贪婪法，只是在其问题策略的选择上，刚好可以得到最优解。

其基本的解题思路为：

(1) 建立数学模型来描述问题。

(2) 把求解的问题分成若干个子问题。

(3) 对每一子问题求解，得到子问题的局部最优解。

(4) 把子问题对应的局部最优解合成为原来整个问题的一个近似最优解。

4. 动态规划法

动态规划法是将大问题划分为小问题进行解决，从而一步步获取最优解的处理算法。与贪婪法一样都是将大问题划分为规模更小的子问题。与贪婪法不同的是：动态规划实质是在分治法的基础上解决冗余问题，将各个子问题的解保存下来，让后面再次遇到时可以直接引用，避免重复计算是动态规划的显著特征之一。当有大量的子问题重复时，可以直接使用前面的解。

贪婪法的每一次操作都对结果产生直接影响(处理问题的范围越来越小)，而动态规划则不是。贪婪法对每个子问题的解决方案都做出选择，不能回退；动态规划则会根据以前的选择结果对当前进行选择，有回退功能(比如背包问题，同一列相同容量的小背包越往后才是最优解，推翻前边的选择)。动态规划主要运用于二维或三维问题，而贪婪法一般运用于一维问题。

贪婪法的结果是最优近似解，而动态规划法是最优解。动态规划法以类似搜索或者填表的方式来求解问题，只有具有最优子结构特点的问题才可以采用动态规划法，否则就使用贪婪法。

1.4.3　算法描述方法

算法的表示可以有多种方法。常用的有自然语言、伪代码、传统流程图、结构化流程图(N-S 流程图)和 PAD 图等。以下以求两个自然数的最大公约数的欧几里得算法为例，分别用几种不同的方法描述该算法。

1. 自然语言

用自然语言描述算法,其优点是容易理解,缺点是算法冗长且烦琐,容易出现二义性。欧几里得算法的自然语言描述如下:

步骤1:将 m 除以 n 得到余数 r。

步骤2:若 r 等于0,则 n 为最大公约数,算法结束;否则执行步骤3。

步骤3:将 n 的值赋给 m,将 r 的值赋给 n,重新执行步骤1。

2. 伪代码

伪代码是介于自然语言和程序设计语言之间的描述方法,它保留了程序设计语言结构、语句的形式和控制成分等,处理和条件允许使用自然语言来表达。至于算法中的自然语言的成分有多少,取决于算法的抽象级别。

欧几里得算法的伪代码描述如下:

step 1:$r \leftarrow m\%n$;

step 2:当 $r \neq 0$ 时,重复执行下述操作。

  step 2.1: $m \leftarrow n$;

  step 2.2: $n \leftarrow r$;

  step 2.3: $r \leftarrow m\%n$;

step 3:输出 n;

3. 流程图

人们在程序设计实践的过程中,总结出了一套用图形来描述问题的处理过程,从而使流程更直观,易被一般人所接受。用图形描述处理流程的工具称为流程图。目前用得比较普遍的是传统流程图和盒图(N-S流程图)。

(1) 传统流程图

传统流程图使用一些约定的几何图形来描述算法的组合图。用框图表示某种操作,用箭头表示算法流程。传统流程图的主要优点是对控制流程的描述很直观,便于初学者掌握。表1-3所示的图例就是美国标准化协会ANSI规定的一些常用的流程图符号,已为世界各国程序工作者普遍采用。

表1-3 流程图符号表

符号名称	符号	功能
起止框	(圆角矩形)	表示算法的开始或结束,每个算法流程图中必须有且仅有一个开始框和一个结束框
输入输出框	(平行四边形)	表示算法的输入输出操作,框内填写需输入或输出的各项

续表

符号名称	符　号	功　能
处理框		表示算法中的各种处理操作，框内填写处理说明或算式
判断框		表示算法中的条件判断操作，框内填写判断条件
注释框		表示算法中某种操作的说明信息，框内填写文字说明
流程线		表示算法的执行方向
连接点		表示流程图的延续

欧几里得算法的传统流程如图 1-5 所示。

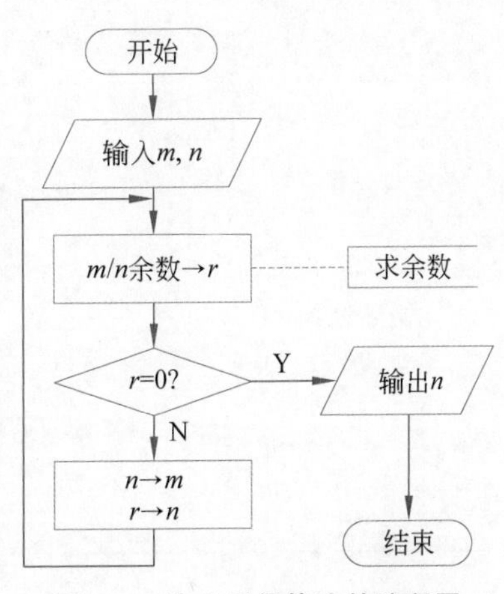

图 1-5　欧几里得算法的流程图

(2) N-S 流程图

在结构化程序设计方法（structured programming，SP）中，经常使用的工具是结构化流程图，即 N-S 图。它是由 1973 年美国学者 Ike Nassi 和 Ben Shneiderman 提出的，这种流程图完全去掉了流程线，算法的每一步都用一个矩形框来描述，把一个个矩形框按执行的次序连接起来就是一个完整的算法描述。这种流程图用两位学者名字的第一个字母来命名，称为 N-S 流程图。

在 N-S 图中，每个“处理步骤”是用一个盒子表示的，所谓“处理步骤”可以是语句或语句序列。需要时，盒子中还可以嵌套另一个盒子，嵌套深度一般没有限制，只要整张图在一页纸上能容纳得下。由于只能从上边进入盒子然后从下边走出，除此之外没有其他的入口和出口，所以，N-S 图限制了随意的控制转移，保证了程序的良好结构。

N-S 图仅含有表 1-4 的 5 种基本成分，它们分别表示 SP 方法的几种标准控制结构。

表 1-4　N-S 流程图基本画法表

控制结构	N-S 盒图画法
顺序结构	第一任务 第二任务 第三任务

续表

控制结构		N-S盒图画法
选择结构	双分支	条件 成立 不成立 A B
	多分支	条件 值1 值2 … 值n case部分 case部分 … case部分
循环结构	当型循环	循环条件 do-while部分
	直到型循环	repeat-until部分 循环条件

用N-S图作为详细设计的描述手段时,常需用两个盒子:数据盒和模块盒(见图1-6)。前者描述有关的数据,包括全局数据、局部数据和模块界面上的参数等,后者描述执行过程。

N-S图比文字描述直观、形象,便于理解,比传统流程图紧凑易画,尤其是它废除了流程线,结构更清晰。图1-7为欧几里得算法的N-S流程图。

1.4.4 算法分析方法

对于同一问题,可能会有不同的解题方法和步骤。例如求1+2+…+100,就有两种不同的算法:一种方法是进行1+2,然后其和加3,再加4,一直加到100,最后等于5050;另一种方法利用等差数列求和公式计算,即:

$$\sum_{n=1}^{100} n = (100+1) \times 50 = 5050$$

对于计算机而言,解决同一问题的不同算法,其执行效率可能会截然不同。通常情况下,根据按算法编制的程序在计算机上执行所耗费的时间和空间来评价或比较算法的优劣。

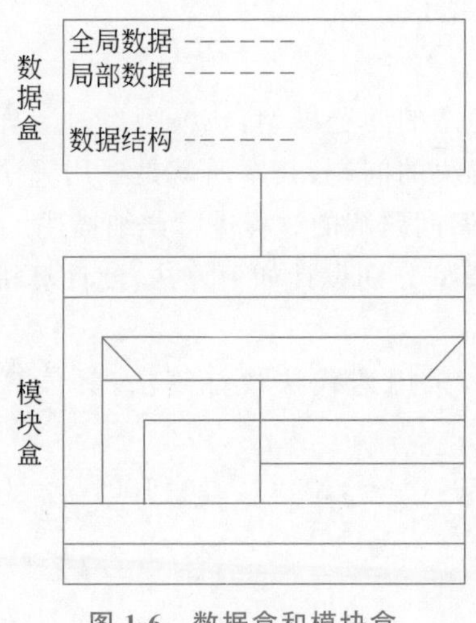

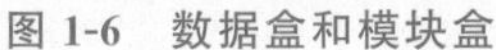
图 1-6　数据盒和模块盒

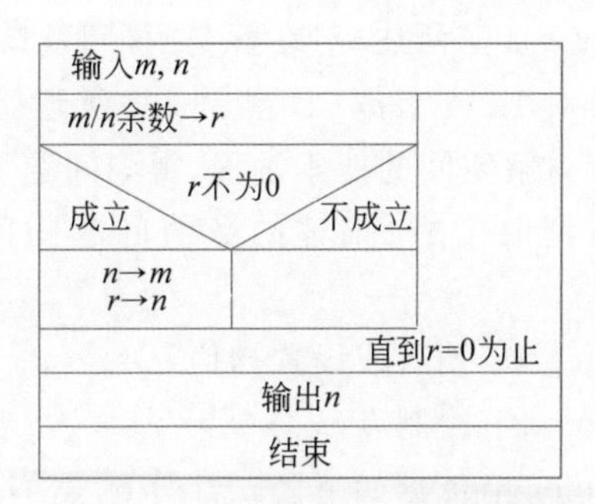

图 1-7　欧几里得算法的 N-S 图

1. 时间复杂度

算法的时间复杂度是指执行算法所需要的计算工作量。一个用高级程序设计语言实现的算法，在计算机上运行所耗费的时间取决于多种因素：算法策略、问题的规模、程序语言的级别、编译程序的优劣、机器运行的速度等。同一个算法用不同的语言实现，或者用不同的编译环境调试，或者在不同配置的机器上运行，所耗费的机器时间均不相同。因此，用程序执行的绝对时间衡量一个算法的时间效率并不准确。如果除去与计算机硬件、软件相关的因素，可以认为一个特定算法“计算工作量”的大小只依赖于问题规模（通常用整数量 n 表示），或者说它是问题规模 n 的函数 $f(n)$，算法时间复杂度也因此记作：

$$T(n)=O(f((n)))$$

表示随着问题规模 n 的增大，算法执行时间的增长率与 $f(n)$ 的增长率正相关，称作渐进时间复杂度（Asymptotic Time Complexity）。

为便于比较同一问题的不同算法，通常从算法中选取一种与求解问题相关的基本操作，以该基本操作的重复执行次数作为算法时间度量的依据。

由于算法时间复杂度考虑的只是执行时间对于问题规模 n 的增长率，所以，通常情况下并不需要求出 $f(n)$的精确表示，只需得出其数量级，即用 $f(n)$中增长最快的项代替 $f(n)$。常见的不同数量级的时间复杂度有 $O(C)$、$O(\log_2 n)$、$O(n^k)$、$O(2^n)$等。

2. 空间复杂度

算法的空间复杂度是指算法需要消耗的内存空间。其计算和表示方法与时间复杂度类似，一般都用复杂度的渐近性来表示，记作：

$$S(n)=O(f((n)))$$

其中，n 表示问题规模，$f(n)$指该算法所处理的数据所需的存储空间与算法操作所需的辅助空间之和。

1.4.5 模拟：搜索问题解的过程描述

对实际问题进行建模所得到的仅仅是一个静态的问题模型，该模型经过怎样的自动演化才能最终快速地得到问题的解就是模拟要解决的问题，其本质就是要用算法描述方法(如1.4.3节所述)对在解空间(问题模型)中搜索问题解的过程进行详细描述。

针对1.3.3节例1.1和例1.2所建立的问题模型分别设计如下算法，使计算机能够自动实现对解空间的搜索过程，得到问题的实际解。

对例1.1中所描述的数值问题的问题模型，采用迭代法设计算法，具体算法描述如下：

Step 1：输入或设置初值 $x=x_0, y=y_0, d=0, s=s_0, \Delta t=1, v_m=100, v_p=1000$。

Step 2：绘制点(x,y)。

Step 3：依据如下公式计算 x', y', d', s'。

$$x'=x-v_m\cdot\Delta t\cdot(x-d)/s$$

$$y'=y-v_m\cdot\Delta t\cdot y/s$$

$$s'=\sqrt{(y')^2+(x'-d)^2}$$

$$d'=d+v_p\cdot\Delta t$$

Step 4：依据如下公式完成迭代。

$$x=x',\quad y=y',\quad d=d',\quad s=s'$$

Step 5：判断 s 是否小于 10^{-6}，结果为假则跳转到 Step 2，否则执行 Step 6。

Step 6：程序结束。

对例1.2中所描述的非数值问题的问题模型，利用最小生成树普里姆(Prim)算法解决问题，具体算法描述如下：

Step 1：输入：一个加权连通图，其中顶点集合为 V，边集合为 E。

Step 2：初始化：$V_{new}=\{x\}$，其中 x 为集合 V 中的任一结点(起始点)，$E_{new}=\{\}$，为空。

Step 3：重复下列操作，直到 $V_{new}=V$。

① 在集合 E 中选取权值最小的边 $<u,v>$，其中 u 为集合 V_{new} 中的元素，而 v 不在 V_{new} 集合当中，并且 $v\in V$(如果存在有多条满足前述条件即具有相同权值的边，则可任意选取其中之一)。

② 将 v 加入集合 V_{new} 中，将 $<u,v>$ 边加入集合 E_{new} 中。

Step 4：输出：使用集合 V_{new} 和 E_{new} 来描述所得到的最小生成树。

该问题具体的程序设计及实现过程请读者参考9.3.3节中最小生成树问题的相关内容。

1.5 程序设计实用技巧

程序设计的应用领域极为广泛，而针对不同应用领域的程序设计问题，首先应该根据具体问题的特点，选用适合的程序设计语言，包括硬件平台、操作系统、编译环境等，才能真正事半功倍地完成程序设计任务。

1.5.1　各种高级程序设计语言特点分析

高级语言是目前绝大多数编程者的选择，与汇编语言相比，它不但将许多相关的机器指令合成为单条指令，并且去掉了与具体操作有关但与完成工作无关的细节，例如使用堆栈、寄存器等，这样就大大简化了程序中的指令。同时，由于省略了很多细节，编程者也就不需要有太多的专业知识。高级语言主要是相对于汇编语言而言，它并不是特指某一种具体的语言，而是包括了很多编程语言，如目前流行的 VB、VC、FoxPro、Delphi 等，这些语言的语法、命令格式都各不相同。

高级语言所编制的程序不能直接被计算机识别，必须经过转换才能被执行，按转换方式可将它们分为两类：

(1) 解释类执行方式类似于我们日常生活中的"同声翻译"。应用程序源代码一边由相应语言的解释器"翻译"成目标代码(机器语言)，一边执行，因此效率比较低；而且不能生成可独立执行的文件，应用程序不能脱离其解释器。但这种方式比较灵活，可以动态地调整、修改应用程序。

(2) 编译类执行方式是指在应用源程序执行之前，就将程序源代码"翻译"成目标代码(机器语言)，因此其目标程序可以脱离其语言环境独立执行，使用比较方便、效率较高。但应用程序一旦需要修改，必须先修改源代码，再重新编译生成新的目标文件(* .obj)才能执行。如果只有目标文件而没有源代码，修改很不方便。现在大多数的编程语言都是编译型的，例如 Visual C++ 、Visual FoxPro、Delphi、Python 等。

面对形形色色、各具特点的高级语言，解决具体问题时选用哪种语言才能更方便、更高效地编写出执行效率高的程序呢？我们必须首先熟悉各种高级语言的特点，才能在实际应用中结合具体需求选择出最"称手"的工具完成任务。表 1-5 列出了目前各种主流高级程序设计语言的优缺点分析。

表 1-5　主流高级语言的优缺点分析

名　称	优　点	缺　点	移 植 性	使 用 建 议
C	① 适合编写小而快的程序。 ② 很容易与汇编语言结合。 ③ 具有很高的标准化，不同平台上的各版本非常相似	① 难以支持面向对象技术。 ② 语法有时会非常难以理解，且容易造成滥用	C 语言的核心以及 ANSI 函数调用都具有移植性，但仅限于流程控制、内存管理和简单的文件处理。若为 Windows/macOS 开发可移植的程序，用户界面部分需要用到与系统相关的函数调用，必须写两次用户界面代码	适用于编写系统级的程序，比如操作系统

续表

名　称	优　　点	缺　　点	移　植　性	使　用　建　议
C++	① 组织大型程序时比C语言好得多。 ② 很好地支持面向对象机制。 ③ 通用数据结构,如链表和可增长的阵列组成的库减轻了处理底层细节带来的负担	① 非常大且复杂。 ② 与C语言一样存在语法滥用问题。 ③ 运行效率比C语言慢。 ④ 大多数编译器没有把整个语言正确地实现	优于C语言,但依然不是很乐观。因为它具有与C语言相同的缺点,大多数可移植性用户界面库都使用C++对象实现	适用于组织大型程序,开发效率高。广泛应用于操作系统、设备驱动程序、视频游戏等领域
C#	① 完全面向对象。 ② 支持分布式。 ③ 自动管理内存机制。 ④ 安全性和可移植性。 ⑤ 受限使用指针。 ⑥ 多线程	① 在一些版本较旧的Windows平台上,C#程序不能运行。 ② 没有丰富的第三方软件库可用	只能运行在Windows平台上	.NET的代表性语言,支持下一代Internet的可编程结构
Java	① 二进制码可移植到其他平台。 ② 程序可以在网页中运行。 ③ 内含的类库非常标准且极其健壮。 ④ 自动分配和垃圾回收避免程序中资源泄漏。 ⑤ 网上数量巨大的代码实例教程	① 使用一个"虚拟机"来运行可移植的字节码而非本地机器码,程序将比真正编译器慢。 ② 强制面向对象编程	目前语言中最好的。低级代码具有非常高的可移植性,但是,很多UI及新功能在某些平台上不稳定	适于在网页上内嵌动画。易实现不易崩溃且不会泄漏资源的可靠程序,如嵌入式设备应用软件开发
Python	① 简单、易学。 ② 免费、开源。 ③ 解释性的高层语言。 ④ 既支持面向过程的编程也支持面向对象的编程。 ⑤ 可扩展性、可嵌入性强。 ⑥ 丰富的库:Python标准库确实很庞大	① 单行语句和命令行输出问题:很多时候不能将程序连写成一行。 ② 用缩进来区分语句关系。 ③ 运行速度相较于C/C++慢	Python已经被移植在许多平台上(经过改动使它能够工作在不同平台上)。这些平台包括Linux、Windows、OS/2、Android平台等	Web/Internet开发;科学计算和统计;人工智能;桌面界面开发;软件开发;后端开发;网络爬虫
JavaScript	① JavaScript减少网络传输。 ② JavaScript方便操纵HTML对象。 ③ JavaScript支持分布式运算	① 各浏览器厂商对JavaScript支持程度不同。 ② "Web安全性"对JavaScript一些功能牺牲		适用于给HTML网页添加动态功能,比如响应用户的各种操作

续表

名　称	优　　点	缺　　点	移　植　性	使用建议
PHP	① 开源、免费、快捷（程序开发快，运行快，技术本身学习快）。 ② 面向对象。 ③ 简单、稳定、容易部署。 ④ 使用成本低	① 函数命名不规范。 ② 单线程。 ③ 核心异步网络不支持。 ④ 只支持 Web 开发。 ⑤ 不适合做爬虫、自动运行脚本、科学运算项目。 ⑥ 后期维护困难	跨平台性强	适用于 Web 开发，支持 MVC 的框架 phpMVC，支持类似 ASP.NET 的事件驱动框架 Prado，支持类似 Ruby On Rails 的快速开发的框架 Cake 等

1.5.2　程序的开发与调试

高级程序设计语言很容易被人们看懂和接受。但是，对于计算机来说，却不能接受这种语言，计算机只能接受机器语言。为此必须首先把高级语言程序翻译成相应的机器语言程序，这个工作称为编译，而完成该工作的软件称为编译软件。所有高级语言程序的开发与调试均需在编译软件中实施，一般包括编辑、编译、连接、执行4个阶段。

本书着重基于C语言讲解普适的程序设计方法，即结构化程序设计方法和模块化程序设计方法。因此，本节仅就C程序的开发与调试进行讨论，其他高级语言的开发与调试过程与此类似，区别仅在于所用编译软件不同。

我们把编写好的C语言程序叫C源程序。从C源程序开始，到在计算机上得到运行结果，其操作过程如图1-8 C源程序执行过程所示。

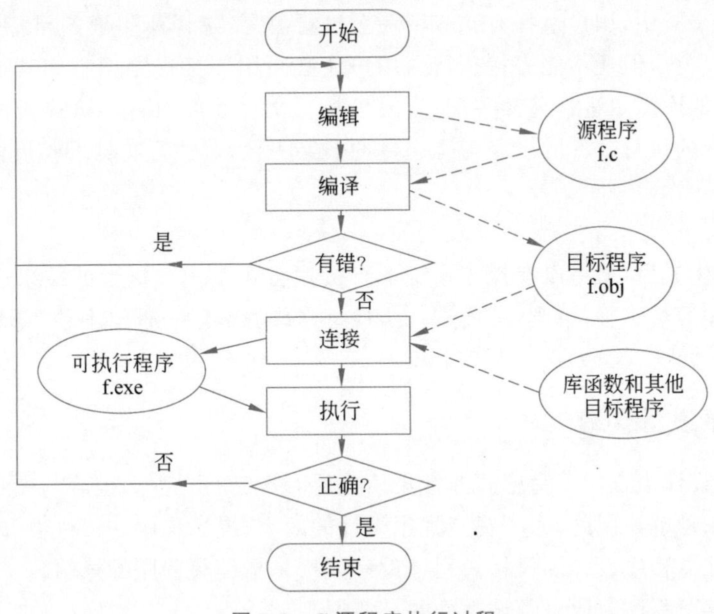

图1-8　C源程序执行过程

1. 编辑

为了编译C源程序,首先要用C语言编译软件提供的编辑器建立一个C语言程序的源文件。一个C源文件是一个编译单位,它是以文本格式保存的。源文件名自定,文件的扩展名(或后缀名)为c或cpp。例如:a1.c、a1.cpp。

一个比较大的C语言程序往往可划分为若干模块,每个模块由不同的开发者或开发小组负责编写。对每个模块可建立一个源文件。因此,一个大的C程序可包含多个源文件,这些源文件均可独立进行编译。

2. 编译

源文件编辑好,经检查无误后就可以进行编译。编译由C语言编译软件提供的编译器完成,编译命令随编译软件的不同而异,具体操作时可参考相应的系统手册。对于不同的编译环境来说,一般通过编译软件界面中的Compile菜单中的Compile命令进行编译。

编译器在编译时对源文件进行语法和语义检查,并对所发现的错误给出提示,包括错误位置和错误说明。用户可根据错误情况,使用编辑器进行修改,然后对修改后的源文件再度编译。用户也可以在Compile菜单中选Make命令进行编译,它能直接生成可执行的文件。此时如果编译器发现用户的源程序有语法错误,就发出错误的参考信息,提示用户进行错误代码的修改,然后用户再重新进行编译。

值得注意的是,C语言的编译器不对数组的越界进行检查,这一点用户自己一定要注意,有关数组的详细介绍,请参阅本教材的后续章节。

3. 连接

若在上述步骤中,用户选择Compile命令进行编译,编译所生成的目标文件(*.obj)是相对独立的模块,但还不能直接执行。用户还必须用连接程序把它和其他目标文件以及系统所提供的库函数进行连接装配,生成可执行文件才能执行。可执行文件的名字可自由指定,默认的执行文件的名字与源文件的名字一致,可执行文件的扩展名为exe。

4. 执行

执行文件生成后,就可以在操作系统下直接执行它了。若执行的结果达到预想的结果,则说明程序编写正确;否则,就需进一步检查修改源程序。重复上述步骤,直至得到正确的运行结果为止。

1.5.3 程序设计风格

高级程序设计语言的书写格式非常灵活,但如果书写不规范,也容易使程序结构不清晰、表达式难以理解。因此,为了提高程序设计的效率、提高程序的可读性、减少程序设计中的错误,要注意程序设计的风格。程序设计风格是指编写程序的风格。

一般地,编写程序时应该遵循下面的一些原则:

(1) 适当的宏定义。程序中,将一些常用的、值相对确定的数据定义为符号常量。使用宏定义可增加程序的可读性。将某些数据集中在宏定义部分便于查找,便于适当的时候对常量的值进行修改。另外,符号常量最好用大写字母,便于与变量区分,并可避免逻辑错误。

(2) 合适的标识符。程序中变量、数组、函数和文件等的命名应该尽可能地做到“见名知义”,以增加程序的可读性。如用 radius、area 表示圆的半径和面积,用 student_name 来表示学生姓名等。C 语言中,变量名一般用小写字母,符号常量名一般用大写字母。

(3) 程序书写的缩进规则。根据语句的并列关系及包含关系,将包含关系中的被包含语句缩进书写。缩进一般使用 Tab 键来完成。在程序中同一层次的{}应该对齐,与该结构语句的第一个字母对齐,并单独占一行。按缩进格式书写的程序中语句间的逻辑结构清晰,便于阅读程序。

(4) 适当的注释。注释是一种便于阅读和理解程序的信息,在程序中加入适当注释对于提高程序的可读性、可调性、可维护性都是非常必要的。

(5) 适当的交互性。在程序的适当位置加入一些提示语句,提示用户当前的状态或告诉用户响应方法。例如:

```
printf("请输入两个整数");                    /* 提示用户输入的信息 */
scanf("%d%d",&num1,&num2);                 /* 调用函数输入两个数 */
```

如果没有前面的 printf 语句,用户可能就不知道如何使程序继续执行。

(6) 程序中应该尽量使一个语句占一行,还可使用适当的空行和空格来提高程序的可读性。

1.5.4 学习程序设计应注意的几个问题

初学程序设计时,可能会遇到有些问题理解不透,或者不习惯某种表达方式(如运算符等),这个时候应当多写多练,通过典型例子熟悉语法规则,待学完后面的章节知识,前面的问题也就迎刃而解了。学习程序设计语言要经过反复训练,才能前后贯穿积累应该掌握的知识。

1. 注重语言对基础数据的表达与处理

高级程序设计语言的运算符非常灵活,功能十分丰富,运算符种类和表达形式与数学符号有较大区别。表达式也较其数学表达式更简洁,但初学者往往会觉得表达式难读,关键原因就是对运算符和运算顺序理解不透不全。当多种不同运算符组成一个运算表达式,运算的优先顺序和结合规则显得十分重要。在学习中对运算符进行合理分类,有些运算符在理解后要牢记心中,将来用起来才能得心应手。而有些可暂时放弃不记,等用到时再记不迟。

2. 掌握常用的算法设计策略

算法是解决问题的方法和策略。对于一个具体的任务,每次在解决问题、实现程序编码之前,都要对问题进行调查、分析并拟定解决问题的算法,其中包括选定一些重要的计算公式或者对某些步骤细化。在解决问题的几个步骤中,算法设计是非常重要的一步,是程序设计的核心,是程序的灵魂。它将最终决定解决该问题的方法。从某种程度上说,程序设计就是算法的设计。因此,在学习中,不仅学习的是语言的语法,更注重的是算法的学习。在设计算法时应多考虑,多比较,多学习,尽量设计出复杂性较小、高效的算法。

3. 学会采用分解、复用的方式设计程序结构

顺序结构程序设计是最简单的,只要按照解决问题的顺序写出相应的语句就行,它的执行顺序是自上而下,依次执行。

对于要先做判断再选择的问题就要使用选择结构。选择结构的执行是依据一定的条件选择执行路径,而不是严格按照语句出现的物理顺序。选择结构程序设计方法的关键在于构造合适的选择条件和分析程序流程,根据不同的程序流程选择适当的选择语句。

循环结构可以减少源程序重复书写的工作量,用来描述重复执行某段算法的问题,这是程序设计中最能发挥计算机特长的程序结构。

三种结构并不彼此孤立,在循环中可以有选择、顺序结构,选择中也可以有循环、顺序结构。其实不管哪种结构,均可广义地把它们看成一条语句。

实际编程过程中常将这 3 种结构相互结合以实现各种算法,设计出相应程序。但是如果编程的问题较大,编写出的程序就往往很长、结构重复多,造成可读性差,难以理解,解决这个问题的方法是将程序设计成模块化结构。

模块化程序设计实现的基础是高级程序设计语言中的函数机制,因此函数的定义和调用是学习中需要特别注意的,尤其是其实质内涵更应熟练掌握。

4. 加强上机实践

学习程序设计语言,不仅要会阅读程序,更要通过上机实践来学习程序设计,尽量养成独立编写调试程序的习惯。通过上机实践,加深理解所学知识。

本章小结

本章从总体上分析了软件、程序、语言三者的关系,指出程序是软件的核心,而程序又必须基于某种高级程序设计语言而存在。因此,学习程序设计必须从掌握某种高级程序设计语言的基本语法知识入手,但学习程序设计不仅仅是掌握语法就足够了,更重要的是要学会运用计算思维基于计算机解决实际问题,掌握程序设计的普适方法,即结构化程序设计方法、模块化程序设计方法、面向对象程序设计方法等。而在具体的程序设计过程中又用到一些常用的数据结构和算法设计策略,必须依据具体问题的特点和需求选择适用的数据结构和算法策略才能编写出高效的程序。本章的最后对高级程序语言的选择、编译环境的搭建、编程习惯的养成等均给出了实用性的建议,以供读者在实际应用中进行参考。

习　　题

一、选择题

1. 计算思维的核心本质是(　　)。

A. 建模与模拟　　B. 数据结构与算法

C. 抽象与自动化　　D. 分解与合并

2. 以下不属于系统软件的是(　　)。

A. 操作系统　　B. BIOS　　C. 声卡驱动　　D. 微信

3. 设某数据结构的二元组形式表示为 $A=(D,R)$，$D=\{01,02,03,04,05,06,07,08,09\}$，$R=\{r\}$，$r=\{$＜01,02＞,＜01,03＞,＜01,04＞,＜02,05＞,＜02,06＞,＜03,07＞,＜03,08＞,＜03,09＞$\}$，则数据结构 A 是(　　)。

A. 线性结构　　B. 树结构　　C. 图结构　　D. 集合

4. 由下列算法时间复杂度的描述，可以推断(　　)效率最高，其中 n 表示问题规模。

A. $n\log n+5^n$　　B. $5n^5+3n^3+1$　　C. $\log_n+2$　　D，$n!+n$

5. 编译程序的主要工作是(　　)。

A. 检查程序的语法错误　　B. 检查程序的逻辑错误

C. 检查程序的完整性　　D. 生成目标文件

6. 计算机硬件能唯一识别的语言是(　　)。

A. 机器语言　　B. 低级语言　　C. 汇编语言　　D. 翻译程序

二、简答题

1. 什么是软件？什么是程序？

2. 什么是机器语言、汇编语言、高级语言？它们各有什么特点？

3. 程序设计的过程就是用计算机求解问题的过程，请谈谈你的理解。

4. 什么是数据结构？

5. 什么是算法？

6. 参看例 1.1，画出导弹攻击轨迹问题的传统程序流程图。

7. 参看例 1.2，请上网搜索最小生成树算法，画出城市高铁路线设计问题的传统程序流程图。

第2章 程序语言基础

在第1章中，我们了解到用C语言编写用户的应用程序离不开对数据进行操作，数据是程序加工/处理的对象，也是加工/处理的结果，所以数据是程序设计中要描述和处理的主要内容。而数据是以某种特定的形式存在的，因此必须先掌握C语言编程中最基本的数据类型、对数据进行运算的运算符和表达式，以及运算时的相关规定。

本章介绍C语言的基本构成、基本数据类型的概念、定义和用法，并在此基础上介绍常量声明和变量定义的方法，C语言中各类运算符的使用规则，以及表达式的组成、书写、分类和相关计算特性。

2.1 C语言概述

C语言是目前国际上广泛流行的一种基础的结构化的程序设计语言。它不仅是开发系统软件的基础，也是开发应用软件的很好的工具。因此，C语言深受广大程序设计者的青睐。

2.1.1 C语言的发展

C语言是在20世纪70年代初由丹尼斯·里奇(Dennis M. Ritchie)在美国贝尔实验室开发出来的。1973年，肯·汤普森(K. Thompson)和Dennis M. Ritchie两个人合作使用C语言重新实现了UNIX操作系统。可以说，C语言是为开发UNIX操作系统而研制的，它随着UNIX的出名而闻名，随着微型计算机的普及而被广泛应用。

随着新的C语言版本不断推出，其性能也越来越强，C语言的突出优点引起了人们的普遍关注。为了克服没有统一标准的不利局面，ANSI(美国国家标准协会)于1983年成立了专门定义C语言标准的委员会。ANSI C标准于1989年被采用，该标准一般称为ANSI/ISO Standard C，简称为C89。1990年，ANSI把这个标准提交到ISO(国际化标准组织)，同年被ISO采纳为国际标准，因此也被称为C90。其中详细说明了使用C语言书写程序的形式，规范对这些程序的解释。其主要内容包括：

(1) C语言程序的表示法。

(2) C 语言的语法和约束。

(3) 解释 C 语言程序的语义规则。

(4) C 语言程序输入和输出的表示。

(5) 一份标准的实现的限定和约束。

到了 1995 年,出现了 C 语言的修订版,其中增加了一些库函数。在 1999 年又推出了 C99。C99 在基本保留了 C 语言的特性的基础上增加了一系列新的特性,随后又几经修改和完善,到 2011 年正式发布了 ISO/IEC 9899:2011,简称为 C11 标准。不同的编译器有可能遵守不同版本的 C 语言标准,本教材主要是针对 C 语言的核心 C89 编写。

2.1.2 C 语言的特点

C 语言之所以能被推广并被广泛使用,概括地说主要因其具备如下特点。

(1) C 语言是一种表达能力非常强的程序设计语言。它既有高级语言面向用户、容易记忆、便于阅读和书写的优点,又有面向硬件和系统、像汇编语言那样可以直接访问内存物理地址,允许对位、字节和地址这些计算机功能中的基本成分进行操作的功能。C 语言集低级语言和高级语言的优点于一体。

(2) C 语言代码紧凑、高效,使用方便、灵活。其程序的目标代码执行效率仅比汇编语言低 10%~20%。C 语言仅有 32 个关键字和 9 种控制语句,语言规则也不复杂。小巧的核心使得学习 C 语言相对简单。

(3) C 语言数据类型丰富,具有现代程序设计语言的各种数据类型。C 的数据类型主要有:整型、实型、字符型、指针类型、数组类型、结构类型等。用它们可以实现各种复杂的数据结构(如链表、树、图、栈等)。因此,C 语言具有较强的数据处理能力。

(4) C 语言运算符丰富。C 语言的运算符共有 34 种,它把括号、赋值、强制类型转换等都作为运算符处理,从而使 C 的运算类型极其丰富,表达式类型多样化,灵活使用各种运算符可以实现其他高级语言难以实现的运算。

(5) C 语言是一种结构化程序设计语言。它具有诸如 if-else、for、do-while、while、switch 等结构化语句,便于采用自顶向下、逐步求精的结构化程序设计技术。

(6) C 语言是便于模块化软件设计的程序语言。C 语言程序可以分割成几个源文件分别进行编译。C 语言的函数结构,利于功能模块的分解,并且为程序模块间的相互调用以及数据传递提供了便利。这一特点也为大型软件模块化,由多人同时进行集体开发的软件工程技术方法提供了强有力的支持。

(7) C 语言具有很好的可移植性。大部分代码不改动就可以从一种机器移植到另一种机器上运行。

(8) C 语言是 C++ 的基础,而 C++ 是目前非常流行的面向对象的程序设计语言。

从以上特点不难看出,用 C 语言编写出的程序,既可达到汇编级的效率,又有良好的程序结构和可读性。因此,C 语言不仅在各类程序设计中得到广泛运用,而且对于初学者来说易学易用。

同时,C 语言也存在一些不足。由于 C 语言类型转换比较随便,对数值越界及变量类型一致性不做语法上的严格检查等原因,给编程提供了较大的灵活性,但是也限制了编译程序查错的功能强度。因此,不能过分依赖C编译程序而要强调由程序员自己去保证程序的正确性。

2.1.3 C语言的基本构成

程序设计语言是为了方便描述计算过程而人为设计的符号语言,设计程序、设计语言的根本目标在于使人们能够以熟悉的方式编写程序。因此,程序设计语言与自然语言之间有很多相似之处。自然语言的一篇文章由段落、句子、单词和字母组成,类似地,程序设计语言的一个程序由模块、语句、单词和基本字符组成。

例如,C程序由一个或多个函数组成,函数由若干条语句构成,语句由单词构成,单词由基本符号构成。C程序的基本构成如图2-1所示。

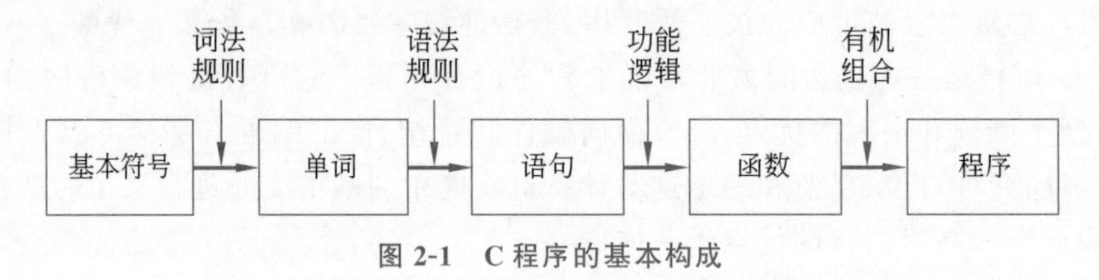

图2-1 C程序的基本构成

同自然语言一样,程序设计语言也是由语法和语义两方面定义的。其中,语法包括词法规则和语法规则,词法规则规定了如何从语言的基本符号构成词法单位(也称单词),语法规则规定了如何由单词构成语法单位(例如表达式、语句等),这些规则是判断一个字符串是否构成一个形式上正确的程序的依据;语义规则规定了各语法单位的具体含义,程序设计语言的语义具有上下文无关性,程序文本所表示的语义是单一的、确定的。从某种角度来说,学习程序设计语言主要就是学习这些规则。

2.1.4 C程序的基本结构

1. 简单C程序举例

为了使读者对C语言程序有个初步印象,下面介绍几个例子,以便读者了解C程序的基本结构和组成。

例2.1 编写显示字符串“This is my first C program.”的C语言程序。

具体程序代码如下:

```
#include<stdio.h>
int main(void)
{
    printf("This is my first C program.\n");
    return 0;
}
```

这是一个最简单的C程序,目的是把字符串"This is my first C program."显示在屏幕上。该程序由预处理命令和主函数两部分组成。一般的C程序都必须包含这两部分。

（1）预处理命令

示例中第一行：＃include＜stdio.h＞中＃include 是包含头文件的预处理命令关键字，＜＞中的 stdio.h 是头文件名。C 语言开发者们编写了很多常用函数，并分门别类的放在了不同的文件，这些文件就称为头文件(header file)。每个头文件中都包含了若干个功能类似的函数，调用某个函数时，要引入对应的头文件。

较早的 C 语言标准库包含了 15 个头文件，stdio.h 是其中最常用的一个。stdio 是 standard input output 的缩写，stdio.h 被称为“标准输入输出文件”，包含的函数大都和输入输出有关，printf()就是其中之一。

（2）主函数

第二行代码的作用是定义主函数，这是 C 程序最重要的一个模块。C 语言规定，任何程序都必须有且仅有一个被命名为 main 的函数，main 函数被称为主函数，是 C 语言程序的入口函数，程序运行时从 main 函数开始，直到 main 函数结束(遇到 return 或者执行到函数末尾时，函数才结束)。

其中：main 为函数名；int 为 main 函数返回值的数据类型(int 是 integer 的简写，意思是“整数”)，它告诉我们，函数的返回值是个整数；void 表示传入的参数，一般都省略，但()不能省，它表示 main 是函数而不是变量。

第 3～6 行代码定义了主函数 main 的函数体部分，即花括号{}所括的内容，程序将从这里开始执行。每个 C 语言程序的函数都至少有一对{}。一般地，main 函数的返回值是整数 0，其返回值在程序运行结束时由系统接收。

关于函数的更多内容，将在本书的后续章节中详细讲解，这里不再展开讨论。

温馨提示：

有的教材中将 main 函数写作：

```
void main()
{
    //Some Code…
}
```

大多数编译器都能够通过编译并且运行，但在有些编译器中却会报错，因为这不是 C 语言标准中所描述的 main 函数的标准写法，最好按照标准的格式来写。

例 2.2　编写程序，计算三个实型数的平均值。

具体程序代码如下：

```
#include<stdio.h>                          /*嵌入头文件*/
int main()                                 /*主函数入口*/
{
  float a,b,c,aver;                        /*定义变量的数据类型为实型*/
  printf("请输入三个实型数:\n");            /*输出语句,作为提示*/
  scanf("%f,%f,%f ",&a,&b,&c);             /*从键盘输入 a、b、c 三个实型数*/
  aver=(a+b+c)/3;                          /*求平均值*/
```

```
  printf("\n average=%f\n",aver);          /*输出计算结果*/
  return 0;
}
```

运行该程序时,首先提示用户输入三个实型数 a、b 和 c,然后用户输入三个数,例如输入“1,2,3↙”,计算机根据用户输入的三个数求出其平均值,然后把结果以如下形式显示在屏幕上:

```
average=2.0000
```

在此程序中,“/*　*/”是注释标识符,其中的内容是注释内容,只是为理解程序代码提供方便,它在程序的编译过程中不产生任何执行代码,只是在编程中起到备忘录的作用。“float a,b,c,aver”是数据类型说明语句,它把 a、b、c 和 aver 定义为实型变量。值得注意的是,所有 C 语言程序中的变量,在使用之前都必须先定义其数据类型。

“scanf(…);”是输入语句。它是格式化的输入函数,是一个由系统提供的标准库函数,其原型也是在 stdio. h 这个头文件中定义的。scanf()函数的圆括号内为参数表,“%f,%f,%f”,为格式串,%f 表示实型数格式,指明赋给变量 a、b 和 c 的值的数据类型是实型。执行该语句时,数据从键盘上输入。

“aver=(a+b+c)/3;”是一个计算表达式,表示把表达式右边的运算结果赋给 aver。

“printf(“\n average=%f\n”,aver);”为输出语句,它首先在新的一行上输出字符串“average=”,然后按实型数格式(%f)输出变量 aver 的值,并使光标移至下一行。

读者可能已经注意到,“printf(”请输入三个实型数\n:”);”语句里并没有输出任何计算结果,而是输出一个提示。这是 print 函数的一个用法,经常用来输出一些提示内容,这样,用户就可以很好地执行程序,如什么时候应该进行什么具体的操作,这个方法在编程中很有用,希望读者能够灵活掌握。

例 2.3　编写程序,求两个整型数中的较大者,并输出其值。

具体代码如下:

```
#include<"stdio.h">
int main()                          /*主函数*/
{
  int max(int,int);
  int a,b,c;                        /*定义变量*/
  scanf("%d,%d",&a,&b);             /*输入变量 a 和 b 的值*/
  c=max(a,b);                       /*调用 max 函数,将值赋给 c*/
  printf("max=%d",c);
  return 0;
}
int max(int x,int y)                /*定义 max 函数,对形式参数 x、y 作类型说明*/
{
```

```
    if(x>y)
      return x;                          /* 如果 x>y,返回 x 的值 */
    else
      return y;                          /* 否则返回 y 的值 */
}
```

此程序由两个函数组成,除了主函数 main()之外,还有计算最大值的函数 max(),函数名字为 max,"int max(int x,int y)"说明函数的返回值类型为 int(整型),函数的参数为整型数 x、y,"return …"将求解结果返回给主函数。

该程序的执行是从 main()函数开始,C 语言中程序的运行都是从 main 函数开始,当主函数执行到 c=max(a,b);语句时,程序执行跳转至 max()函数,当执行 return(y)语句时,则结束 max()函数,程序执行跳转至 main()函数,并把 max()的计算结果带给 main()函数的 c 变量。当主函数执行结束时,整个程序的执行也就结束了。

```
预处理命令
全局数据描述
main ()
  {
    局部数据描述
    执行语句
  }
    函数1 ()
      {
        局部数据描述
        执行语句
      }
    函数2 ()
      {
        局部数据描述
        执行语句
      }
    …
    函数n ()
      {
        局部数据描述
        执行语句
      }
```

图 2-2　单文件 C 程序的物理结构

2. C 程序基本框架

从上述几个简单例子可以看出,C 程序是由函数构成的,一个 C 程序至少包含一个主函数(main 函数),还可以包含若干个其他函数。简单 C 程序的基本结构如图 2-2 所示。其特点为:

(1) 程序中的各函数,除主函数必须命名为 main 外,其他函数由用户自行命名。

(2) 各函数在程序中排列的位置并不十分重要,main 函数也可以放在其他函数后面,但程序总是从 main 函数开始执行。

(3) 在各函数之外,可以出现预处理命令和全局数据描述。

(4) C 程序书写格式自由,一行内可以写多个语句,一个语句可以分写在多行上。当然,清晰易读的书写格式是值得提倡的。

(5) 每个语句和数据定义的最后必须有一个分号,但是预处理命令和复合语句的花括号{}之后不能有分号。

2.2　词法构成

程序设计语言的词法单位也称为单词,是由基本字符集中的字符根据词法规则组合而成的。程序设计语言中基本的单词有关键字、用户自定义标识符、运算符、分隔符 4 种。其中,用户自定义标识符用于给变量、常量、函数、语句块等命名,其所能表征数据的取值范围、运算规则、存储规则均由定义它时所指明的数据类型进行约束。

2.2.1 字符集

每种程序设计语言都定义了自己的基本字符集,不同语言的基本字符集相近,一般都是计算机系统字符集(如ASCII码,见附录A)的子集。

C语言的基本字符集包括:

(1) 英文字母,包括26个大写英文字母A~Z和26个小写英文字母a~z。

注意:C语言区分字母大、小写,把大写字母和小写字母当作不同字符处理。

(2) 数字,包括0~9共10个数字。

(3) 空白符,包括空格符、回车符、制表符。通常作为分隔符使用。

(4) 特殊字符和标点符号。标点符号和特殊符号有多种用途,如有的可以代表或组合成各种运算符,有的则只能出现在字符串常量和注释中。

2.2.2 标识符

标识符(identifier)是指用来标识某个实体的符号序列,在不同的应用环境下有不同的含义。在程序设计语言中,标识符是用户编程时使用的名字,用于给变量、常量、函数、语句块等命名,以建立起名称与使用之间的关系。

标识符通常由字母和数字以及其他字符构成。不同的程序设计语言对于标识符的构成遵循不同的规则,C语言中标识符的构成规则如下:

(1) 以字母(大写或小写)或下画线开始。

(2) 可以由字母(大写或小写)、下画线、数字(0~9)组成。

(3) 大写字母和小写字母代表不同的标识符。

例如,以下都是非法的C/C++语言标识符:

6num(以数字开始)、ok?(含有特殊字符?)、int(与关键字同名)使用标识符时必须注意:

(1) 区分大小写。即大写字母和小写字母代表不同的标识符,则student、Student、STUDENT代表不同的标识符。

(2) 见名知义。标识符虽然可以由编程人员随意命名,但标识符是用于标识某个程序对象的字符序列,因此,命名应尽量体现相应的含义,以便于阅读和理解。例如,在读程序时,看到一个名为maxNum的变量就可以猜到这个变量大概是表示一个最大数,而同样的含义用名为a的变量来表示,就很难理解这个变量的含义。

标识符按照其使用规则可分为关键字、系统预定义标识符、用户自定义标识符三类。

关键字是有固定意义的标识符,是系统为特定目的而保留的,所以有时也称为保留字。C语言的关键字主要包括语句定义符、数据类型符和存储类型符等。它们只能按规定的意义加以使用,而不能当作常规的标识符使用。在程序中选用变量名、函数名等时,不能同关键字发生冲突,既不能与关键字同名,也不要以关键字作为名的首部。

ANSI规定了32个关键字:

int	short	long	char	float	double	signed	unsigned
if	else	switch	case	default	for	while	do
const	extern	register	auto	static	break	continue	return
struct	typedef	enum	union	void	sizeof	goto	volatile

需要注意的是，C 语言的关键字都是小写的，例如 if 是关键字而 IF 则不是。

除此之外，C 语言系统还预先定义了大量的名字，称为系统预定义标识符。如前面用到的库函数名 scanf、printf 等，系统虽然不把它们当作保留字，但建议用户选择标识符时不要与它们相同，否则它们原有的功能将会丧失。

2.2.3　数据类型

在程序中使用数据必须区分类型。数据区分类型的目的是便于它们按照不同的方式和要求进行处理。在 C 程序中，每个数据都必须定义数据类型。

定义数据类型本质上从以下三方面对数据的描述和使用进行了限定：

(1) 数据类型规定了该类型中数据的值域。比如，数值类型的数据，它的值域就是计算机所能表示的数值范围内的所有数据；逻辑类型的数据取值范围只有“真”(true)或“假”(false)；字符类型的数据值域是某一字符集中的所有元素。

(2) 数据类型限定了一个运算集。例如，对数值型数据可进行算术运算和逻辑运算；对逻辑型数据可进行逻辑运算；对字符型数据可进行连接和求子串运算等。当然，不同数据类型也可以进行混合运算，其结果类型为所有参与计算的数据类型中字节最多的数据类型。

(3) 数据类型同时也定义了数据在内存中的存储方式。比如，字符类型在内存占一字节，以 ASCII 码的形式存储。

在高级语言中，每一个数据都属于一定的数据类型，不存在不属于某种数据类型的数据。

C 语言提供如图 2-3 所示的数据类型。数据包含常量和变量，它们都属于上述某种数据类型，本节主要介绍基本数据类型，其他数据类型将在以后的章节中逐步介绍。

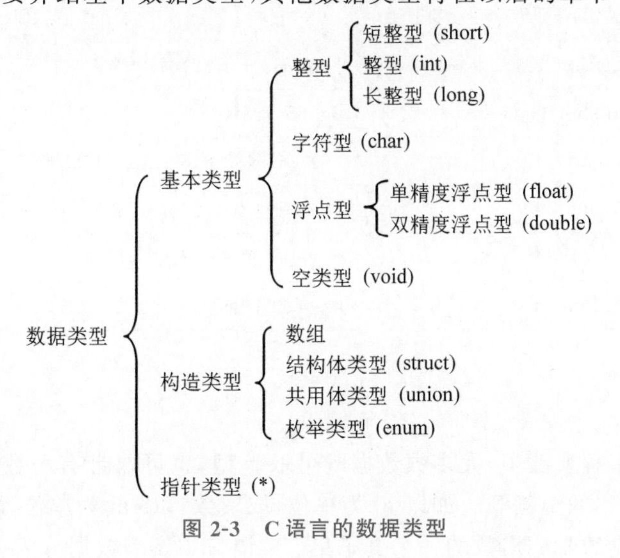

图 2-3　C 语言的数据类型

如图 2-3 所示,C 语言提供的基本数据类型包括数值型、字符型和空类型。数值型数据主要用于科学计算和表示,分为整型和浮点型。整型表示不带小数位的数,实型则表示带小数位的数,也称为实型。字符类型是所有文本数据(非数值数据)处理的基础。空类型主要用来说明函数返回值和参数类型。

1. 整型

整型数据的值域由其在机器内存中的存储长度决定,分为短整型(short)、基本整型(int)和长整型(long)。同样存储长度的数据又分为无符号数(unsigned)和有符号数(signed)。对无符号数而言,没有符号位,所以最高位为数据位。有符号数最高位为符号位。

例如,−10 为有符号数,在内存中占据 4 字节,即 32 个二进制位,最高位为 1 表示负数,其他各位表示数据位。10u 表示无符号数,在内存中存储时,所有的二进制位都表示数值。

整型数据与数学中的整数类似,但又与数学中的整数有区别,它受到机器硬件条件的限制,其值域(即取值范围)只是后者的一个有限真子集,有表示范围限制。存放或表示一个整型数据可以使用字符型、短整型、整型和长整型等 4 种类型。一般字符型表示较小整数。

ANSI C 标准并不规定各种类型的数据占有的字节数,只规定短整型、基本整型和长整型在内存中占的字节个数应满足不减的次序。具体字节数由各种 C 语言版本自己确定。

一般而言,在微型计算机上使用的 C 语言编译系统将基本型定为 2B,且基本型与短整型长度相等;在小、中、大型计算机和 32 位机上使用的 C 语言编译系统将基本型定为 4B,与长整型相同。在 Visual C++ 中,各种类型变量在内存中占据的空间如表 2-1 所示。

表 2-1 Visual C++ 中的整型数据

数据类型(括号中关键字可省)		字节数	取值范围
short	short(int)	2	−32768～+32767($-2^{15}\sim2^{15}-1$)
	unsigned short(int)	2	0～65 535($0\sim2^{16}-1$)
int	int	4	−2 147 483 648～2 147 483 647($-2^{31}\sim2^{31}-1$)
	unsigned(int)	4	0～4 294 967 295($0\sim2^{32}-1$)
long	long(int)	4	−2 147 489 648～2 147 483 647($-2^{31}\sim2^{31}-1$)
	unsigned long(int)	4	0～4 294 967 295($0\sim2^{32}-1$)

2. 浮点型

日常生活或工程实践中,大多数数据既可取整型,也可取带有小数部分的实型,如人的身高和体重、货物的金额等。如以 m 为单位,取实数;以 cm 为单位,取整数。

实型数据也是数学中实数的一个真子集。C 语言中实型数据分为单精度实数(float)

和双精度实数(double)两种。C 语言中常用的浮点类型是 double 型,它是双精度浮点数的缩写。若要在程序中使用、存储浮点型数据,就必须声明 double 型变量。它们在内存中所占的字节数及取值范围如表 2-2 所示。

表 2-2　Visual C++ 中的实型数据

数据类型(关键字)	字节个数	取值范围	精度(位)
float	4	约 $-3.4\times10^{38}\sim3.4\times10^{38}$	6～7
double	8	约 $-1.7\times10^{308}\sim1.7\times10^{308}$	15～16

3. 字符型

非数值型数据,如文字信息等,称为字符型数据,char 是字符类型说明符,用来定义和规范字符类型数据和小数值整型数据。char 型由一个合法值的值域和一组操作这些值的运算组成,其值域是 ASCII 码表的所有符号,包括字母、数字、标点、空格和回车等。

关于字符类型,C 语言标准规定如下:

(1) char 型数据用于表达式时,自动按 signed char 型处理,表示 $-127\sim127$ 数值范围。

(2) 其他情况时,char 型数据自动按 unsigned char 型处理,表示 0～255 数值范围。

4. 空类型

void 的含义是"无、空",是"空类型"关键字,强调函数的返回值类型为空或函数无参数。

函数无返回值,应声明为 void 类型。函数无参数,应声明其参数为 void。C 语言中,凡不加返回值类型限定的函数,会被编译器作为整型返回值处理。

2.3　常量与变量

任何程序都是对数据进行操作的指令集合,程序的执行过程实际上是对数据进行处理的过程。因此,在程序设计中,数据的存储和管理占有非常重要的地位。在程序设计语言中,数据的基本表现形式有两种:常量和变量。常量用来表示在程序运行过程中不能改变的数据,变量用来表示在程序运行过程中可以改变的数据。为了便于数据的存储和管理,常量和变量都有各自的数据类型。

2.3.1　常量和常量声明

所谓常量,就是在程序的运行过程中其值不能被改变的量,即不接受程序修改的固定值,例如程序中的具体数字、字符等。

1. 整型常量

整型常量就是整常数。用来表示正整数、负整数和0。C语言中,整数有3种形式。

(1) 十进制整数(一般表示方法):可以是0~9的一个或多个十进制数位,首位不能为0。例如:100,-200,32767等。

(2) 八进制整数:必须以0(注意,不是字母o)作为起始位,有0~7的一个或多个八进制数位。例如:0ll、023等。分别代表十进制的9和19。

(3) 十六进制整数:以0X(或Ox)作为起始位,有0~9,a~f(A~F)的一个或多个十六进制数位。例如,0x12,0xaf和OXle等,分别代表十进制数的18,175和30。

数据的八进制和十六进制表示,其实是数据在存储器中,二进制存放的短写形式,C语言中不用二进制形式来表示数据,原因是书写起来太长。

整型常量也分short、int和long类型以及它们的无符号unsigned形式。

例如,给定一个常量10,如何来确定它所属的数据类型呢?C语言标准规定,在默认情况下总是按能够容纳它的最小兼容类型来确定。例如:

-32 768~32 767的常量具有short类型。

32 768~65 535的常量具有unsigned short类型。

-2 147 483 648~2 147 483 647的常量具有long类型。

0~4294 967 295的常量具有unsigned long类型。

所以10是short类型。

另外,可以用字符u(u),L(l)作为整型常量的后缀,来显式表示该常量属于何种类型。以十进制形式为例,数据108具有short类型,数据108U(108u)具有unsigned类型,数据108L(108l)具有long类型。同样,用字符u(u),l(L)作为数字后缀的情况也适用于八进制和十六进制常量。

2. 实型常量

实型常量又称为实数,是带有小数点的常量。C语言中可以用十进制小数和指数两种形式表示一个实型常量。

(1) 十进制小数形式

这种形式和数学中表示实数的形式相同,由数字和小数点组成(必须要有小数点)。例如3.14,0.5,.5,5.,7.0,0.0,和.0等都是合法的实型常量。

注意:小数点不可单独出现。

(2) 指数形式

指数形式又称为科学记数法,类似于数学中的指数形式。在数学中,一个数可以写成幂的形式,如1234.567可以表示为1.234567×10^3,12.34567×10^2等形式。在C语言中,由"十进制小数"+e(或E)+"十进制整数"三部分组成。例如:1234.567可表示为1.234567E3或12.34567E2等形式。在C语言中,e(E)后跟一个整数来表示以10为底的幂数。

注意:C语言的语法规定,字母e(E)之前必须有数字且其后的数据必须为整数。

实型常量无后缀的情况下，总是被默认为double类型。如果有后缀字符F(f)，则实常量为float类型，例如，0.618F(0.618f)。

3. 字符型常量

1）字符常量的表示

C语言中，字符型（character）常量是用一对半角单引号引起来的一个字符，表示ASCII字符集中的一个字符。如'A'、'a'和'2'等都是字符型常量。

注意：

(1) 单引号中的大写字母和小写字母表示不同的符号常量，如'A'和'a'表示不同的字符。

(2) 单引号引起的空格(' ')也是一个字符常量。

(3) 字符常量只包含一个字符，'AB'是非法的字符。

程序中，可根据需要用多种书写形式来表示一个字符。可以用十进制、八进制、十六进制这些等价形式来表示同一个字符的美国标准信息交换代码（American Standard Code for Information Interchange，ASCII）编码值。例如，字符常量'a'可以表示为97（十进制）、0141（八进制）、0x61（十六进制）等多种形式。

记住ASCII表的结构特性，在编程中很有用。

(1) 字符0的ASCII码是48；数字0～9的ASCII码是连续的；后面的码值比前面的码值大1；字符0的码值加9，就是字符9的代码。

(2) 字母分为两段：大写字母(A～Z)和小写字母(a～z)，每段的ASCII码值是连续的。大写字符A的ASCII值是65，小写字母a的ASCII值是97，相应的小写字母比大写字母的ASCII码值大32。

2）字符常量在内存中的存储方式

ASCII码表中的每个字符都有一个ASCII编码值，称为字符代码值（Character Code)。字符常量在内存中存储的正是字符的ASCII码值的二进制形式，如字母A在内存中存储的是01000001，字母a在内存中存储的是01100001。

3）字符常量的操作运算

字符的码值及存储特性决定了字符能像整数一样计算，不需要特别转换，计算结果是根据ASCII码值定义的。例如，字符A在参加整数运算时，当作整数65处理，则'A'＋1的值是66。尽管对char型数据应用任何算术运算都是合法的，但在它的值域内，不是所有运算都有意义。例如，'A' * 'B'是合法的，即65 * 66，得到4290。问题在于4290这个整数作为字符毫无意义，因为它超出了ASCII码的范围。当对字符进行运算时，仅有很少的运算是有用的。这些有意义的运算通常有3种。

(1) 给某字符加上一个整数。如果整数n为0～9，则'0'＋n代表得到的是字符0之后第n个字符的代码，某大写字母加上一个整数32，则转换为相应的小写字母等。

(2) 对某字符减去一个整数。如：表达式'z'－2代表字母z倒数前两个的字符x的代码，某小写字母减去整数32，则转换为相应的大写字母。

(3) 比较两个字符。如'A'＜'B'，结果为真。表示A的ASCII码值小于B的ASCII码值。

4) 转义字符(Escape Character)常量

键盘上除了可打印字符(Printing Character)外,还有一些如退格符、换行符、制表符等非印刷字符,还有一些已经被用于固定用途的字符,如单引号字符(')被指定用来表示字符常量。对于这类字符,C语言选用反斜线(\)作为意义转换(转义)的引导符,后面紧跟一个有特殊含义的字符。这种以反斜线开头的字符或一个数字序列,称为转义序列(Escape Sequence)或转义字符。反斜线表示它后面的字符已失去它原来的含义,转变成另外特定的含义。例如,\n 表示回车换行,\t 表示一个制表符等,\x041 表示字母 A。这样,不可显示的字符可以方便地表示了。虽然每个转义字符由几个字符构成,但在机器内部,每个转义序列被转换为一个 ASCII 码值,在内存中占一字节。常用的转义字符如表 2-3 所示。

表 2-3 常用的转义字符

转义字符	转义字符的意义
\n	回车换行
\t	横向跳到下一制表位置
\b	退格
\r	回车
\f	走纸换页
\\	反斜线符"\"
\'	单引号符
\"	双引号符
\a	鸣铃
\ddd	1~3 位八进制数所代表的字符
\xhh	1~2 位十六进制数所代表的字符

引入转义字符后,一个字符就有了更多的表示方法。例如,字符'A'的表示方法除了65(十进制整数)、Ox41(十六进制整数)、010l(八进制整数)和'A'外,还有'\101'(转义字符)和'\x41'(转义字符)两种形式。

4. 字符串常量

字符串常量是用一对双引号括起来的一串字符,字符串的长度就是字符的个数。字符串常量简称字符串,例如"XuanXuan"、"C Program"、"University"都是字符串常量。

长度为 n 的字符串,在计算机的存储中占用 $n+1$ 字节,除了存放各字符的编码外,最后一字节是 NULL 字符(或叫空字符,该字符在 ASCII 字符集中的编码为 0。为了书写方便,在 C 语言程序中用'\0'来表示该字符)。也就是说,任何一个字符串在计算机内都是以'\0'结尾。

双引号和反斜线(\)符在字符串中的表示形式类似单引号和反斜线在字符常量中的

表示形式，应该以\"或\\的形式出现，而不应该是"或\。例如字符串"\"Rocket Force University Of Engineering\""中的\"表示双引号字符。

由上所述，字符常量与字符串常量在表示形式和存储形态上是不同的，例如'A'和"A"是两个不同的常量。字符常量'A'可以赋给字符型变量，而字符串"A"只能赋给字符型数组，因为它是一个字符串，有关数组的内容将在后续内容中介绍。

字符串" "表示空串，它在存储中占一字节，其值为 NULL 字符的代码。

5. 常量声明——符号常量

在 C 语言程序中，可对常量进行命名，即用符号代替常量。该符号叫作符号常量。它通常由预处理命令＃define 来定义（参见附录 A），而且符号常量一般用大写字母表示，以便与其他标识符相区别。符号常量要先定义后使用，定义的一般格式是：

```
#define 符号常量　常量
```

例如：

```
#define  NULL  0
#define  EOF   -1
#define  PI    3.1415926
```

这里的预处理命令＃define 也称为宏定义，一个＃define 命令只能定义一个符号常量，且用一行书写，不用分号结尾。

符号常量一旦定义，就可在程序中代替常量使用。

例 2.4　下面是一个求圆柱体体积的程序，它用到符号常量。

```
#include<stdio.h>
#define PI 3.1415926        /*用预编译命令定义符号常量，即宏定义*/
int main()
{
    float r,h,v;
    scanf("%f %f",&r,&h);
    v=PI*r*r*h;             /*求体积时用到了符号常量 PI*/
    printf("Volume=%f",v);
    return 0;
}
```

使用符号常量有如下两点好处：

(1) 增强可读性。符号常量在程序中代替具有一定含义的常量，如用 PI 代替 3.1415926 等，可增强程序的可读性，而且值在程序中不变。

(2) 增强程序的可维护性。如果一个大的程序中有多处使用同一个常量，这时可把该常量定义为符号常量。这样，当需要对某一个数在多处进行修改时，只需在其定义的地方做修改即可，不必做多处改变，这样可以避免修改不完全或遗漏等错误。当调试、扩充或移植一个程序时,若需要经常改变某些常量,则把它定义为符号常量将大有好处。

2.3.2 变量和变量定义

2.3.2 变量和变量定义

所谓变量,就是在程序的运行过程中其值可以被改变的量。变量是程序设计的一个最基本的概念,大多数程序在执行时都需要从外界接收一些输入,在得到结果之前往往需要执行一系列的计算。因此,在程序的执行过程中需要用存储单元来存储这些数据,这类存储单元就是变量。

1. 变量的概念

变量用一个标识符来表示,称为变量名。每个变量都属于某个确定的数据类型,在内存中占据一定的存储单元,在该存储单元中存放变量的值。因此,变量具有如下属性:

(1) 地址:变量所在存储单元的编号。不同类型的变量占据不同数量的存储单元,存放变量的第一个存储单元的地址(即变量的起始地址)就是该变量的地址。

(2) 变量名:变量所在存储单元起始地址的助记符。变量名本身不占用存储空间,可以通过变量名直接操作这个变量。

(3) 变量值:存储在相应存储单元中的数据,即该变量所具有的值。可以通过变量名存取该存储单元中的数据。

(4) 类型:变量所属的数据类型。类型决定了变量的存储方式(即该变量占据存储单元的字节数和存储格式),以及允许对变量采取的操作。

编译器在对源程序进行编译时,会给每个变量按照其所属的数据类型分配一块特定大小的存储单元,并将变量名与这个存储单元的起始地址绑定在一起。例如,设有 int 型变量 weight 分配在内存 F000 开始的存储单元中,变量 weight 的值为 100,变量的属性如图 2-4 所示。

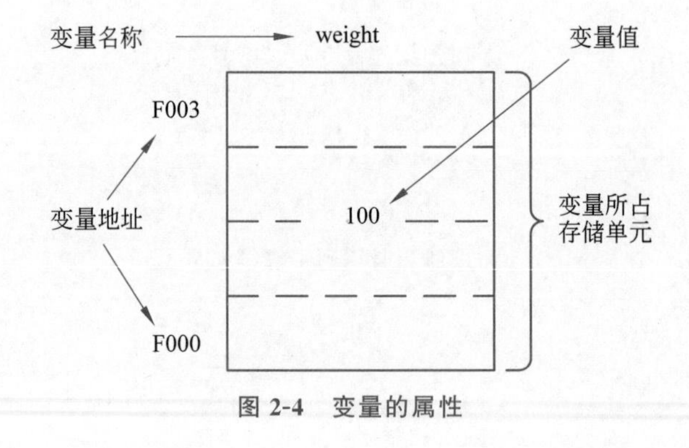

图 2-4 变量的属性

在程序中对变量进行存取操作,实际上是通过变量名找到相应的存储地址,将数据存入该存储单元,或从该存储单元中读取数据。高级语言把计算机硬件中的存储单元抽象为变量,使得编程人员对数据的处理可以不必基于内存,从而回避存储器的概念而将精力集中于所要求解的问题。

2. 变量的定义

程序中需要哪些变量，变量应该采用什么数据类型，是由具体问题的需要决定的。变量的属性由变量定义规定，即在变量定义中引进变量并规定该变量的属性。C 语言中的任何变量都必须遵循“先定义，后使用”的原则。

变量定义的一般形式如下：

```
类型说明符    变量名列表;
```

其中，类型说明符必须是有效的数据类型，包括基本数据类型和自定义数据类型；变量名列表是一个变量名或由逗号分隔的多个变量名，最后用分号表示结束变量定义。

将变量名列表的各个变量定义为类型说明符的类型，编译器为各变量分配相应的存储单元。类型说明符如表 2-4 所示。

表 2-4　类型说明符表

类型标识符	名　字	长度(二进制位)
char	字符型	8
unsigned char	无符号字符型	8
signed char	有符号字符型	8
int	整型	16 或 32
unsigned int	无符号整型	16 或 32
singned int	有符号整型	16 或 32
short int	短整型	16
unsigned short int	无符号短整型	16
signed short int	有符号短整型	16
long int	长整型	32
singned long int	有符号长整型	32
unsigned long int	无符号长整型	32
float	浮点型	32
double	双精度型	64
void	空值型	O

3. 变量的初始化

上述的变量定义只是指定了变量名字和数据类型，并没有给它们赋初值，给变量赋初值的过程称为变量的初始化。值得注意的是，没有赋初值的变量可能由于其所标识的内存单元尚保留先前使用该单元时留下的内容而引起错误，于是，引用未经用户初始化的变量就可能产生莫名其妙的结果。C语言准许在定义变量时对其初始化。

变量初始化的一般形式如下：

```
类型说明符    变量名=值;
```

例如：

```
int a=888;
```

这个语句定义了变量a为整型变量，那么，给变量a赋的值必须是整型数，在这里赋的初始值为888。这种方式是在定义变量类型的同时对变量进行初始化的。实际上，对变量的初始化也可以分两步走，即先定义变量类型，然后再初始化，如上述变量a的定义可以等价为如下的定义方式：

```
int a;
a=888;
```

编译时，遇到“int a;”，首先给变量a分配存储空间，但这时变量a存储空间中是随机数。当程序执行到“a=888;”时，变量a存储空间才赋值888。

同理，下面定义了double、float、short int和char的类型的变量，并进行了初始化：

```
double p=15.5,d=0.1;
float x,y,z=4.53;
char c='a';
```

2.4 运算符和表达式

为了解决现实世界的各种复杂问题，不但需要使用常量和变量来保存数据，还需要对这些数据进行各种运算处理，表达式是进行运算处理的基本构件。事实上，问题求解的关键步骤之一是将问题解决方案用程序设计语言表示成计算机能够实现的表达式。

在不同的程序设计语言中，运算符的种类、数量、表示符号和求值方向一般有所不同。C语言提供了50多个运算符，正是丰富的运算符和表达式使C语言的功能完善，这也是C语言的主要特点之一。

2.4.1 运算符和表达式概述

1. 运算符

C语言把控制语句和输入输出以外几乎所有的基本操作都作为运算处理，所以C语言具有丰富的运算符，运算符告诉编译程序执行特定的操作。

(1) 运算符的分类

按运算功能可将运算符分为算术运算符、赋值运算符、关系运算符、逻辑运算符、逗号运算符等。另外,C 语言还有一些特殊的运算符,用于完成一些特殊的任务。按运算符结合的操作数个数,可分为单目运算符(Unary Operator)、双目运算符(Binary Operator)和三目运算符(Ternary Operator)。单目运算符指运算时只需要一个操作数的运算符,常见的有自加、自减、逻辑非等,如:变量++,意思是将变量加 1;双目运算符指连接两个操作数的运算符,常见的有加减乘除,如:操作数 1+操作数 2,意思是两个操作数相加;三目运算符则是连接三个操作数的运算符,C 语言中的三目运算符是"?:"。

赋值运算符	(=包括复合赋值运算符 += *= /= %=)
算术运算符	(+ - * / %)
关系运算符	(> < == >= <= !=)
逻辑运算符	(! && ||)
条件运算符	(?:)
逗号运算符	(,)
位运算符	(<< >> ~ | ^ &)
指针运算符	(* &)
求字节运算符	(sizeof)
强制类型转换运算符	((类型))
分量运算符	(. ->)
下标运算符	([ ])
其他	(函数调用运算符( ))

图 2-5　C 语言的运算符

(2) 运算符的优先级和结合性

若一个表达式中有多个运算符,则运算的先后顺序是特别重要的,这就涉及了运算符的优先级(Priority)和结合性(Combine)。C 语言中,运算符的优先级共分为 15 级。1 级最高,15 级最低。在表达式中,优先级较高的先于优先级较低的进行运算。如果在一个运算量两侧的运算符优先级相同,则按运算符的结合性所规定的结合方向处理。附录 B 中列出了所有运算符的优先级和结合性,供读者查阅。

2. 表达式

由运算符和操作对象组成的式子叫表达式(Expression)。操作数可以是常量、变量或表达式。表达式均有结果,表达式的值是指表达式中的操作数按照一定的运算规则和顺序,在各种运算符的作用下得到的运算结果。任何表达式加上分号即构成 C 语句。

2.4.2　算术运算符和表达式

1. 算术运算符

C 语言中,基本的算术运算符包括:+、-、*、/、%。其中,+、-、*、/为通常意义的加、减、乘、除运算符,%为求余运算符。

注意:两个整型数据相除结果为整型,如 5/2 结果为 2。而两个实型数据相除结果为实型,5.0/2.0 结果则为 2.5。求余运算只能在两个整型数据之间进行,如 7%4 的值为 3。

+、−符亦可用作求正、求负运算符,如+3、−a。

C语言还有两个特殊的算术符:自增运算符++和自减运算符−−。它们的作用是使变量的值增1或减1。这两个运算符既可以出现在变量的后面,也可以出现在变量的前面。例如:

- ++i:在使用i之前,使i的值加1;
- −−i:在使用i之前,使i的值减1;
- i++:在使用i之后,使i的值加1;
- i−−:在使用i之后,使i的值减1。

粗略地看,++i和i++的作用相当于i=i+1,但++i和i++不同之处在于:++i是先执行i=i+1的值,再使用i的值;而i++是先使用i的值,再执行i=i+1。

如果i的原值为3,则

```
printf("%d",++i);
```

输出为4,而

```
printf("%d",i++);
```

输出为3。但不管那种情况,i的值都变成了4。

例 2.5 分析以下程序的输出结果。

```
#include<stdio.h>
int main(){
    int k,j,i,m,n;                                     /*变量定义*/
    k=3;                                               /*变量赋值*/
    j=5;
    i=4;
    m=(++k)*j;                                         /*求++k表达式值乘j*/
    n=(i++)*j;                                         /*求i++表达式值乘j*/
  printf("\n i=%d,k=%d,m=%d,n=%d\n\n",i,k,m,n);      /*输出计算结果*/
  return 0;
}
```

结果:

```
i=5,k=4,m=20,n=20
```

分析:i的值经过i++运算后,其值一定加1,k的值经过++k运算后,其值一定加1。而执行“m=(++k)*j”;后,j乘表达式(++k)的值为k加1之后的值,因此为20;执行“n=(i++)*j”;后,j乘表达式(i++)的值为i加1之前的值,因此也为20。

注意:

(1) 自增(++),自减(− −)运算只能用于变量,不能用于表达式和常量。

(2) 双目运算＋＋和－－的结合方向自右向左，优先级高于加、减、乘、除、取余。

2. 算术表达式

算术表达式是指用算术运算符将各操作数连接起来的，符合一定语法规则的式子。算术表达式中可以包含算术运算符、常量、变量、函数和表达式等元素。如前面所见的 5％2，a/2，a＋b＋c，3＋6，3 * (b/c－d)和＋＋n 等都是算术表达式。

可以通过()来改变运算符的优先级。任何一个表达式经过计算之后都应有一个确定的值和类型，而表达式的值和类型是由运算符的种类和运算符对象的类型决定的。

单独一个操作数是最简单的表达式，如 9，－4，＋5。变量名自身也可认为是一个表达式，一些特殊的操作符与变量和常量组合也是表达式，如＋＋i 等。表达式可放在赋值运算符的右边，或者是作为函数的参数。表达式与语句的区别是语句以分号结束。

2.4.3　关系运算符和表达式

1. 关系运算符

关系运算符是对两个操作量进行大小比较的运算符，其操作结果是逻辑值“真”或“假”。由于 C 语言中没有逻辑类型的数据，所以通常以非零表示“真”，实际上经常用整型数 1 表示“真”，0 表示“假”。C 语言中有 6 种关系运算符，即：

- ＞＝(大于或等于)；
- ＜＝(小于或等于)；
- ＝＝(等于)；
- !＝(不等于)；
- ＞(大于)；
- ＜(小于)。

2. 关系表达式

关系表达式就是用关系运算符把操作对象连接起来而构成的式子，操作对象可以是各种表达式。

对于关系表达式，其运算结果是一个逻辑量，即“真”或“假”。在计算机中以数值 0 表示“假”，以数值 1 表示“真”。例如：表达式 5＞(4＜5)，由于(4＜5) 是“真”，所以其值为 1，又由于 5＞1 为真，于是该表达式成立，整个表达式的计算结果为 1。

又如，假设 x＝10，y＝5，则表达式。

x＝＝y＋5　　　　其值为“真”；

(x＝3)＜5＋y　　　其值也为“真”；

x＝y＜y＋5　　　　则 x＝1，因为 y＜y＋5 是“真”。

下边都是合法的关系表达式。

a＞b，a＋5＞b－3，(a＝100)＞(y＝50)，'a'＜'b'，(a＞b)＞(b＜c)

注意：关系运算符的优先级低于算术运算符，高于赋值运算符。

2.4.4 逻辑运算符和表达式

1. 逻辑运算符

逻辑运算符是对逻辑量进行操作的运算符。逻辑量只有两个值:“真”和“假”,它们分别用1和0表示。C语言中有3个逻辑运算符,即!(逻辑非)、&&(逻辑与)和||(逻辑或)。

(1) && 运算代表and,当参与运算的两个值都为真值时,其运算结果为真。

(2) ||运算代表or,当参与运算的两个值有一个为真值时,其运算结果就为真。

(3) !运算代表非,当参与运算值为真值时,其运算结果为假;而当参与运算值为假值时,其运算结果为真。

逻辑运算符 && 和||是双目运算符,!是单目运算符,它们的操作对象是逻辑量或表达式(可以是关系表达式或逻辑表达式),其操作结果仍是逻辑量。

注意:C语言系统在给出逻辑运算结果时,以数值0表示“假”,以数值1表示“真”;但在判断一个量的逻辑值时,把0认为是假,把“非0”认为是真。

例如:若x＝3,y＝0,z＝－1,求x&&y＞z。因为x＝3,“非0”,所以x的逻辑值为“真”;由0＞－1知y＞z的逻辑值为“真”。因此,整个表达式的逻辑值为“真”,计算结果为1。

2. 逻辑表达式

逻辑表达式是用逻辑运算符把操作对象(可以是关系表达式或逻辑表达式)连起来所构成的一种运算式,其操作结果是“真”或“假”。

在处理逻辑表达式时要注意逻辑运算符的优先级及结合性,3个逻辑运算符的优先级从高到低的顺序依次是!、&&、||。&& 和||的优先级低于关系运算符和算术运算符,而“!”的优先级高于基本算术运算符。&& 和||的结合性是自左至右,而“!”是自右至左,例如:

x＞y&&a＜c－5　　　　相当于(x＞y)&&(a＜c－5);

x!＝y&&a＞＝c＋5　　　　相当于(x!＝y)&&(a＞＝c＋5);

!x&&a＝＝c　　　　相当于(!x)&&(a＝＝c)。

有时为了提高程序的可读性,经常把逻辑运算符两边的表达式加上一对括号,如上面的x＞y&&a＜c－5就可以写成(x＞y)&&(a＜c－5),这样,当逻辑运算符两边的表达式为复杂的表达式时,容易辨认和阅读。从程序的可读性来说,建议读者在逻辑表达式的两边加上必要的括号,有利于阅读和辨认。

例2.6 写出判断是否为闰年的逻辑表达式。

闰年的条件:能被4整除,但不能被100整除的年份;能被100整除,又能被400整除的年份。

其逻辑表达式为

(year％4＝＝0&&year％100!＝0)||(year％400＝＝0)

知识小档案：短路求值

短路求值是 && 和||操作符所特有的重要属性，是指由 && 和||操作符构成的表达式在进行求值时，只要最终的结果已经可以确定是真或假，求值过程即终止。“短路求值”属于编程语言理论中惰性求值的其中一种方式。

对于 && 运算，如果第一个表达式的逻辑值为假则整个表达式的逻辑值即为假，后续表达式不会执行；对于||运算，如果第一个表达式的逻辑值为真则整个表达式的逻辑值即为真，后续表达式不会执行；对于 && 和||混合运算，按从左到右的顺序执行，忽略优先级（&& 比||的优先级高）。

例如：若 a=1，b=0，c=1，分析 a||b++&&--c 的执行过程。根据短路求值原理，由 a 为真已经可以直接确定整个表达式的结果为真，因此后续的 b++和--c 都不会被执行。

2.4.5 赋值运算符和表达式

类似于 a=2 的式子，在 C 语言中表示赋值（Assignment）表达式，其操作结果是变量 a 的值被置为 2。C 语言中的“=”和数学中的“=”有不同的含义。

1. 赋值运算符、赋值表达式和赋值语句

C 语言中的赋值运算符（Assignment Operator），使用一个“=”来表示。“=”表示 C 语言编译程序要进行一个变量赋值操作，赋值操作的结果是修改了变量存储单元的值，将赋值号右边表达式的结果赋值给了左边的变量。赋值运算符的结合方向是自右向左。赋值运算符优先级别很低（14 级），仅高于将学到的逗号运算符。赋值表达式形式如下：

```
变量=表达式
```

说明：

（1）赋值号左边可是任何合法的变量名，右边可以是任何合法的 C 语言表达式。

（2）先计算“=”右边表达式的值，转换为左边变量的类型，存入左边变量的内存空间。

注意：赋值表达式加上分号，构成赋值语句。“=”的左边必须是变量名，不能是表达式。如：

```
a+b=3;              /*错误!不能给表达式赋值*/
```

C 语言中，可以使用连续赋值操作。如：

```
int a,b;
a=b=100;     /*等价于 a=(b=100),结果 a 和 b 的值都为 100*/
```

a=(b=100)是赋值表达式；而 b=100 也是赋值表达式，该表达式结果是 100，相当于 a=100,其结果也是 100,所以最后整个表达式的结果是 100。

2. 复合赋值运算符

在程序中会经常用到类似 a/=b,m+=3,i-=1 的表达式。这些表达式中用到了复合赋值运算符。把类似这样对变量自身进行某种运算再赋值给变量自身的表达式叫复合赋值运算。C 语言中复合赋值运算符有 *=、+=、-=、/=和%=等。

复合赋值运算符是一种新的操作符,前后相连,中间不能有空格。复合赋值运算的优先级和结合方向与赋值运算符相同。其功能也和赋值运算符类似,如 a/=b 等价于 a=a/b,m+=3 等价于 m=m+3。

假设 a 原来的值为 10,那么:

执行“a+=2;”后,a 的值为 12;

执行“a*=2;”后,a 的值为 20;

执行“a%=2;”后,a 值为 0。

以后学习到的其他运算符,也有这种对应运算。C 语言提供这些操作符,目的仅仅是为了提高相应操作的运算速度,即提高程序的执行效率。为什么“a+=2;”会比“a=a+2;”运算得快呢?从编译的角度上看,是因为前者可以生成更短小的汇编代码。C 语言提供这些别的语言没有的操作符,可以供人们写出优化的代码段。

2.4.6 其他运算符和表达式

1. 逗号运算符和逗号表达式

C 语言中逗号也是一种运算符,用逗号把几个运算表达式连接起来所构成的表达式叫逗号表达式。逗号表达式的优先级最低。逗号表达式的运算次序是自左而右逐个进行运算,最后一个表达式的结果就是逗号表达式的运算结果。例如逗号表达式:

```
a=(a=15,a*10);          /*其结果是 150*/
```

在 C 语言程序中,也可以用逗号表达式来给一个变量赋值。例如:

```
z=(x=15,y=x+25,y*x+30);
```

那么 z 的值是 630。

2. 求字节数运算符

sizeof 是求其操作对象所占用字节数的运算符。它在编译源程序时,求出其操作对象所占字节数。其操作对象可以是类型标识符,也可以是表达式。它有如下两种表达形式。

```
sizeof (类型标识)
sizeof 表达式
```

例如，sizeof(double)的值是 8，表明双精度浮点数占用 8B。

2.4.7　表达式的类型转换

在 C 语言的表达式中，通常参与运算的数据类型不一定完全一致，C 语言程序允许对不同类型的数值型数据进行某一特定操作或进行混合运算。当要对不同类型的数据进行操作时，应首先将其转换成相同的数据类型，然后进行操作。数据类型的转换有隐式类型转换和显式类型转换两种方式。

1. 隐式类型转换

所谓隐式类型转换就是在编译时由编译程序按照一定规则自动完成，而不需要人为干预。因此，在表达式中如果有不同类型的数据参与同一运算，编译器就在编译时自动按照规定的规则将其转换为相同的数据类型。

C 语言规定的转换规则是由低级向高级转换。例如，如果一个操作符(如+、-、*、/等)带有两个类型不同的操作数时，那么在操作之前先将较低的类型转换为较高的类型，然后进行运算，运算结果是较高的类型。

在赋值语句中，如果赋值号(等号)左右两端的类型不同，则将赋值号右边的值转换为赋值号左边的类型，其结果类型还是左边类型。

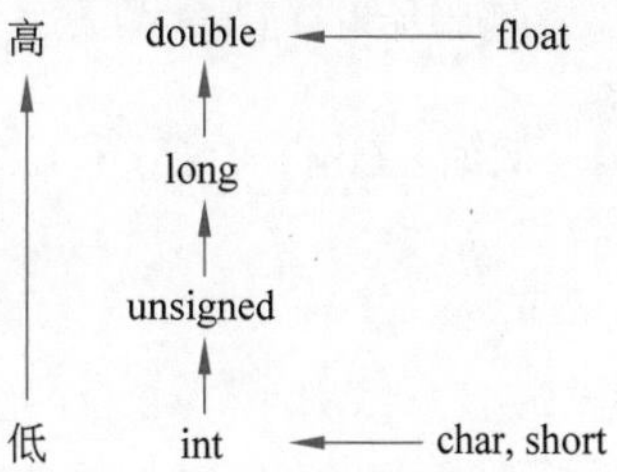

可以用图 2-6 所示的规则表示表达式运算中的数据类型转换。

图 2-6　表达式的转换规则

参加运算的数据是 char 或 short 型时，无条件转换成 int 型；参加运算的数据是 float 型时，无条件转换成 double 型；运算符两侧的数据类型不同时，低级别的类型向高级别的类型转换。

例如，假设已说明变量 i 为 int 型，变量 f 为 float 型，变量 d 为 double 型，变量 l 为 long 型，对于下面的表达式：

10+'a'+i*f-d/l

其运算次序及类型转换如下：

(1) 行 10+'a'的运算。先将'a'转换成整数 97，运算结果为 107。

(2) 进行 i*f 的运算。先将 i 与 f 都转换成 double 型，运算结果为 double 型。

(3) 整数 107 与 i*f 的结果相加。先将整数 107 转换成双精度数 107.000…，相加的结果为 double 型。

(4) 将变量 l 化为 double 型，d/l 结果为 double 型。

(5) 将 10+'a'+i*f 的结果与 d/l 的结果相减，最终结果为 double 型。

2. 显式类型转换

显式类型转换又叫强制类型转换，它不是按照前面所述的转换规则进行自动转换，而是直接将某数据强制转换成指定的数据类型。这可在很多情况下简化转换，例如：

```
int I;
i=i+9.801;
```

按照隐式处理方式，在处理 i＝i＋9.801 时，首先将 i 转换为 double 型，然后进行相加，结果为 double 型，再将 double 型转换为整型赋给 i。

使用显式类型转换时，上边的表达式可写成如下形式。

```
int i;
…
i=i+(int)9.801;
```

这时直接将 9.801 转换成整型，然后与 i 相加，再把结果赋给 i。这样可把二次转换简化为一次转换。

显式类型转换的方法是在被转换对象(或表达式)前加类型标识符，形式为

```
(类型标识符)表达式
```

例如：(int)a，(float)(x＋y)。

2.5 C语句概述

C 语言的语句用来向计算机发出操作指令，指挥、控制计算机执行相应的操作。在本书的前面章节已有介绍，一个 C 语言程序由多个函数构成，每个函数都由声明部分和执行部分构成。其中，执行部分是由语句构成的，完成对数据的操作，程序的功能也是由执行语句实现的。

C 语句可以分为表达式语句、复合语句、控制语句、函数调用语句、空语句五大类。

2.5.1 表达式语句

在表达式后面加分号就构成表达式语句。任何表达式加上分号都可以成为语句，例如：

```
a=100;            /*由赋值表达式加分号构成的赋值语句*/
a++;
```

都是语句，第一个语句的作用是使变量 a 的值等于 100，第二个语句的作用是使变量 a 的值加 1，即等于 101。

但是，不是所有的表达式构成的语句都有意义，例如：

```
a+b;
```

这是一个合法的语句，作用是完成 a＋b 的操作，但是并不把 a＋b 的结果赋给任何变量，即除了执行运算操作，不作任何操作。从实际的角度讲，这样的语句无实际意义。

2.5.2　复合语句

由花括号“{ }”括起来的语句序列称为复合语句，例如：

```
{
    a=1+2;
    b=a+5;
    printf("b=%d",b);
}
```

是一条复合语句。

复合语句在语法上是一个整体，其作用等同于单一语句，能够出现在单一语句可以出现的任何位置。比如：条件语句的内嵌分支；循环语句的内嵌循环体；函数定义的函数体等。

复合语句允许嵌套，即在复合语句内部可以包含其他复合语句。

复合语句内部，除了执行语句外还可以包含说明语句。此时，说明语句必须出现在所有执行语句之前，且其定义的变量只在该复合语句内部有效。

注意：复合语句的花括号后不允许再跟分号。

2.5.3　控制语句

控制语句主要用来控制或改变程序的执行顺序，使其不总是按照程序的书写次序顺序执行，而是能够根据需要进行合理跳转。以此使程序的结构更清晰，并同时减少重复代码。

C 语言中的控制语句包括：

if()…else…	条件语句
switch(){…}	多分支选择语句
for()…	循环语句
while()…	循环语句
do…while()	循环语句
continue;	结束本次循环语句
break;	中止 switch 或循环语句
goto	转向语句
return;	返回语句

其中，()内的表达式表示判断条件，…表示内嵌语句。我们将在后续章节中对各种控制语句进行详细介绍。

2.5.4　函数调用语句

函数调用由函数名和一对圆括号括起来的参数列表组成，它能够使程序转去函数名所指向的代码段。语法上，函数调用等同于表达式，可以出现在表达式能够出现的任意位置。例如：

```
printf("hello world!");            /*该语句调用库函数 printf()*/
a=getchar();                       /*该语句调用库函数 getchar()*/
```

2.5.5 空语句

仅包含一个分号的语句称为空语句。如下所示：

```
;
```

空语句仅在语法上占据一个语句位置，但程序在执行该语句时，什么也不做。我们一般在程序设计的初期用空语句“占位”，后期程序实现时再用详细的代码段替换它。

温馨提示：

(1) C语言语句的书写没有固定格式，一行中可以有多个语句，一个语句也可以使用多行，语句之间必须用分号分隔。

(2) 一个语句必须在最后出现分号，分号是语句不可缺少的部分。

```
a=1; b=2; c=3;         /*一行写几个语句*/
printf("I am a
student,\n");          /*一个语句使用多行*/
```

本章小结

程序是由数据和运算组成的，而数据又是运算的基础，数据的表示形式也决定着可以对其进行哪些运算以及运算的先后次序。

本章着重讨论数据的表示方法。从数据用途的角度出发，在纵向上将数据分为常量和变量两大类；从数据表示与存储的角度出发，在横向上将数据细分为整型、实型、字符型、字符串型等分别进行表示和处理。常量可以声明为符号常量在程序中使用，或者直接在程序中使用；变量必须先定义并赋初值后才能在程序中使用。无论是常量还是变量，其使用细则均与其实际数据类型有关。C语言中有整型、实型、字符型、空类型4种基本数据类型，还有数组、结构体等构造类型和特殊的指针数据类型。不同数据类型在内存中所占的存储单元数不同，表示形式和范围以及输入和输出格式都不相同。

C语言有丰富的运算符：算术运算符、关系运算符、逻辑运算符和赋值运算符等。各种运算符与操作数构成了丰富的表达式，要理解表达式的功能就要分析清楚表达式中各种运算符的优先级和结合性。

表达式后面加上分号即构成语句，语句完成特定的计算或功能。

学习本章时，不要纠缠于各种类型的数据、运算符、表达式的细节问题，先掌握需要用的部分即可，后面遇到较复杂问题时，再到本章查阅。但需要注意的是一定要多多练习、上机调试、分析和运行程序，这样将会起到事半功倍的效果。

习　　题

一、选择题

1. 设C语言中的一个int型数据在内存中占2B,则unsigned int型数据的取值范围为(　　)。

A. 0～255　　B. 0～32767

C. 0～65535　　D. 0～2 147 483 647

2. 下面正确的字符常量是(　　)。

A. "C"　　B. "\\"　　C. 'W '　　D. ""

3. 下面不正确的字符串常量是(　　)。

A. 'abc'　　B. "12 '12"　　C. "0"　　D. " "

4. 以下表达式值为3的是(　　)。

A. 16－13%10　　B. 2＋3/2

C. 14/3－2　　D. (2＋6) /(12－9)

5. 设有说明语句：int k＝7,x＝12;则以下能使值为3的表达式是(　　)。

A. x%＝(k%＝5)　　B. x%＝(k＝k%5)

C. x%＝k＝k%5　　D. (x%＝k)－(k%＝5)

6. 若x、i、j和k都是int型变量,则执行表达式x＝(i＝4,j＝16,k＝32) 后x的值为(　　)。

A. 4　　B. 16　　C. 32　　D. 52

7. 以下不正确的叙述是(　　)。

A. 在C程序中,逗号运算符的优先级最低

B. 在C程序中,APH和aph是两个不同的变量

C. 若a和b类型相同,在执行了赋值表达式a＝b后b中的值将放入a中,而b中的值不变

D. 当从键盘输入数据时,对于整型变量只能输入整型数值,对于实型变量只能输入实型数值

8. 在C语言中,要求运算数必须是整型的运算符是(　　)。

A. /　　B. ＋＋　　C. !＝　　D. %

9. sizeof(float)是(　　)。

A. 一个双精度型表达式　　B. 一个整型表达式

C. 一种函数调用　　D. 一个不合法的表达式

二、填空题

1. 表达式x＝6应当读作________。

2. 若有定义语句：int m＝5,Y＝2;则执行表达式y＋＝y－＝m＊－y后的y值

是________。

3. 设 C 语言中的一个 int 型数据在内存中占 2B,则 int 型数据的取值范围为________(用十进制表示)。

4. 在 C 语言中的实型变量分为两种类型,它们是________和________。

5. C 语言所提供的基本数据类型包括:单精度型、双精度型、________、________和________。

6. 已知字母 a 的 ASCII 码为十进制数 97,且设 ch 为字符型变量,则表达式 ch ='a'+'8'-'3'的值为________。

7. 若有定义语句:"int s=6;",则表达式 s%2+(s+1)%2 的值为________。

8. 若 a 是 int 型变量,则表达式(a=4*5,a*2),a+6 的值为________。

9. 若 a、b 和 c 均是 int 型变量,则执行表达式 a=(b=4)+(c=2)后 a 的值为________,b 的值为________,c 的值为________。

10. 若 a 是 int 型变量,且 a 的初值为 6,则执行表达式 a+=a-=a*a 后 a 的值为________。

11. 若有定义语句:"int a=2,b=3;float x=3.5,y=2.5;",则表达式(float)(a+b)/2+(int)x%(int)y 的值为________。

12. 若有定义语句:"int x=3,y=2;float a=2.5,b=3.5;",则表达式(x+y)%2+(int)a/(int)b 的值为________。

13. 假设变量 a、b 均为整型,则表达式(a=2,b=5,a++,b++,a+b)的值为____________。

14. 把以下多项式写成只含 7 次乘法运算,其余皆为加、减运算的 C 语言表达式为________。

$$5x^7+3x^6-4x^5+2x^4+x^3-6x^2+x+10$$

第3章 程序控制结构

经过第2章的学习，我们已经能够合理地表达程序中的数据，并能够对这些数据进行基本的运算。但实际问题的求解过程往往是十分复杂的，它不仅包括顺序的计算步骤，还包括许多可供选择的不同计算路径，或者一些需要重复执行若干次的计算块。而这些计算路径的选择和计算块的重复控制都依赖于对某些设定条件的判断。对一个实际问题求解过程中所包含的各个计算块间的逻辑关系的完整描述就体现了程序的控制结构。

程序的控制结构包括顺序、选择、循环，这三种基本结构经过反复嵌套可以组成各种复杂程序。C语言提供了多种语句来实现这三种基本控制结构。本章介绍这些基本语句及其在常用算法（枚举法、迭代法）中的应用，并以此为基础使读者熟练掌握结构化程序设计方法，为后面各章的学习打下基础。

3.1 结构化程序设计

20世纪60年代末，国际著名计算机专家E. W. Dijkstra首次提出了“结构化程序设计”的思想。它规定了一套方法，使程序具有合理的结构，以保证程序的正确性。这种方法要求程序设计人员按照一定的结构形式来设计和编写程序，使程序易读、易理解、易修改和易维护。C语言是一种适合结构化程序设计方法的语言。

3.1.1 结构化程序

一般地，实际问题的求解过程可由顺序的计算步骤、可选择的不同计算路径、需要重复执行若干次的计算块三类子过程组成。在结构化程序中我们将之分别对应于顺序、选择、循环三种基本结构，这三种结构之间允许嵌套，由这三种基本结构经过反复嵌套即可构成任意复杂的结构化程序。

为使读者更好地理解结构化程序的概念，我们首先引入局部程序块的概念。局部程序块是指一对花括号之间的一段C语言程序，其在逻辑上是一个整体。因此，在逻辑上可以认为一个局部程序块是一条单一语句，C语言中称之为复合语句，或者语句块。在算法流程图中可以用矩形框来表示一个语句块，这样做能够隐藏语句块内部语句的逻辑关系，而使得整个程序中各个语句块间的逻辑关系更为清晰。

顺序结构的功能是按照各个语句块排列的先后次序依次执行，其对应的流程图画法如图 3-1 中①所示。C 语言中的所有非转移语句（比如：赋值语句等）都支持顺序结构。

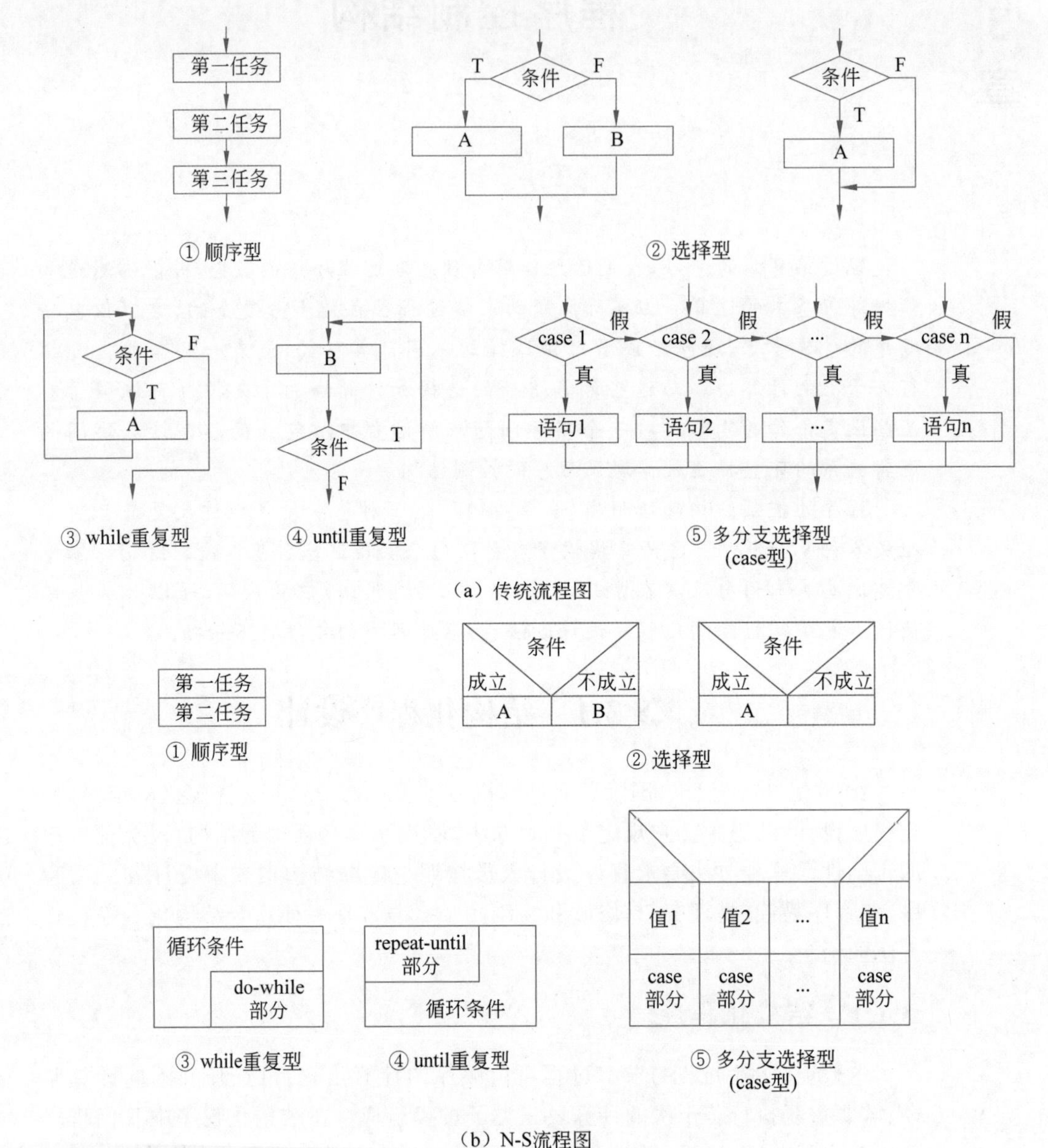

图 3-1 五种基本控制结构流程图的规范画法

选择结构的功能是根据给定的条件从两条或多条可能的路径中选择一条，其对应的流程图画法如图 3-1 中②、⑤所示。C 语言中的 if 语句和 switch 语句支持选择结构。

循环结构的功能是满足给定条件时反复执行内嵌语句块，直至条件不满足时离开。依据条件判定的先后可分为当型循环（先判定型）、直到型循环（后判定型）两种结构，其对应的流程图画法如图3-1中③、④所示。C语言中的while语句和for语句支持当型循环结构，do-while语句支持直到型循环结构。

为使用流程图描述结构化程序，必须限制流程图只能使用图3-1所给出的5种基本控制结构。任何复杂的程序流程图都应由这五种基本控制结构组合或嵌套而成。这样规定的主要原因是，在传统流程图中表示程序控制流程的箭头可以不受任何约束的随意转移控制，这会破坏结构化程序设计的精神。

3.1.2 结构化程序设计方法

结构化程序设计方法是在语句级上的问题分解与抽象，即经过多层分解后的子问题是能够用C语句直接表达和计算的。因此，它是程序设计工作中最根本的方法，其基本思想可以概括为以下3点：

(1) 采用顺序、选择和循环三种基本结构作为程序设计的基本单元。这样设计的程序有以下4个特征：只有一个入口；只有一个出口；无死语句；无死循环。

(2) 尽量避免使用跳转语句。如果要使用，尽可能不使用多于一个跳转的语句标号；且只在一个单入口单出口的程序结构内使用跳转语句，并且只往前跳转，不允许往后跳转。

(3) 采用“自顶向下、逐步求精”的程序设计方法。

在运用计算机求解问题时，如果问题比较简单，则比较容易确定算法，甚至直接编出程序。因此，对于一个复杂的大问题，我们希望将其分解细化为若干个独立的小问题，然后逐一解决这些小问题，必要时再对每个小问题进一步分解，如此反复，直至分解后的小问题均能直接运用C语句运算。这种通过多层分解、逐步求精，最后完全确定算法的技术，通常称为“自顶向下、逐步求精”的程序设计方法，它也是结构化程序设计的最好方法。

自顶向下、逐步求精法程序设计的一般步骤如下：

(1) 对实际问题进行全局分析，确定数学模型。

(2) 确定程序的总体结构，将整个问题分解成若干相对独立的子问题。

(3) 确定子问题的具体功能及其相互关系。

(4) 将子问题进一步细化，直至能用高级语言表示为止。

为更好地说明结构化程序设计方法的应用过程，以例3.1的设计过程为例进行详细分析和讲解。

例3.1 输入两个整数start、end，编程求start～end内的所有素数。

问题分析：该问题本质是在一定范围内寻找满足特定条件的整数。这里的一定范围由输入量直接给出；特定条件即判断某个整数是否是素数。依据素数的定义，对于整数i，需要在2～i−1范围内判断是否存在i的约数，若存在则不是素数；反之，即为素数，直接输出i即可。

“自顶向下、逐步求精”法程序设计过程如图3-2所示。根据问题的复杂程度，在其中的第(3)、(4)步之间还可以继续添加子问题的细化步骤，细化至每一个子问题都可以用C语句直接实现为止。

<table>
<tr><th>(1) 程序总体结构</th><th>(2) 子问题的细化</th><th>(3) 子问题的进一步细化</th><th>(4) 编码</th></tr>
<tr><td>子问题 1：数据表示
(用变量定义语句实现)</td><td rowspan="2"></td><td rowspan="3"></td><td rowspan="5">……</td></tr>
<tr><td>子问题 2：输入 start、end
(用输入语句实现)</td></tr>
<tr><td rowspan="3">子问题 3：输出 start～end 内的素数
解题思路：对范围内的每一个整数 i 进行判断和输出。(用循环结构实现)</td><td>设标志位 flag：0 表示非素数；1 表示素数
初始假设 i 是素数，flag 置 1
(用赋值语句实现)</td></tr>
<tr><td>子问题 3-1：i 是素数吗?
解题思路：对 2～i－1 范围内的每一个整数 j 进行判断。(用循环结构实现)</td><td>子问题 3－1－1：j 是 i 的约数吗?
解题思路：判断 i%j 是否为 0，为 0 则 flag 置 0。(用单分支 if 语句实现)</td></tr>
<tr><td>子问题 3-2：输出
判断 flag，是 1 则输出 i
(用单分支 if 语句实现)</td><td></td></tr>
</table>

图 3-2 “自顶向下、逐步求精”法程序设计过程示意图

温馨提示：设置标志位 flag 是程序设计中的一种常用技巧，它的引入可以使程序的逻辑更为清晰，使语句块之间的耦合关系更为松散，便于结构化程序设计方法的应用。

在本章后续内容的相应部分已给出本例题的关键代码段，请读者在学完本章后自行组合并调试解决该问题的完整程序。

3.2 顺序结构

3.2 顺序结构

顺序结构是最基本、最简单的程序控制结构，它由若干语句块组成，各块按照排列次序依次执行。这里所谓的块是指非转移语句(如表达式语句等)或者三种基本结构之一。顺序结构应用于比较简单的、不需要根据条件选择执行不同语句，也不需要反复(多次)完成特定操作的程序。一般地，所有的 C 程序都可以划分为：变量定义、数据输入、计算、结果输出 4 部分。即宏观来看，所有的 C 程序都是顺序结构程序。

本小节首先介绍输入、输出在 C 语言中的实现方法，然后再从结构化程序设计的角度分析顺序结构程序设计的要点及应注意的地方。

3.2.1 输入输出在 C 语言中的实现

所谓输入输出是以计算机为主体的输入和输出，即键盘输入和显示器输出。输入和输出是用户与程序实现交互的唯一途径。想使程序每次运行能对不同的数据进行计算就必须设置输入；一个有效的程序必须包含运算结果的输出。

在 C 语言中，数据的输入和输出主要是通过调用 scanf 函数和 printf 函数实现的

(scanf 和 printf 不是 C 语言标准中规定的语句，而是 C 编译系统提供的函数库中的标准函数)。因此，必须熟练掌握 scanf 函数和 printf 函数的应用。

在使用标准库函数的程序中应添加相应的预编译命令。例如：使用标准输入输出库函数时应在源程序开头包含以下预编译命令：

```
#include<stdio.h>
```

或

```
#include "stdio.h"
```

其中，stdio 是 standard input &outupt 的缩写。

常用的输入输出库函数包括：格式输入输出、单字符输入输出两类。

1. 格式输出函数

格式输出函数(printf 函数)关键字的尾字母 f 即为“格式”(format)之意。其功能是按用户指定的格式，把指定的数据输出到显示器屏幕上。在前面的例题中我们已多次使用过这个函数。printf 函数是一个标准库函数，它的函数原型在头文件"stdio.h"中。但作为一个特例，不要求在使用 printf 函数之前必须包含 stdio.h 文件。

printf 函数调用的一般形式为()

```
printf("格式控制串",输出表列)
```

其中：

格式控制串用于指定输出格式。格式控制串由格式说明和原样输出两部分组成。

(1) 格式说明是以%开头的字符串，在%后面跟有各种格式字符，以说明输出数据的类型、形式、长度、小数位数等。如："%d"表示按十进制整型输出；"%ld"表示按十进制长整型输出；"%c"表示按字符型输出等。

(2) 原样输出部分可由任意字符组成，在输出中起提示作用。

输出表列中给出了各个输出项，要求格式说明和各输出项必须在数量和类型上一一对应，输出时将输出列表中各输出项的值按照格式说明的要求输出在对应格式说明的位置上。

比如：例 3.1 的子问题 3-2 中输出 i 的部分，采用 printf 函数可写为

```
printf("%d ",i);
```

例 3.2　printf 函数的应用。程序如下：

```
#include<"stdio.h">
int main(){
    int a=88,b=89;
```

```
    printf("%d %d\n",a,b);
    printf("%d,%d\n",a,b);
    printf("%c,%c\n",a,b);
    printf("a=%d,b=%d",a,b);
    return 0;
}
```

运行结果为

```
88 89↙
88,89↙
X,Y↙
a=88,b=89
```

温馨提示：本例中4次输出了a、b的值，但由于格式控制串不同，输出的结果也不相同。第4行的输出语句格式控制串中，两格式串%d之间加了一个空格(非格式字符)，所以输出的a、b值之间有一个空格。第5行的printf语句格式控制串中加入的是非格式字符逗号，因此输出的a、b值之间加了一个逗号。第6行的格式串要求按字符型输出a,b值。第7行中为了提示输出结果又增加了原样输出部分进行提示。

printf输出格式说明的一般形式为

```
%[标志][输出最小宽度][.精度][长度]类型
```

其中，方括号[]中的项为可选项。各项的意义介绍如下：

(1) 类型：类型字符用以表示输出数据的类型，其格式符和意义如表3-1所示。

表3-1 printf格式字符

格式字符	意　义
d,i	以十进制形式输出带符号整数(正数不输出符号)
o	以八进制形式输出无符号整数(不输出前缀0)
x,X	以十六进制形式输出无符号整数(不输出前缀Ox)
u	以十进制形式输出无符号整数
f	以小数形式输出单、双精度实数
e,E	以指数形式输出单、双精度实数
g,G	以%f或%e中较短的输出宽度输出单、双精度实数
c	输出单个字符
s	输出字符串

(2) 标志：标志字符为一、十、#、空格 4 种，其意义如表 3-2 所示。

表 3-2　printf 标志字符

标志	意　　义
一	结果左对齐，右边填空格
十	输出符号(正号或负号)
空格	输出值为正时冠以空格，为负时冠以负号
#	对 c、s、d、u 类无影响；对 o 类，在输出时加前缀 o；对 x 类，在输出时加前缀 0x；对 e、g、f 类当结果有小数时才给出小数点

(3) 输出最小宽度：用十进制整数表示输出的最少位数。若实际位数多于定义的宽度，则按实际位数输出，若实际位数少于定义的宽度则补以空格或 0。

(4) 精度：精度格式符以"."开头，后跟十进制整数。本项的意义是：如果输出数字，则表示小数的位数；如果输出的是字符，则表示输出字符的个数；若实际位数大于所定义的精度数，则截去超过的部分。

(5) 长度：长度格式符为 h、l 两种。h 表示按短整型量输出，l 表示按长整型量输出。

例 3.3　printf 中格式说明的使用。程序如下：

```
#include<stdio.h>
int main(){
    int a=15;
    float b=123.1234567;
    double c=12345678.1234567;
    char d='p';
    printf("a=%d,%5d,%o,%x\n",a,a,a,a);
    printf("b=%f,%lf,%5.4lf,%e\n",b,b,b,b);
    printf("c=%lf,%f,%8.4lf\n",c,c,c);
    printf("d=%c,%8c\n",d,d);
    return 0;
}
```

运行结果为

```
a=15,   15,17,f↙
b=123.123459, 123.123459,123.1235,1.231235e+002↙
c=12345678.123457, 12345678.123457, 12345678.1235↙
d=p,       p↙
```

温馨提示：本例第 7 行中以 4 种格式输出整型变量 a 的值，其中"%5d "要求输出宽度为 5，而 a 值为 15 只有两位故补三个空格。第 8 行中以 4 种格式输出实型量 b 的值。其中"%f"和"%lf "格式的输出相同，说明"l"符对"f"类型无影响。"%5.4lf"指定输出宽度为 5，精度为 4，由于实际长度超过 5 故应该按实际位数输出，小数位数超过 4 位部分被截去。第9行输出双精度实数,"%8.4lf"由于指定精度为4位,故截去了超过4位的部分。第10行输出字符量d,其中"%8c "指定输出宽度为8故在输出字符p之前补加7个空格。

2. 格式输入函数

格式输入函数(scanf函数),即按用户指定的格式从键盘上把数据输入到指定的变量之中。scanf函数是一个标准库函数,它的函数原型在头文件"stdio.h"中,与printf函数相同。C语言也允许在使用scanf函数之前不必包含stdio.h文件。

scanf函数的一般形式为

```
scanf("格式控制串",地址表列);
```

其中:

格式控制串的作用与printf函数相同,但原样输入部分需要用户自己输入,且必须与源代码中的完全一致。因此,建议scanf中的格式控制串越简单越好,不要在数据间(格式说明间)加间隔符,以免用户输入时由于不知道源代码中写的间隔符是什么,而使得输入值不能被正确获取,最终导致程序出错。

地址表列中给出各变量的地址,地址是由地址运算符&后跟变量名组成的。例如:&a,&b,分别表示变量a和变量b的地址。这个地址就是编译系统在内存中给a、b变量分配的地址。在C语言中,使用地址这个概念,把变量的值和变量的地址这两个不同的概念区别开来。变量的地址是C编译系统分配的,用户不必关心具体的地址是多少。

例如,例3.1中子问题2:输入start、end。采用scanf函数可写为

```
scanf("%d%d",&start,&end);
```

scanf格式说明的一般形式为

```
%[*][输入数据宽度][长度]类型
```

其中有方括号[]的项为任选项。各项的意义如下:

(1)类型:表示输入数据的类型,其格式符和意义如表3-3所示。

表3-3 scanf格式字符

格式	字符意义	格式	字符意义
d,i	输入十进制整数	f或e	输入实型数(用小数形式或指数形式)
o	输入无符号八进制整数	c	输入单个字符
X,x	输入无符号十六进制整数	s	输入字符串
u	输入无符号十进制整数		

(2)"*"符:用以表示该输入项读入后不赋予相应的变量,即跳过该输入值。如:

```
scanf("%d %* d %d",&a,&b);
```

当输入为：1　2　3时，把1赋予a，2被跳过，3赋予b。

(3) 输入数据宽度：用十进制整数指定输入的宽度(即字符数)。例如：

```
scanf("%5d",&a);
```

输入：12345678，只把12345赋予变量a，其余部分被截去。又如：

```
scanf("%4d%4d",&a,&b);
```

输入：12345678，将把1234赋予a，而把5678赋予b。

(4) 长度：长度格式符为l和h，l表示输入长整型数据(如%ld)和双精度浮点数(如%lf)。h表示输入短整型数据。

使用scanf函数还必须注意以下几点：

(1) scanf函数中没有精度控制，如"scanf("%5.2f",&a);"是非法的。不能企图用此语句输入小数为2位的实数。

(2) scanf函数中要求给出变量地址，如给出变量名则会出错。如"scanf("%d",a);"是非法的，应改为"scnaf("%d",&a);"才是合法的。

(3) 在输入多个数值数据时，若格式控制串中没有指定使用特定的原样输入部分作输入数据之间的间隔，实际输入时默认可用空格、Tab或回车作间隔。C编译在碰到空格、Tab、回车或非法数据(如对"%d"输入"12A"时，A即为非法数据)时即认为该数据输入结束。

(4) 在输入字符数据时，如果格式控制串中无原样输入部分，则认为所有输入的字符均为有效字符。例如：

```
scanf("%c%c%c",&a,&b,&c);
```

输入为：d　e　f，则把'd'赋予a，' '赋予b，'e'赋予c；只有当输入为：def时，才能把'd'赋予a，'e'赋予b，'f'赋予c。如果在格式控制中加入空格作为间隔，如：

```
scanf("%c %c %c",&a,&b,&c);
```

则输入时各数据之间可加空格。

例3.4　scanf函数的应用。程序如下：

```
#include<stdio.h>
int main (){
    int a,b,c;
    printf("input a,b,c\n");
    scanf("%d%d%d",&a,&b,&c);
    printf("a=%d,b=%d,c=%d",a,b,c);
    return 0;
}
```

温馨提示：在本例中，由于scanf函数本身不能显示提示串，故先用printf语句在屏幕上输出提示，请用户输入a、b、c的值。执行scanf语句，则退出VC++屏幕进入用户屏幕等待用户输入。用户输入7　8　9后按下Enter键。此时，系统又将返回屏幕。在scanf语句的格式串中由于没有原样输入部分在"%d%d%d"之间作输入时的间隔，因此，在输入时要用一个以上的空格或回车键作为每两个输入数之间的间隔。如：

```
7 8 9
```

或

```
7
8
9
```

3. 单字符输出函数

字符输出函数(putchar函数)的功能是在显示器上输出单个字符。其一般形式为

```
putchar(字符变量/常量)
```

例如：

```
putchar('A');                    /*输出大写字母A*/
putchar(x);                      /*输出字符变量x的值*/
putchar('\101');                 /*输出字符A*/
putchar('\n');                   /*换行*/
```

温馨提示：若输出为控制字符则执行相应的控制功能，不在屏幕上显示。

4. 单字符输入函数

单字符输入函数(getchar函数)的功能是从键盘上输入并返回一个字符。其一般形式为

```
getchar();
```

通常把输入的字符赋予一个字符变量，构成赋值语句，如：

```
char c;
c=getchar();
```

例3.5　输入输出单个字符。程序如下：

```
#include<stdio.h>
int main(){
```

```
    char c;
    printf("input a character:\n");              /* 提示输入语句 */
    c=getchar();                                   /* 单字符输入 */
    putchar(c);                                    /* 单字符输出 */
    return 0;
}
```

运行结果为

```
input a character:↙
j↙
j
```

温馨提示：

(1) getchar 函数只能接受单个字符，输入数字也按字符处理。输入多于一个字符时，只接收第一个字符。

(2) 使用本函数前必须包含文件" stdio.h "。

(3) 在 VC++ 屏幕下运行含本函数程序时，将退出 VC++ 屏幕进入用户屏幕等待用户输入。输入完毕再返回 VC++ 屏幕。

(4) 程序 5、6 行可用下面两行的任意一行代替：

```
putchar(getchar());
printf("%c",getchar());
```

知识小档案：行缓冲

行缓冲是指见到换行符的时候把缓冲区的内容送到指定位置。例如，在如下程序中，执行时输入了 a bc↙，此时缓冲区中有 a、空格、b、c、回车，共 5 个字符，程序执行 scanf 只会取走其中的前三个字符，紧接着再执行 getchar 就会使 end1 得到第四个字符 c，再执行 getchar 就会使 end2 得到第五个字符"↙"，因此程序执行最终的输出结果如图 3-3 所示。

```
#include<stdio.h>
#include<string.h>
int main(){
    char end1,end2, a,b,c;
    printf("input:");
    scanf("%c%c%c",&a,&b,&c);
    end1=getchar();
    end2=getchar();
    printf("output:a=%c b=%c c=%c  end1=%c end2=%c\n",a,b,c,end1,end2);
    return 0;
}
```

执行结果如图 3-3 所示。

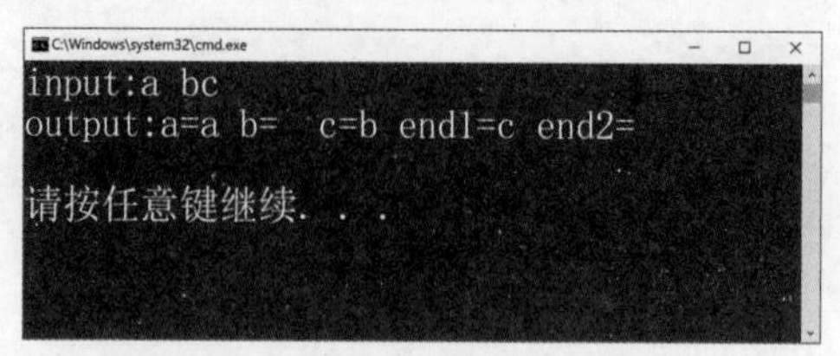

图 3-3 行缓冲示例的执行结果

3.2.2 顺序结构程序设计方法与示例

程序是由数据和运算组成的,而数据又是运算的基础,数据的表示形式也决定着可以对其进行哪些运算以及运算的先后次序。

比如:C 语言要求变量必须“先定义、再使用”,而且在利用变量的值参与运算之前必须保证该变量已经有了合理的初值,否则就需要先给它赋初值(赋值语句或者输入语句),然后才能用它参与各种运算。之所以这样规定,主要是因为当执行变量定义语句时,系统会在内存为该变量分配相应大小的空间(若干字节),并在变量名与内存空间之间建立关联关系(将该空间的首字节地址记为该变量的地址),但不会改变该空间内的数据值。因此,当直接使用该变量名读取数据时,只能得到一个随机数。

基于上述原因并结合结构化程序设计思想,我们认为 C 程序在宏观上都可以看作是顺序结构的,且由定义、输入、计算、输出 4 部分组成,其中前 3 部分可根据问题的实际需要选择省略或添加。

定义部分需要对问题进行分析,提取出解决问题过程中需要用到的各个量,包括变量和常量,确定每个量的名称、类型、初值、含义等。

输入部分主要实现变量赋初值,可以用赋值语句或者输入语句来完成。如果希望每次程序执行可以处理不同的数据,就必须使用输入语句。输入部分只需对完成运算必需的量赋初值,而对用于存放运算结果的量则不必赋值。

计算部分主要由各种表达式语句构成,确定好各个表达式语句的先后次序即可。

输出部分的功能就是用输出语句以要求的格式输出结果。有时,计算部分和输出部分是混杂在一起的,即边计算边输出,如例 3.1 就属于这种情况。

例 3.6 计算一元二次方程 $ax^2+bx+c=0$ 的实根,a、b、c 由键盘输入,设 $b^2-4ac>0$。

问题分析:由求根公式可知,若令:

$$p=\frac{-b}{2a},\quad q=\frac{\sqrt{b^2-4ac}}{2a}$$

则有:

$$x_1=p+q,\quad x_2=p-q$$

程序如下:

```
#include<stdio.h>
#include "math.h"      /* 由于要调用数学函数库中的函数,所以必须用#include将数学函
                          数库的头文件 math.h 包含进程序 */
```

```
int main()
{
    float a,b,c disc,x1,x2,p,q;                       /* 定义部分 */
    scanf("a=%f,b=%f,c=%f",&a,&b,&c);                 /* 输入部分 */
    disc=b*b-4*a*c;                                   /* 计算 δ */
    p=-b/(2*a);
    q=sqrt(disc/(2*a));                               /* sqrt()求平方根的函数 */
    x1=p+q;
    x2=p-q;                                           /* 计算 2 个方程的根 */
    printf("\nx1=%5.2f\nx2=%5.2f\n",x1,x2);          /* 输出部分 */
    return 0;
}
```

运行结果是：

```
输入:
  a=2.3,b=6.7,c=3.1↙
输出:
  x1=-0.58
  x2=-2.34
```

例 3.7 已知三条边 a、b、c，求三角形面积。

问题分析：由计算三角形面积的海伦公式可得：

$$\text{area}=\sqrt{s(s-a)(s-b)(s-c)}$$

其中：$s=(a+b+c)/2$。

设定义：

(1) 实型变量 a、b、c，表示三角形的三边长，需要输入。

(2) 实型变量 s、area，存放结果，包括中间结果和最终结果。

程序如下：

```
#include<stdio.h>
#include "math.h"
int main(){
    float a,b,c;                          /* 定义部分 */
    float s,area;
    scanf("%f, %f, %f",&a,&b,&c);         /* 输入三条边 a、b、c */
    s=1.0/2*(a+b+c);                      /* 计算部分 */
    area=sqrt(s*(s-a)*(s-b)*(s-c));
    printf("area=%8.3f \n",area);         /* 输出部分 */
    return 0;
}
```

程序运行情况如下：

```
3,4,5↙
area=    6.000
```

请多试几组数据进行程序正确性的测试。想一想,这个程序还有什么地方需要改进?

温馨提示:注意此例中第 7 行 s =1.0/2 * (a+b+c)如写作 s =1/2 * (a+b+c),则无论输入的 a、b、c 为何值,其计算结果始终为 0。因为 1/2 在 C 表达式中的计算结果要保持为整型,即取为 0 而不是 0.5。这一点请读者在将数学表达式转换为 C 语言表达式时一定要特别注意。

3.3 选择结构

在程序设计中,经常要求计算机根据不同的条件或情况选择不同的处理过程。C 语言中的 if 语句和 switch 语句支持选择结构。

选择结构可分为单分支、双分支和多分支三种情况。一般的,采用 if 语句实现单选择结构程序;采用 if-else 语句实现双选择结构程序;采用 if-else-if 语句实现多选择结构。当 if 语句中的执行语句又是 if 语句时,则构成了 if 语句的嵌套。虽然 if-else-if 语句、嵌套 if 语句都能实现多选择结构程序,但用 switch 语句实现多选择结构的程序更加简洁明了。用 switch(k)语句实现的难点在于 k 表达式的设计和构造。

3.3.1 if 语句

3.3.1 if 语句

用 if 语句可以构成选择结构。它根据给定的条件进行判断,以决定是否执行某个分支程序段。C 语言的 if 语句经常使用 3 种基本形式:if 形式、if-else 形式和 if-else-if 形式。

1. 双分支 if-else 形式

if-else 是 if 语句的标准形式,它的语句形式为

```
if(表达式)
    语句 1;
else
    语句 2;
```

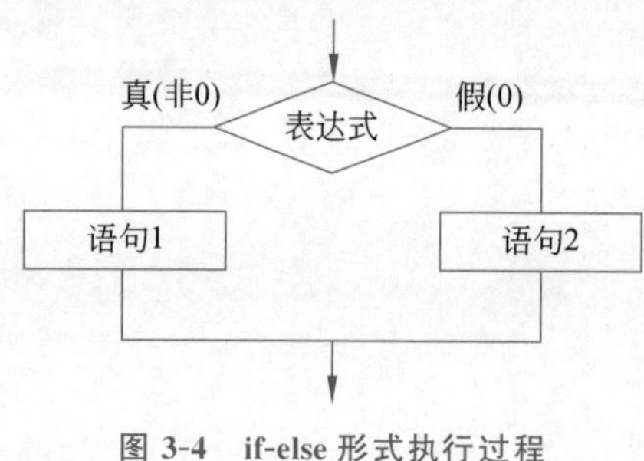

图 3-4 if-else 形式执行过程

其语义是:如果表达式的值为真(非 0),则执行语句 1,否则执行语句 2。为加以区别,称此处的表达式为条件判断表达式,称此处的语句 1 和语句 2 为内嵌语句。其执行过程可表示为图 3-4,即先计算条件判断表达式的值,根据条件判断表达式的值选择执行语句 1 或者语句 2。语句 1 和语句 2 只有一个将被执行。

注意：

(1) else 分句不允许单独使用。

(2) 关键字 if 应与关键字 else 对齐，内嵌语句缩进若干格。C 语言对缩进的要求没有 Python 那么严格，“分层缩进、对齐书写”是为了使程序具有更好的可读性。

使用 if 语句时还应注意以下问题(适用于 if 的 3 种基本形式)：

(1) if 语句中的条件判断表达式必须用括号括起来，且通常是逻辑表达式或关系表达式，但也可以是其他表达式(如赋值表达式等)，甚至也可以是一个变量。例如：

```
if(a=5) 语句;
if(b) 语句;
```

都是允许的。只要表达式的值为非 0，就表示逻辑“真”。又如：

```
if(a=5)…;
```

其中表达式的值永远为非 0，所以其后的语句总是要执行的。当然这种情况在程序中不一定会出现，但在语法上是合法的。再又如，有程序段：

```
if(a=b)
    printf("%d",a);
else
    printf("a=0");
```

本语句的语义是，把 b 值赋予 a，如为非 0 则输出该值，否则输出“a＝0”字符串。这种用法在程序中是经常出现的。

(2) if 语句中的内嵌语句应为单个语句且语句之后必须加分号。如果要想在满足条件时执行一组(多个)语句，则必须把这一组语句用{}括起来组成一个复合语句。但要注意的是在“}”之后不能再加分号。例如：

```
if(a>b) {
    a++;
    b++;
}
else{
    a=0;
    b=10;
}
```

2. 单分支 if 形式

if 形式是 if-else 形式缺省 else 分句的特殊情况，它的语句形式为

```
if(表达式) 语句
```

其语义是：如果表达式的值为真(非0)，则执行其后的语句，否则不执行该语句。其过程可表示为图3-5。

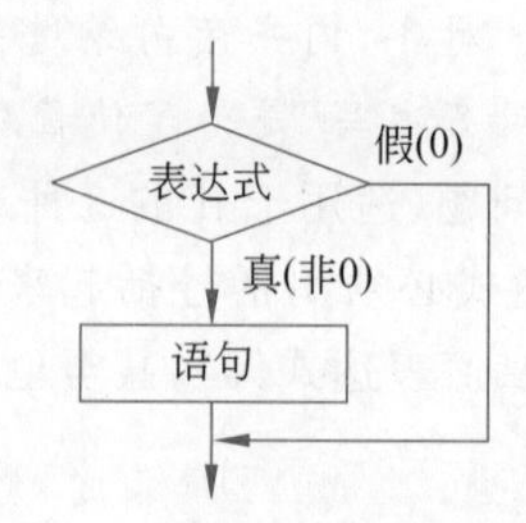

图3-5 if语句基本形式执行过程

比如：例3.1中子问题3-1-1，判断i%j是否为0，若为0则flag置0。采用if形式可写为

```
f(i%j==0)  flag=0;
```

子问题3-2，判断flag，是1则输出i。采用if形式可写为

```
f(flag)  printf("%d  ",i);
```

注意：该用单分支结构时千万不要画蛇添足而写成双分支结构，若将例3.1中子问题3-1-1写成如下双分支结构，则会造成灾难性的后果：输出start～end内的所有数！请大家自行分析原因。

```
if(i%j==0)  flag=0;  else  flag=1;
```

温馨提示：if-else语句可以书写在一行上，只需将各语法单位用空格间隔开即可。虽然语法上允许，但考虑程序可读性，不提倡这样书写。

3. 条件运算符和条件表达式

如果在条件语句中只执行单个的赋值语句时，常可使用条件表达式来实现。不但使程序简洁，也提高了运行效率。

条件运算符由“?”和“:”组成，它是一个三目运算符，即有3个参与运算的量。

由条件运算符组成条件表达式的一般形式为

```
表达式1？表达式2：表达式3
```

其求值规则为：如果表达式1的值为真，则以表达式2的值作为条件表达式的值，否则以表达式3的值作为整个条件表达式的值。条件表达式通常用于赋值语句之中。

例如条件语句：

```
if(a>b)  max=a;
else     max=b;
```

可用条件表达式写为“max=(a>b)? a:b;”执行该语句的语义是：如 a>b 为真，则把 a 赋予 max，否则把 b 赋予 max。

使用条件表达式时，还应注意以下几点：

(1) 条件运算符的运算优先级低于关系运算符和算术运算符，但高于赋值符。因此，max=(a>b)?a:b 可以去掉括号而写为 max=a>b?a:b。

(2) 条件运算符“?”和“:”是一对运算符，不能分开单独使用。

(3) 条件运算符的结合方向是自右至左。例如：a>b?a:c>d?c:d 应理解为 a>b?a:(c>d?c:d)，这也就是条件表达式嵌套的情形，即其中的表达式 3 又是一个条件表达式。

例 3.8　输入两个整数，输出其中的大数。

方法一：单分支 if 语句	方法二：双分支 if-else 语句	方法三：条件表达式

#include<stdio.h>
int main()
{
  int a,b,max;
  printf("input: ");
  scanf("%d%d",&a,&b);
  max=a;
  if(max<b)
    max=b;
  printf("max=%d",max);
  return 0;
}
	#include<stdio.h>
	int main()
	{
	  int a, b;
	  printf("input:");
	  scanf("%d%d",&a,&b);
	  if(a>b)
	    printf("max=%d\n",a);
	  else
	    printf("max=%d\n",b);
	  return 0;
	}
		#include<stdio.h>
		int main()
		{
		  int a,b,max;
		  printf("input:");
		  scanf("%d%d",&a,&b);
		  printf("max=%d",a>b?
		a:b);
		  return 0;
		}

温馨提示：同一个问题可以运用不同的语法结构编写代码，但通常情况下，应选择其中逻辑表达最简单也最清晰的结构，这样的程序可读性较好。比如，该例中方法二就是首选结构。

4. 多分支 if-else-if 形式

if-else-if 是 if 语句用于多分支处理的形式，是程序编写中进行多路选择的常用方法，其语句形式为

```
if(表达式 1)
    语句 1;
else  if(表达式 2)
    语句 2;
else  if(表达式 3)
    语句 3;
    ⋮
else  if(表达式 m)
```

```
    语句 m;
else
    语句 n;
```

其语义是：依次判断表达式的值，当出现某个值为真时，则执行其对应的语句。然后跳转到整个 if 语句之外继续执行程序。如果所有的表达式均为假，则执行语句 n。然后继续执行后续程序。if-else-if 语句的执行过程如图 3-6 所示。

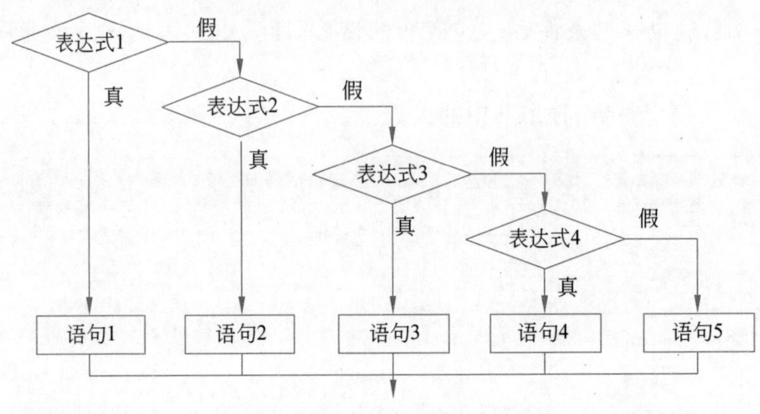

图 3-6　if-else-if 形式执行过程

5. if 语句的嵌套

在 if 语句中又包含一个或多个 if 语句，则构成 if 语句的嵌套形式。其一般形式可表示如下：

```
if(表达式)
    if 语句;
```

或者为

```
if(表达式)
    if 语句;
else
    if 语句;
```

在嵌套内的 if 语句可能又是 if-else 型的，这将会出现多个 if 和多个 else 重叠的情况，这时要特别注意 if 和 else 的配对问题。

例如：

```
if(表达式 1)
    if(表达式 2)
        语句 1;
else
    语句 2;
```

其中的 else 究竟是与哪一个 if 配对呢？

一种理解方式是：

```
if(表达式 1)
    if(表达式 2)
        语句 1;
    else
        语句 2;
```

另一种理解方式是：

```
if(表达式 1)
    if(表达式 2)
        语句 1;
else
    语句 2;
```

为了避免这种二义性，C 语言规定，else 总是与它前面复合语句内最近的尚未配对的 if 配对，因此对上述例子应按前一种情况理解。

例 3.9　比较两个数的大小关系。

方法一：嵌套 if 形式	方法二：if-else-if 形式

`#include<stdio.h>`
`int main()`
`{`
`    int a,b;`
`    printf("please input a,b:    ");`
`    scanf("%d%d",&a,&b);`
`    if(a!=b)`
`        if(a>b)`
`          printf("a>b\n");   /*a>b*/`
`        else`
`          printf("a<b\n");   /*a<b*/`
`    else`
`      printf("a=b\n");       /*a==b*/`
`    return 0;`
`}`
	`#include<stdio.h>`
	`int main()`
	`{`
	`    int a,b;`
	`    printf("please input a,b:    ");`
	`    scanf("%d%d",&a,&b);`
	`    if(a==b)`
	`      printf("a=b\n");    /*a==b*/`
	`    else if(a>b)`
	`      printf("a>b\n");    /*a>b*/`
	`    else`
	`      printf("a<b\n");    /*a<b*/`
	`    return 0;`
	`}`

温馨提示：本例用 if-else-if 语句实现，程序逻辑更加清晰。因此，在一般情况下，应尽量避免使用 if 语句的嵌套结构，如果非用不可，建议用复合语句的形式表明其逻辑关系而不是仅仅通过缩进对齐的形式说明其配对关系。

学习完 if 语句后，请改进例 3.7，实现在计算三角形面积之前，先判断输入的三条边是否合法，而后再进行计算。并且当用户输入的三条边不合法时(比如：3、4、8)，能给出“输入数据不合法”的提示。

3.3.2 switch 语句

3.3.2 switch 语句

在用 if-else-if 或者 if 嵌套实现的多分支结构中,随着分支数的增加,其结构的复杂性也会显著增加,不仅会减弱程序的可读性还会降低执行效率。C 语言还提供了另一种用于多分支选择的 switch 语句,其一般形式为:

```
switch(表达式){
    case 常量表达式 1:  语句序列 1;
    case 常量表达式 2:  语句序列 2;
    ⋮
    case 常量表达式 n:  语句序列 n;
    default:           语句序列 n+1;
}
```

其语义是:先计算 switch 后表达式的值,将该表达式的值依次与 case 后常量表达式的值比较,若相等,则从该常量表达式后的语句序列开始执行,直到遇到 break 语句或遇到 switch 语句的结尾花括号为止;若都不相等,则执行 default 后的语句序列。

使用 switch 语句还应注意:

(1) case 和 default 不能单独使用。

(2) 各 case 和 default 子句的先后顺序可以变动,而不会影响程序执行结果。

(3) default 子句可以省略,也可以出现在任意位置。

(4) case 和 default 后的语句序列可包含多条语句,且不必使用复合语句的形式。

(5) 在 case 后的各常量表达式的值不能相同,否则会出现错误。

(6) 多条 case 分句可以共用同一个语句序列。

(7) 一般地,case 后的语句序列应以 break 语句结束。如果没有 break 语句,则会顺序依次执行之后 case 的语句序列,直至遇到 break 或者 switch 语句的结尾花括号。

例 3.10 输入一个 1~7 的整数,转换成星期输出。

程序如下:

```
#include<stdio.h>
int main()
{
    int a;
    printf("input an integer number:    ");
    scanf("%d",&a);
    switch (a){
        case 1:  printf("Monday\n");
        case 2:  printf("Tuesday\n");
        case 3:  printf("Wednesday\n");
        case 4:  printf("Thursday\n");
```

```
        case 5:  printf("Friday\n");
        case 6:  printf("Saturday\n");
        case 7:  printf("Sunday\n");
        default: printf("error\n");
    }
    return 0;
}
```

温馨提示：本程序是要求输入一个数字，输出一个英文单词，但是当输入3之后，却执行了case 3以及以后的所有语句，输出了Wednesday及以后的所有单词，这当然是不被希望的。为什么会出现这种情况呢？这恰恰反映了switch语句的一个特点。在switch语句中，"case常量表达式"只相当于一个语句标号，表达式的值和某标号相等则转向该标号执行，但不能在执行完该标号的语句后自动跳出整个switch语句，所以出现了继续执行后面所有case语句的情况。这是与前面介绍的if语句完全不同的，应特别注意。为了避免上述情况，C语言还提供了一种break语句，专用于跳出switch语句。break语句只有关键字break，没有参数，在后面还将详细介绍。修改例题的程序，在每一case语句之后增加break语句，使每一次执行之后均可跳出switch语句，从而避免输出不应有的结果。

switch语句和if-else-if语句都能处理多分支结构，但在使用上还是有很大差异。首先，switch语句只支持相等比较，即switch后表达式的值与case后各常量表达式的值是否相等；其次，语法上switch后面的表达式可以是任意类型表达式，但case后的常量表达式只能是整型、字符型、枚举型。因此，一般情况下，switch后面的表达式是整型、字符型或枚举型。因此，对于范围数据的判断，不能像if-else-if语句那样直接写语句，必须先构造整型表达式进行转换。

例3.11 运输公司对用户计算运费。路程s越远，每千米运费越低。具体标准如表3-4所示。

表3-4 运输公司对用户计算运费标准

路程 s/km	运费 d	路程 s/km	运费 d
$s<250$	没有折扣	$1000\leqslant s<2000$	8%
$250\leqslant s<500$	2%	$2000\leqslant s<3000$	10%
$500\leqslant s<1000$	5%	$s\geqslant 3000$	15%

问题分析：设每千米，每吨货物的基本运费为p(price)，货物重量为w(weight)，距离为s，折扣为d(discount)，则总运费f(freight的缩写)的计算公式为

$$f=p*w*s*(1-d)$$

为使用switch语句必须将题目中的范围值转变为整型值，经过观察构造$c=s/250$，可得对应关系如表3-5所示。

表 3-5 运输公司运算标准对应关系

路程 s	c=(int)(s/250)	运费 d
$s<250$km	0	没有折扣
$250\leqslant s<500$	1	2%
$500\leqslant s<1000$	2,3	5%
$1000\leqslant s<2000$	4,5,6,7	8%
$2000\leqslant s<3000$	8,9,10,11	10%
$s\geqslant 3000$	12,13…	15%

程序如下：

```
#include"stdio.h"
int main()
{
  int c,s;
  float p,w,d,f;
  scanf("%f,%f,%f",&p,&w,&s);
  c=s/250;                          /*c为整数*/
  switch(c)
  {
    case 0:  d=0;break;
    case 1:  d=2;break;
    case 2: case 3:  d=5;break;
    case 4: case 5: case 6: case 7:  d=8;break;
    case 8: case 9: case 10: case 11:  d=10;break;
    default:  d=15;                 /*这里可以没有break语句*/
  }
    f=p*w*s*(1-d/100.0);
    printf("%f",f);
    return 0;
}
```

温馨提示：本例也可以采用 if-else-if 语句实现，请自行完成。

3.3.3 选择结构程序设计方法与示例

例 3.12 求一元二次方程 $ax^2+bx+c=0$ 的根。

问题分析：该问题在例 3.6 介绍过基本的算法，而当时只考虑实根的情况，事实上应该有以下几种可能：

(1) $a=0$，不是二次方程。

(2) $b^2-4ac=0$，有两个相等的实根。

(3) $b^2-4ac>0$,有两个不等的实根。

(4) $b^2-4ac<0$,有两个共轭复数根。

根据以上分析,N-S 图如图 3-7 所示。其中,disc$=b^2-4ac$。

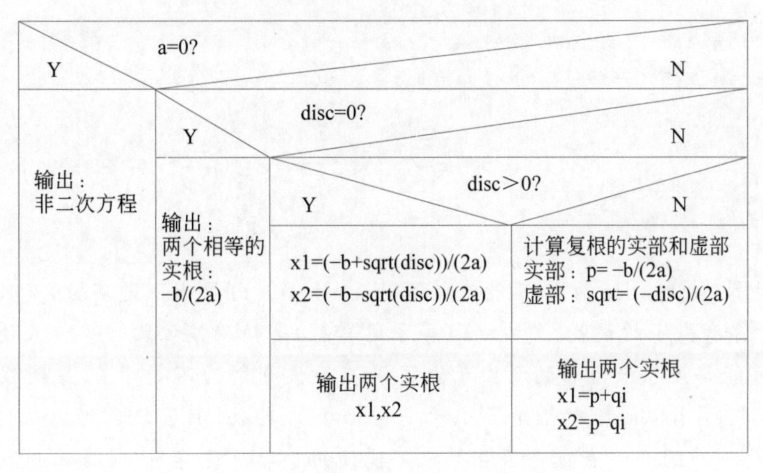

图 3-7　例 3.6 程序设计流程图

程序如下：

```
#include<stdio.h>
#include "math.h"
#define FLOATZERO 1e-6
int main()
{
  float a,b,c,d,disc,x1,x2,realpart,imagpart;
  scanf("%f%f%f",&a,&b,&c);
  printf("The equation ");

  if(fabs(a)<=FLOATZERO)                          /*a=0*/
    printf("is not a quadratic");
  else
  {
    disc=b*b-4*a*c;                               /*计算 disc*/
    if(fabs(disc)<=FLOATZERO)                     /*disc=0*/
      printf("has two equal root:%f\n",-b/(2*a));
    else if(disc>FLOATZERO)                       /*disc>0*/
    {
      x1=(-b+sqrt(disc))/(2*a);
      x2=(-b-sqrt(disc))/(2*a);
      printf("has distinct real roots:%f,%f\n",x1,x2);
    }
    else                                           /*disc<0*/
```

```
    {
      realpart=-b/(2*a);
      imagpart=sqrt(-disc)/(2*a);
      printf("has complex roots:\n");
      printf("%f+%fi\n",realpart,imagpart);
      printf("%f-%fi\n",realpart,imagpart);
    }
  }
  return 0;
}
```

温馨提示：判断disc为0，不能直接用disc==0。由于disc是实数，实数在计算机中的存储和计算有微小的误差。"=="(等于运算符)是精确按位比较。如果使用disc==0比较，这可能导致原来为0的量由于上述误差而被判别为不等于0，导致程序错误。因此可以通过判断disc的绝对值是否小于一个很小的实数，小于此数可以认为等于0。同理，如果需要判断两个浮点数是否相等也不能使用"=="运算符，而是采用判断两数之差的绝对值小于一个很小的数。

例3.13 输入年份year和月month，求该月天数。

问题分析：某月的天数分3种情况：大月31天；小月30天；2月的天数要特别处理，闰年为29天，平年为28天。

程序如下：

```
#include<stdio.h>
int main()
{
  int year, month, days;
  scanf("%d%d", &year, &month);
  switch (month) {
     case 1: case 3:  case 5:  case 7:
     case 8: case 10: case 12:              /*处理"大"月*/
          days=31;  break;
     case 4: case 6: case 9: case 11:       /*处理"小"月*/
          days=30;  break;
     case 2:                                /*处理"平"月*/
          if( year%4==0 && year%100!=0 || year%400==0 )
               days=29;                     /*如果是闰年*/
          else
               days=28;                     /*不是闰年  */
          break;
     default:                               /*月份错误*/
       printf("Input error!\n");
       days=0;
```

```
    }
    if(days!=0) printf("%d,%d is %ddays\n",year,month,days);
    return 0;
}
```

温馨提示：实际问题中条件判断表达式的构造将直接决定选择结构程序段的面貌。比如此例中闰年的条件判断表达式，如果不用逻辑运算符连接各个关系表达式，则不可避免地要用 if 嵌套结构实现，就会导致程序可读性大幅降低，甚至会造成逻辑上的程序错误。

此例同样可以用 if-else-if 结构实现，请读者自行改写并比较。

3.4　循环结构

3.4 循环结构

循环结构是结构化程序中最为重要的一种结构。由于其支持语句块多次执行的特点，使得程序中的相同或相似代码段可用一条语句替代。不仅能大幅减少程序设计的代码量，而且能更好地发挥计算机的计算能力，实现“一条指令，多个动作”。

循环结构是在给定条件成立时，反复执行某程序段，直到条件不成立为止。给定的条件称为循环条件，反复执行的程序段称为循环体。

3.4.1　循环语句

循环结构有两种形式：当型循环和直到型循环。C 语言中 while 语句和 for 语句支持当型循环；do-while 语句支持直到型循环。循环语句相互嵌套可以组成各种不同形式的循环结构。

1. while 语句

while 语句用来实现入口控制循环，它的一般形式为

```
while(表达式)
    语句
```

其中，表达式是循环条件；语句是循环体，语句可以是单一语句、空语句或者复合语句。

while 语句的语义是：计算表达式的值，当值为真(非 0)时，执行循环体语句。其执行过程可用图 3-8 表示。

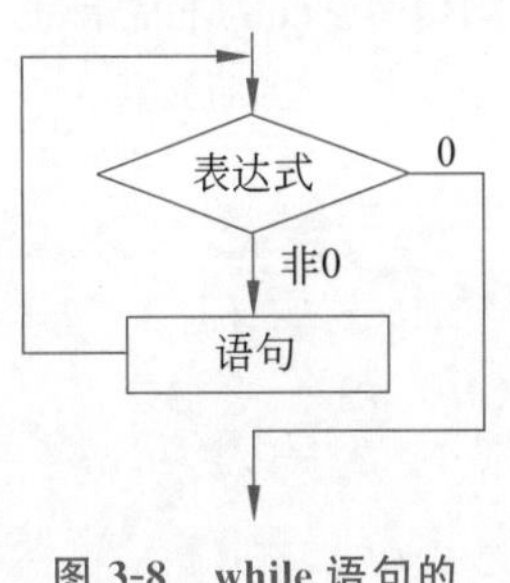

图 3-8　while 语句的执行过程

使用循环语句最重要的是确定循环条件和循环体。

比如要计算 $\sum_{n=1}^{100} n$，计算机是看不懂这样的数学公式的，我们需要构建一个可重复操作的简单运算过程。这里的求和过程可以分解为若干次两个数的加法运算，即 1＋2、结果＋3、结果＋

4……结果+100。可以看到这里的加法模式相同,只是两个加数的数值在不断累积。其中一个加数是上一次加法运算的结果(记为sum);另一个加数(记为i)的变化规律是比上一次加1。由此,我们可以确定如下的循环体语句:

```
sum=sum+i;        /*结果sum累加*/
i=i+1;            /*加数i累加*/
```

显然,循环条件就是i小于或等于100,于是写出while语句如下:

```
while(i<=100){
    sum=sum+i;
    i=i+1;
}
```

开始循环前还需要为其中的i、sum赋初值,i从1开始加,sum的初值设为0。这样在第一次进入循环时会计算0+1,第二次计算1+2……,与我们的预期相符。完整的程序代码请参看例3.13方法一。

温馨提示:考虑改变循环体中两条语句的顺序,试试看会怎么样?

2. do-while 语句

do-while语句用来实现出口控制循环,它的一般形式为

```
do
    语句
while(表达式);
```

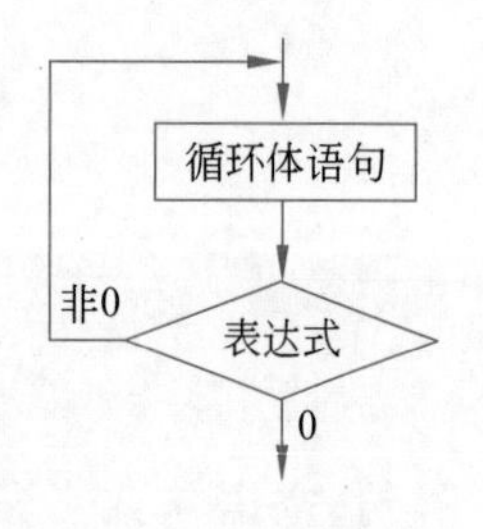

图3-9　do-while语句的执行过程

注意:最后的分号不可省略。

do-while循环与while循环的不同在于:它先执行循环中的语句,然后再判断表达式是否为真,如果为真则继续循环;如果为假,则终止循环。因此do-while循环至少要执行一次循环体语句。其执行过程可用图3-9表示。

使用while语句和do-while语句应注意以下几点:

(1) 表达式的类型不限,只要表达式的值为真(非0)即可继续循环。例如下列程序:

```
#include<stdio.h>
int main()
{
    int a=0,n;
    printf("\n input n:    ");
    scanf("%d",&n);
```

```
    while (n--)
      printf("%d  ",a++ * 2);
    return 0;
}
```

温馨提示：本例程序将执行 n 次循环，每执行一次，n 值减 1。循环体输出表达式 a++ * 2 的值。该表达式等效于(a * 2;a++)。

(2) 循环体如果包含多条语句，则必须用{}括起来，以复合语句的形式出现，否则，执行时的循环体将只有第一条语句。

(3) while 语句的循环体有可能一次都不执行，do-while 语句的循环体至少执行一次。

3. for 语句

for 语句是功能上比 while 和 do-while 更强的一种循环语句。它的使用最为灵活，既可以用于循环次数确定的情况，也可以用于循环次数不确定而只给出循环条件的情况。它的一般形式为

```
for(表达式 1;表达式 2;表达式 3)
    语句
```

注意：第一行的括号后不要习惯性的加分号，否则循环体即为空语句。

for 语句的执行过程是先进行表达式 1 的计算，然后计算表达式 2 的值。若其结果为真，则执行循环体语句，最后进行表达式 3 的计算，从而完成一次循环。然后再计算表达式 2 的值，开始下一次循环……如此下去，直至表达式 2 的计算结果为零时，循环结束。其执行过程可用图 3-10 表示。

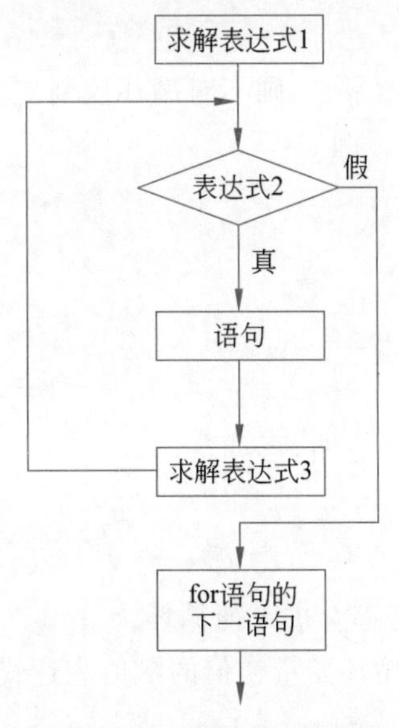

图 3-10　for 语句的执行过程

一般地,我们采用如下形式使用 for 语句:

```
for(循环变量赋初值;循环条件;循环变量增量)    语句
```

循环变量赋初值总是一个赋值语句,它用来给循环控制变量赋初值;循环条件是一个关系表达式,它决定什么时候退出循环;循环变量增量定义循环控制变量每循环一次后按什么方式变化。这 3 部分之间用“;”分开。例如:

```
for(i=1; i<=100; i++)  sum=sum+i;
```

先给 i 赋初值 1,判断 i 是否小于或等于 100,若是则执行语句,之后值增加 1。再重新判断,直到条件为假,即 i>100 时,结束循环。

使用 for 语句应注意以下几点:

(1) for 循环中的“表达式 1(循环变量赋初值)”“表达式 2(循环条件)”和“表达式 3(循环变量增量)”都是选择项,即可以缺省,但“;”不能缺省。

省略“表达式 1(循环变量赋初值)”,表示不对循环控制变量赋初值;省略“表达式 2(循环条件)”,则不做其他处理时便成为死循环;例如:

```
for(i=1;;i++)  sum=sum+i;
```

相当于:

```
i=1;
while(1) {
    sum=sum+i;
      i++;
}
```

省略“表达式 3(循环变量增量)”,则不对循环控制变量进行操作,这时可在语句体中加入修改循环控制变量的语句。例如:

```
for(i=1;i<=100;) {
    sum=sum+i;
    i++;
}
```

3 个表达式及循环体都可以省略,形如:

```
for(;;);
```

此时虽不构成语法错,但程序会进入死循环。

(2) 表达式 1 可以是设置循环变量初值的赋值表达式,也可以是其他表达式。例如:

```
for(sum=0;i<=100;i++)sum=sum+i;
```

(3) 表达式 1 和表达式 3 可以是一个简单表达式,也可以是逗号表达式。例如:

```
for(sum=0,i=1;i<=100;i++) sum=sum+i;
```

或

```
for(i=0,j=100;i<=100;i++,j--) k=i+j;
```

(4) 表达式 2 一般是关系表达式或逻辑表达式,但也可是数值表达式或字符表达式,只要其值非零,就执行循环体。例如:

```
for(i=0;(c=getchar())!='\n';i+=c);
```

例 3.14　计算整数 1～100 的和。

方法一:用 while 语句	方法二:用 do-while 语句	方法三:用 for 语句

#include<stdio.h>
int main()　　{
　int i;　　　/*循环控制变量*/
　int sum=0;　/*累加和清 0*/
　i=1;　　　/*循环变量赋初值*/
　while(i<=100){
　　sum=sum+i;　　/*累加*/
　　i=i+1;　　/*改循环控制量*/
　}
　printf("%d\n",sum);
　return 0;
}
	#include<stdio.h>
	int main(){
	　int i;
	　int sum=0;
	　i=1;
	　do{
	　　sum=sum+i;
	　　i=i+1;
	　}while(i<=100);
	　printf("%d\n",sum);
	　return 0;
	}
		#include<stdio.h>
		int main()
		{
		　int i;
		　int sum=0;
		　for(i=1; i<=100; i++){
		　　sum=sum+i;
		　}
		　printf("%d\n",sum);
		　return 0;
		}

温馨提示:while 循环、do-while 循环和 for 循环可以用来处理同一个问题,一般可以互相代替,但要注意特殊情况下的区别。比如:若将上例改为输入 start,计算整数 start～100 的和。当输入 101 时,上述方法二中的程序会获得不同的结果。请读者自行更改并体验。

4. 几种循环的比较

(1) 3 种循环(while、do-while、for)都可以用来处理同一个问题,一般可以互相代替。

while 循环	do-while 循环	for 循环

表达式 1;
while(表达式 2){
　　循环体;
　　表达式 3;
}
	表达式 1;
	do {
	　　循环体;
	　　表达式 3;
	} while(表达式 2);
		for(表达式 1;表达式 2;表达式 3)
		{
		　循环体;
		}

(2) 循环条件：while、do-while在while后面指定;for循环在“表达式2”中指定。

(3) 循环初始条件：while、do-while在循环前指定;for循环在“表达式1”中指定。

(4) 判循环条件的时机：while、for循环先判循环条件,后执行;do-while循环体先执行,后判循环条件。

(5) while、do-while、for循环均可用break语句跳出循环(结束循环),用continue语句提前结束本次循环体的执行。

3.4.2 循环嵌套

循环嵌套是指一个循环(称为“外循环”)的循环体内包含另一个循环(称为“内循环”)。内循环中还可以包含循环,形成多层循环。循环嵌套的层数理论上无限制。

3种循环(while循环、do-while循环、for循环)可以互相嵌套。例如：

```
(1)
while()
{ ⋮
  while()
   {…}
}
```

```
(2)
do
{ ⋮
  do
   {…}
  while();
}
while();
```

```
(3)
for(;;)
{ ⋮
  for(;;)
   {…}
}
```

```
(4)
while()
{ ⋮
  do
   {…}
  while();
  ⋮
}
```

```
(5)
for(;;)
{ ⋮
  while()
   {…}
  ⋮
}
```

```
(6)
do
{
  ⋮
  for(;;)
   {…}
  ⋮
}
while();
```

温馨提示：可将循环结构整个当成一条语句来看待,那就很容易理解循环的嵌套了。比如：例3.1中子问题3,输出start～end内的素数,采用循环嵌套形式可写为

```
for(i=start;i<=end;i++){          /*子问题3的实现*/
    flag=1;                       /*标志位*/
    for(j=2;j<i;j++)              /*子问题3-1*/
        if(i%j==0)                /*子问题3-1-1*/
            flag=0;
    if(flag)                      /*子问题3-2*/
        printf("%d  ",i);
}
```

温馨提示：上述代码段在执行效率上还有没有提升空间？如何改进？比如,2～i－1这个范围还能缩小吗？或者一旦发现了i的第一个约数后,内重循环还有继续执行的必要吗？

注意：

(1) 在循环次数确定的情况下,一般选用for语句形式书写的循环结构逻辑更为清晰。

(2) 当循环嵌套层次多时,要特别注意逐层缩进对齐。

例3.15 打印九九乘法表。

问题分析：先画出乘法表结构，然后 i 从 1 到 9 变化，j 从 1 到 n 变化，所以是两层循环结构。

程序如下：

```
#include<stdio.h>
int main()
{
    int i,j;
    for(i=1;i<=9;i++)
    {
        for(j=1;j<=i;j++)
            printf("%4d",i*j);
        printf("\n");
        }
return 0;
}
```

程序运行结果：

```
1
2   4
3   6   9
4   8   12  16
5   10  15  20  25
6   12  18  24  30  36
7   14  21  28  35  42  49
8   16  24  32  40  48  56  64
9   18  27  36  45  54  63  72  81
```

图形显示类的问题通常都可用双重嵌套的模式实现，常用的嵌套模式如下：

```
for(i=1;i<=n;i++)                                   /*n为总行数*/
{    /*输出一行内的所有符号*/
     for(j=1;j<=x;j++)  printf("  ");               /*输出若干空格*/
     for(j=1;j<=y;j++)  printf("*");                /*输出若干*号*/
     ⋮
     printf("\n");                                  /*输出换行符*/
}
```

其中的 x 和 y 既可以是常量，也可以是一个和行号 i 有关的表达式。请利用上述模式实现下述图形的输出。

```
**      **
 **    **
  **  **
   ****
    **
```

思考与扩展：能否用C程序实现动态变化的图形？比如：模拟电子时钟、一个半径不断变大的圆，或者一个边长不断扩大的空心正方形。

提示：转义字符\r可以将光标置于本行行首；C语言windows.h文件中提供system("cls")函数可以实现清屏。

3.4.3 循环结构程序设计方法与示例

计算机解决实际问题的本质是在解空间内搜索，首先必须用抽象的方法将解空间表示为某种数据结构，然后再在解空间内按照某种策略进行搜索。利用计算机运算速度快、适合做重复性操作的特点，在解空间内搜索解最普遍适用的方法就是枚举法和迭代法。

1. 枚举法

枚举法也称穷举法，是最基础也是最简单的一种常用算法设计方法，其基本思想是对问题的所有可能解进行一一测试，直到找到解或将全部可能解都测试过为止。它适用于所有的有限可列举问题，即问题的可能解是有限个且能够用一个量或者几个量表示或列举。

使用枚举法设计程序的一般步骤如下：

(1) 确定枚举对象。按照"要求什么就枚举什么"的原则从具体问题中提取枚举对象，枚举对象要作为循环控制变量在程序中出现。如果要求的量由多个分量组成，则每个分量都要作为循环控制变量，且有几个分量就要用几重循环与之相对应。

(2) 确定枚举范围。从具体问题中提取枚举的范围，要做到不遗漏、不重复。每个解分量的枚举范围就是对应循环控制变量的变化范围。

(3) 确定解的判定条件。从具体问题中提取解的判定条件，要做到准确、不遗漏。该条件作为选择结构的条件判断表达式，在最内重循环的循环体部分出现。

例 3.16 编程序求 2～10 000 以内的完全数。[完全数：一个数的因子(除了这个数本身)之和等于该数本身。例如：6 的因子是 1、2、3，1＋2＋3＝6，则 6 是完全数。]

问题分析：

(1) 设定 i 从 2 变到 10000，对每个 i 找到其因子和 s。

(2) 判定 i＝s？若相等，则 i 为完全数，否则不是。

N-S 流程图如图 3-11 所示。

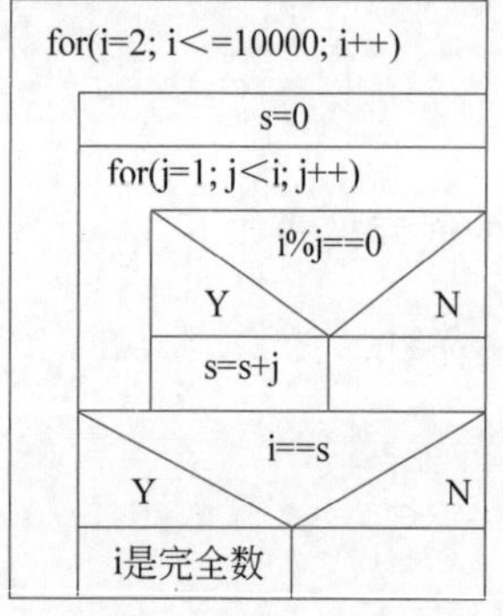

图 3-11 例 3.16 流程图

程序如下：

```
#include<stdio.h>
int main()
{
    int i,j,s;
    for(i=2; i<=10000; i++)
    {
```

```
        s=0;
        for(j=1; j<i; j++)
        {
            if(i%j==0)
                s=s+j;
        }
        if(i==s)
            printf("%6d\n",s);
    }
    return 0;
}
```

例 3.17　30个人,每个男人吃饭花3元,每个女人花2元,每个小孩花1元,一共花了50元,问男人、女人、小孩各有几个人?("百鸡问题")

问题分析:同样的问题,例如每次可走5级、3级、2级楼梯,楼梯一共有50级,有多少种走法?或者:每次走7级剩5级,每次走5级剩3级,每次走3级剩2级楼梯,问楼梯一共有多少级?或者换零钱问题:一百块兑换10元、5元、2元零钱,可以有多少种兑换方法?

程序如下:

```
#include<stdio.h>
int main()
{
    int x,y,z;
    for(x=0;x<=30;x++)
        for(y=0;y<=30;y++)
            for(z=0;z<=30;z++)
            {
                if((3*x+2*y+z==50)&&(x+y+z==30))
                    printf("man=%d,woman=%d,children=%d\n",x,y,z);
            }
    return 0;
}
```

如何修改程序可以提高效率?根据问题条件限制不难看出,男人最多16个,女人最多25个。因此将程序改为:

```
for(x=0;x<=16;x++)
    for(y=0;y<=25;y++)
    {
        z=30-x-y;
        if(3*x+2*y+z==50)
            printf("man=%d,woman=%d,children=%d\n",x,y,z);
    }
```

温馨提示：枚举法的效率改进是使用枚举必须考虑的问题，一般有两种改进的策略：一种是缩小枚举范围；另一种是利用各枚举分量之间的关系减少循环嵌套的维度，此例中就采取了第二种策略。

例 3.18 有 4 位同学，其中一位做了好事不留名，表扬信来了之后，校长问这 4 位，是谁做了好事。A 说：不是我；B 说：是 C；C 说：是 D；D 说：C 说的不对。已知 3 人说了真话，一人说了假话。谁做的好事呢？

问题分析：这个问题中的枚举变量和枚举范围都非常容易提取，比较复杂的是解的判定条件，即怎么表示这 4 句话？又如何表示 4 句话中任意 3 句为真？假定用 who 来表示"谁"，则 4 句话可以用 4 个关系表达式表达如下：

who!=='A',　who=='C',　who=='D',　who!='D'

相应的每句话的真假就可以用对应表达式的真假来表示，为真其值是 1，为假其值是 0。由此，只需求对 4 个表达式的值求和即可获知 4 句话中有几句真话。所以解的判定条件可以构造如下：

(who==!'A')+(who=='C')+(who=='D')+(who!='D')==3

温馨提示：考虑运算符的优先级问题，此处必须加括号。

程序如下：

```
#include<stdio.h>
int main()
{
    char who;
    for(who='A';who<='D';who++)
        if((who!=='A')+(who=='C')+(who=='D')+(who!='D')==3)
            printf("是%c做了好事不留名!",who);
    return 0;
}
```

温馨提示：计算机不仅能处理数值问题，对于非数值问题经过适当的抽象和变换后用程序求解往往更为便捷。因此，对问题解空间的抽象表达是程序设计的首要基础技能，需要读者在不断的实践过程中积累和归纳。

与本例题类似的另一个有趣的复杂问题对锻炼抽象思维非常有帮助，请读者思考并练习。

爱因斯坦出的智力题：在一条街上，有 5 座房子，喷了 5 种颜色，每个房子里住着不同国籍的人，每个人喝不同的饮料，抽不同的香烟，养不同的宠物。问：谁养鱼？已知：

① 英国人住红房子；

② 挪威人住第一间房子；

③ 瑞典人养狗；

④ 抽 Blue Master 香烟的人喝啤酒；

⑤ 丹麦人喝茶；

⑥ 抽 PallMall 香烟的人养鸟；

⑦ 绿房子主人喝咖啡；

⑧ 黄房子的主人抽 Dunhill 香烟；

⑨ 绿房子在白房子左边；

⑩ 住在中间房子的人喝牛奶；

⑪ 德国人抽 Prince 香烟；

⑫ 挪威人住蓝房子隔壁；

⑬ 抽 Blends 香烟的人住在养猫的人隔壁；

⑭ 养马的人住在抽 Dunhill 香烟的人隔壁；

⑮ 抽 Blends 香烟的人有一个喝水的邻居。

温馨提示：该例题中涉及枚举类型的使用，请读者参看本书的 7.3 节。

2. 迭代法

迭代法也称递推法，是一种利用递推公式或循环算法，通过构造序列来寻求问题解的方法，其核心思想是"逐次逼近"，即每迭代一次就离问题的解更近一步。迭代法程序设计过程中可以通过构造不同的递推公式或算法来得到不同的逼近解的序列/过程，以获得更高效率的迭代算法。一般地，对于不能或很难用直接法（一次解法）解决的问题考虑用迭代法，比如：线性和非线性方程组求解、最优化计算及特征值计算等问题通常用迭代法求解。迭代法又分为精确迭代和近似迭代。

直观来看，迭代的过程就是一个不断由旧值递推新值的过程。因此，设计迭代算法首先需要在问题域中发现某个量或某几个量的迭代变化规律，并用迭代公式描述这些变化规律。

使用迭代法设计程序的一般步骤如下：

(1) 确定迭代变量：找到问题中规律变化的量，有几种变化规律就用几个量来对应。

(2) 确定迭代关系式：即基于迭代变量的前一个值计算其下一个值的公式（或关系）。一般地，有几个迭代变量就会对应有几个迭代公式。迭代关系式的建立是解决迭代问题的关键，通常用顺推或倒推的方法来完成。

(3) 确定迭代条件：即确定什么时候结束迭代，避免"死循环"。一般可通过控制迭代次数或者迭代精度两种方式实现。

例 3.19　用 $\frac{\pi}{4}=1-\frac{1}{3}+\frac{1}{5}-\frac{1}{7}+\cdots$ 公式求 π。

问题分析：如果不考虑各子项的具体值，这是一个累加求和问题。而在子项的构成中存在两种变化规律，一个是各子项符号的交替变化；另一个是分母的步长为 2 的递增变化。因此，共需要定义三个迭代变量：一个 float 型用来存放累加和的变量 pi，初值为 0；一个 int 型初值为 1 的符号标志量 s；一个 float 型初值为 1 的存放分母的变量 n。依据迭代次序画出算法流程图如图 3-12 所示。

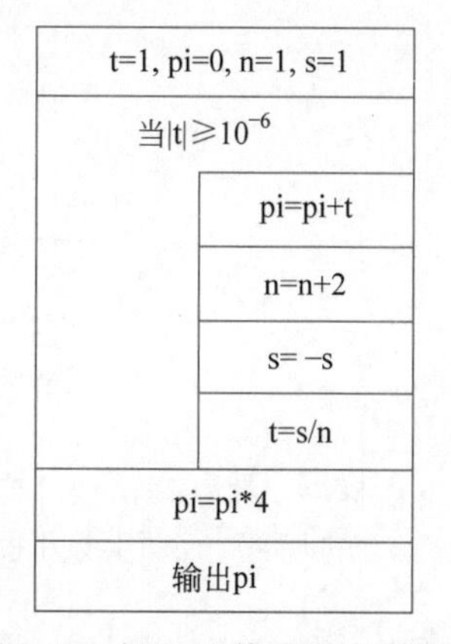

图 3-12　例 3.19 算法设计流程图

程序如下：

```
#include<stdio.h>
#include "math.h"
int main(){
  int s;
  float n,t,pi;
  t=1,pi=0;n=1.0;s=1;
  for(;fabs(t)>1.0e-6;){
      pi=pi+t;
      n=n+2;
      s=-s;
      t=s/n;
  }
  pi=pi*4;
  printf("pi=%10.6f\n",pi);
  return 0;
}
```

温馨提示：累加累乘问题是典型的精确迭代问题。通常情况下一个复杂变化的过程可以分解为若干个简单的、各具规律的子变化过程，用迭代公式分别直接描述各个简单规律的子变化，再将它们组合起来就可以完整描述复杂变化的过程了。

思考：本例中，为什么“n＝n＋2；s＝－s；”要在“t＝s/n；”之前？请读者自行分析。如果存放分母的量n定义为整型，会带来什么后果？请读者自行测试并分析原因。

例 3.20 用牛顿迭代法求方程 $f(x)=2x^3-4x^2+3x-7=0$ 在 $x=2.5$ 附近的实根，直到满足 $|x_n-x_{n-1}|<10^{-6}$ 为止。

问题分析：牛顿迭代法的基本思想如图 3-13 所示。

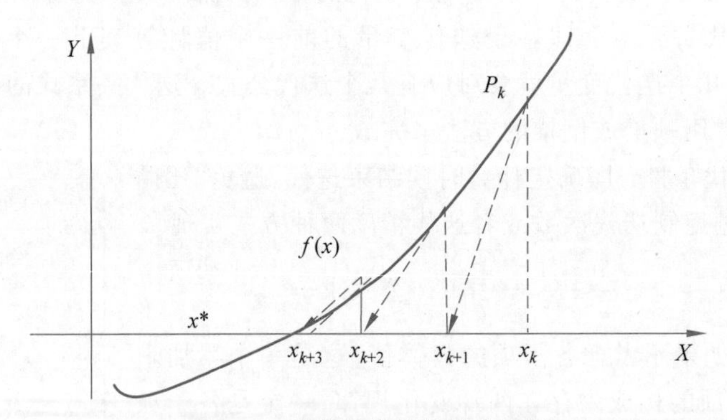

图 3-13 牛顿迭代法的基本思想

设 x_k 是方程 $f(x)=0$ 的精确解 x^* 附近的一个猜测解，过点 $P_k(x_k, f(x_k))$ 作 $f(x)$ 的切线。该切线方程为：

$$y=f(x_k)+f'(x_k)\cdot(x-x_k)$$

它与 X 轴的交点是方程：

$$f(x_k)+f'(x_k)\cdot(x-x_k)=0$$

的解，为

$$x_{k+1}=\frac{x_k-f(x_k)}{f'(x_k)}$$

于是由 x_k 推出 x_{k+1}，再由 x_{k+1} 推出 x_{k+2}……这就是牛顿迭代公式。可以证明，若猜测解 x_k 取在单根 x^* 附近，则它恒收敛。这样，经过有限次迭代后，便可以求得符合误差要求得近似根。

对于本题的解题思路如下：

(1) 建立迭代关系式。根据牛顿迭代公式有：

$$x_{k+1}=x_k-\frac{f(x_k)}{f'(x_k)}$$

这就是要建立的迭代关系式。

(2) 给定初值。初值为

$$x=2.5$$

(3) 给定精度(误差)为 E_0。精度是迭代控制的条件，即当误差大于 E_0 时，要继续迭代。如何计算误差呢？显然应该用 $|x_{k+1}-x_k|$ 来表示误差，于是得到循环结构的控制条件：

$$|x_{k+1}-x_k|\geqslant E_0$$

即

$$\text{fabs}(x_{k+1}-x_k)\geqslant E_0$$

程序如下：

```
#include<stdio.h>
#include"math.h"
int main()
{
    float x=2.5,x0,f,f2;
    do{
        x0=x;                               /*保存上一个 x*/
        f=2*x0*x0*x0-4*x0*x0+3*x0-7;        /*计算 f(xn-1)*/
        f2=6*x0*x0-8*x0+3;                  /*计算 f'(xn-1)*/
        x=x0-f/f2;                          /*计算下一个 x*/
        }while(fabs(x-x0)>=1.0e-6);
    printf("%f",x);
    return 0;
}
```

温馨提示："牛顿迭代"是典型的近似迭代。在数学中，高次方程(4次以上)的求解无求根公式可用，而工程中的很多问题最终都抽象为高次方程或高次方程组的形式，只能用数值分析的方法解决，近似迭代就是其中最基础的方法。

例 **3.21**　按每行输出5个数的形式输出 Fibonacci 数列的前40个数。

$$f_n=\begin{cases}1, & n=1\\ 1, & n=2\\ f_{n-1}+f_{n-2}, & n>2\end{cases}$$

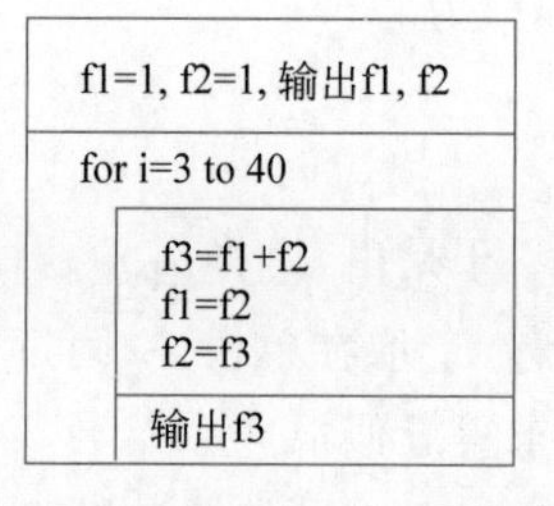

图 3-14　例 3.21 N-S 流程图

问题分析：

f_1 为第一个数，f_2 为第二个数，f_3 为第三个数。

递推公式为：$f_1=1$；$f_2=1$；$f_3=f_1+f_2$。

N-S 流程图如图 3-14 所示。

程序如下：

方法一

```
#include<stdio.h>
int main(){
  int i;
  long int f1=1, f2=1, f3;
  printf("%-10ld%-10ld",f1,f2);
  for(i=3; i<=40; i++){
      f3=f1+f2;      /*计算下一个 f*/
      f1=f2;
      f2=f3;
      printf("%-10ld",f3);
      if(i%5==0) printf("\n");
  }
return 0;
}
```

方法二

```
#include<stdio.h>
int main(){
    int i;
    long int f1=1,f2=1;
    for(i=1; i<=20; i++){
      printf("%12ld %12ld ",f1,f2);
      if(i%5==0) printf("\n");
      f1=f1+f2;
      f2=f2+f1;
}
return 0;
}
```

温馨提示：对同一个问题可以构造不同的递推公式或算法，得到不同的逼近解的序列/过程，从而获得更高效率的迭代。

3.5　程序中的跳转

3.5.1　break 语句

break 语句通常用在循环语句和开关语句中。当 break 用于开关语句 switch 中时，可使程序跳出 switch 而执行 switch 以后的语句；如果没有 break 语句，switch 语句则将成为一个死循环而无法退出。break 在 switch 中的用法已在前面介绍(参照例 3.10)，这里不再举例。

当 break 语句用于 do-while、for、while 循环语句中时，可使程序终止循环而执行循环后面的语句。通常 break 语句总是出现在 if 语句中，即满足条件时便跳出循环(提前终止循环)，其执行过程可用图 3-15 表示。

比如：例 3.1 中子问题 3，输出 start～end 内的素数，采用 break 改写 3.4.2 节中的代

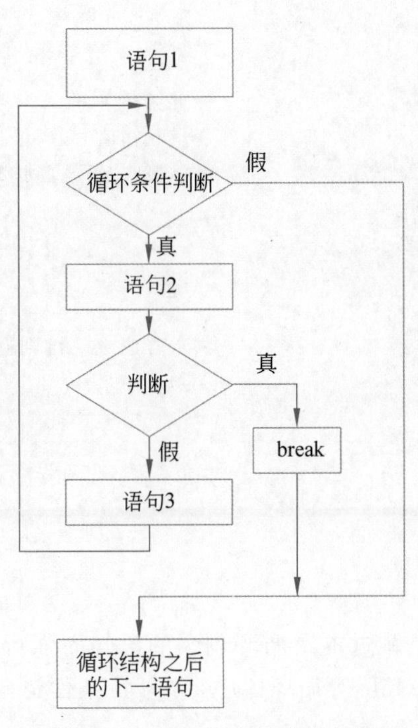

图 3-15　break 语句的执行过程

码段为

```
for(i=start;i<=end;i++){
    flag=1;
    for(j=2;j<i;j++)
        if(i%j==0){
            flag=0;
            break;        /*提前结束内重循环*/
        }
    if(flag)
        printf("%d  ",i);
}
```

可以在不影响程序正确性的前提下，减少循环次数，提升算法效率。

使用 break 还应注意：

(1) break 语句对 if-else 的条件语句不起作用。

(2) 在多层循环中，一个 break 语句只向外跳一层。

例 3.22　输出键盘字符，直到按 Enter 键换行，按 Esc 键退出。

程序如下：

```
#include<stdio.h>
int main(){
```

```
    int i=0;
    char c;
    while(1) {                          /* 设置循环 */
        c='\0';                         /* 变量赋初值 */
        while(c!=13&&c!=27) {           /* 键盘接收字符直到按 Enter 键或按 Esc 键 */
            c=getchar();
            printf("%c\n", c);
        }
        if(c==27)
            break;                      /* 判断若按 Esc 键则退出循环 */
    }
    printf("The end");
    return 0;
}
```

3.5.2 continue 语句

continue 语句的作用是跳过本次循环剩余的语句而强行执行下一次循环。continue 语句只用在 for、while、do-while 等循环体中，常与 if 条件语句一起使用，用来加速循环。其执行过程可用图 3-16 表示。

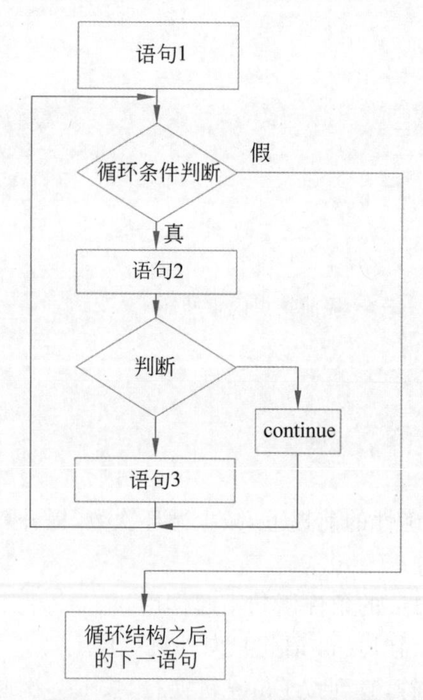

图 3-16 continue 语句的执行过程

break 语句和 continue 语句的区别在于：break 语句的功能是跳出循环，而 continue 语句功能是结束本次循环体的执行，进入下一次新的循环。

例 3.23　输出键盘字符,直到按 Enter 键退出,忽略按 Esc 键。

程序如下:

```
#include<stdio.h>
int main()
{
  char c;
  while(c!=13)            /*不是回车符则循环*/
  {
      c=getchar();
      if(c==0X1B)
         continue;        /*若按 Esc 键不输出便进行下次循环*/
      printf("%c\n", c);
   }
   return 0;
}
```

3.5.3　goto 语句

goto 语句是一种无条件转移语句,与 BASIC 中的 goto 语句相似。goto 语句的使用格式为

```
goto 语句标号;
```

其中,语句标号是一个有效的标识符,这个标识符加上一个":"一起出现在函数内某处,执行 goto 语句后,程序将跳转到该标号处并执行其后的语句。另外标号必须与 goto 语句同处于一个函数中,但可以不在一个循环层中。通常 goto 语句与 if 条件语句连用,当满足某一条件时,程序跳到标号处运行。

goto 语句通常不用,主要因为它将使程序层次不清,且不易读,但在多层嵌套退出时,用 goto 语句则比较合理。

例 3.24　用 goto 语句和 if 语句构成循环,计算 1~100 的和。

程序如下:

```
#include<stdio.h>
int main(){
    int i,sum=0;
    i=1;
loop: if(i<=100) {
    sum=sum+i;
        i++;
        goto loop;
    }
    printf("%d\n",sum);
    return 0;
}
```

本章小结

结构化程序设计方法是程序设计工作中最根本的方法,通常用来求解一个具有独立逻辑功能的简单问题。其核心内容是采用“自顶向下、逐步求精”的设计策略,对问题进行语句级的分解与抽象。即将实际问题求解过程中所存在的顺序计算步骤、可选择的不同计算路径、需要重复执行若干次的计算块三类子过程对应于顺序、选择、循环3种基本结构,并最终通过C语言提供的基本控制语句(复合语句、if、switch、for等)实现。

任何C程序在宏观上都可以看作是由定义、输入、计算、输出4部分组成的顺序结构。只是在具体程序中,可能其中的输入、计算、输出部分又包含了若干个顺序、选择、循环结构,或者输入、计算、输出混杂在一起完成。因此,本章所涉及的C语言基本控制语句的语法知识必须熟练掌握、灵活运用。

运用计算机求解问题的核心方法是“搜索”,即在解空间中通过不断地测试寻找问题解。本章着重介绍了其中最普适的两种算法设计策略:枚举法、迭代法,要求读者必须熟练掌握。枚举法是对解空间中的所有可能解进行逐一测试,“暴力”寻求问题的解。迭代法是通过构建迭代公式,在解空间中规划搜索路径,“按部就班”寻求问题的解。

习　　题

一、选择题

1. 若m为float型变量,则执行以下语句后的输出为(　　)。

```
m=1234.123;
printf("%-8.3f\n",m);
printf("%10.3f\n",m);
```

A. 1234.123
　1234.123

B. 1234.123
1234.123

C. 1234.123
　　1234.123

D. −1234.123
　001234.123

2. 若x,y,z均为int型变量,则执行以下语句后的输出为(　　)。

```
x=(y=(z=10)+5)-5;
printf("x=%d,y=%d,z=%d\n",x,y,z);
y=(z=x=0,x+10);
printf("x=%d,y=%d,z=%d\n",x,y,z);
```

A. X=10,Y=15,Z=10
　X=0,Y=10,Z=0

B. X=10,Y=10,Z=10
　X=0,Y=10,Z=10

C. X=10,Y=15,Z=10
　X=10,Y=10,Z=0

D. X=10,Y=10,Z=10
　X=0,Y=10,Z=0

3. 若 x 是 int 型变量，y 是 float 型变量，所用的 scanf 调用语句格式为“scanf("x=%d,y=%f",&x,&y);”。则为了将数据 10 和 66.6 分别赋给 x 和 y，正确的输入应是（　　）。

A. x=10,y=66.6＜回车＞　　　　B. 10 66.6＜回车＞

C. 10＜回车＞66.6＜回车＞　　　　D. x=10＜回车＞y=66.6＜回车＞

4. 已知有变量定义“int a;char c;”，用“scanf(“%d%c”,&a,&c);”语句给 a 和 c 输入数据，使 30 存入 a，字符'b'存入 c，则正确的输入是（　　）。

A. 30'b'＜回车＞　　　　B. 30　b＜回车＞

C. 30＜回车＞b＜回车＞　　　　D. 30b＜回车＞

5. 分析以下程序，下列说法正确的是（　　）。

```
#include<stdio.h>
int main()
{ int x=5,a=0,b=0;
  if(x=a+b) printf("*  *  *  *\n");
  else   printf("####\n");
    return 0;
}
```

A. 有语法错，不能通过编译　　　　B. 通过编译，但不能连接

C. 输出* * * *　　　　D. 输出####

6. 程序段如下：则以下说法中正确的是（　　）。

```
int k=5;
do{
    k--;
}while(k<=0);
```

A. 循环执行 5 次　　　　B. 循环是无限循环

C. 循环体语句一次也不执行　　　　D. 循环体语句执行一次

7. 设 i 和 x 都是 int 类型，则 for 循环语句（　　）。

```
for(i=0,x=0;i<=9&&x!=876;i++) scanf("%d",&x);
```

A. 最多执行 10 次　　　　B. 最多执行 9 次

C. 是无限循环　　　　D. 循环体一次也不执行

8. 下述 for 循环语句（　　）。

```
int i,k;
for(i=0,k=-1;k=1;i++,k++)  printf("****");
```

A. 判断循环结束的条件非法　　　　B. 是无限循环

C. 只循环一次　　　　D. 一次也不循环

9. 程序段如下：则以下说法中正确的是(　　)。

```
int k=-20;
while(k=0) k=k+1;
```

A. while 循环执行 20 次　　B. 循环是无限循环
C. 循环体语句一次也不执行　　D. 循环体语句执行一次

10. 下列程序段执行后 k 值为(　　)。

```
int k=0,i,j;
for(i=0;i<5;i++)
for(j=0;j<3;j++)
  k=k+1;
```

A. 15　　B. 3　　C. 5　　D. 8

11. 程序段如下：则以下说法中不正确的是(　　)。

```
#include<stdio.h>
int main()
{
    int k=2;
    while(k<7)
    {
        if(k%2)
        {    k=k+3;
            printf("k=%d\n",k);
            continue;
        }
        k=k+1;
    printf("k=%d\n",k);
    }
return 0;
}
```

A. “k=k+3;”执行一次　　B. “k=k+1;”执行 2 次
C. 执行后 k 值为 7　　D. 循环体只执行一次

二、读程序写结果

1.

```
#include<stdio.h>
    int main()
    { int x,y;
      scanf("%2d%*2d%ld",&x,&y);
      printf("%d\n",x+y);
         return 0;
    }
```

执行时输入：

```
1234567
```

2.

```
include< stdio.h>
int main()
{   int x=4,y=0,z;
    x * =3+2;
    printf("%d",x);
    x * =y=z=4;
    printf("%d",x);
    return 0;
    }
```

3.

```
int main()
    {   int x,y,z;
      x=3; y=z=4;
      printf("%d",(x>=z>=x)?1:0);
      printf("%d",z>=y && y>=x);
        return 0;
    }
```

4.

```
#include<stdio.h>
int main()
{     int x=1,y=1,z=10;
           if(z<0)
             if(y>0) x=3;
             else  x=5;
        printf("%d\t",x);
        if(z=y<0) x=3;
        else if(y==0) x=5;
        else x=7;
        printf("%d\t",x);
        printf("%d\t",z);
        return 0;
}
```

5.

```
#include<stdio.h>
int main()
{     int i;
       for(i=1;i<=5;i++)
```

```
    {    if(i%2)
             putchar('<');
         else
             continue;
         putchar('>');
         }
    putchar('#');
    return 0;
    }
```

6.

```
#include<stdio.h>
int main()
{int a,b;
for(a=1,b=1;a<=100;a++)
{   if(b>10) break;
    if(b%3==1)
    { b+=3; continue;}
}
printf("a=%d\n",a);
return 0;
    }
```

7.

```
#include<stdio.h>
int main()
{ int i,j;
    for(i=0;i<=3;i++)
    {  for(j=0;j<=i;j++)
         printf("(%d,%d),",i,j);
         printf("\n");
    }
    return 0;
    }
```

三、填空题

1. 在C语言中，字符型数据和整型数据之间可以通用，一个字符数据既能以________输出，也能以________输出。

2. "%-ms"表示如果串长小于m，则在m列范围内，字符串向________靠，________补空格。

3. printf函数的“格式控制”包括两部分，它们是________和________。

4. 编写程序求矩形的面积和周长，矩形的长和宽由键盘输入，请填空。

```
#include<stdio.h>
int main()
{   float l,w;
    ________
  printf("please input length and width of the rectangle\n");
  scanf("%f%f",&l,&w);
  area=________;
  girth=________;
  ________
  return 0;
}
```

5. 编写程序，输入一个数字字符('0'～'9')存入变量 c，把 c 转换成它所对应的整数存入 n，如：字符'0'所对应的整数就是 0。请填空。

```
________
int main()
{  char c;
    ________;
    printf("please input a char:\n");
    c=________;
    n=________;
    printf(________,c,n);
    return 0;
}
```

6. 投票表决器：输入 Y、y，打印 agree；输入 N、n，打印 disagree；输入其他，打印 lose。

```
#include<stdio.h>
int main()
{
    char c;
    scanf("%c",&c);
    ____(1)____
    {
        case 'Y':
        case 'y': printf("agree");____(2)____;
        case 'N':
        case 'n': printf("disagree");____(3)____;
        ____(4)____: printf("lose");
    }
return 0;
}
```

7. 一颗球从100米高度自由落下，每次落地后反跳回原来高度的一半，再落下。求它在第10次落地时，共经过多少米？第10次反弹多高？

```
#include<stdio.h>
main()
{   float Sn=100.0,hn=Sn/2;
    int n;
    for(n=2;n<=____(1)____;n++)
    {   Sn=____(2)____; hn=____(3)____; }
      printf("第10次落地时共经过%f米\n",Sn);
      printf("第10次反弹%f米\n",hn);
}
```

8. 打印出以下图形

```
          *
         ***
        *****
       *******
        *****
         ***
          *
#include<stdio.h>
int main()
{   int i,j,k;
for(i=0;i<=____(1)____;i++)
{   for(j=0;j<=2-i;j++)  printf(" ");
    for(k=0;k<=____(2)____;k++)  printf("*");
    ____(3)____
}
for(i=0;i<=2;i++)
    {   for(j=0;j<=____(4)____;j++)
    printf(" ");
        for(k=0;k<=____(5)____;k++)
        printf("*");
    printf("\n");
    }
return 0;
}
```

四、编程题

1. 将华氏温度转换为摄氏温度和绝对温度的公式分别为

$$c=\frac{5}{9}(f-32) \quad (\text{摄氏温度})$$

$$k=273.16+c \quad (\text{绝对温度})$$

请编程序：当给出 f 时，求其相应摄氏温度和绝对温度。

测试数据：① $f=34$；② $f=100$。

2. 写一个程序把极坐标 (r,θ)（θ 之单位为度）转换为直角坐标 (x,y)。转换公式是

$$x=r\cdot\cos\theta$$
$$y=r\cdot\sin\theta$$

测试数据：① $r=10\quad\theta=45°$；② $r=20\quad\theta=90°$。

3. 写一程序求 y 值（x 值由键盘输入）。

$$y=\begin{cases}\dfrac{\sin(x)+\cos(x)}{2} & (x\geqslant 0)\\[2ex] \dfrac{\sin(x)-\cos(x)}{2} & (x<0)\end{cases}$$

4. 输入一个数，判断它能否被 3 或者被 5 整除，如至少能被这两个数中的一个整除则将此数打印出来，否则不打印，编出程序。

5. 用循环语句编写求 $2^0+2^2+2^3+\cdots+2^{63}$ 的程序。

6. 求 $\sum_{n=1}^{20} n!$（即求 $1!+2!+3!+\cdots+20!$）。

7. 有一分数序列 $\frac{2}{1},\frac{3}{2},\frac{5}{3},\frac{8}{5},\frac{13}{8},\frac{21}{13},\cdots$，求出这个数列的前 20 项之和。

8. 判断一个数是否是素数。

9. 打印 1～100 的所有素数。

10. 求 1～100 的所有非素数的和。

11. 输入两个正整数 m 和 n，求其最大公约数和最小公倍数。

提示：求 m,n 的最大公约数：首先将 m 除以 $n(m>n)$ 得余数 R，再用余数 R 去除原来的除数，得新的余数，重复此过程直到余数为 0 时停止，此时的除数就是 m 和 n 的最大公约数。求 m 和 n 的最小公倍数：m 和 n 的积除以 m 和 n 的最大公约数。

测试数据：

(1) $m=12,n=24$。

(2) $m=100,n=300$。

12. 打印出所有的“水仙花数”，所谓“水仙花数”是指一个三位数，其各位数字立方和等于该数本身。例如：153 是一个水仙花数，因为 $153=1^3+5^3+3^3$（要求分别用一重循环和三重循环实现）。

13. 一个数恰好等于它的平方数的右端，这个数称为同构数。如 5 的平方是 25，5 是 25 中的右端的数，5 就是同构数。找出 1～1000 的全部同构数。

14. 3025 这个数具有一种独特的性质：将它平分为两段，即 30 和 25，使之相加后求平方，即(30+25)，恰好等于 3025 本身。请求出具有这样性质的全部四位数。

15. 两位数 13 和 62 具有很有趣的性质：把它们个位数字和十位数字对调，其乘积不变，即 13 * 62=31 * 26。编写程序求共有多少对这种性质的两位数（个位与十位相同的不在此列，如 11、22，重复出现的不在此列，如 13 * 62 与 62 * 13）。

16. 一个数如果恰好等于它的因子之和,这个数就称为"完数"。例如,6的因子为1、2、3,而6=1+2+3,因此6是"完数"。编程序找出1000之内的所有完数,并按下面格式输出其因子:

```
6    its factors are 1, 2, 3
```

17. 两个乒乓球队进行比赛,各出三人。甲队为A、B、C三人,乙队为X、Y、Z三人,已知抽签决定比赛名单。有人向队员打听比赛的名单,A说他不和X比,C说他不和X、Z比,请编程序找出三对赛手的名单。

18. 验证哥德巴赫猜想。一个充分大的偶数(大于或等于6)可以分解为两个素数之和。试编程序,将6～50的全部偶数表示为两个素数之和。

第4章 函数与编译预处理

随着程序规模的不断扩大，只由一个主函数实现的程序具有其弊端：可读性越来越差；相同或相似的代码段在同一程序（或不同程序）中可能需要重复写很多次。这给我们调试和修改程序带来诸多不便。C语言提供了函数机制来解决上述问题。利用函数可以把程序划分成小块，增强程序的可读性；将相同或相似的代码段提取出来用函数实现，降低编写程序的出错率及维护成本；将常用代码段封装成库函数的形式，实现多程序共享调用，进一步提高代码复用性。由此可见，函数机制是一种针对计算过程的抽象机制，它使多人共同开发大规模程序成为可能。

预处理功能是C语言特有的功能，它是在对源程序正式编译前由预处理程序负责完成的，在程序中可用预处理命令调用这些功能。使用预处理功能便于修改、阅读、移植和调试程序，也便于实现模块化程序设计。

本章主要介绍C语言中使用模块化程序设计的方法、函数的相关语法、变量的作用域和存储类别、库函数、常用预处理命令及其应用等内容。

4.1 模块化程序设计

对于复杂问题，是很难由某一个程序设计人员在短时间内按照结构化程序设计方法完成语句级的分解与抽象的，必须经过很长一段时间的多人合作才能最终获得问题的解。这个过程是极其复杂的，所有工作的关联性非常强，即便是同一个人编写代码，也可能因为时间久远而忘记具体细节，导致最终的程序出错。因此，如果没有好的分工合作机制/方法是很难完成大型程序设计任务的。

模块化程序设计是在功能模块级上的问题分解与抽象。此处的“模块”在C语言中体现为函数。因此，在C语言模块化程序设计中，经过多层分解后的子问题是能够用C函数直接定义和计算的。

4.1.1 模块化程序设计方法

以功能块为单位进行程序设计，实现其求解算法的方法称为模块化。模块化的目的是降低程序复杂度，使程序设计、调试和维护等操作简单化。

在模块化程序设计中,不是一开始就逐条录入程序语句,而是首先用主程序、子程序、子过程等框架把程序的主要结构和流程描述出来,然后定义和调试好各个框架之间的输入、输出连接关系,最后逐步求精地得到一系列以功能块为单位的算法描述。

模块化程序设计的基本思想是"自顶向下、逐步分解、分而治之",即将一个较大的程序按照功能分割成一些小模块,各模块相对独立、功能单一、结构清晰、接口简单。其中最关键的部分就是对问题进行分解,应遵循"高内聚、低耦合"的基本原则,具体来讲包括以下几点。

1. 模块独立

模块的独立性原则表现在模块完成独立的功能,与其他模块的联系应该尽可能简单,各个模块具有相对的独立性。

2. 模块的规模要适当

模块的规模不能太大,也不能太小。如果模块的功能太强,可读性就会较差;如果模块的功能太弱,就会有很多接口。读者需要通过较多的程序设计来进行经验的积累。

3. 分解模块时要注意层次

在进行多层次任务分解时,要注意对问题进行抽象化。在分解初期,可以只考虑大的模块;在中期,再逐步进行细化,分解成较小的模块进行设计。

采用模块化程序设计方法不仅能够在很大程度上控制程序设计的复杂性、提高代码的重用性,便于构建易维护、可扩充的程序,更能为团队开发提供有力支撑。

一般地,模块化程序设计采用以下步骤进行:

(1) 分析问题,明确需要解决的任务。

(2) 对任务进行逐步分解和细化,分成若干个子任务,每个子任务只完成部分完整功能,并且可以通过函数来实现。

(3) 确定模块之间的调用关系。

(4) 优化模块之间的调用关系。

(5) 主函数中进行调用实现。

4.1.2 分解与封装

处理复杂问题的基本方法就是设法将其分解为一些相对简单的子问题,分别处理这些子问题,然后用各子问题的解去构造整个问题的解。其分解的实质即为功能分解,对C语言主要是函数分解。也就是说,应该把程序写成一组函数,通过其互相调用完成所需工作。

什么样的程序片段应该定义为函数呢?没有万能的准则,需要程序设计人员认真分析需求,总结经验。这里给出两条建议,供读者参考:

(1) 程序中重复出现的相同或相似的片段。将这样的代码段提取出来定义成函数不但可以缩短程序的代码长度,还同时提高程序的可读性及可维护性。

(2) 程序中具有逻辑独立性的片段。即使这种片段只出现一次，也可将其定义为独立的函数，这样做可以分解程序的复杂性，方便程序设计人员厘清设计思路。

“分解”可以说是程序设计的精髓，一个问题可能有多种可行的分解方案，很难说哪种分解是问题的最佳分解。但可以肯定的是无论多么复杂的问题，它经过一系列合理的分解后，最终各个子问题都是容易求解并用程序实现的。

函数就是对应于这些子问题的程序解。在函数的使用者和函数的设计者眼中同一个函数有着完全不同的两个方面。函数的使用者只关心函数的使用问题，即函数实现什么功能；应该在什么时候调用及怎样书写函数调用；对函数的返回值如何处理等问题。而函数的设计者只关心函数的实现问题，即采用什么算法；采用什么语句实现；怎样得到计算结果等问题。

函数的封装性把函数的内部和外部完全分开，而只通过函数头完成内部与外部的数据通信。实际上函数头定义了函数内部和外部都需要遵守的共同规范。

这恰恰为我们设计大规模程序提供了方便。设计初期我们可以站在函数使用者的角度，忽略函数的内部细节，而只考虑函数的功能及接口设计；到了设计后期则站在函数设计者的角度具体实现各个函数，逐个调试，最后再利用函数调用将各个函数按照一定的逻辑组合调试得到最终结果。

由此，函数分解被引入到程序设计的步骤当中，而且其重要性日益突显，成为程序设计人员的首要工作。面对具体问题时，首先必须在问题分析的基础上完成有效的函数分解，设计好各函数接口，即规定好公共规范。此后，就可以逐个完成函数设计工作了。当然也可以分工合作完成，可以让不同的人完成不同函数的设计工作，只要他们都能遵循共同规范并对函数的功能有共同理解即可。图4-1简要体现了函数分解在整个程序设计过程中的位置。

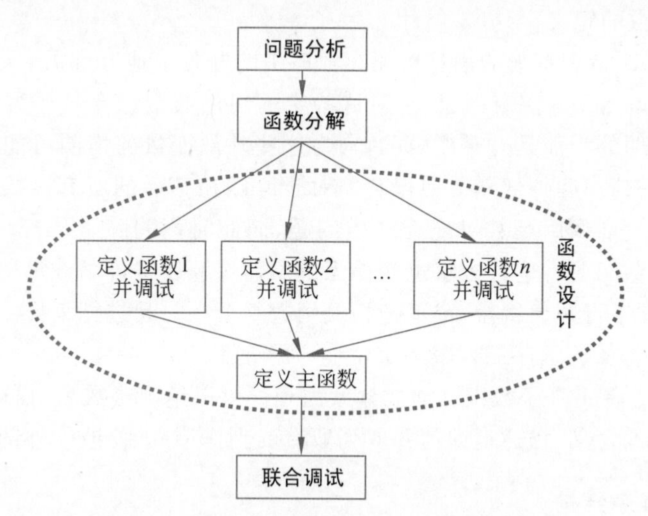

图4-1　C语言中模块化程序设计过程示意图

4.1.3 程序结构

一个程序中可以包含很多内容,例如,预处理指令、外部变量声明、函数定义、函数声明等。在程序中怎样编排这些元素的前后次序才能使它们更有效地运行呢?下面先来讨论单文件程序的物理结构。

1. 单文件程序结构

迄今为止,已经知道程序可以包含:

(1) 预处理指令,如#include、#define。

(2) 类型定义。

(3) 外部变量声明。

(4) 函数声明。

(5) 函数定义。

C语言对上述这些项的顺序要求极少:执行到预处理指令所在的代码行时,预处理指令才会起作用;类型名定义后才可以使用;变量声明后才可以使用。虽然C语言对函数没有什么要求,但是这里强烈建议在第一次调用函数前要对每个函数进行定义或声明。

为了遵守这些规则,一般按照如下编排顺序组织程序:

(1) #include指令。

(2) #define指令。

(3) 类型定义。

(4) 外部变量的声明。

(5) 除main函数之外的函数的原型。

(6) main函数的定义。

(7) 其他函数的定义。

因为#include指令带来的信息可能在程序中的好几个地方都需要,所以先放置这条指令是合理的。#define指令创建宏,对这些宏的使用通常遍布整个程序。类型定义放置在外部变量声明的上面是合乎逻辑的,因为这些外部变量的声明可能会引用刚刚定义的类型名。接下来,声明外部变量使得它们对于跟随在其后的所有函数都是可用的。在编译器看见原型之前调用函数可能会产生问题,而此时声明除了main函数以外的所有函数可以避免这些问题。这种方法也使得无论用什么顺序编排函数定义都是可能的。例如,根据函数名的字母顺序编排,或者把相关函数组合在一起进行编排。在其他函数前定义main函数,使得阅读程序的人容易定位程序的起始点。

最后的建议:在每个函数定义前放盒型注释。可以给出函数名、描述函数的目的、讨论每个形式参数的含义、描述返回值并罗列所有的副作用(如修改了外部变量的值)。

2. 多文件程序结构

程序以函数划分模块的结构特点使得程序整体结构清楚,层次分明,它为模块化程序设计方法提供了有力支持。当程序的规模越来越大,一个程序中的函数越来越多时,为了加快程序的编译效率，往往将程序按照函数的功能进行分类，将同类函数写入同一源程序文件。此时，C 程序的逻辑结构可以用图 4-2 表示。

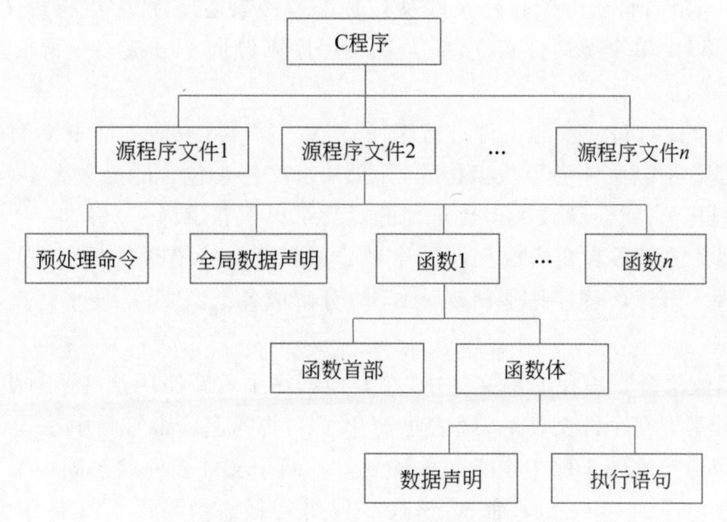

图 4-2　多文件 C 程序的逻辑结构

虽然我们前面提到的程序都是放在一个单独的文件里，但在实际问题中大多数的程序都是由若干个源文件和若干个头文件构成的。源文件包含函数的定义和外部变量，其扩展名为 c。头文件包含可以在源文件之间共享的信息，其扩展名为 h。多文件程序的编译过程可用图 4-3 表示。一个多文件程序必须且只能在其中的一个源文件中包含唯一的 main 函数。

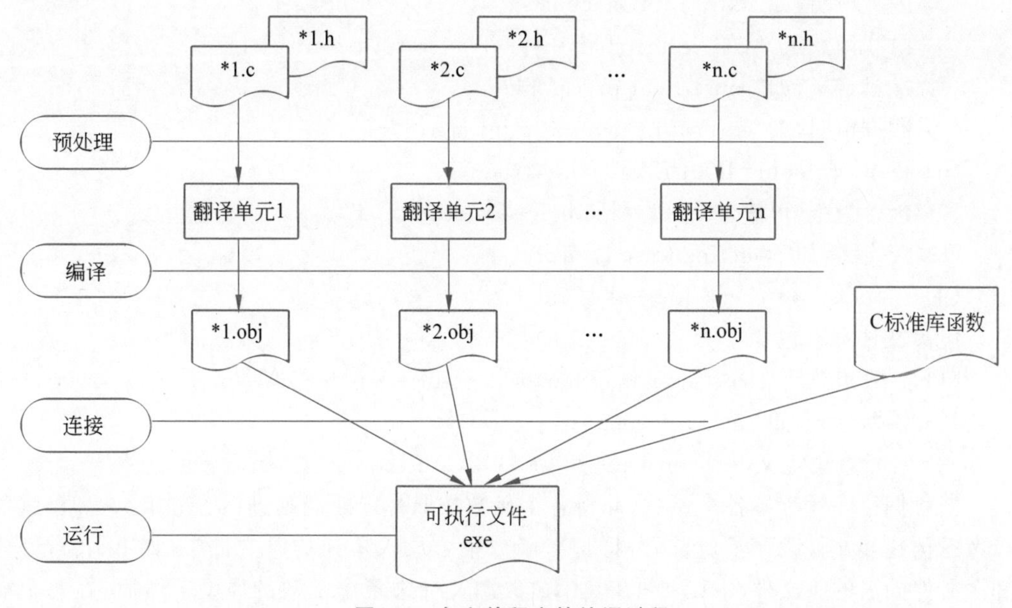

图 4-3　多文件程序的编译过程

图 4-3 中,源文件中含有包含头文件的预编译语句,经过预编译后产生翻译单元,该翻译单元以临时文件的形式存放在计算机中。之后在编译过程中进行语法检查,产生目标文件(.obj)。最后将若干个目标文件及 C 标准库函数连接,产生可执行文件(.exe)。

小程序可以由单个源文件建立,而大规模程序则倾向于分成多个源文件。把程序分成多个源文件的优点如下:

(1) 可以单独对每一个源文件进行编译,避免一而再、再而三地重复编译没有修改的函数。编译器总是以文件为单位工作的,如果一个文件中包含的函数太多,而被修改的函数总是少数的几个,就会导致大多数正确的函数都得重新编译一次。

(2) 把相关的函数和变量放到同一个特定的源文件中有助于明了程序的结构,使程序更容易管理。可以将程序按逻辑功能划分,分解成各个源文件,便于程序员的任务安排以及程序调试。

(3) 把函数集合在单独的源文件中,在其他程序中重新使用这些函数更为方便。

把程序分割为几个源文件后,随之也产生了一些问题:如何调用在其他文件中定义的函数?如何访问其他文件中定义的外部变量?两个文件如何共享同一个宏定义或类型定义?这时就要用到#include 命令,该命令使得在任意数量的源文件中共享信息成为可能。

#include 命令告诉预处理器打开指定的文件,并且把此文件的内容插入当前文件中。因此,可以将需要多次共享的部分放入一个文件(头文件)中,再用#include 命令将其带入不同的源文件。

头文件一般可以包含:

(1) 类型声明,如"enum COLOR{//…}"。

(2) 函数声明,如"extern int fn(char s)"。

(3) 内联函数定义,如"inline char fn(char p){return *p++;}"。

(4) 常量定义,如"const float pi=3.14;"。

(5) 数据声明,如"extern int m;extern int a[];"。

(6) 枚举,如"enum BOOLEAN{false,true};"。

(7) 包含指令(可嵌套),如"#include<iostream.h>"。

(8) 宏定义,如"#define Case break;case"。

(9) 注释,如"/* check for end of file */"。

但头文件不宜包含:

(1) 一般函数定义,如"char fn (char p) { return *p++;}"。

(2) 数据定义,如"int a; int b[5];"。

(3) 常量聚集定义,如"const int c[]={1,2,3};"。

当我们已经设计好各个函数,并将各个函数按照一定的规则进行了分组。这时,就可以考虑构建多文件程序了。首先,将每组函数集合放入单独的源文件中(如 list.c),创建和源文件同名的头文件(list.h)并在其中放置源文件中各个函数的原型。然后,在每个需要调用源文件(list.c)中定义的函数的源文件中包含其相应的头文件(list.h),注意 list.c 中也应包含 list.h。最后,main 函数应出现在与程序名字相同的源文件中,如程序名为

search，则 main 函数就应在 search.c 文件中。

4.2 函　数

4.2.1 函数的基本语法

在前面已经介绍过，C 源程序是由函数组成的。C 语言不仅提供了极为丰富的库函数(如 Turbo C，MS C 都提供了 300 多个库函数)，还允许用户建立自己定义的函数。用户可以把自己的算法编成一个个相对独立的函数模块，然后调用它们来使用函数。可以说，C 程序的全部工作都是由各式各样的函数完成的，所以也把 C 语言称为函数式语言。

C 语言中函数的基本语法知识包括函数定义的一般形式、函数调用、函数返回及函数声明。

1. 函数定义

虽然“函数”这个术语来自数学，但 C 语言中函数的概念不完全等同于数学中函数的概念。在数学领域，函数是一种关系，这种关系使一个集合里的每一个元素对应到另一个(可能相同的)集合里的唯一元素。在 C 语言中，函数是指能够完成特定功能的一段代码，它不一定要有参数，也不一定要有计算结果。

函数定义的一般形式为

```
类型说明符　函数名 (形式参数表)
{
    声明部分
    语句部分
}
```

其中：

(1) 类型说明符定义了该函数的类型，即函数执行完后其返回值的类型。它遵循以下规则：可以是除数组外的任意类型，包括基本数据类型(整型、字符型等)、组合类型(结构)和指针类型。此外还可以是 void(空)类型，表示该函数无返回值，称为无返回值函数。类型说明符也可以省略不写，缺省时默认该函数类型为整型。

(2) 函数名是一个用户自定义的标识符，其命名规则同变量名完全一样。函数名中存放的是函数的入口地址值。

(3) 形式参数简称形参，是函数接收外部数据的接口。当实际执行到该函数时，各个形参已经对应了实际数值，无须在函数体内部再对其赋值。在形参表中必须逐个说明各参数的类型，说明方式为

```
(类型 1　形参 1,类型 2　形参 2,…,类型 n　形参 n)
```

即使几个形参具有相同的数据类型，也必须对每个形式参数进行类型说明。当没有形参

时,称为无参函数,此时形式参数表虽然为空,但左右圆括号不能省去。

(4) 由"{}"括起来的部分称为函数体,它由声明部分和语句部分组成。声明部分主要包括在函数内部用到的变量或函数的声明语句;语句部分由若干条语句组成。对于返回类型为 void 的函数,其函数体可以为空。

例 4.1 各类函数举例如表 4-1 所示。

表 4-1 各类函数举例

带参函数	无参函数	无返回值函数	空函数

example(int n) {
  int i;
  for(i=0;i<n;i++)
    printf("*");
  return i;
}
	int example1() {
	  int i;
	  for(i=0;i<3;i++)
	    printf("*");
	  return i;
	}
		void example2(int n) {
		  int i;
		  for(i=0;i<n;i++)
		    printf("*");
		}
			void example3()
			{
			}

通常我们将函数定义中除去函数体的其余部分称为函数头。这样,一个函数定义就包括了函数头和函数体两部分。函数头主要对函数的名字、输入量及输出量的类型进行定义,是函数与外界(程序其余部分)的接口。函数体主要用来实现本函数的功能,在函数体内部看来形参是已知量,对于有返回值函数,其最终的计算结果必须用 return 语句返回。

在函数定义时函数头的设计尤为重要,设计基本准则包括:函数名最好用能反映函数功能的英文单词;函数的类型就是函数返回值(输出量)的类型;函数的形参列表包括了完成本函数功能必须已知的数据(输入量)的名字及类型。在定义函数时,定义者必须从具体问题中分析得到以上 3 类信息。另外,设计函数体时,首先,要记住在函数体内部形参是已知量。其次,要注意返回值的类型最好与函数的类型保持一致。

例 4.2 编写函数求 $n!$,其中 $n \geqslant 0$。

问题分析:首先确定函数的类型,即 $n!$最终的计算结果应该是什么类型。由于 VC++ 2010 中 int 型和 long 型都是 4 字节,因此选择 int 和 long 是一样的。这里使用 int,当然根据需要也可以选择 double 型。然后确定形参类型及个数,完成本函数我们只需已知 n 即可。因此,形参为 int 型变量 n。最后确定函数名为 fac。

程序如下:

```
int fac(int n)
{
    int i;
    int a=1;
    for(i=2;i<=n;i++)
          a*=i;
    return(a);
}
```

例 4.3　打印边长为 n 的空心正方形。

程序如下：

```
void prn(int n)
{
    int i,j;
    for(i=0;i<n;i++)
    {
        for(j=0;j<n;j++)
            if(i==0||i==n-1)
                printf("* ");
            else if(j==0||j==n-1)
                printf("* ");
            else
                printf("  ");
            printf("\n");
    }
}
```

注意：在 C 语言中，所有的函数定义，包括主函数 main 在内，都是平行的。也就是说，在一个函数的函数体内，不能再定义另一个函数，即不能嵌套定义。

2. 函数调用

一个程序的执行总是从 main 函数开始，在 main 函数内部顺序执行每条语句，直至 main 函数结束，则整个程序的执行也结束。那什么时候程序才能执行到定义在主函数外部的其他函数呢？这就要求我们在主函数内部书写函数调用语句。

习惯上人们将包含函数调用的函数称为主调函数，而将被调用的函数称为被调函数。

函数调用的一般形式为

```
函数名（实际参数表）
```

其中：

(1) 函数名为已经定义了的被调函数的函数名。

(2) 实际参数简称实参，是主调函数传递给被调函数的数据。函数调用中的实参表与函数定义中的形参表必须在类型、顺序及个数上一一对应。实参可为常量、变量或表达式，发生调用时实参必须已经有确定的值。

函数调用语句应该出现在主调函数中的什么位置呢？根据函数有无返回值，可将函数调用语句在主调函数中的使用情况分为以下两种：

(1) void 函数的调用不返回任何值，其作用与执行一段代码无异。因此，void 函数的调用独立成语句，在函数调用后紧跟分号。

例如，对例 4.1 中的无返回值函数 example2 调用的代码段为

```
int main(){
  /*void函数的调用独立成语句*/
  example2(5);
  return 0;
}
```

(2) 非 void 函数调用会产生一个返回值,该值可以存储在变量中,还可以进行测试、显示或者用于其他用途。因此,非 void 函数的调用与同类型(函数类型)常量使用无异,它可以出现在同类型常量能够出现的所有位置,如表达式、输出表、实参表中等。如果不需要非 void 函数返回的值,也可以将其丢弃。

例如,对例 4.1 中的带参函数 example 调用的代码段为

```
#include<stdio.h>
int main(){
  /*非void函数的调用可以出现在同类型常量能够出现的所有位置*/
  printf("\n%d\n",example(5));
  return 0;
}
```

另外,在 C 语言中函数之间允许相互调用,也允许嵌套调用。函数还可以自己调用自己,称为递归调用。关于嵌套调用和递归调用的内容请参见 4.2.3 节。

3. 函数返回

函数完成指定的功能后就应返回到函数调用的下一条语句处执行,并不一定要执行完函数体中的所有语句才返回。怎样使程序在适当的时候返回到调用处继续执行呢?这就要用 return 语句来实现了,该语句的功能是计算表达式的值,并返回给主调函数。

return 语句有下列三种书写形式(第一种用于 void 型函数,后两种用于非 void 型函数)。

```
return;
return(表达式);
return 表达式;
```

其中,表达式的值为欲返回的值,其类型应与函数的类型一致。当类型不一致时,系统自动将返回值转换为与函数类型一致的值再返回。

例 4.4 返回值与函数类型不一致时的自动转换。

程序如下:

```
/*求两个数中的较大数*/
int max(float x,float y)
{
  float z;
```

```
    z=x>y?x:y;
    return(z);              /* float 类型自动转换为 int 类型 */
}
```

当 x=1.5,y=2.6 时,虽然计算后 z 的值为 2.6,但最终函数调用的结果会自动转换为 2。

在函数定义中允许有多个 return 语句,但每次调用只能有一个 return 语句被执行,因此一个函数至多只能返回一个函数值。

例 4.5　函数定义中包含多条 return 语句。

程序如下:

```
/* 判断奇偶数 */
int fun(int x)
{
    if(x%2==0)  return (1);     /* x 为偶数,返回 1 */
    else        return (0);     /* x 为奇数,返回 0 */
}
```

在函数定义中也可以不包含任何返回语句。此时,函数执行完最后一条语句会自动返回到调用处。对非 void 函数返回一个与其类型相同的随机数,对 void 函数不返回值。

例 4.6　非 void 函数的函数定义中不包含 return 语句,返回同类型随机数。

程序如下:

```
#include<stdio.h>
int fun(int x)
{   /* 函数体中不包含返回语句 */
    if(x%2==0)    x=1;
    else    x=0;
}
int main()
{
   printf("\n%d",fun(5));
   return 0;
}
```

程序运行的结果并不是我们期望中的 0,而是一个随机数。

4. 函数声明

函数定义和函数调用可能分别出现在不同的源程序文件中。即使在同一源程序文件,也可能是调用语句在先,而函数定义在后。在这种情况下,执行到函数调用时,编译器没有任何关于被调函数的信息:编译器不知道被调函数有多少形式参数,形式参数的类型是什么,也不知道被调函数的返回值是什么类型。这使得编译器只能默认函数的类型为整型,也无法检查传递给被调函数的实参个数及类型。

为了避免定义前调用的问题,一种方法是使每个函数的定义都出现在其调用之前;另一种方法是在调用前声明每个函数。函数声明使得编译器可以先对函数进行概要浏览,而函数的完整定义以后再给出。

函数声明的一般形式为

```
类型说明符  函数名(类型 形参,类型 形参…);
```

也可省略形参变量名而简写为

```
类型说明符 被调函数名(类型,类型…);
```

注意:函数声明一般独立成语句,分号不可省。在C语言中也允许其与同类型的变量或函数一起声明,此时的写法如下:

```
类型说明符  变量名,函数名1(类型,…),变量名,…,函数名2(类型,类型,…);
```

例如:

```
int a,reverse(int),max(int,int),b;
```

C语言中规定在以下几种情况可以省去函数声明:

(1) 如果被调函数的返回值是整型或字符型时,可以不对被调函数做说明,而直接调用。这时系统将自动对被调函数返回值按整型处理。

(2) 当被调函数的函数定义出现在主调函数之前时,在主调函数中也可以不对被调函数再做说明而直接调用。

(3) 如在所有函数定义之前,在函数外预先说明了各个函数的类型,则在以后的各主调函数中,可不再对被调函数做声明。

当在程序中包含大量函数声明时,建议使用第3种方法。具体做法是将函数的声明和一些公用类型(如结构类型)的声明集中起来并单独放在一个头文件(.h文件)中,当需要在某个源程序文件中调用这些函数时,只须在该文件的首部用一条预处理命令#include包含该头文件即可。这种方法对函数的调用者来说非常方便,而且还可以减少编译量。

注意:定义和声明是两个完全不同的概念。定义是指建立被定义的对象,而声明只是说明某个对象的存在,被声明的对象必须在其他地方定义,否则这个声明就是无效的、无意义的。两者最明显的区别就在于定义时系统会为对象分配存储空间,而声明时则不分配空间。

4.2.2 函数的执行过程

4.2.1节着重讲解了与函数相关的语法知识,有了这些知识我们已经可以定义并使用自己的函数了,但整个程序(由多个函数组成的程序)的执行过程及内存的变化情况人们还不清楚。

本节将着重分析函数调用的整个执行过程，并站在设计者的角度思考 C 语言的创始人设定这些规则(4.2.1 节中讲到的语法知识)的目的。

1. 函数的存储

函数是 C 程序的一部分，根据冯 · 诺依曼存储程序的思想，一个程序在执行时其整个或部分被装入内存的代码段，当然函数也在其中，如图 4-4(a)所示。对整个程序进行编译后，会产生一张标识符与其内存地址的对应表，其中包括各函数名与其入口地址的对应记录，如图 4-4(b)所示。这为之后的函数调用提供了基础。

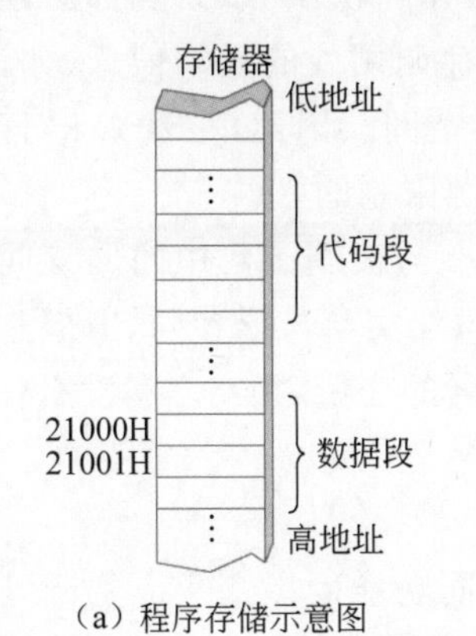

(a) 程序存储示意图

标识符	内存地址
…	…
x (变量名)	21000H (内存地址)
…	…
max (函数名)	10000H(函数入口地址)
…	…

(b) 标识符与内存地址对应表

图 4-4 程序装入内存时的存储情况

2. 函数调用的执行过程

函数调用的过程从宏观上可以用图 4-5 表示，在主调函数顺序执行的过程中遇到函数调用时，转去被调函数的入口地址处顺序往下执行。当执行到被调函数的最后一条语句或遇到返回语句时，返回主调函数中产生本次函数调用的地方继续顺序向下执行。

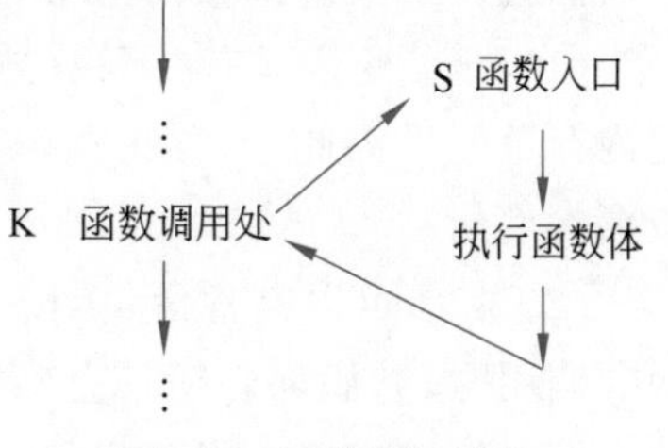

图 4-5 函数调用过程

这个过程看似简单，但事实上系统在背后完成了很多用户看不到的工作。每次函数调用时系统都要完成保护现场和恢复现场的动作，为了完成上述工作系统需要维护一个“栈”。栈本质上是由若干内存单元组成的一段空间(静态或动态)，它的最大特点就是“先进后出”。这个特点刚好符合函数调用与返回的要求，即最先被调用的最后返回，最后被调用的最先返回，这一特点在嵌套调用及递归调用中体现得更为明显。

1) 保护现场

当程序执行到函数调用时，系统需要首先完成保护现场的任务。即将主调函数中当前正在执行的语句地址和正在使用的临时变量压栈。

然后为被调函数中使用的形参及其内部使用的变量动态分配存储空间,并将实参值对照写入形参后压栈,根据调用中的被调函数名对照表进行查找,找到后取出被调函数入口地址,根据地址值获取该函数的第一条语句并执行。至此,完成从主调函数到被调函数的跳转。

2) 恢复现场

当需要从被调函数返回主调函数时,系统又要恢复现场。此时首先弹出发生本次函数调用时的压栈内容,其中不仅包括返回值还包括返回地址。将返回值记入主调函数中相应的变量,根据返回地址找到下一条语句继续执行。

由此,我们可以看到函数调用是有开销的,即每调用一次函数,系统都必须为形参临时分配一定的空间,用于实参与形参的参数传递。保存调用处的现场信息(如返回地址)也需要临时分配空间,只有当函数返回时才释放这些空间。因此,虽然C语言不限制函数嵌套调用的深度,但实际上其深度是受系统内存资源限制的。

我们还可以思考这样的问题,当主调函数中的实参与被调函数中的形参同名时会怎么样?根据上述函数调用的执行过程,不难分析出:虽然实参与形参同名,但它们在内存中却占用不同的内存单元。因此,它们本质上是不同名的变量,相互之间没有任何影响。

3. 函数间的数据传递

对于主调函数而言,被调函数就像封装了各种不同功能的黑盒子。主调函数并不关心黑盒子的内部结构,而只关心其外部接口的设置(数据类型)。因此,不同函数间的数据传递方式是我们研究函数调用的关键,下面就从参数传递和返回值这两个方面做进一步的分析。

1) 主调函数向被调函数传递数据(实参传递数据给形参)

形参出现在函数定义中,且只在被调函数内部有效。实参出现在主调函数中,且只在主调函数中有效。函数的形参(形式参数)和实参(实际参数)具有以下特点:

(1) 形参变量只有在函数被调用时才分配内存单元,在调用结束时,即刻释放所分配的内存单元。因此,形参只在函数内部有效,函数调用结束返回主调函数后则不能再使用该形参变量。

(2) 实参可以是常量、变量、表达式、函数调用等。无论实参是何种类型的量,在进行函数调用时,它们都必须具有确定的值,以便把这些值传送给形参。因此,应预先用赋值、输入等办法使实参获得确定值。

(3) 实参和形参在数量、类型、顺序应严格一致,否则会发生类型不匹配的错误。

在C语言中,实参向形参传递数据遵循"单向值传递"的原则,即实参与形参占用不同的存储空间,调用发生时只是将实参中的值赋值给形参变量。在函数执行过程中,对形参的赋值不会影响实参的值。从效果上来说,"单向值传递"的结果就好像是把每个形式参数初始化成与之匹配的实际参数的值。

例 4.7 编写一个函数,求末尾数非 0 的正整数的逆序数。例如,reverse(3407) = 7043。在主函数中输入正整数。

程序如下:

```
#include<stdio.h>
int main(){
    int a, reverse(int);                          /*声明 reverse 函数*/
    scanf("%d",&a);
    printf("调用 reverse 前: a=%d\n",a);
    printf("函数值: %d\n", reverse(a));            /*调用 reverse 函数*/
    printf("reverse 后: a=%d\n",a);
    return 0;
}
int reverse(int n)                                /*reverse 函数定义*/
{
    int k=0;
    while(n){
       k=k*10+n%10;
       n/=10;
    }
    return k;                                     /*返回语句*/
}
```

程序执行结果

```
37082↙
调用 reverse 前: a=37082
函数值: 28073
调用 reverse 后: a=37082
```

a＝37082

程序说明：调用 reverse 函数时，实参 a 的值 37082 传给形参变量 n，在 reverse 函数执行中，形参 n 的值不断改变，最终成 0，但并没有使实参 a 的值随之改变。形参变量和实参变量各自是独立的变量，占有不同的存储空间。在函数 reverse 中对形参的更新，只是对形参本身进行，与实参无关，不论形参名与实参名是否相同都不影响实参值。

实际参数按值传递既有利也有弊。因为形式参数的修改不会影响相应的实际参数，所以可以把形式参数作为函数内的变量来使用，这样可以减少真正需要的变量的数量。

例 4.8　计算数 x 的 n 次幂。

问题分析：在程序 1 中，形参 n 只是原始指数的副本，可以在函数体内修改它，因此就不需要使用变量 i 了。简化后的程序见程序 2。

程　序　1	程　序　2

int power(int x, int n)
{
  int i, result=1;
  for(i=1; i<=n; i++)
    result=result * x;
  return result
}
	int power(int x, int n)
	{
	  int result=1;
	  while (n-->0)
	    result=result * x;
	  return result;
	}

另一方面，依据单向值传递的原则使我们很难编写某些类型的函数。比如：用函数实现两个变量值的交换(请读者参看6.4.1节中的对比程序二)，再看下面的例子。

例4.9 假设我们需要一个函数，它把double型的值分解成整数部分和小数部分。

问题分析：因为函数无法返回两个数，所以可以尝试把两个变量传递给函数并且修改它们。

程序如下：

```
void decompose(double x, long int_part, double frac_part)
{
    int_part=(long)x;
    frac_part=x-int_part;
}
```

假设采用下面的方法调用这个函数：

```
decompose(3.14159, i, d);
```

在调用开始，程序把3.14159赋值给x，把i的值赋值给int_part，而且把d的值赋值给frac_part。然后，decompose函数内的语句把3赋值给int_part，把0.14159赋值给frac_part，接着函数返回。可惜的是，变量i和d不会因为赋值给int_part和frac_part而受到影响，所以它们在函数调用前后的值是完全一样的。当然我们在学习完更多的C语言语法技巧后，上述问题是完全可以解决的。

C语言允许在实参类型与形参类型不匹配的情况下进行函数调用。其数据类型转换遵循以下原则：

(1) 编译器在调用前遇到函数原型：就像使用赋值一样，每个实际参数的值被隐式地转换成相应形式参数的类型。例如，如果把int类型的实际参数传递给期望得到double类型数据的函数，那么实际参数会被自动转换成double类型。

(2) 编译器在调用前没有遇到函数原型：编译器执行默认的实际参数提升，把float类型的实际参数转换成double类型，把char类型和short类型的实际参数转换成int类型(C99实现了整数提升)。默认的实际参数提升可能无法产生期望的结果。

比如：在如下程序中调用square函数时，编译器没有遇到原型，所以它不知道square函数期望有int类型的实际参数。由于获得了double类型值，所以square函数将产生无效的结果。

```
#include<stdio.h>
int main() {
  double x=3.0;
  printf("Square: %d\n", square(x))      /*实参为double类型*/
  return 0;
}
int square(int n)                        /*形参为int类型*/
```

```
{
  return n * n;
}
```

利用强制转换可以解决这个问题，例如，“printf("Square：%d\n",square((int)x));”。当然，更好的解决方案是在调用 square 前对该函数进行声明。调用 square 之前不提供声明或定义是错误的。

2）被调函数向主调函数传递数据(返回值)

函数的返回值是指函数被调用之后，执行函数体中的程序段所取得的并最终返回给主调函数的值。如调用正弦函数取得正弦值，例 4.4 中调用 max 函数取得的最大数等。对函数的值(或称函数返回值)有以下一些说明：

(1) 函数的值只能通过 return 语句返回主调函数。因此，一个函数调用最多只能返回一个值。

(2) 返回值的类型和函数定义中函数的类型应保持一致。如果两者不一致，则以函数类型为准，自动进行类型转换。

(3) 如返回值为整型，在函数定义时可以省去类型说明。

(4) 不返回函数值的函数，可以明确定义为空类型，类型说明符为 void。

4.2.3　嵌套调用与递归调用

1. 嵌套调用

C 语言中，函数是独立的功能模块，一个函数既可以被其他函数调用(主函数除外，它只能由系统调用)，同时它也可以调用其他的函数。这种主函数调用函数 A，函数 A 调用函数 B，…，称为函数的嵌套调用。

函数嵌套调用中的每次函数调用都遵循函数调用的执行过程，同样也包括参数传递、向被调函数的跳转、执行和返回这些步骤。其执行过程可用图 4-6 简单描述。

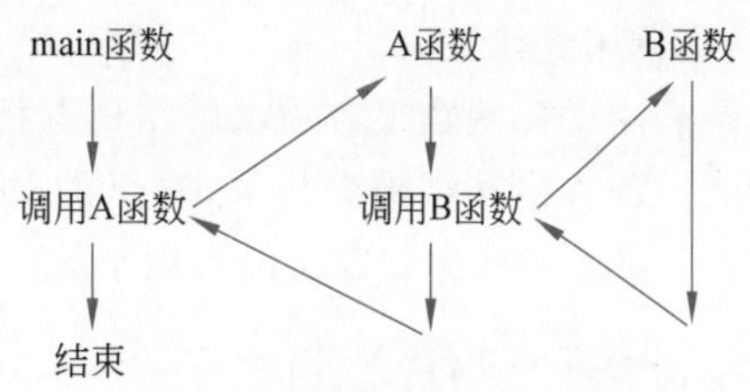

图 4-6　函数嵌套调用的执行过程

例 4.10　输入 4 个整数，找出其中最大的数。用函数的嵌套调用来处理。

程序如下：

```
#include<stdio.h>
int main(){
  int max_4(int a,int b,int c,int d);
  int a,b,c,d,max;
  printf("Please enter 4 interger numbers:");
  scanf("%d %d %d %d",&a,&b,&c,&d);
```

```
    max=max_4(a,b,c,d);                        /*主函数中调用 max_4 函数*/
    printf("max=%d \n",max);
    return 0;
  }
  int max_4(int a,int b,int c,int d)
  {
     int max_2(int a,int b),m;
     m=max_2(a,b);                             /*max_4 函数中调用 max_2 函数*/
     m=max_2(m,c);                             /*max_4 函数中调用 max_2 函数*/
     m=max_2(m,d);                             /*max_4 函数中调用 max_2 函数*/
     return(m);
  }
  int max_2(int a,int b)                       /*max_2 函数定义*/
  {
     if(a>b)   return a;
     else   return b;
  }
```

2. 递归调用

函数的递归调用是指从某函数 A 的调用出发,经过一次或多次函数调用后又调用到函数 A,即函数调用了自身。函数的递归调用有两种形式:直接递归调用和间接递归调用。直接递归调用是指在一个函数体内直接调用该函数本身;间接递归调用是指在一个函数 A 的函数体内调用另一个函数 B,再从函数 B 的函数体内出发,经过一次或多次调用,又调用到函数 A。

利用递归函数很容易求解结构自相似性的问题。所谓结构自相似性是指对象的子部分与对象本身在结构上相似,这里的对象可以指数据结构,也可以指计算过程或操作过程。比如:一些递归定义的数据结构(如链表、二叉树等),还有数学中存在的具有自相似性的计算过程 $\left(n!、\sum_{i=1}^{n} i\right)$。

例 4.11 编写递归函数求 $n!$ $n \geqslant 0$。

$$n! = \begin{cases} 1, & n = 0,1 \\ n(n-1)!, & n > 1 \end{cases}$$

分析:函数头的写法与例 4.2 完全一样,这里不再赘述。上述公式可看作是分段函数,因此很自然想到用 if-else 结构构建函数体,根据公式可直接写出递归函数。

```
#include<stdio.h>
int fac(int n) {
    int result;                          /*定义 int 类型变量 result 保存结果值*/
    if(n==0)
        result=1;                        /*存在已知解的情况*/
```

```
    else
        result=n * fac(n-1);                /*问题的自相似分解*/
    return result;
}
int main(){
    int n;
    int y;
    printf("\ninput an integer number:\n");
    scanf("%d",&n);
    y=fac(n);
    printf("%d!=%ld",n,y);
    return 0;
}
```

思考：上述递归函数的执行过程如何？请在本例的源程序中加些提示信息语句，自行分析其执行过程。

由于函数每调用一次都需要占用一定数量的内存资源，因此，递归的次数（即递归深度）不能无限制，否则会因为系统资源耗尽而导致程序终止。为了控制递归深度，在任何一个递归函数体内，都必须有能使递归终止的语句，即包含一个递归终止条件的判断语句。如果终止条件成立，则返回计算结果；否则继续递归，并且递归的方向应该是朝着存在已知解的方向。因此，在递归函数的设计过程中我们应把握两点：

(1) 问题的自相似分解：将问题分解为类型相同且规模不断缩小的子问题，并最终能分解成存在已知解的子问题。

(2) 终止条件：满足终止条件时存在已知解。

例 4.12　兔子繁殖问题。1202 年，意大利数学家斐波那契提出了"兔子繁殖问题"：假设一对成熟的兔子每月能生一对小兔（一雌一雄），小兔一个月后长为成熟的兔子，假定兔子不会死亡，那么由一对刚出生的小兔开始，n 个月后会有多少对兔子？请用递归函数编程求解。

分析：问题的自相似分解：第 n 个月后兔子数怎么得到呢？显然，应该等于第 $n-1$ 月的兔子数再加上第 n 个月新生的兔子数，而第 n 个月新生的兔子数应该等于第 $n-2$ 月的兔子数，即：$f(n)=f(n-1)+f(n-2)$。

终止条件：显然，第一个月后兔子数为 1 对，第二个月后兔子数为 2 对。

因此得到公式：

$$f(n)=\begin{cases}1, & n=1\\ 2, & n=2\\ f(n-1)+f(n-2), & n>2\end{cases}$$

根据公式不难得到如下递归函数：

```
int f(int n) {
    int result;
```

```
    if(n==1)
        result=1;                        /*存在已知解的情况*/
    else if(n==2)
        result=2;                        /*存在已知解的情况*/
    else
        result=f(n-1)+f(n=2);            /*问题的自相似分解*/
    return result;
}
```

温馨提示：此例中的递归调用属于非线性递归，其运行代价会很高。请读者思考，如何将其修改为线性递归，降低程序的运行成本。

在本节和4.2.1节中我们分别用递归和循环迭代的方法实现了求阶乘的函数。事实上，类似上述问题的许多算法都可以用递归和循环迭代两种方法来实现。用递归实现的算法清晰自然，符合人类的思维方式，但受递归调用深度的影响，程序执行效率低且需占用较大内存；而用循环迭代实现的算法执行效率相对较高，占用内存也小，但算法设计起来较困难，程序可读性较差。下面这个例题就很难用循环迭代法来实现。

例 4.13 Hanoi塔问题。一块板上有三根针：A、B、C。A针上套有64个大小不等的圆盘，大的在下，小的在上。要把这64个圆盘从A针移动C针上，每次只能移动一个圆盘，移动可以借助B针进行。但在任何时候，任何针上的圆盘都必须保持大盘在下，小盘在上。求移动的步骤。

分析：

设A上有n个盘子。

(1) 如果$n=1$，则将圆盘从A直接移动到C。

(2) 如果$n=2$，则：

① 将A上的$n-1$(等于1)个圆盘移到B上。

② 再将A上的一个圆盘移到C上。

③ 最后将B上的$n-1$(等于1)个圆盘移到C上。

(3) 如果$n=3$，则：

① 将A上的$n-1$(等于2，令其为n')个圆盘移到B(借助于C)，步骤如下：

a. 将A上的$n'-1$(等于1)个圆盘移到C上。

b. 将A上的一个圆盘移到B。

c. 将C上的$n'-1$(等于1)个圆盘移到B。

② 将A上的一个圆盘移到C。

③ 将B上的$n-1$(等于2，令其为n')个圆盘移到C(借助A)，步骤如下：

a. 将B上的$n'-1$(等于1)个圆盘移到A。

b. 将B上的一个盘子移到C。

c. 将A上的$n'-1$(等于1)个圆盘移到C。

至此，完成了3个圆盘的移动过程。

从上面的分析可以看出，当n大于或等于2时，移动的过程可分解为三个步骤：

第一步：把 A 上的 $n-1$ 个圆盘移到 B 上。

第二步：把 A 上的一个圆盘移到 C 上。

第三步：把 B 上的 $n-1$ 个圆盘移到 C 上。其中第一步和第三步是类同的。

当 $n=3$ 时，第一步和第三步又分解为类同的三步，即把 $n'-1$ 个圆盘从一个针移到另一个针上，这里的 $n'=n-1$。显然这是一个递归过程，据此算法可编程如下：

```
#include<stdio.h>
void move(int n,int x,int y,int z)
{
    if(n==1)
      printf("%c-->%c\n",x,z);       /*存在已知解的情况*/
    else
    { /*问题的自相似分解*/
      move(n-1,x,z,y);
      printf("%c-->%c\n",x,z);
      move(n-1,y,x,z);
    }
}
int main(){
    int h;
    printf("\ninput number:\n");
    scanf("%d",&h);
    printf("the step to move %2d diskes:\n",h);
    move(h,'a','b','c');
    return 0;
}
```

从程序中可以看出，move 函数是一个递归函数，它有四个形参 n、x、y、z。n 表示圆盘数，x、y、z 分别表示三根针。move 函数的功能是把 x 上的 n 个圆盘移动到 z 上。当 n==1 时，直接把 x 上的圆盘移至 z 上，输出 x→z。如 n!=1 则分为三步：递归调用 move 函数，把 n−1 个圆盘从 x 移到 y；输出 x→z；递归调用 move 函数，把 n−1 个圆盘从 y 移到 z。在递归调用过程中 n=n−1，故 n 的值逐次递减，最后 n=1 时，终止递归，逐层返回。

当 n=4 时程序运行的结果为

```
input number:
4
the step to move 4 diskes:
a→b
a→c
b→c
a→b
c→a
c→b
```

```
a→b
a→c
b→c
b→a
c→a
b→c
a→b
a→c
b→c
```

4.2.4 综合应用实例

在程序设计中使用函数可以为人们带来诸多好处。不仅能够避免重复代码,使程序结构清晰,提高程序可读性及可维护性;还能更有效的积累常用代码,提高代码复用性及编程效率。

那么,是不是一个程序中包含的函数越多越好呢?解决具体问题时,什么情况下需要编写函数,怎么完成函数设计,怎么调用呢?本节我们将通过实例来对函数设计方法进行深入探讨。

例 **4.14** 用弦截法求方程 $f(x)=x^3-5x^2+16x-80=0$ 的根。要求:给出分解方案并阐明分析过程。

弦截法求方程根的基本思想:设被求根的函数是 $f(x)$,而且给定了一个区间 $[x_1,x_2]$。根据两端点 x_1 和 x_2,我们可以做一条弦使之通过函数图形上的两个端点 $(x_1,f(x_1))$ 和 $(x_2,f(x_2))$,如图 4-7 所示。如果值 $f(x_1)$ 和 $f(x_1)$ 异号,上述弦必定与 x 轴有一个交点,交点的 x 坐标可用下面公式求出:

$$x=\frac{x_1\cdot f(x_2)-x_2\cdot f(x_1)}{f(x_2)-f(x_1)}$$

根据 $f(x)$ 的正负,可以把区间缩小为 $[x_1,x]$ 或 $[x,x_2]$,并保证函数值在缩小后区间的两个端点上异号。这样就可以进一步用弦截法逼近函数的根。

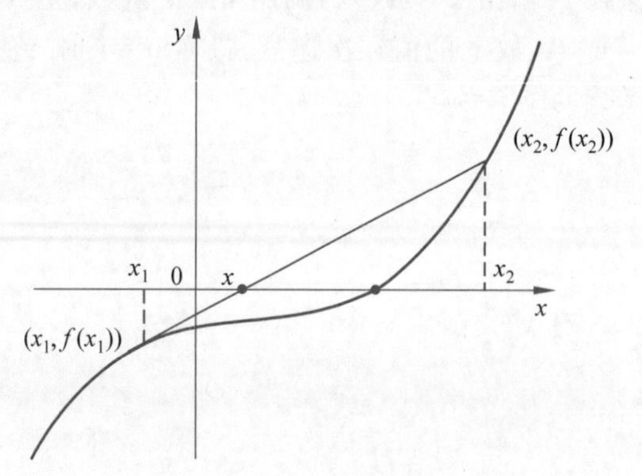

图 4-7 弦截法求方程根示意图

首先考虑定义几个函数：

(1) $f(x)$的计算是独立的逻辑实体，并且在整个求解过程中很多地方都要计算$f(x)$的值。

(2) 求弦与 x 轴的交点可看作独立的逻辑实体，但考虑程序的执行效率问题也可不将它抽取出来设计成函数。

(3) 弦截法求根的过程也可定义为一个函数，这样该函数就可用在任何程序中，只要提供了函数 $f(x)$及求根区间就可得到所需结果。

(4) 主函数完成输入、函数调用及输出的功能。

综合上述考虑，我们应该定义 3 个函数，主函数、f 函数及弦截法求根函数。设计$f(x)$函数可以避免程序中重复出现相同代码；设计求根函数不仅可以使程序结构清晰，而且还可以为日后的程序设计增加储备代码，提高代码复用性。

程序如下：

```
#include "math.h"
#include<stdio.h>
int main(){
   float x1,x2,f1,f2,x;
   float f(float x);
   float root(float x1,float x2,float y1,float y2);          /*函数声明*/
   do{
     printf("input x1,x2:");
     scanf("%f,%f",&x1,&x2);
     f1=f(x1);  f2=f(x2);
   }while(f1*f2>=0);                         /*找到使 f(x1)、f(x2)异号的两点*/
   x=root(x1,x2,f1,f2);
   printf("root is %8.4f\n",x);
   return 0;
}
float root(float x1,float x2,float y1,float y2)      /*函数定义：弦截法求方程的根*/
{
   float x,y;
   float f(float x);                         /*声明函数 f*/
   do{
     x=(x1*y2-x2*y1)/(y2-y1);                /*求弦与 x 轴的交点*/
     y=f(x);                                 /*嵌套调用函数 f*/
     if(y*y1>0) { y1=y;  x1=x;}
     else { y2=y;  x2=x; }                   /*迭代*/
   }while(fabs(y)>=0.000001);
   return(x);
}
float  f(float x)                            /*f 函数的函数定义*/
```

```
{
    float y;
    y=x*(x*(x-5.0)+16.0)-80.0;
    return(y);
}
```

4.3 变量的存储类别与作用域

变量的作用域是指变量的有效使用范围,即源程序里的一段代码范围,可在源程序中明确指出,它是一个静态概念。作用域的边界有三种:程序块、函数、文件。C语言中的变量,按作用域范围可分为局部变量和全局变量。所谓局部变量是指在函数内部定义的变量,它仅在函数内部有效。全局变量是指在函数外部定义的变量,它不属于哪一个函数,它属于一个源程序文件。

变量的生存期是指变量占用的内存空间从分配到释放的这段时间,它是一个动态概念,指程序执行过程中的一段时间范围。C语言中的变量按生存期的不同,可以分为静态存储变量和动态存储变量。

4.3.1 变量的作用域

如果一个C程序只包含一个main函数,数据的作用范围比较简单,在函数中定义的变量在本函数中显然是有效的。但是,若一个程序包含多个函数,就会产生一个问题,在A函数中定义的变量在B函数中能否使用?这就是数据的作用域问题。本节专门探究这个问题。

1. 局部变量

在一个函数内部定义的变量只在本函数范围内有效,因此是内部变量,也就是说只有在本函数内才能使用它们,在本函数以外是不能使用这些变量的。这些变量称为"局部变量"。例如:

```
float f1(int a)             /*函数 f1*/
{
    int b,c;
    …
}
char f2(int x,int y)        /*函数 f2*/
{
    int i,j;
    …
}
int main()                  /*主函数*/
{
```

```
    int m,n;
    …
    return 0;
}
```

说明：

(1) 主函数中定义的变量(m,n)也只在主函数中有效，而不会因为在主函数中定义而在整个文件或程序中有效。主函数也不能使用其他函数中定义的变量。

(2) 不同函数中可以使用相同名字的变量，它们代表不同的对象，互不干扰。例如，上面在 f1 函数中定义了变量 b 和 c，倘若在 f2 函数中也定义 b 和 c，它们在内存中占不同的单元，互不混淆。

(3) 形式参数也是局部变量。例如，上面 f1 函数中的形参 a，也只在 f1 函数中有效，其他函数可以调用函数 f1，但不能引用函数 f1 的形式参数 a。

(4) 在一个函数内部，可以在复合语句中定义变量，这些变量只在本复合语句中有效，这种复合语句也称为“分程序”或“程序块”。

```
int main()
{
    int a,b;
    ⋮
    {
        int c;
        c=a+b;
        ⋮
    }
    ⋮
    return 0;
}
```

变量 c 只在复合语句(分程序)内有效，离开该复合语句该变量就无效，释放其占用的内存单元。

2. 全局变量

一个程序可以包含一个或若干个源程序文件，而一个源文件可以包含一个或若干个函数。在进行编译时，编译系统是以源文件作为编译对象的，或者说，C 的编译单位是源程序文件。在函数内定义的变量是局部变量，而在函数之外定义的变量是外部变量，也称为全局变量。全局变量可以为本文件中其他函数所共用。它的有效范围从定义变量的位置开始到本源文件结束。例如：

```
int p=1,q=5;                /* 定义全局变量 */
float f1(int a)             /* 定义函数 f1 */
```

```
{
    int b,c;
    ⋮
}
char c1,c2;                 /*定义全局变量*/
char f2(int x,int y)        /*定义函数 f2*/
{
    int i,j;
    ⋮
}
int main()                  /*定义主函数*/
{
    int m,n;
    ⋮
    return 0;
}
```

p、q、c1、c2 都是全局变量,但它们的作用范围不同。在 main 函数和 f2 函数中可以使用全局变量 p、q、c1、c2,但在函数 f1 中只能使用全局变量 p、q,而不能使用 c1 和 c2。

在一个函数中既可以使用本函数中的局部变量,又可以使用有效的全局变量。

说明:

(1) 设置全局变量的作用是增加函数间数据联系的渠道。由于同一源程序文件中的所有函数都能引用全局变量的值,因此如果在一个函数中改变了全局变量的值,就能影响其他函数,相当于各个函数间有直接的传递通道。由于函数的调用只能带回一个返回值,因此有时可以利用全局变量增加函数间的联系渠道。例如,在调用函数时有意改变某个全局变量的值,这样,当函数执行结束后,不仅能得到一个函数返回值,而且能使全局变量获得一个新值。从效果上看,相当于通过函数调用能得到一个以上的值。

为了便于在阅读程序时区别全局变量和局部变量,在 C 程序设计人员中习惯(但非规定)将全局变量名的第一个字母用大写表示。

(2) 建议在不必要时不要使用全局变量,原因如下:

① 全局变量在程序的全部执行过程中都占用存储单元,而不是仅在需要时才开辟单元。

② 它使函数的通用性降低了。因为函数在执行时要依赖于其所在的程序文件中定义的外部变量,如果将一个函数移到另一个文件中,还要将有关的外部变量及其值一起移过去。但若该外部变量与其他文件的变量同名时,就会出现冲突,降低了程序的可靠性和通用性。在程序设计中,划分模块时要求模块的内聚性强,与其他模块的耦合性弱。即模块的功能要单一,与其他模块的相互影响要尽量少,而用全局变量是不符合这个原则的。一般要求把 C 程序中的函数做成一个封闭体,除了可以通过“实参形参”的渠道与外界发生联系外,没有其他渠道。这样的程序移植性好,可读性强。

③ 使用全局变量过多,会降低程序的清晰性,人们往往难以清楚地判断出每个瞬间

各个外部变量的值。在各个函数执行时都可能改变外部变量的值，程序容易出错。因此要限制使用全局变量。

(3) 如果在同一个源文件中，外部变量与局部变量同名，则在局部变量的作用范围内，外部变量被屏蔽，即它不起作用。

```
#include<stdio.h>
int a=3,b=5;                        /*a,b为外部变量*/
int main()
{
    int max(int a,int b);           /*本行是函数声明,a和b为形参名*/
    int a=8;                        /*a为局部变量*/
    printf("%d\n",max(a,b));        /*此行中的a是指函数内定义的局部变量a*/
    return 0;
}
int max(int a,int b)                /*a,b为形参局部变量*/
{
    int c;
    c=a>b?a:b;
    return c;
}
```

运行结果为

```
8
```

在此，故意重复使用 a 和 b 做变量名，请读者区别不同的 a 和 b 的含义和作用范围。程序第 2 行定义了外部变量 a 和 b，并使之初始化。第 3 行是 main 函数首行，在 main 函数中定义了一个局部变量 a，因此全局变量 a 在 main 函数范围内不起作用，而全局变量 b 在此范围内有效。因此 printf 函数中的“max(a,b)”相当于“max(8,5)”，而不是相当于“max(3,5)”。第 10 行开始定义函数 max，a 和 b 是形参，形参也是局部变量。函数 max 中的 a 和 b 不是外部变量 a 和 b，它们的值是由实参传给形参的，外部变量 a 和 b 在 max 函数范围内不起作用。

4.3.2　变量的存储类别

变量根据其作用域和生命周期不同分为不同的存储类别。C 语言为我们提供了四种存储类别说明符：auto、static、extern、register。

在 C 语言中，每个变量和函数都有两个属性：数据类型和数据的存储类别。变量的数据类型决定了系统为变量分配的内存单元的长度，数据的存放形式等。而变量的存储类别决定了何时及在内存的什么位置为变量分配存储空间、何时释放已分配的存储空间。变量说明的一般形式为

```
存储类别说明符    类型说明符 变量名列表;
```

其中,存储类别说明符可缺省,缺省时默认为auto类型。存储类别说明符出现在类型说明符的左侧或者右侧均合法,例如:"int auto i;"和"auto int i;"两条语句是等价的。

用户存储空间可以分为三部分:程序区、静态存储区和动态存储区。

全局变量全部存放在静态存储区,在程序开始执行时给全局变量分配存储区,程序执行完毕就释放。在程序执行过程中它们占据固定的存储单元,而不会动态地进行分配和释放。

动态存储区存放以下数据:

(1) 函数的形式参数。

(2) 自动变量(未加static声明的局部变量)。

(3) 函数调用时的现场保护和返回地址。

对以上这些数据,在函数开始调用时分配动态存储空间,函数结束时释放这些空间。

1. 自动变量

函数中的局部变量,如果不专门声明是static存储类别,都是动态地分配存储空间的,数据存储在动态存储区中。函数中的形参和在函数中定义的变量(包括在复合语句中定义的变量)都属此类。在调用该函数时系统会给它们分配存储空间,在函数调用结束时就自动释放这些存储空间,这类局部变量称为自动变量。

自动变量实质上是一个函数内部的局部变量,只有在函数被调用时才存在,从函数中返回时即消失,其作用域仅限于说明它的函数,在其他的函数中不能存取。由于自动变量具有局部性,所以在两个不同的函数中可以分别使用同名的变量而互不影响。

自动变量用关键字auto作存储类别的声明,关键字auto可以省略,auto不写则隐式定义为"自动存储类别",属于动态存储方式。

例 4.15 用auto声明自动变量。

```
int f(int a)                /*定义 f 函数,a 为参数*/
{
    auto int b,c=3;         /*定义 b,c 自动变量*/
    …
}
```

a是形参,b、c是自动变量,对c赋初值3。执行完f函数后,自动释放a、b、c所占的存储单元。

2. 外部变量

外部变量(即全局变量)是在函数的外部定义的,它的作用域为从变量定义处开始,到本程序文件(可能包含多文件)的末尾。如果外部变量不在文件的开头定义,其有效的作用范围只限于定义处到文件结束。如果在定义点之前的函数想引用该外部变量,则应该在引用之前用关键字extern对该变量作"外部变量声明",表示该变量是一个已经定义的外部变量。有了此声明,就可以从"声明"处起,合法地使用该外部变量。因此,在不同函数之间也可以用外部变量传递数据。

例 4.16　用 extern 声明外部变量，扩展程序文件中的作用域。

程序如下：

```
#include<stdio.h>
int max(int x,int y)
{ int z;
  z=x>y?x:y;
  return(z);
}
void main()
{
  extern A,B;           /*声明外部变量 A 和 B,省略类型说明符默认为 int 类型*/
  printf("%d\n",max(A,B));
}
    int A=13,B=-8;      /*定义全局变量 A、B*/
```

在本程序文件的最后一行定义了外部变量 A、B，但由于外部变量定义的位置在函数 main 之后，因此本来在 main 函数中不能引用外部变量 A，B。现在我们在 main 函数中用 extern 对 A 和 B 进行外部变量声明，就可以从声明处起，合法地使用该外部变量 A 和 B。

外部变量与自动变量的区别：

(1) 外部变量在编译时由系统分配永久性的存储空间；自动变量则是在函数被调用时才分配临时性的存储空间。

(2) 外部变量如果没有明确的初值，则初值为 0；自动变量如果没有明确赋初值，则其值不定，是随机数。

对于大系统而言，可将一个程序分割为多个文件，再通过工程文件，将整个系统连为一个整体。此时，外部变量的说明与使用它的函数就不一定在同一个文件中了。如果外部变量的说明与使用在同一个文件中，则该文件中的函数在使用外部变量时，可直接使用不需要再进行说明。当外部变量的说明与使用在不同的文件时，要使用在其他文件中说明的外部变量，就必须在使用该外部变量之前，使用 extern 存储类型说明符对变量进行外部说明。

注意：extern 仅仅是说明变量是外部的，以及它的类型，并不真正分配存储空间。在将若干个文件连接生成一个完整的可运行程序时，系统会将不同文件中使用的同一外部变量连在一起，使用系统分配的同一个存储单元。

另外，对于函数也是如此。如果被调用的函数在另一个文件中，在调用该函数时，无论被调用的函数是什么类型，都必须用 extern 说明符说明被调用函数是外部函数。

3. 静态变量

静态变量的说明是在变量说明前加 static。静态变量又分为外部静态变量和内部静态变量。

有时我们希望函数中局部变量的值在函数调用结束后不消失而保留原值,这时就应该指定局部变量为内部静态变量。内部静态变量的作用域与局部变量一样,仅限在定义它的函数内部有效。

例 4.17 考察内部静态变量的值。

程序如下:

```
#include<stdio.h>
int f(int a)
{
  auto b=0;          /*声明自动变量b,省略类型说明符默认为int类型*/
  static c=3;        /*声明内部静态变量c,省略类型说明符默认为int类型*/
  b=b+1;
  c=c+1;
  return(a+b+c);
}
int main()
{
  int a=2,i;
  for(i=0;i<3;i++)
    printf("%d",f(a));
  return 0;
}
```

执行上述程序时:第一次调用函数f后b=1,c=4,输出7;第二次调用f后b=1,c=5,输出8;第三次调用f后b=1,c=6,输出9。由此可见,内部静态变量的值在函数调用结束后不消失而保留原值。

对内部静态变量的说明:

(1) 内部静态变量属于静态存储类别,在静态存储区内分配存储单元。在程序整个运行期间都不释放。而自动变量(即动态局部变量)属于动态存储类别,占动态存储空间,函数调用结束后即释放。

(2) 内部静态变量在编译时赋初值,即只赋初值一次。而对自动变量赋初值是在函数调用时进行,每调用一次函数重新给一次初值,相当于执行一次赋值语句。

(3) 如果在定义局部变量时不赋初值的话,则对内部静态变量来说,编译时自动赋初值0(对数值型变量)或空字符(对字符变量)。而对自动变量来说,如果不赋初值,则它的值是一个不确定的值。

例 4.18 考察外部静态变量的值。

程序如下:

```
/*文件一*/
static int x=2;                    /*说明外部静态变量x*/
int y=3;                           /*说明外部变量y*/
```

```
extern void add2();                    /*说明外部函数 add2*/
void add1();
int main ()
{
  add1();
  add2();
  add1();
  add2();
  printf("x=%d;   y=%d\n", x, y);
  return 0;
}
void add1()                            /*定义函数 add1*/
{
  x+=2;
  y+=3;
  printf("in add1 x=%d\n", x);
}
/*文件二*/
static int x=10;                       /*说明外部静态变量 x*/
void add2()                            /*定义函数 add2*/
{
  extern int y;                        /*说明另一个文件中的外部变量 y*/
  x+=10;
  y+=2;
  printf("in add2 x=%d\n", x);
}
```

对外部静态变量的说明：

(1) 静态变量与外部变量的相同点：具有永久的存储空间；由编译器进行初始化。

(2) 外部静态变量与外部变量的区别：外部静态变量仅仅在定义它的一个文件中有效，而外部变量作用于整个程序。

(3) 内部静态变量与外部静态变量的区别：内部静态变量作用于定义它的当前函数。

(4) 内部静态变量与自动变量的区别：内部静态变量占用永久性的存储单元，在每次调用的过程中能够保持数据的连续性；自动变量不能。

4. 寄存器变量

为了提高效率，C 语言允许将局部变量的值放在 CPU 中的寄存器内，这种变量叫寄存器变量，用关键字 register 作声明。

计算机从寄存器中存取数据的速度要远远快于从内存中存取数据的速度，所以当变量使用非常频繁时，将变量定义为寄存器变量可以提高程序运行速度。由于计算机系统中的寄存器数目有限，因此不能定义任意多个寄存器变量。寄存器是与机器硬件密切相关的，不同计算机的寄存器数目不一样，通常为 2～3 个。若在一个函数中说明多于寄存器变量上限，编译程序会自动地将它们变为自动变量。

例 4.19　使用寄存器变量。

程序如下:

```
int fac(int n)
{
  register int i,f=1;          /*声明寄存器变量 i、f*/
  for(i=1;i<=n;i++)
    f=f*i
  return(f);
}
int main()
{
  int i;
  for(i=0;i<=5;i++)
    printf("%d!=%d\n",i,fac(i));
  return 0;
}
```

注意:

(1) 寄存器说明符只能用于说明函数中的变量和函数中的形式参数,外部变量或静态变量不能是register。

(2) 由于受硬件寄存器长度的限制,所以寄存器变量只能是char、int或指针型。

(3) 寄存器变量的作用域仅限在定义它的函数内部。

4.4 库　函　数

库是一种封装机制,通俗来讲就是把所有的源代码编译成目标代码后打包。库的开发者除了提供库的目标代码外,还提供一系列的头文件,头文件中包含了库的接口及一些必要的注释。

库函数根据是否被编译到程序内部而分为静态连接库(.lib)和动态连接库(.dll),静态连接库与动态连接库都是共享代码的方式。如果采用静态连接库,则编译器在连接时把库函数和用户的程序结合在一起形成一个完整的程序,即lib中的指令都被直接包含在最终生成的exe文件中。但是如果采用动态连接库,连接库是在程序运行时调用到某个库函数,才把该库函数连接到用户程序中,即该dll不必被包含在最终的exe文件中,exe文件执行时可以“动态”地引用和卸载这个独立于exe的dll文件。

大多数高级语言都支持分别编译,程序员可以显式地把程序划分为独立的模块或文件,然后每个独立部分分别编译。在编译之后,由连接器把这些独立的片段(称为编译单元)连接到一起。在C/C++中,这些独立的编译单元包括obj文件(一般的源程序编译而成)、lib文件(静态连接的函数库)、dll文件(动态连接的函数库)等。

4.4.1 静态连接库

事实上,在前面的许多例子中,我们已经大量调用了C语言编译系统提供的库函数,如输入输出库函数(printf、scanf)和数学库函数(sqrt、abs)等。

当需要在某源程序文件中使用某库函数时,必须在该源程序文件首部用#include 命令包含该库函数所在的头文件(可以用文本编译器打开)。例如,要使用 printf 函数,就必须增加#include "stdio.h"命令。在 stdio.h 文件中包括了系统提供的用于标准输入输出的全部函数的说明、这些函数中用到的符号常量、自定义的数据类型等。源程序编译时,编译器可以根据此文件对调用处函数的类型、实参的类型及个数等以及库函数的定义进行一致性检查。当连接时,连接器可以根据调用的函数名找到相应的库文件,并把它和用户编写的程序连接到一起,形成一个完整的可执行程序。

自己编写好的实用程序,也可以用库函数的方式提供给其他用户调用。一般做法是,首先把自己写的函数(假设存放在 libTest.cpp 文件中)调试通过,然后使用库文件生成器把自己写的函数变成库函数形式,如 libTest.lib,最后编辑一个库函数的说明文件即头文件,如 lib.h,把 libTest.lib 和 lib.h 一起提供给用户即可。若用户欲调用你写的库函数,则必须把这两个文件复制到系统中,使其工作目录中包含 lib.h,而且在源文件中必须用预处理命令#include "lib.h",连接时还必须连接 libTest.lib 库文件。我们通过以下实例说明建立和调用静态库的过程。

例 **4.20**　用静态连接库实现一个 add 函数,并在程序中调用该静态库。

在 VC++ 2010 中新建一个名称为 libTest 的 Win32 项目,如图 4-8(a),选择“静态库”并去掉勾选“预编译头”,如图 4-8(b),并新建 lib.h 和 lib.cpp 两个文件。lib.h 和 lib.cpp 的源代码如下:

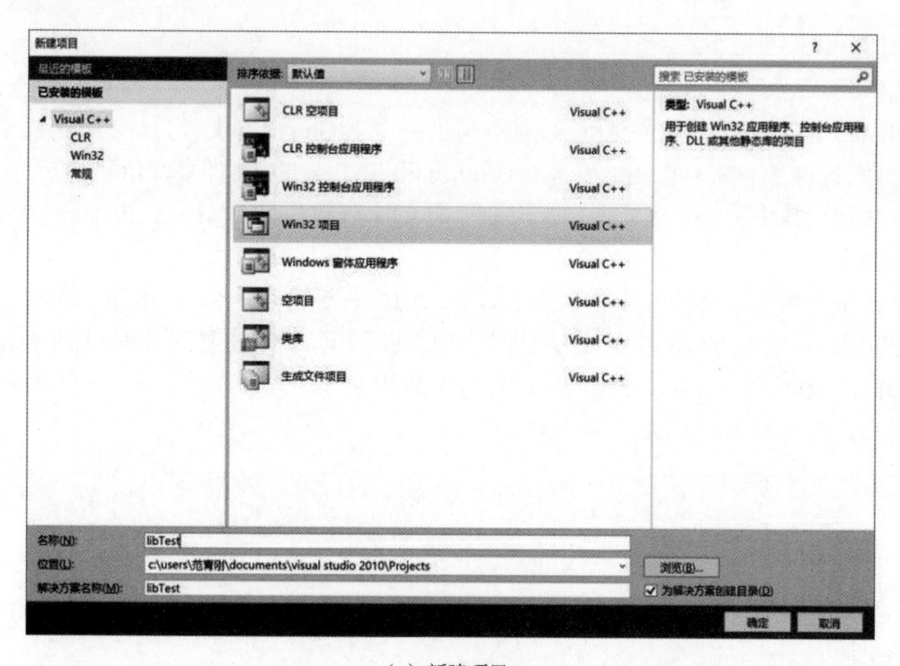

(a) 新建项目

图 4-8　建立一个静态连接库

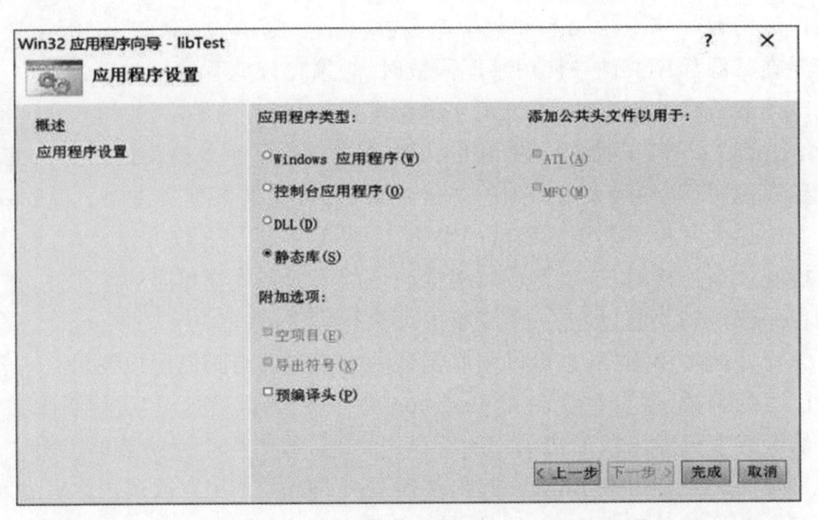

(b) 应用程序设置

图 4-8 (续)

文件：lib.h

```
#ifndef LIB_H
#define LIB_H
//声明为C编译、连接方式的外部函数
extern "C" int add(int x,int y)
#endif
```

文件：lib.cpp

```
#include "lib.h"
int add(int x,int y)
{
    return x+y;
}
```

对项目进行生成,如图 4-9 所示,就得到了一个 libTest.lib 文件,这个文件就是一个函数库,它提供了 add 的功能。将头文件 lib.h 和 libTest.lib 文件提交给用户后,用户就可以直接使用其中的 add 函数了。常用的标准 C 库函数(scanf、printf、abs、sqrt 等)就来自这种静态库。

下面来看看怎么使用这个库。在 VC++ 2010 中新建一个名为 libCall 的 Win32 控制台应用程序,并将上面生成的文件 lib.h 和 libTest.lib 文件复制到 libCall 的工程子目录下,并在工程中加入 lib.h。然后在 libCall 工程源文件中添加一个 main.cpp 文件,它演示了静态连接库的调用方法,其源代码如下：

文件：main.cpp

```
#include<stdio.h>
#include "lib.h"
#pragma comment(lib, "libTest.lib")          //指定与静态库一起连接
int main()
{
    printf("2+3=%d", add(2, 3));
}
```

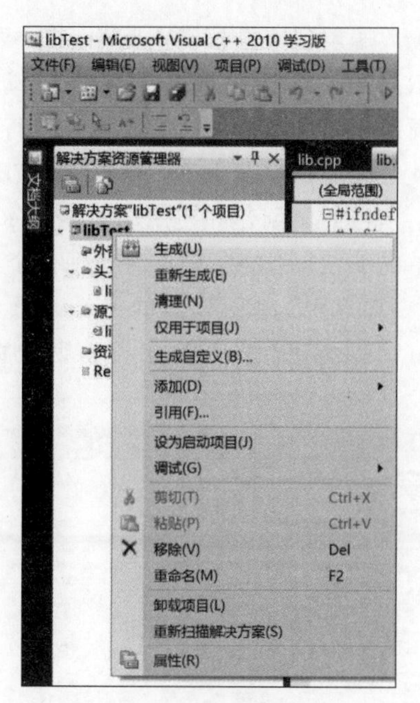

图 4-9　生成静态连接库

代码中"＃pragma comment(lib,"libTest.lib")"是显式导入静态连接库，是指本文件生成的.obj 文件应与 libTest.lib 一起连接。

4.4.2　动态连接库

动态连接是相对于静态连接而言的。所谓静态连接是指把要调用的函数或者过程连接到可执行文件中，成为可执行文件的一部分。换句话说，函数和过程的代码就在程序的 EXE 文件中，该文件包含了运行时所需的全部代码。当多个程序都调用相同函数时，内存中就会存在这个函数的多个副本，这样就浪费了宝贵的内存资源。而动态连接所调用的函数代码并没有被复制到应用程序的可执行文件中去，而是仅仅在其中加入了所调用函数的描述信息（往往是一些重定位信息）。仅当应用程序被装入内存开始运行时，在 Windows 的管理下，才在应用程序与相应的 DLL 之间建立连接关系。当要执行所调用 DLL 中的函数时，根据连接产生的重定位信息，Windows 才转去执行 DLL 中相应的函数代码。一般情况下，如果一个应用程序使用了动态连接库，Win32 系统保证内存中只有 DLL 的一份复制品

采用动态连接库的优点：①更加节省内存；②DLL 文件与 EXE 文件独立，只要输出接口不变，更换 DLL 文件不会对 EXE 文件造成任何影响，因而极大地提高了可维护性和可扩展性。

动态连接库有两种连接方法：

(1) 装载时动态连接(Load-time Dynamic Linking)，即静态调用方式。这种用法的前提是在编译之前已经明确知道要调用 DLL 中的哪几个函数，编译时在目标文件中只保留必要的连接信息，而不含 DLL 函数的代码；当程序执行时，利用连接信息加载 DLL 函

数代码并在内存中将其连接入调用程序的执行空间中，其主要目的是便于代码共享。

(2) 运行时动态连接(Run-time Dynamic Linking)，即动态调用方式。这种方式是指在编译之前并不知道将会调用哪些 DLL 函数，完全是在运行过程中根据需要决定应调用哪个函数，并用 LoadLibrary 和 GetProcAddress 动态获得 DLL 函数的入口地址。

我们通过下面的实例来学习如何创建和使用动态连接库。

例 4.21　制作一个简单的 DLL，用动态连接库实现一个 add 函数。

在 VC++ 2010 中新建一个名称为 ldllTest 的 Win32 项目，如图 4-10(a)。选择 DLL 并勾选“空项目”，如图 4-10(b)，并新建 lib.h 和 lib.cpp 两个文件。

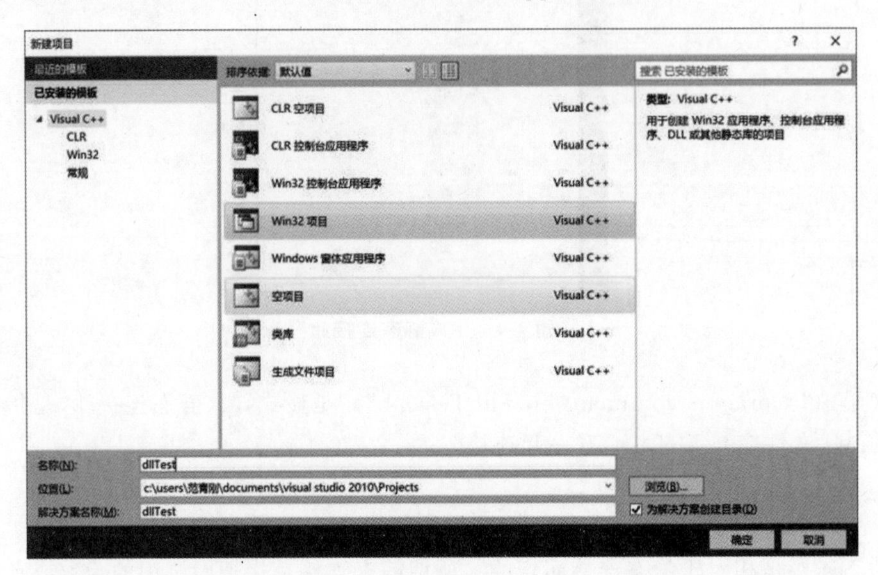

(a) 新建项目

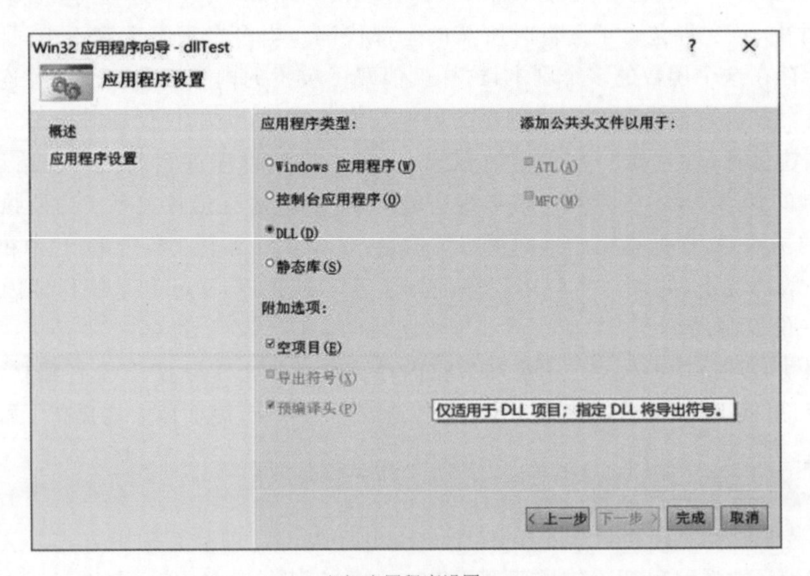

(b) 应用程序设置

图 4-10　建立一个动态连接库

lib.h 及 lib.cpp 文件，源代码如下：

文件：lib.h	文件：lib.cpp

`#ifndef LIB_H`
`#define LIB_H`
`extern "C" int __declspec(dllexport) add(int x, int y);`
`#endif`
	`#include "lib.h"`
	`int add(int x, int y)`
	`{`
	`    return x+y;`
	`}`

对项目生成之后，如图 4-11 所示，在工程所在子目录的 Debug 子目录下就可以找到 dllTest.dll 文件。另外我们还可以看到一个 dllTest.lib 文件，后面我们解释该文件的作用。

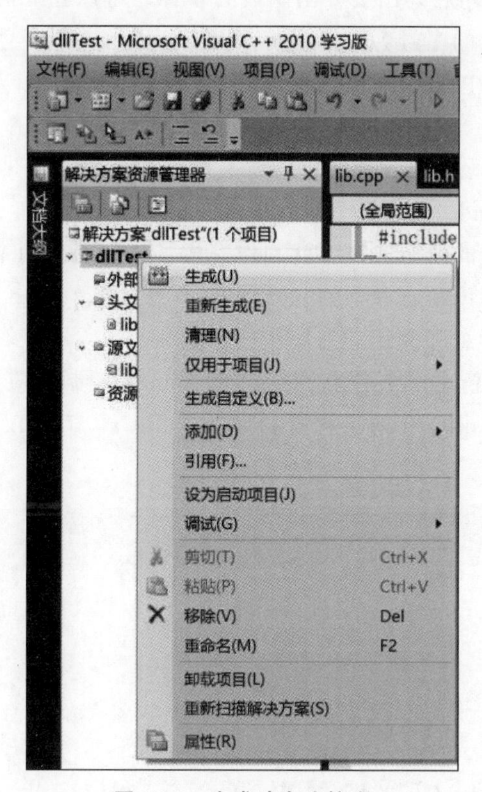

图 4-11　生成动态连接库

分析上述代码，dllTest 工程中的 lib.cpp 文件与 4.4.1 节静态连接库版本完全相同，不同在于 lib.h 对函数 add 的声明前面添加了“__declspec(dllexport)”语句。这个语句的含义是声明函数 add 为 DLL 的导出函数。DLL 内的函数分为两种：

(1) DLL 导出函数，可供应用程序调用。

(2) DLL 内部函数，只能在 DLL 程序使用，其他应用程序无法调用它们。

DLL 中导出函数的声明有两种方式：一种为上面例子中给出的在函数声明中加上“__declspec(dllexport)”；另外一种方式是采用模块定义(def) 文件声明，def 文件为连接器提供了有关被连接程序的导出、属性及其他方面的信息。

下面的代码演示了怎样用 def 文件将函数 add 声明为 DLL 导出函数(需在 dllTest 工程中添加 lib.def 文件):

```
lib.def: 导出 DLL 函数
LIBRARY dllTest
EXPORTS
add @ 1
```

def 文件的规则如下:

(1) LIBRARY 语句说明 def 文件相应的 DLL。

(2) EXPORTS 语句后列出要导出函数的名称。可以在 def 文件中的导出函数名后加@n,表示要导出函数的序号为 n(在进行函数调用时,这个序号将发挥其作用)。

(3) def 文件中的注释由每个注释行开始处的分号指定,且注释不能与语句共享一行。

由此可以看出,例子中 lib.def 文件的含义为生成名为 dllTest 的动态连接库,导出其中的 add 函数,并指定 add 函数的序号为 1。

这样实现 add 函数的动态连接库就制作完成了。下面的两个实例分别以动态调用方式和静态调用方式调用该动态库中的 add 函数。

例 4.22 动态地加载和调用动态库中的函数。

在 VC++ 2010 中新建一个名为 dllCall 的 Win32 控制台应用项目,并将上面生成的 dllTest.dll 文件复制到 dllCall 的工程子目录下。dllCall 工程仅包含一个 dllCall.cpp 文件,其源代码如下:

```
#include<stdio.h>
#include<Windows.h>
typedef int(* lpAddFun)(int, int);            //定义函数指针类型
int main()
{
    HINSTANCE hDll=NULL;
    lpAddFun addFun;
    hDll=LoadLibrary(L"dllTest.dll");
    addFun=(lpAddFun)GetProcAddress(hDll,"add");
    printf("%d\n",addFun(2,3));
    FreeLibrary(hDll);
    return 0;
}
```

下面我们来逐一分析上面的程序。

首先,语句“typedef int (* lpAddFun)(int,int)”定义了一个与 add 函数接受参数类型和返回值均相同的函数指针类型。随后,在 main 函数中定义了 lpAddFun 的实例

addFun。

其次,在函数 main 中定义了一个 DLL HINSTANCE 句柄实例 hDll,通过 Win32 API 函数 LoadLibrary 动态加载了 DLL 模块并将 DLL 模块句柄赋给了 hDll。

再次,在函数 main 中通过 Win32 API 函数 GetProcAddress 得到了所加载 DLL 模块中函数 add 的地址并赋给了 addFun。经由函数指针 addFun 进行了对 DLL 中 add 函数的调用。

最后,应用工程使用完 DLL 后,在函数 main 中通过 Win32 API 函数 FreeLibrary 释放了已经加载的 DLL 模块。

上面例子中我们看到了由 LoadLibrary-GetProcAddress-FreeLibrary 系统 API 提供的三位一体"DLL 加载-DLL 函数地址获取-DLL 释放"方式,这种调用方式称为 DLL 的动态调用方式。动态调用方式的特点是完全由编程者用 Windows API 函数加载和卸载 DLL,程序员可以在运行时决定 DLL 文件何时加载或不加载,决定加载哪个 DLL 文件。

与动态调用方式相对应的就是静态调用方式。静态调用方式的特点是由编译系统完成对 DLL 的加载和应用程序结束时 DLL 的卸载。当调用某 DLL 的应用程序结束时,若系统中还有其他程序使用该 DLL,则 Windows 对 DLL 的应用记录减 1,直到所有使用该 DLL 的程序都结束时才释放它。静态调用方式简单实用,但不如动态调用方式灵活。

下面我们来看看静态调用的例子,

例 4.23 静态地加载和调用动态库中的函数。

将编译 dllTest 工程所生成的 dllTest.lib 和 dllTest.dll 文件复制到 dllCall 工程所在的路径,dllCall 执行下列代码:

```
//导入库 dllTest.lib 文件中仅仅是关于其对应的 DLL 文件中函数的重定位信息
#pragma comment(lib,"dllTest.lib")
extern "C" __declspec(dllimport) add(int x,int y);
int main()
{
    int result=add(2,3);
    printf("%d",result);
    return 0;
}
```

由上述代码可以看出,静态调用方式的顺利进行需要完成两个动作:

(1) 告诉编译器与 DLL 相对应的 lib 导入库文件所在的路径及文件名,"#pragma comment(lib,"dllTest.lib")"就是起这个作用。

程序员在建立一个 DLL 文件时,连接器会自动为其生成一个对应的 lib 导入库文件,该文件包含了 DLL 导出函数的符号名及序号(并不含有实际的代码)。在应用程序里,lib 文件将作为 DLL 的替代文件参与编译。

(2) 声明导入函数,"extern "C" __declspec(dllimport) add(int x,int y)"语句中的"__declspec(dllimport)"发挥这个作用。

静态调用方式不再需要使用系统 API 来加载、卸载 DLL 以及获取 DLL 中导出函数的地址。这是因为,当程序员通过静态连接方式编译生成应用程序时,应用程序中调用的与 lib 文件中导出符号相匹配的函数符号将进入到生成的 EXE 文件中,lib 文件中所包含的与之对应的 DLL 文件的文件名也被编译器存储在 EXE 文件内部。当应用程序运行过程中需要加载 DLL 文件时,Windows 将根据这些信息发现并加载 DLL,然后通过符号名实现对 DLL 函数的动态连接。这样,EXE 将能直接通过函数名调用 DLL 的输出函数,就像调用程序内部的其他函数一样。

动态连接库的应用非常广泛,常见的包括以下几个方面:

(1) 所有的 Windows 系统调用(Windows API 函数)都是以动态连接库的形式提供的。我们在 Windows 目录下的 System32 文件夹中会看到 kernel32.dll、user32.dll 和 gdi32.dll,Windows 的大多数 API 都包含在这些 DLL 中。kernel32.dll 中的函数主要处理内存管理和进程调度;user32.dll 中的函数主要控制用户界面;gdi32.dll 中的函数则负责图形方面的操作。与这些动态库相对应的导入库分别为 kernel32.lib、user32.lib 和 gdi32.lib。

(2) 软件的自动更新。Windows 应用的开发者常常利用动态连接库来分发软件更新。开发者生成一个动态库的新版本,然后用户可以下载,并用它替代当前的版本。当然,新、旧版本动态库的输出接口(即导出函数)必须一致。下一次用户运行应用程序时,应用将自动连接和加载新的动态库。

(3) 软件插件技术。许多 Windows 应用软件都支持插件扩展方式,如 IE 浏览器、Photoshop、Office 等等。插件在本质上都是动态库。

(4) 可扩展的 Web 服务器。

(5) 每个 Windows 驱动程序在本质上都是动态连接库。

4.4.3 C 语言常用库函数

C 语言的库函数并不是 C 语言本身的一部分,它是由编译程序根据一般用户的需要编制并提供用户使用的一组程序。一般是指编译器提供的可在 C 源程序中调用的函数。可分为两类,一类是 C 语言标准规定的库函数;另一类是编译器特定的库函数。由于版权原因,库函数的源代码一般是不可见的,但在头文件中你可以看到它对外的接口。

C 语言的库函数极大地方便了用户,同时也补充了 C 语言本身的不足。事实上,在编写 C 语言程序时,应当尽可能多地使用库函数,这样既可以提高程序的运行效率,又可以提高编程的质量。

C 语言提供了极为丰富的库函数,这些库函数可从功能角度作以下分类。

(1) 字符类型分类函数:用于对字符按 ASCII 码分类,包括字母、数字、控制字符、分隔符、大小写字母等。

(2) 转换函数:用于字符或字符串的转换;在字符量和各类数字量(整型、实型等)之间进行转换;在大、小写之间进行转换。

(3) 目录路径函数:用于文件目录和路径操作。

(4) 诊断函数:用于内部错误检测。

(5) 图形函数：用于屏幕管理和各种图形功能。

(6) 输入输出函数：用于完成输入输出功能。

(7) 接口函数：用于与 DOS、BIOS 和硬件的接口。

(8) 字符串函数：用于字符串操作和处理。

(9) 内存管理函数：用于内存管理。

(10) 数学函数：用于数学函数计算。

(11) 日期和时间函数：用于日期、时间转换操作。

(12) 进程控制函数：用于进程管理和控制。

(13) 其他函数：用于其他各种功能。

以上各类函数不仅数量多，而且有的还需要硬件知识才会使用，因此要想全部掌握则需要一个较长的学习过程。应首先掌握一些最基本、最常用的函数，再逐步深入。具体的库函数头文件及参数说明请参阅附录 C。

调用 C 语言标准库函数时，要在程序开始处包含 include 命令。include 命令以＃开头，后面是" "或＜＞括起来的后缀为 h 的头文件。

例 4.24　应用时间函数。

程序如下：

```
#include<stdio.h>
#include "time.h"
int main()
{
  time_t lt;                              /*定义一个长整型时间变量*/
  lt=time(NULL);                          /*获取系统日期和时间*/
  printf(ctime(&lt));                     /*英文格式时间输出*/
  printf(asctime(localtime(&lt)));        /*转换成本地时间输出*/
  printf(asctime(gmtime(&lt)));           /*转换成格林威治时间输出*/
  return 0;
}
```

注意：以＃开头的一行成为编译预处理命令行。编译预处理不是 C 语言语句，不加分号、不占运行时间。

4.5　编译预处理

预处理是指在进行编译的第一遍扫描(词法扫描和语法分析)之前所做的工作。预处理是 C 语言的一个重要功能，它由预处理程序负责完成。当对一个源文件进行编译时，系统将自动引用预处理程序对源程序中的预处理部分作处理，处理完毕自动进入对源程序的编译。在前面各章中使用过的包含命令＃include，宏定义命令＃define 都是预处理部分。

C 语言提供了多种预处理功能，如宏定义、文件包含、条件编译等。合理地使用预处理功能编写的程序便于阅读、修改、移植和调试,也有利于模块化程序设计。

4.5.1 宏定义

在C语言源程序中允许用一个标识符来表示一个字符串,称为"宏"。被定义为宏的标识符称为"宏名"。在编译预处理时,对程序中所有出现的宏名,都用宏定义中的字符串去代换,这称为"宏代换"或"宏展开"。宏定义是由源程序中的宏定义命令完成的。宏代换是由预处理程序自动完成的。

宏并不是一个陌生的概念,我们在前面使用的符号常量就是宏。最简单的宏是用一个标识符代表一个数值,这属于不带参数的宏。在实际使用中,宏还有一种复杂的形式,可以使用参数,即带参数的宏。

1. 无参数宏定义

无参数宏定义的一般形式为

```
#define 宏标识符 宏标识符代表的特定的字符串
```

其中,#表示这是一条预处理命令,define为宏定义命令,"标识符"为所定义的宏名,"字符串"可以是常数、表达式、格式串等在这种宏定义里宏名后不带参数。

在前面的章节中所使用的符号常量定义方法其实就是一种无参宏定义。举例如下:

```
#define  PI  3.14159265
```

这里定义了一个名为PI的宏,其代表的字符串为3.14159265。作为一种编码规范,习惯上总是全部用大写字母来表示标识符,这样易于和一般变量标识符区别开来。

此外,采用无参数宏形式还可以对程序中反复使用的表达式进行定义。举例如下:

```
#define  D  (b*b-4*a*c)
```

在编写程序时,所有的表达式"(b*b-4*a*c)"都可由D代替。在编译源程序时,先进行宏替换,即用"(b*b-4*a*c)"表达式去替换所有的宏名D,然后再进行编译。

无参数宏可以代表一个字符串常量。举例如下:

```
#define VERSION  "Version 1.0 Copyright(c) 2012"
```

这里定义了一个名为VERSION的宏,代表了字符串"Version 1.0 Copyright(c) 2012"。

例 4.25 无参数宏定义代表字符串和数值变量。

```
#define NUMBER 16
#define MSG "We love c language."
#define FMT " number is %d\n"
```

```
int main()
{
    int number=NUMBER;
    printf(FMT, number);
    printf("%s\n",MSG);
    return 0;
}
```

程序执行结果为

```
number is 16
We love c language.
```

函数体中的 NUMBER 被数值 16 替换，MSG 被字符串“We love c language.”替换，FMT 被字符串“number is %d\n”替换。预处理后的程序如下：

```
int main()
{
    int number=16;
    printf("number is %d\n",number);
    printf("%s\n"," We love c language.");
    return 0;
}
```

2. 带参数宏定义

在 C 语言中，宏定义也可以带参数，其定义形式为

```
#define 宏标识符(形参表)字符串
```

这里要求形参表中的参数要在字符串中出现，调用的一般形式为

```
宏名(实参表)
```

宏定义中的参数为形式参数，宏调用中的参数为实际参数。举例如下：

```
#define  SQUARE(a)  a * a
```

若程序中有以下语句：

```
m=SQUARE (2.5);
```

在宏调用时，用实参 2.5 去代替形参 a，经预处理宏替换后的语句：

```
m=2.5 * 2.5
```

在编程过程中,经常用到如下的一些带参数宏定义。

```
#define      MAX(a,b)       (((a)>(b))?(a):(b))
#define      MIN(a,b)       (((a)<(b))?(a):(b))
#define      ABS(x)         (((x)>0)?(x):(-(x)))
#define      STREQ(s1,s2)   (strcmp ((s1),(s2))==0)
#define      STRGT(s1,s2)   (strcmp ((s1),(s2))>0)
```

例 4.26 使用带参数宏定义求两个数中的最大值。

程序如下:

```
#include<stdio.h>
#define MAX(x,y) ((x>y) ? x : y)                /*带参数的宏定义*/
int main()
{
    int a,b;
    a=6;
    b=9;
    printf("Max number is %d",MAX(a,b));    /*调用带参数的宏*/
    return 0;
}
```

运行结果为

```
Max number is 9
```

在程序中,MAX(a,b)经过编译预处理后的形式为

```
((a>b)? a:b)
```

带参数的宏和函数在形式和使用上有一些相似之处,但它与函数是不同的,主要的差别如下:

(1) 函数调用时,先求出实参表达式的值,然后代入形参;而使用带参数的宏,则只是进行简单的字符替换,不进行计算。

(2) 函数调用是在程序运行时处理的,需要分配临时的内存单元;而宏展开则是在编译时进行的,在展开时并不分配内存单元,也不进行值传递处理,也没有返回值的概念。

(3) 对函数中的实参和形参都要定义类型,要求二者的类型一致,如果不一致,则应进行类型转换;而宏不存在类型问题,宏名无类型,它的参数也无类型,只是一个符号代表,展开时代入指定的字符即可。宏定义时,字符串可以是任何类型的数据。

(4) 调用函数只可得到一个返回值,而用宏可以得到几个结果。例如,有宏定义语句:

```
#define CIRCLE(R,L,S,V) L=2*PI*R; S=PI*R*R; V=4.0/3.0*PI*R*R*R
```

当调用这个宏时，可以得到 3 个结果。

(5) 使用宏次数多时，宏展开后源程序会变长；而函数调用不会使源程序变长。

(6) 宏替换不占运行时间，只占编译时间；而函数调用则占运行时间。一般用宏来代表简短的表达式比较合适。

例 4.27　利用宏定义求三个数中的最大数。

程序如下：

```
#include<stdio.h>
#define max(x,y) x>y?x:y
int main()
{
    int a,b,c,m;
    scanf("%d%d%d",&a,&b,&c);
    m=max(a,b);                          /*使用宏 max,a、b 为宏的实参*/
    printf("max=%d\n",max(m,c));         /*使用宏 max,m、c 为宏的实参*/
    return 0;
}
```

程序执行结果如下：

```
66 117 38
max=117
```

例 4.28　计算圆的周长和面积。

程序如下：

```
#define PI 3.1415926
#define CIRCLE(R,L,S) L=2*PI*R;S=PI*R*R;
int main()
{
    float r,l,s;
    printf("Input r:");
    scanf("%f",&r);
    CIRCLE(r,l,s);                  /*源程序中使用带参数的宏*/
    printf("L=%f,S=%f\n",l,s);
    return 0;
}
```

下面是预处理后的程序代码：

```
int main()
{
    float r,l,s;
```

```
    printf("Input r:");
    scanf("%f",&r);
    l=2*PI*r;s=PI*r*r;          /*这两个语句由 CIRCLE(r,l,s)宏替换后生成*/
    printf("L=%f,S=%f\n",l,s);
    return 0;
}
```

程序执行结果如下：

```
Input r: 5.6
L=35.185837,S=98.520346
```

3. 宏嵌套

宏定义可以嵌套，即可以在一个宏的定义中使用另一个宏。举例如下：

```
#define      M            5
#define      N            M+1
#define      SQUARE(x)    ((x) * (x))
#define      CUBE(x)      (SQUARE(x)  *  (x))
#define      SIXTH(x)     (CUBE(x)  *  CUBE(x))
```

预处理器在处理这样的嵌套宏时，扩展每个 # define，直到程序中不再有宏为止。例如，最后一个宏定义的第一次扩展为

```
(SQUARE(x)  *  (x))  *  (SQUARE(x)  *  (x))
```

SQUARE(x)仍是一个宏，因而进一步扩展为

```
((((x)  *  (x))  *  (x))  *  (((x)  *  (x))  *  (x)))
```

此外，一个宏还可以用作另一个宏的参数。例如，我们可以定义以下的宏来计算两个参数的最大值：

```
#define        MAX(a,b)       (((a)>(b))?(a):(b))
```

在此定义的基础上，嵌套使用宏 MAX (x,MAX(y,z))就可以得出 x、y、z 的最大值。

C 语言还为我们提供了取消宏的定义方式，其形式为

```
#undef  标识符
```

这种定义可以把某个宏的作用范围限制在程序的某一部分中。

4.5.2　条件编译

C 语言中的预处理器提供了条件编译功能。通常情况下,源程序中所有的行均参加编译,但如果代码较长,有必要对程序有选择性地进行编译。C 语言中的条件编译给我们提供了这样的功能,即当满足条件时对一组语句进行编译,当不满足条件时则编译另一组语句,进而产生不同的目标代码文件。这样可以大大提高程序的可移植性。

条件编译有以下 3 种形式:

(1) 第一种形式:

```
#ifdef 标识符
    程序段 1
#else
    程序段 2
#endif
```

该程序段的功能为:如果标识符已被 # define 命令定义过,则对程序段 1 进行编译;否则对程序段 2 进行编译。如果没有程序段 2(它为空),此形式的 # else 可以没有,即可以写为

```
#ifdef 标识符
    程序段
#endif
```

(2) 第二种形式:

```
#ifndef 标识符
    程序段 1
#else
    程序段 2
#endif
```

该形式与上一种形式最大的区别在于将 ifdef 改为 ifndef。它的功能是:如果标识符未被 # define 命令定义过则对程序段 1 进行编译,否则对程序段 2 进行编译。这与第一种形式的功能正相反。

(3) 第三种形式:

```
#if 常量表达式
    程序段 1
#else
    程序段 2
#endif
```

它的功能是:如果常量表达式的值为真(非 0),则对程序段 1 进行编译,否则对程序

段2进行编译。因此,可以使程序在不同条件下完成不同的功能。

例 4.29 分析以下程序中宏语句的功能。

```
#include<stdio.h>
int main()
{
    float r,s;
    printf("please input radius:");
    scanf("%f",&r);
    #ifdef PI
    s=PI * r * r;                    /* 宏 PI 在该语句之前定义时执行 */
    #else
    #define PI 3.14159265            /* 宏 PI 在该语句之前未定义时执行 */
    s=PI * r * r;
    #endif
    printf("s=%f \n",s);
    return 0;
}
```

运行结果:

```
please input radius:1.0↙
    s=3.1415927
```

在此例中如果PI被事先定义则执行语句“s=PI * r * r;”,否则对PI进行宏定义。

4.5.3 文件包含

在C语言中,程序可以包含外部文件,这些外部文件通常包含函数或宏定义等元素。文件包含是C语言预处理程序的重要功能,该功能可以由以下的预处理指令来实现:

```
#include "文件名"
```

在前面我们已多次用此命令包含过库函数的头文件。例如:

```
#include<stdio.h>
#include"math.h"
```

预处理器遇到这样的语句时,将文件名对应的整个内容插入到程序的源代码中。在程序设计中,文件包含是很有用的。一个大的程序可以分为多个模块,由多个程序员分别编程。有些公用的符号常量或宏定义等可单独组成一个文件,在其他文件的开头用包含命令包含该文件即可使用。这样,可避免在每个文件开头都去书写公用量,从而节省时间,并减少出错。

包含命令中的文件名除了可以用双引号括起来外,也可以用尖括号括起来。例如以下写法都是允许的：

```
#include<stdio.h>
#include<math.h>
```

但是这两种形式是有区别的：使用尖括号表示只在标准目录中查找该文件，而不在源文件目录去查找；使用双引号则表示首先从当前目录中查找该文件，若未找到再在标准目录中查找。用户编程时可根据自己文件所在的目录来选择某一种命令形式。如果在编译的过程中没有找到被包含的文件，将报告一个错误，且编译终止。此外，文件包含允许嵌套，即在一个被包含的文件中又可以包含另一个文件，但是文件不能包含自身。一个 include 命令只能指定一个被包含文件，若有多个文件要包含，则需用多个 include 命令。

例 4.30　创建文件 userdef.h 并在程序中使用它。

以下是 userdef.h 文件的内容：

```
#define PRINT printf              /* 定义符号常量 PRINT */
#define INPUT scanf               /* 定义符号常量 INPUT */
#define PI 3.1415926              /* 定义符号常量 PI */
```

在下面的程序中使用 userdef.h 文件。

程序如下：

```
#include<userdef.h>
int main()
{
    float s,r;
    PRINT("r=");
    INPUT("%f",&r);
    s=PI*r*r;
    PRINT("AREA=%f\n",s);
    return 0;
}
```

程序运行结果：

```
AREA=78.539818
```

上面的程序使用了宏包含命令“#include<userdef.h>”，其作用就是在编译预处理时将文件 userdef.h 的内容插入到该命令所在的位置，然后再进行程序编译。它等价于以下源程序：

```
#define PRINT printf
#define INPUT scanf
#define PI 3.1415926
int main()
```

```
{
    float s,r;
    PRINT("r=");
    INPUT("%f",&r);
    s=PI*r*r;
    PRINT("AREA=%f\n",s);
    return 0;
}
```

本章小结

函数是C语言程序的基本组成单位。在程序中正确使用函数必须掌握以下三方面的语法知识：函数定义、函数调用及函数声明。函数不允许嵌套定义，但允许嵌套调用，也允许递归调用。每次函数调用过程都包含参数传递、向被调函数的跳转、对函数代码的执行及向主调函数的返回，系统需要通过栈来实现这一过程。递归函数能够自然地刻画问题的结构自相似性，设计递归函数必须找到问题的自相似分解及递归终止条件。引入函数后的程序设计步骤为：问题分析、函数分解、各个函数实现、联合调试及运行，为了更好地设计程序，就必须掌握函数分解的方法。

每个变量和函数都有两个属性：数据类型和数据的存储类别。变量根据其作用域和生命周期不同而分为不同的存储类别。C语言为我们提供了四种存储类别说明符：auto、static、extern、register。

库函数根据是否被编译到程序内部而分为静态连接库(lib)和动态连接库(dll)。静态连接库在连接时被载入，即lib中的指令都被直接包含在最终生成的EXE文件中。而动态连接库在运行时载入，即DLL不必被包含在最终的EXE文件中，而是在EXE文件执行时被动态地引用或卸载。

大规模程序往往都是由若干个源文件和头文件构成的。源文件包含函数的定义和外部变量，其扩展名为c，而头文件包含可以在源文件之间共享的信息，其扩展名为h。一个多文件程序必须且只能在其中的一个源文件中包含唯一的main函数。

在C语言中，以#开头的代码称为预处理指令。编译程序在编译源代码时，首先处理预处理指令。宏定义是用一个标识符来表示一个字符串，这个字符串可以是常量、变量或表达式。在宏调用中将用该字符串代换宏名。宏定义可以带有参数，宏调用时是以实参代换形参。条件编译允许只编译源程序中满足条件的程序段，使生成的目标程序较短，从而减少了内存的开销并提高了程序的效率。文件包含是预处理的一个重要功能，它可用来把多个源文件连接成一个源文件进行编译，结果将生成一个目标文件。使用预处理功能便于程序的修改、阅读、移植和调试，也便于实现模块化程序设计。

习　　题

一、选择题

1. 下面的函数调用语句中 func 函数的实参个数是(　　)。

```
func(f2(v1,v2),(v3,v4,v5),(v6,max(v7,v8)));
```

A. 3　　B. 4　　C. 5　　D. 8

2. 以下叙述中错误的是(　　)。

A. 用户定义的函数中可以没有 return 语句

B. 用户定义的函数中可以有多个 return 语句,以便一次返回多个函数值

C. 用户定义的函数中若没有 return 语句,则应当定义函数为 void 类型

D. 函数的 return 语句中可以没有表达式

3. 若函数调用时的实参为变量,以下关于函数形参和实参的叙述正确的是(　　)。

A. 函数的实参和其对应的形参共占同一存储单元

B. 形参只是形式上的存在,不占用具体存储单元

C. 同名的实参和形参占同一存储单元

D. 函数的形参和实参分别占用不同的存储单元

4. 在一个 C 语言源程序文件中所定义的全局变量,其作用域为(　　)。

A. 所在文件的全部范围

B. 所在程序的全部范围

C. 所在函数的全部范围

D. 由具体定义位置和 extern 说明来决定范围

二、编程题

1. 编写程序求 $C_n^m=\dfrac{n!}{m!(n-m)!}$,要求用函数实现。

2. 分别实现求两个数的最大公约数和最小公倍数的函数,这两个数在主函数中输入。

3. 编写函数求 x 的 y 次方。

4. 以下程序的功能是求三个数的最小公倍数,请填空。

```
#include<stdio.h>
max(int x,int y,int z) {
    if(x>y&&x>z)  return(x);
    else if(__1__)  return(y);
    else return(z);
}
```

```
int main() {
    int x1,x2,x3,i=1,j,x0;
    printf("Input 3 number: ");
    scanf("%d%d%d",&x1,&x2,&x3);
    x0=max(x1,x2,x3);
    while(1) {
        j=x0+i;
        if(__2__)  break;
        i=i+1;
    }
    printf("The is %d%d%d zuixiaogongbei is %d\n",x1,x2,x3,j);
    return 0;
}
```

5. 写一个判断素数的函数。要求在主函数输入一个整数,输出是否是素数的信息。

6. 编写程序,通过函数求6～300的所有素数之和。

7. 写一个判断素数的函数,并利用这个函数验证哥德巴赫猜想,即一个充分大的偶数(大于或等于6)可以分解为两个素数之和。试编程序,将6～50全部偶数表示为两个素数之和。

8. 以下程序的功能是:通过函数func输入字符并统计输入字符的个数。输入时用字符@作为输入结束标志,请填空。

```
#include<stdio.h>
long __1__;
int main() {
    long n;
    n=func();
    printf("n=%ld\n",n);
    return 0;
}
long func(){
    long m;
    for(m=0;getchar()!='@';__2__);
    return m;
}
```

9. 以下程序的执行结果是________。

```
#include<stdio.h>
int f(int x,int y){
  return (y-x) * x;
}
int main(){
```

```
    int a=3,b=4,c=5,d;
    d=f(f(a,b),f(a,c));
    printf("%d\n",d);
    return 0;
}
```

10. 编制一个计算函数 $y=f(x)$的值程序，其中：

$$y=\begin{cases}-x+2.5, & 0\leqslant x<2\\ 2-1.5(x-3)(x-3), & 2\leqslant x<4\\ x/2-1.5, & 4\leqslant x<6\end{cases}$$

11. 求方程的根，用三个函数分别求当 b^2-4ac 大于 0、等于 0 和小于 0 时的根，并输出结果。从主函数输入 a、b、c 的值。

12. 求 $\sin 30°+\sin 60°+\cos 30°+\cos 60°$之和(自编 sin 和 cos 函数)。

13. 编写一个函数，当输入 n 为偶数时，调用函数求 $1/2+1/4+\cdots+1/n$，当输入奇数时，调用函数求 $1/1+1/3+\cdots+1/n$。

14. 编写一个函数，当输入一个 4 位数字时，要求输出这 4 个数字字符，但每两个数字间空一个空格。如输入 2013，应输出“2 0 1 3”。

15. 编写函数 pi，根据以下公式，返回满足精度(0.0005)要求的 π 的值。

$$\frac{\pi}{2}=1+\frac{1}{3}+\frac{1}{3}\frac{2}{5}+\frac{1}{3}\frac{2}{5}\frac{3}{7}+\frac{1}{3}\frac{2}{5}\frac{3}{7}\frac{4}{9}+\cdots$$

16. 计算 $s=2^2!+3^2!+\cdots+n^2!$，要求用函数嵌套调用实现。

17. 用牛顿迭代法求根。方程为 $ax^3+bx^2+cx+d=0$，系数 a、b、c、d 的值依次为 1、2、3、4，由主函数输入。求 x 在 1 附近的一个实根，由主函数输出根。

18. 用递归法求 n 阶勒让德多项式的值，递归公式为

$$p_n(x)=\begin{cases}1 & n=0\\ x & n=1\\ ((2n-1)x-p_{n-1}(x)-(n-1)p_{n-2}(x))/n & n\geqslant 1\end{cases}$$

19. 编写函数，采用递归方法在屏幕上显示如下杨辉三角形：

```
1
1 1
1 2 1
1 3 3 1
1 4 6 4 1
1 5 10 10 5 1
…
```

20. 编写一个函数，当输入一个十六进制数时，输出相应的十进制数，要求用递归法实现。

21. 设函数中有整型变量 n，为保证其在未赋值的情况下初值为 0，应选择哪种存储

类别？为什么？

22. 有以下程序：

```
#include<stdio.h>
int a=1;
int f(int c){
  static int a=2;
  c=c+1;
  return (a++)+c;
}
void main()
{
  int i,k=0;
  for(i=0;i<2;i++){
     int  a=3;
     k+=f(a);
  }
  k+=a;
  printf("%d\n",k);
}
```

程序运行结果是________。

23. 画图,用 circle 函数画圆形。

24. 编写一个宏定义 MYLETTER(c),用以判定 c 是否为字母字符。若是,则得 1;否则,得 0。

25. 编写一个宏定义 LEAPYEAR(x),用以判断年份 x 是否为闰年。判断标准是:若 x 是 4 的倍数且不是 100 的倍数或者 x 是 400 的倍数,则 x 为闰年。

26. 给定两个整数,求它们相除的结果,一种结果为“商…余数”的形式,另一种结果为实数的形式。用条件编译实现该功能。

27. 用带参数的宏编程实现 $1+2+\cdots+n$ 之和。

28. 定义一个带参数的宏 SWAP(x,y),以实现两整数之间的交换。

第二篇 提 高 篇

复杂问题中的数据一般都不是单一的基本类型数据，而往往是若干相同或不同类型数据的有机整体，必须使用合理的数据结构来描述。数据结构和算法是构成程序的两大要素，如果说算法是程序的“灵魂”，那么数据结构就是程序的“血肉”，而数据结构设计的优劣将直接决定整个算法的面貌。

本篇主要介绍C语言中的数组、结构、指针、文件等复杂类型数据的组织与处理方法，强调灵活运用指针编写高效率程序的基本技巧。最后给出常用典型数据结构的C语言实例，方便读者在后续程序设计工作中参考使用。

通过本篇学习，应掌握以下内容：

- 数组：用于对大批同类型数据进行同样功能的操作。
- 结构：将存在内在联系的不同类型数据组合成新的数据类型。
- 指针：存放内存地址的数据类型。
- 常用的排序算法和查找算法。
- 链表、栈、队列、二叉树、图等。

第5章

数　组

在很多应用问题中，需要对大批相同类型的数据进行同样功能的编程。例如，从高到低输出全班学生程序课程的考试成绩。显然，我们首先需要将全班学生的成绩存储起来。那么，如何定义变量来存储一批类型相同的数据呢？

到目前为止，我们所学的变量都只能保存单一数据的标量，即基本数据类型的变量。实际上，在C语言中，除了提供整型、实型、字符型等基本数据类型外，还提供了组合数据类型，它们有数组、结构体、联合体等，这些数据类型是由基本类型组合而成的，其对应的变量可以用来存储数值的集合。

本章介绍数组的定义和使用，重点讨论一维数组、字符数组、数组作函数参数、数组指针等内容。

5.1　数组的基本语法

5.1 数组的基本语法

数组是由相同类型的一组数据按照一定的顺序组合而成的，其中每个数据都是该数组中的一个数组元素。数组元素被一个共同的名字(即数组名)和各自的顺序号(即下标)来唯一地标识。用数组来标识大量同类型的数据比用基本类型的变量标识要简单，并且处理效率高，程序的可读性好。

数组可以是一维的，也可以是多维的。若每个数据在数组中的顺序只须用一个下标表示，则该数组是一维数组，例如数学中的向量、数据的有限序列等一维线性结构的数据就可用一维数组来描述；若每个数据在数组中的顺序必须用两个或多个下标才能表示，则该数组是多维数组。例如，数值计算中经常用到的矩阵，它有两个维，不是线性结构，即矩阵中的元素必须通过两个下标指定，可以用二维数组来描述。二维数组是最简单的多维数组。C语言支持定义二维及更高维的数组，并且把二维数组看作数组类型为一维数组的数组，即数组中的所有数组元素又都是同类型同长度的一维数组。把三维数组看作是数组类型为二维数组的数组。以此类推，n 维数组即为数组类型为 $n-1$ 维数组的数组。本节只介绍一维数组和二维数组，多维数组可由二维数组类推得到。

5.1.1　数组的定义

同其他基本数据类型的变量一样，在C语言中使用数组变量也遵循“先定义、后使用”的原则。

n 维数组的定义方式为

```
类型说明符 数组名[常量表达式 1][常量表达式 2]…[常量表达式 n]
```

其中：

(1) 类型说明符是任一种基本数据类型或构造数据类型的说明符。数组的类型实际上是指各个数组元素的数据类型。对于同一个数组,其所有元素的数据类型都是相同的。

(2) 数组名是用户定义的数组标识符,其书写规则应符合标识符的书写规定,且不能与其他变量同名。

(3) 方括号中的常量表达式 i 表示第 i 维数组元素的个数,也称为数组第 i 维的长度。它同时规定了数组中数组元素第 i 维下标的取值范围。

例如,int a[10]表示数组 a 是一维数组,且包含 10 个数组元素,其下标从 0 开始,因此 10 个数组元素分别为 a[0]、a[1]、a[2]、a[3]、a[4]、a[5]、a[6]、a[7]、a[8]、a[9]。又如,float b[3][4]说明了一个三行四列的二维数组,数组名为 b,其数组元素的类型为单精度浮点型,该数组的数组元素共有 3×4 个,即：

b[0][0],b[0][1],b[0][2],b[0][3]
b[1][0],b[1][1],b[1][2],b[1][3]
b[2][0],b[2][1],b[2][2],b[2][3]

众所周知,执行到变量定义语句时系统会在内存为变量分配相应的存储空间。例如,为整型变量分配 2 字节,为字符型变量分配 1 字节。那么,系统是怎样为数组变量分配存储空间的呢？实际上,系统会分配一段连续的存储空间依次存储数组中的各个数组元素,如图 5-1 所示。为了能够访问数组中的各个元素,系统将这段空间的第一个内存单元地址记入数组名,即数组名中存放的是数组的首地址。假设首地址为 10000H,则数组名中存放的地址值即为 10000H。因此,数组名与变量名有着本质的区别：程序中直接使用变量名代表的是该变量中存放的数据值,而直接使用数组名则代表的是数组的首地址,它是一个地址值,不是数据值。变量可以被赋值,而数组名是常量,不能被赋值。

由于各数组元素是同种类型,且是顺序存放的,所以可以很容易通过数组的首地址计算出数组中第 i 个元素的存放地址。因此,数组是一种可直接存取的线性结构。

系统为数组分配的存储空间大小由数组类型和数组长度共同决定,即数组所占用的存储空间等于所有数组元素占用空间之和。例如,对于数组定义语句“int a[10];”由于每个数组元素都是 int 类型,均需要占用 4 字节,所以系统会分配 40 字节用来存储该数组。

二维数组在逻辑上是二维的,即其下标在两个方向上变化,数组元素在数组中的位置也处于一个平面之中,而不是像一维数组只是一个向量。但是,实际的硬件存储器却是连续编址的,是一个线性结构。在 C 语言中,二维数组是按“行优先”的原则进行存储的。例如,对于数组定义语句 float b[3][4],先存放 b[0]行,再存放 b[1]行,最后存放 b[2]行。每行中的四个元素也是依次存放。由于数组 b 说明为 float 类型,该类型占 4 字节的内存空间,所以每个元素均占 4 字节,总的存储空间为 3×4×4 字节,如图 5-2 所示。

思考：如何根据数组名、数组类型、各下标值计算多维数组元素的存放地址？

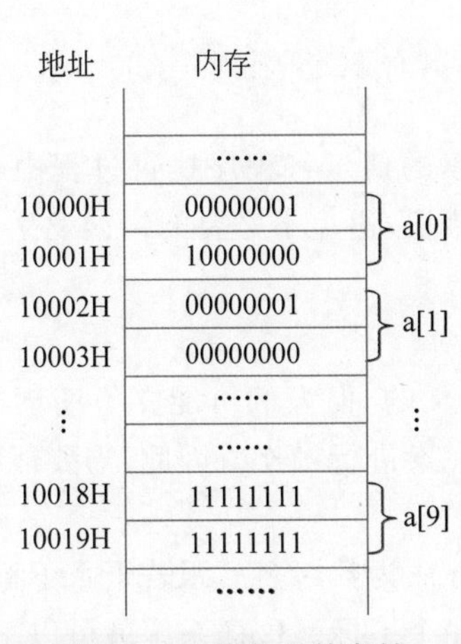

图 5-1　一维数组的存储

地址	内存
	…
10000H	b[0][0]
10004H	b[0][1]
10008H	b[0][2]
1000CH	b[0][3]
10010H	b[1][0]
10014H	b[1][1]
10018H	b[1][2]
1001CH	b[1][3]
10020H	b[2][0]
10024H	b[2][1]
10028H	b[2][2]
1002CH	b[2][3]
	…

图 5-2　二维数组 b 的存放形式

定义数组还应特别注意：

(1) 不能在方括号中用变量来表示元素的个数，但是可以是符号常量或常量表达式。考虑到在程序的后续维护过程中可能需要修改数组的长度，因此较好的做法是用宏来定义数组的长度。

例如：

```
#define FD 5
    int main()
    {
      int a[3+2],b[7+FD];
      ⋮
      return 0;
}
```

是合法的。

但是下述说明方式是错误的。

```
int main()
{
    int n=5;
    int a[n];
    ⋮
    return 0;
}
```

(2) 允许在同一个类型说明中，说明多个数组和多个变量。例如：

```
int a,b,c,d,k1[10],k2[20];
```

(3) 在数组定义前加 const 可将数组变为“常量”。例如:

```
const  int  month[ ]={31,28,31,30,31,30,31,31,30,31,30,31};
```

C语言规定,不允许修改常量数组中各元素的值。将程序执行过程中不希望改变其值的数组声明为常量数组,有利于编译器发现错误,避免不必要的错误发生。

5.1.2 数组的引用

虽然所有的数组元素是用一条语句同时定义的,但人们可能并不期望同时操作所有的数组元素,而只对其中的某个或某几个数组元素进行操作。因此,需要能够对数组元素进行单独操作,也就是单独引用数组元素。

数组元素是组成数组的基本单元,其标识方法为数组名后跟若干个下标,下标表示该数组元素在数组中的顺序号,是几维数组就跟几个下标。这样系统就可以根据数组名、数组类型及数组元素的下标值计算出该数组元素的存放地址,进而对该数组元素进行读写操作。

数组元素也称为单下标变量,其表示形式为

数组名[下标表达式 1][下标表达式 2]…[下标表达式 n]

其中,下标表达式 i 只能为整型常量、整型变量或整型表达式。若为小数,在编译时将自动取整。

这里的下标表达式 i 和数组定义中的常量表达式 i 在形式上有些相似,但这两者具有完全不同的含义。数组定义时方括号中给出的是数组第 i 维的长度,即第 i 维下标的有效范围值;而数组元素中的下标是该元素在数组第 i 维中的位置标识。前者只能是常量,后者可以是常量、变量或表达式。

例如,a[5]、a[i]、a[i+j]都是合法的数组元素。数组元素通常也称为下标变量。

注意:对于“int a[10];”,数组元素 a[10]是不合法的引用,因为这里的下标表达式 10 超出了该数组的有效下标范围。

必须先定义数组,才能使用下标变量。一个下标变量(即数组元素)在本质上相当于一个同类型(数组类型)的普通变量。例如,若有定义 int a[5],则 a[0]、a[1]、a[2]、a[3]、a[4]这 5 个下标变量在程序中的作用相当于 5 个普通的整型变量。在 C 语言中只能逐个地使用下标变量,而不能一次引用整个数组。

例如,输出有 10 个元素的数组必须使用循环语句逐个输出各下标变量:

```
for(i=0; i<10; i++)
    printf("%d",a[i]);
```

而不能用一个语句输出整个数组。

对数组 a,下面的写法是错误的:

```
printf("%d",a);
```

数组下标可以是任何整型表达式，如下面的例 5.1 中的两个程序是完全等价的。但若将程序 2 中的语句“a[i++]=i;”修改为“a[++i]=i;”，两个程序就不再等价了。因此，当下标中包含自增操作时一定要特别注意。

例 5.1　以下两个程序等价。

程　序　1	程　序　2

main()
{
  int i,a[10];
  for(i=0;i<=9;i++)
    a[i]=i;
  for(i=9;i>=0;i--)
    printf("%d ",a[i]);
}
	main()
	{
	  int i,a[10];
	  for(i=0;i<10;)
	    a[i++]=i;
	  for(i=9;i>=0;i--)
	    printf("%d",a[i]);
	}

因为必须对数组中的各个元素进行分别处理，所以对数组的编程往往都离不开循环。通常是对数组元素的一趟或几趟遍历。

例 5.2　录入一串数，然后反向输出这串数。

程序如下：

```
#include<stdio.h>
#define N 10                          /*定义常量N*/
int main()
{
  int a[N],i;                         /*定义长度为N的数组a*/
  printf("Enter %d numbers:",N);
  for(i=0;i<N;i++)
    scanf("%d",&a[i]);                /*从键盘输入10个数,初始化数组a*/
  printf("In reverse order:");
  for(i=N-1;i>=0;i--)
    printf("%d ",a[i]);               /*逆序输出数组a中的各个元素*/
  printf("\n");
  return 0;
}
```

从例 5.2 中不难看到，仅仅通过变换数组下标就可以方便地访问数组中的各个元素。下标的变换要通过循环变量的变化来控制，所以找到它们之间的关系就成为程序设计中运用数组时的关键。另外，这个程序很好地体现了用宏定义数组长度的好处：不但提高了程序的可读性，而且日后想要修改数组的长度时，只需要改一个地方就能做到“一改全改”，方便又快捷。

数组元素的下标总是从 0 开始，所以长度为 n 的数组，其有效的数组下标范围为 0～$n-1$。因此，只有当下标表达式的值在该范围内时数组引用才是有效的。但实际上 C 语言并不要求对下标范围进行检查,即编译器不认为数组下标越界是语法错误。这就造成存在数组下标越界问题的程序在编译时能通过,执行时却得不到预期的正确结果,甚至运行时会产生错误。

对数组的越界访问会造成不可预计的后果。越界取得的数据显然没有意义,使用这种数据可能导致程序给出莫名其妙的结果。越界赋值则更危险,这种操作的后果是非常可怕的。越界赋值会破坏被赋值位置的原有数据,其后果难以预料,因为根本无法知道被这个操作破坏的到底是什么,可能是其他程序的变量值,也可能是重要的内部控制信息。实际上恶意攻击者或恶意程序最常用的一种技术就是设法造成程序执行中出现数组越界访问,并借机取得被攻击计算机系统的控制权。总之,保证对数组元素的访问不超出合法范围是非常重要的。

同一维数组一样,二维数组元素每一维的下标都必须小于该维的长度规定,否则也会出现数组越界,造成不可预知的后果。

就像前面用单重循环处理一维数组一样,双重循环是处理二维数组的理想选择。

例 5.3 一个学习小组有 5 个人,每个人有 3 门课程的考试成绩,如表 5-1 所示。求各门课程的平均成绩和所有课程的总平均成绩。

表 5-1 某学习小组的考试成绩

课程	张	王	李	赵	周
Math	80	61	59	85	76
C language	75	65	63	87	77
FoxPro	92	71	70	90	85

问题分析:可设一个二维数组 a[5][3]存放 5 个人 3 门课程的成绩,再设一个一维数组 v[3]存放所求得的各门课程的平均成绩,设变量 average 为所有课程的总平均成绩。

程序如下:

```
#include<stdio.h>
int main()
{
  int i,j,s=0,average,v[3],a[5][3];
  printf("input score\n");
  for(i=0;i<3;i++){
      for(j=0;j<5;j++){
        scanf("%d",&a[j][i]);
        s=s+a[j][i];
      }
      v[i]=s/5;
      s=0;
  }
```

```
    average=(v[0]+v[1]+v[2])/3;
    printf("Math:%d\nC language:%d\nFoxPro:%d\n",v[0],v[1],v[2]);
    printf("total:%d\n", average);
    return 0;
}
```

程序中首先用了一个双重循环。在内循环中依次读入某一门课程的各个学生的成绩，并把这些成绩累加起来。退出内循环后再把该累加成绩除以 5 送入 v[i]之中，得到该门课程的平均成绩。外循环共循环 3 次，分别求出 3 门课各自的平均成绩并存放在 v 数组之中。退出外循环之后，把 v[0]、v[1]、v[2]相加除以 3 即得到总平均成绩。最后按题意输出成绩。

温馨提示：注意根据题意合理确定内外重循环的次序。例如在本例中，要求得到每门课的平均成绩，因此，外重循环表示课程、内重循环表示学生，这样处理逻辑清晰、可读性好。请读者将本例中的内外重循环次序颠倒，体会程序设计过程中数据处理上的异同。思考如果要求的是每名同学的平均成绩，又该如何设定内外重次序？

5.1.3　数组的初始化

给数组赋值的方法除了用赋值语句对数组元素逐个赋值外，还可以采用初始化赋值的方法。数组初始化赋值是指在数组定义时给数组元素赋予初值。数组初始化是在编译阶段进行的，这样将减少运行时间，提高效率。

初始化赋值的一般形式为

```
类型说明符 数组名[常量表达式]={值 1,值 2,…,值 n}
```

其中，在花括号中的各数据值即为各元素的初值，各值之间用逗号间隔。

例如："int a[10]={ 0,1,2,3,4,5,6,7,8,9 };"相当于"a[0]=0;a[1]=1,…,a[9]=9;"。

C 语言对数组的初始化赋值还有以下几点规定：

(1) 可以只给部分元素赋初值。当{ }中值的个数少于元素个数时，只给前面部分元素赋值，其余元素自动赋 0 值。

例如：

```
int a[10]={0,1,2,3,4};
```

表示只给 a[0]～a[4]这 5 个元素赋值，而后 5 个元素自动赋 0 值。因此，若想将数组 a 中的各元素均初始化为 0，可简写为："int a[10]={0};"。

(2) 只能给元素逐个赋值，不能给数组整体赋值。

例如，给 10 个元素全部赋 1 值，只能写为

```
int a[10]={1,1,1,1,1,1,1,1,1,1};
```

而不能写为

```
int a[10]=1;
```

(3) 如果给全部元素赋值,则在数组说明中可以不给出数组元素的个数,数组长度由花括号中值的个数决定。

例如,“int a[10]={1,2,3,4,5};”与“int a[]={1,2,3,4,5};”是不等价的。前一个数组长度为10,而后一个数组长度为5。

二维数组的初始化赋值可按行分段赋值,也可按行连续赋值。

例如,对数组a[5][3]按行分段赋值可写为

```
int a[5][3]={ {80,75,92},{61,65,71},{59,63,70},{85,87,90},{76,77,85} };
```

按行连续赋值可写为

```
int a[5][3]={ 80,75,92,61,65,71,59,63,70,85,87,90,76,77,85};
```

这两种赋初值的结果是完全相同的。

对于二维数组初始化赋值还有以下说明:

(1) 可以只对部分元素赋初值,未赋初值的元素自动取0值。

例如:

```
int a[3][3]={{1},{2},{3}};
```

是对每一行的第一列元素赋值,未赋值的元素取0值。赋值后各元素的值为

```
1 0 0
2 0 0
3 0 0
```

又如:

```
int a [3][3]={{0,1},{0,0,2},{3}};
```

赋值后的元素值为

```
0 1 0
0 0 2
3 0 0
```

(2) 如对全部元素赋初值,则第一维的长度可以不给出。

例如:

```
int a[3][3]={1,2,3,4,5,6,7,8,9};
```

可以写为

```
int a[][3]={1,2,3,4,5,6,7,8,9};
```

例 5.4　请以矩阵的形式输出矩阵 ***A*** 与矩阵 ***B*** 相加之和。

程序如下：

```
#include<stdio.h>
int main()
{
  int i,j;
  int a[5][3]={{80,75,92},{61,65,71},{59,63,70},{85,87,90},{76,77,85}};
  int b[5][3]={{1},{0,1},{0,0,1}};
  for(i=0;i<5;i++)
  {
    for(j=0;j<3;j++)
      printf("%4d",a[i][j]+b[i][j]);          /* 对应位置的元素相加 */
    printf("\n");                             /* 保证输出为矩阵形式 */
  }
  return 0;
}
```

5.1.4　多维数组的分解

数组是一种构造类型的数据结构。二维数组可以看作是由一维数组嵌套构成的。假设一维数组的每个元素又是一个数组，就组成了二维数组。当然，前提是各元素类型必须相同。根据这样的分析，一个二维数组也可以分解为多个一维数组。C 语言允许这种分解。

如二维数组 a[3][4]，可分解为三个长度为 4 的一维数组，其数组名分别为 a[0]、a[1]、a[2]。对这三个一维数组不需另外说明即可使用。这三个一维数组都有 4 个元素，例如，一维数组 a[0]的元素为 a[0][0]、a[0][1]、a[0][2]、a[0][3]，如图 5-3 所示。必须强调的是，a[0]、a[1]、a[2]不能当作数组元素使用，它们是数组名，不是一个单纯的数组元素。

a[0]	····	a[0][0]	a[0][1]	a[0][2]	a[0][3]
a[1]	····	a[1][0]	a[1][1]	a[1][2]	a[1][3]
a[2]	····	a[2][0]	a[2][1]	a[2][2]	a[2][3]

图 5-3　a[3][4]分解示意图

多维数组的分解类似二维数组的分解。例如，四维数组可看作数组元素为三维数组的一维数组，而其中的每个数组元素(三维数组)又可看作数组元素为二维数组的一维数组，……以此类推。可见，数组定义本身就是一种递归定义的形式。

5.2 字符数组与字符串

5.2 字符数组与字符串

字符数组就是数组类型为字符类型的数组，用于保存一串字符。由于人们经常用C语言编写处理字符序列或各种文本的程序，因此C语言为处理字符数组提供了专门的支持。

字符串是典型的非数值对象，其存储模式是以字符数组作为存储空间，结尾加结束标志符“\0”。对字符串的基本操作主要通过标准库提供的函数来实现。

5.2.1 字符数组的基本语法

字符数组的定义形式与前面介绍的数值数组相同。例如，“char c[10];”，由于字符型和整型通用，也可以定义为 int c[10]，但这时每个数组元素占4字节的内存单元。

c数组	
C	c[0]
	c[1]
p	c[2]
r	c[3]
o	c[4]
g	c[5]
r	c[6]
a	c[7]
m	c[8]
\0	c[9]
…	

图 5-4 字符数组 c 的初始化结果

字符数组也可以是二维或多维数组。例如，“char c[5][10];”即为二维字符数组。

字符数组也允许在定义时作初始化赋值。例如，“char c[10]={'C',' ','p','r','o','g','r','a','m'};”赋值后各元素的值如图5-4所示。

其中，c[9]未赋值，系统自动赋予0值。

当对全体元素赋初值时也可以省去长度说明。例如，“char c[]={'C',' ','p','r','o','g','r','a','m'};”这时c数组的长度自动定为9，即图5-4中最后一个c[9]不存在。

在C语言中没有专门的字符串变量，通常用一个字符数组来存放一个字符串。前面介绍字符串常量时，已说明字符串总是以“\0”作为串的结束符。因此，当把一个字符串存入一个数组时，也把结束符“\0”存入数组，并以此作为该字符串是否结束的标志。字符串的长度计数不包括“\0”。

C语言允许用字符串的方式对字符数组作初始化赋值。

例如，“char c[]={'C',' ','p','r','o','g','r','a','m'};”可写为“char c[]={"C program"};”或去掉花括号写为“char c[]="C program";”。

用字符串方式赋值比用字符逐个赋值要多占1字节，用于存放字符串结束标志“\0”。上面的数组c在内存中的实际存放情况为

C		p	r	o	g	r	a	m	\0

“\0”是由C编译系统自动加上的。由于采用了“\0”标志，所以在用字符串赋初值时一般无须指定数组的长度，而由系统自行处理。

思考：能否直接将一个字符串赋值给一个字符数组？为什么？

```
char c[10];
c="C program";          /*错误! */
```

根据前面的知识,我们知道字符串常量也是以字符数组的方式存储的,编译器把它看作是一个地址值(存放字符串的内存单元的首地址)。虽然数组名中存放的也是地址值,但因为它是常量,所以不能通过赋值的方式改变它的值。因此,上述语句是非法的。

字符数组的引用与数值数组的引用完全一致。

例 5.5 二维字符数组的输出。

程序如下:

```
#include<stdio.h>
int main(){
  int i,j;
  char a[][5]={{'B','A','S','I','C',},"dBase"};
  for(i=0;i<=1;i++){
    for(j=0;j<=4;j++)
      printf("%c",a[i][j]);
    printf("\n");
  }
  return 0;
}
```

本例中二维字符数组由于在初始化时被全部赋予初值,因此第一维下标的长度可以不加以说明。

5.2.2 以%s格式输入输出字符数组

在采用字符串方式初始化赋值后,字符数组的输入输出将变得简单方便。

除了在5.2.1节用字符串赋初值的办法外,还可用scanf函数和printf函数一次性输入输出一个字符数组中的字符串,而不必使用循环语句逐个地输入输出每个字符。

例 5.6 以"%s"格式输入、输出字符数组。

```
#include<stdio.h>
int main(){
  char st[15];
  printf("input string:\n");
  scanf("%s",st);          /*地址表列直接写st,st表示的就是一个地址值*/
  printf("%s\n",st);
  return 0;
}
```

本例中由于定义数组长度为15,因此输入的字符串长度必须小于15,以留出一字节用于存放字符串结束标志"\0"。应该说明的是,对一个字符数组,如果不作初始化赋值,则必须说明数组长度。

在3.2.1节介绍过,scanf的各输入项必须以地址方式出现,如 &a,&b 等。但在例5.6中却是以数组名方式出现的,这是因为数组名就代表了该数组的首地址,不能再加地址运算符&。如写作“scanf("%s",&c);”则是错误的。

在例5.6的printf函数中,使用的格式说明为“%s”,表示输出的是一个字符串,在输出表列中给出数组名即可。不能写为“printf("%s",c[]);”。系统在执行函数“printf("%s",c)”时,按数组名c找到首地址,然后逐个输出数组中各个字符直到遇到字符串终止标志“\0”为止。

特别注意:

(1) 当用scanf函数以%s格式输入字符串时,字符串中不能含有空格,否则将以空格作为串的结束符。

例如,当输入的字符串中含有空格时,运行情况为

```
input string:
this is a book
```

输出为

```
this
```

从输出结果可以看出,空格以后的字符都未能输出。为了避免这种情况,可多设几个字符数组分段存放含空格的串,或采用5.2.3节介绍的字符串输入函数gets实现。

(2) 当用printf函数以%s格式输出字符数组时,字符数组中必须含有串结束标志“\0”,如果没有就会导致数组越界访问,在输出结果的后面出现乱码现象。

例5.7 编写竞赛报名程序,输入参赛者姓名后可以判断其中是否有某同学参加。

```
#define col 10                    /* 每名同学的名字最长10个字符 */
#define row 6                     /* 至多6名同学报名 */
#include<stdio.h>
int main(){
  char name[row][col];
  char findname[col];
  int num,i,flag=0;
  printf("input student num (<%d) :",row);
  scanf("%d",&num);
  printf("input all students' name :");
  for(i=0;i<num;i++)
    scanf("%s",name[i]);
  printf("input findname :");
  scanf("%s",findname);
  for(i=0;i<num;i++)  {
```

```
      flag=1;                                   /* 假设 name[i]=findname */
      for(j=0;j<col;j++)
         if(name[i][j]!=findname[j]){    /* 比较 name[i]和 findname 是否相同 */
              flag=0;
              break;
  }
      if(flag)
         break;
    }
    if(flag==1)
       printf("Yes,find out %s",findname);
    else
       printf("No,not find out %s",findname);
    return 0;
  }
```

本程序中，二维字符数组的输入输出采用%s 格式后无须再用二重循环逐个字符地输入。但查找比对依然要用双重循环的形式完成，且程序的判断逻辑相对复杂，可读性较差。可以考虑使用 5.2.3 节介绍的字符串比较函数 strcmp 实现，其逻辑清晰，可读性好。

5.2.3　字符串处理函数

C 语言提供了丰富的字符串处理函数，大致可分为字符串的输入、输出、合并、修改、比较、转换、复制、搜索几类。使用这些函数可大大减轻编程的负担。用于输入输出的字符串函数，在使用前应包含头文件“stdio.h”，使用其他字符串函数则应包含头文件“string.h”。

下面介绍几个最常用的字符串函数。

1. 字符串输出函数 puts

字符串输出函数的格式为

```
puts(字符数组名)
```

功能：把字符数组中的字符串输出到显示器，即在屏幕上显示该字符串。

例 5.8　puts 函数的使用。

程序如下：

```
#include<stdio.h>
int main(){
  char c[]="BASIC\ndBASE";
  puts(c);
  return 0;
}
```

从程序中可以看出,puts 函数中可以使用转义字符,因此输出结果成为两行。puts 函数完全可以由 printf 函数取代。并且当需要按一定格式输出时,通常使用 printf 函数。

2. 字符串输入函数 gets

字符串输入函数的格式为

```
gets(字符数组名)
```

功能:从标准输入设备键盘上输入一个字符串。

本函数得到一个函数值,即为该字符数组的首地址。

例 **5.9** gets 函数的使用。

程序如下:

```
#include<stdio.h>
int main(){
  char st[15];
  printf("input string:\n");
  gets(st);
  puts(st);
  return 0;
}
```

可以看出,当输入的字符串中含有空格时,输出仍为全部字符串。说明 gets 函数并不以空格作为字符串输入结束的标志,而只以回车作为输入结束的标志。这是与 scanf 函数的区别。

3. 字符串连接函数 strcat

字符串连接函数的格式为

```
strcat(字符数组名 1,字符数组名 2)
```

功能:把字符数组 2 中的字符串连接到字符数组 1 中字符串的后面,并删去字符串 1 后的串标志“\0”。本函数返回值是字符数组 1 的首地址。

例 **5.10** strcat 函数的使用。

程序如下:

```
#include<stdio.h>
#include "string.h"
int main(){
  char st1[30]="My name is ";
  int st2[10];
  printf("input your name:\n");
```

```
  gets(st2);
  strcat(st1,st2);
  puts(st1);
  return 0;
}
```

本程序把初始化赋值的字符数组与动态赋值的字符串连接起来。要注意的是，字符数组 1 应定义足够的长度，否则不能装入全部被连接的字符串。

4. 字符串复制函数 strcpy

字符串复制函数的格式为

```
strcpy(字符数组名 1,字符数组名 2)
```

功能：把字符数组 2 中的字符串复制到字符数组 1 中。串结束标志"\0"也一同复制。字符数组 2 也可以是一个字符串常量，这时相当于把一个字符串赋予一个字符数组。

例 5.11　strcpy 函数的使用。

程序如下：

```
#include<stdio.h>
#include "string.h"
int main(){
  char st1[15],st2[]="C Language";
  strcpy(st1,st2);
  puts(st1);printf("\n");
  return 0;
}
```

本函数要求字符数组 1 应有足够的长度，否则不能装入全部所复制的字符串。

5. 字符串比较函数 strcmp

字符串比较函数的格式为

```
strcmp(字符数组名 1,字符数组名 2)
```

功能：按照 ASCII 码顺序比较两个数组中的字符串，并由函数返回值返回比较结果。

字符串 1＝字符串 2，返回值＝0。

字符串 2＞字符串 2，返回值＞0。

字符串 1＜字符串 2，返回值＜0。

本函数也可用于比较两个字符串常量，或比较数组和字符串常量。

例 5.12　strcmp 函数的使用。

程序如下：

```
#include<stdio.h>
#include "string.h"
int main(){
  int k;
  static char st1[15],st2[]="C Language";
  printf("input a string:\n");
  gets(st1);
  k=strcmp(st1,st2);
  if(k==0) printf("st1=st2\n");
  if(k>0) printf("st1>st2\n");
  if(k<0) printf("st1<st2\n");
  return 0;
}
```

本程序把输入的字符串和数组 st2 中的字符串比较，比较结果返回到 k 中，根据 k 值再输出结果提示串。当输入为 dBASE 时，由 ASCII 码可知“dBASE”大于“C Language”，故 k＞0，输出结果为“st1＞st2”。

6. 测字符串长度函数 strlen

测字符串长度函数的格式为

```
strlen(字符数组名)
```

功能：测字符串的实际长度(不含字符串结束标志“\0”) 并作为函数返回值。

例 5.13 strlen 函数的使用。

程序如下：

```
#include<stdio.h>
#include "string.h"
int main(){
  int k;
  static char st[]="C language";
  k=strlen(st);
  printf("The lenth of the string is %d\n",k);
return 0;
}
```

例 5.14 输入 5 个国家的名称并使其按字母顺序排列输出。

本题编程思路如下：5 个国家名需要一个二维字符数组来存储。C 语言规定，可以把一个二维数组当成多个一维数组处理。因此，本题又可以按 5 个一维数组处理，而每一个一维数组就是一个国家名称字符串。用字符串比较函数比较各一维数组的大小并排序，输出结果即可。

程序如下：

```
#include<stdio.h>
int main(){
    char st[20],cs[5][20];
    int i,j,p;
    printf("input country's name:\n");
    for(i=0;i<5;i++)
      gets(cs[i]);                /*二维字符数组拆分成 5 个一维字符数组输入*/
    printf("\n");
    for(i=0;i<5;i++){
        p=i;strcpy(st,cs[i]);
        for(j=i+1;j<5;j++)        /*选择最小国家名称记入 st*/
            if(strcmp(cs[j],st)<0){
              p=j;  strcpy(st,cs[j]);
            }
        if(p!=i)                  /*交换位置*/
        {
            strcpy(st,cs[i]);
            strcpy(cs[i],cs[p]);
            strcpy(cs[p],st);
        }
        puts(cs[i]);              /*输出一个国家名称*/
    }
    printf("\n");
}
```

本程序的第一个 for 语句中，用 gets 函数输入 5 个国家名称字符串。上面说过 C 语言允许把一个二维数组按多个一维数组处理，本程序中 cs[5][20]为二维字符数组，可分为 5 个一维数组 cs[0]、cs[1]、cs[2]、cs[3]、cs[4]。因此，在 gets 函数中使用 cs[i]是合法的。在第二个 for 语句中又嵌套了一个 for 语句组成双重循环，这个双重循环完成按字母顺序排序的工作。在外层循环中把字符数组 cs[i]中的国家名称字符串复制到数组 st 中，并把下标 i 赋予 p。进入内层循环后，把 st 与 cs[i]以后的各字符串进行比较，若有比 st 小者，则把该字符串复制到 st 中，并把其下标赋予 p。内循环完成后，如 p 不等于 i 则说明有比 cs[i]更小的字符串出现，因此交换 cs[i]＃和 st 的内容。至此已确定了数组 cs 的第 i 号元素的排序值，然后输出该字符串。在外循环全部完成之后即完成全部排序和输出。

5.3　数组与函数

5.3 数组与函数

数组可以作为函数的参数使用，进行数据传送。数组用作函数参数有两种形式：一种是把数组元素作为实参使用；另一种是把数组名作为函数的形参或实参使用。

5.3.1 数组元素作函数实参

数组元素即下标变量,在本质上与普通变量并无区别。因此,它作为函数实参使用与普通变量作为函数实参使用是完全相同的。此时,与之对应的形参必定是同类型(数组元素类型)的普通变量。在发生函数调用时,系统为形参分配存储空间,使得实参数组元素与形参变量占用不同的存储空间,然后将实参数组元素的值传递给形参变量,实现"单向值传递"。函数执行过程中对形参值的修改不会影响实参数组元素的值。

例 5.15 判别一个整数数组中各元素的值,若大于 0 则输出该值,若小于或等于 0 则输出 0。

程序如下:

```
#include<stdio.h>
void nzp(int v) {                        /* 与数组元素同类型的普通变量作函数形参 */
    if(v>0)
      printf("%d ",v);
    else
      printf("%d ",0);
}
int main(){
    int a[5],i;
    printf("input 5 numbers\n");
    for(i=0;i<5;i++)
    {
       scanf("%d",&a[i]);
       nzp(a[i]);                        /* 数组元素作函数实参 */
    }
    return 0;
}
```

本程序中首先定义一个无返回值函数 nzp,并说明其形参 v 为整型变量(用来存放实参数组元素传递过来的整型数据),在函数体中根据 v 值输出相应的结果。在 main 函数中用一个 for 语句输入数组各元素,每输入一个就以该元素作实参调用一次 nzp 函数,即把 a[i]的值传递给形参 v,供 nzp 函数使用。

由以上分析可知,该程序会频繁发生函数调用,执行代价较高。用一次函数调用即可实现同样功能,即用数组名作为函数实参。

5.3.2 数组名作函数参数

C 语言中,数组名既可以作函数实参也可以作函数形参。

当用数组名作函数的实参时(例如,5.2.3 节中介绍的各种字符串处理函数),其对应的形参也应该是同类型的数组名,即实参和形参都是数组名。假如例 5.15 改用数组名作函数实参,同类型数组名作函数形参,程序可改写如下:

```
#include<stdio.h>
void nzp(int a[5]) {                    /*数组作函数形参,类型必须与实参数组保持一致*/
    int i;
    printf("\nvalues of array a are:\n");
    for(i=0;i<5;i++)
      if(a[i]<0) a[i]=0;
      else  printf("%d ",a[i]);
}
int main(){
    int b[5],i;
    printf("\ninput 5 numbers:\n");
    for(i=0;i<5;i++)
      scanf("%d",&b[i]);
    printf("initial values of array b are:\n");
    for(i=0;i<5;i++)
      printf("%d ",b[i]);
    nzp(b);                             /*数组名作函数实参*/
    printf("\nlast values of array b are:\n");
    for(i=0;i<5;i++)
      printf("%d ",b[i]);
    return 0;
}
```

本程序中,函数 nzp 的形参为整型数组 a,长度为 5。主函数中实参数组 b 也为整型,长度也为 5。在主函数中首先输入数组 b 的值,然后输出数组 b 的初始值。然后以数组名 b 为实参调用 nzp 函数。在 nzp 中,按要求把负值单元清 0,并输出形参数组 a 的值。返回主函数之后,再次输出数组 b 的值。从运行结果可以看出,数组 b 的初值和终值是不同的,数组 b 的终值和数组 a 的值是相同的。这说明实参形参为同一数组,它们的值同时得以改变。

用数组名作为函数参数时还应注意以下几点:

(1) 形参数组和实参数组的类型必须一致,否则将引起错误。

(2) 形参数组和实参数组的长度可以不相同。因为在调用时,只传送首地址而不检查形参数组的长度。当形参数组的长度与实参数组不一致时,虽然不会出现语法错误(编译能通过),但程序执行结果可能会与预期不符(如例 5.16 所示),这是应予以注意的。

(3) 在函数形参表中,允许不给出形参数组的长度,或用一个变量来表示数组元素的个数。例如,可以写为

```
void nzp(int a[])
```

或写为

```
void nzp(int a[],int n)
```

其中,形参数组 a 没有给出长度,而是由 n 值动态地表示数组的长度。n 的值由主调函数的实参进行传递。

(4) 多维数组也可以作为函数的参数。在函数定义时,对形参数组可以指定每一维的长度,也可省去第一维的长度。因此,以下写法都是合法的。

```
int MA(int a[3][10])
```

或

```
int MA(int a[][10])
```

例 5.16 如把例 5.15 修改如下。

```
#include<stdio.h>
void nzp(int a[8]) {                    /*形参数组长度为 8*/
    int i;
    printf("\nvalues of array a are:\n");
    for(i=0;i<8;i++)                    /*造成数组越界*/
      if(a[i]<0)  a[i]=0;
      else  printf("%d ",a[i]);
}
int main(){
    int b[5],i;                         /*实参数组长度为 5*/
    printf("\ninput 5 numbers:\n");
    for(i=0;i<5;i++)
      scanf("%d",&b[i]);
    printf("initial values of array b are:\n");
    for(i=0;i<5;i++)
      printf("%d ",b[i]);
    nzp(b);
    printf("\nlast values of array b are:\n");
    for(i=0;i<5;i++)
      printf("%d ",b[i]);
    return 0;
}
```

本程序中,nzp 函数的形参数组长度改为 8。函数体中,for 语句的循环条件也改为 i<8。因此,形参数组 a 和实参数组 b 的长度不一致。虽然编译能够通过,但从结果看,数组 a 的元素 a[5]、a[6]、a[7]不仅无意义,还会造成数组的越界访问。

例 5.17 把例 5.15 修改如下。

```
#include<stdio.h>
void nzp(int a[],int n)        /*省略形参数组长度,用变量 n 控制其下标范围*/
{
```

```
    int i;
    printf("\nvalues of array a are:\n");
    for(i=0;i<n;i++)
        if(a[i]<0)   a[i]=0;
        else   printf("%d ",a[i]);
}
int main(){
    int b[5],i;
    printf("\ninput 5 numbers:\n");
    for(i=0;i<5;i++)
      scanf("%d",&b[i]);
    printf("initial values of array b are:\n");
    for(i=0;i<5;i++)
      printf("%d ",b[i]);
    nzp(b,5);
    printf("\nlast values of array b are:\n");
    for(i=0;i<5;i++)
      printf("%d ",b[i]);
    return 0;
}
```

本程序中,nzp函数形参数组a没有给出长度,由n动态确定该长度。在main函数中,函数调用语句为nzp(b,5),其中,实参5将赋予形参n作为形参数组的长度。

无论是用数组名作函数实参还是用数组元素作函数实参,其函数间的数据传递都遵循"单向值传递"的原则。但由于数组名中存放的是一个地址值(数组首地址),而数组元素中存放的是普通数据值,又使得两者之间存在本质的区别。

(1) 用数组元素作实参时,只要数组类型和函数形参变量的类型一致,那么数组元素的类型也和函数形参变量的类型是一致的。换句话说,对数组元素的处理是按普通变量对待的。数组名作函数参数时,则要求形参和相对应的实参都必须是类型相同的数组,且有明确的数组说明。当形参和实参二者不一致时,则会发生错误。

(2) 在普通变量作函数参数时,形参变量和实参变量占用由编译系统分配的两个不同的内存单元。在函数调用时发生的值传递是把实参变量的值赋予形参变量。而用数组名作函数参数时,不是进行值的传递,即不是把实参数组的每一个元素的值都赋予形参数组的各个元素,而仅仅是传递一个地址值。这是因为实际上形参数组并不存在,编译系统不为形参数组分配实际的内存。那么,数据的传递是如何实现的呢?在前面我们介绍过,数组名中存放的是数组的首地址。因此,这里的"单向值传递"就只是将实参数组名中的地址值传递给形参数组名。这样当形参数组名取得该首地址之后,就可以访问实参数组了。实际上,形参数组和实参数组为同一数组,对应内存中的同一段空间。

图5-5说明了这种情形。图中设a为实参数组,类型为整型。a占用以20000H为首地址(起始地址)的一块内存区。b为形参数组名。当发生函数调用时,进行地址传送,把实参数组a的首地址传送给形参数组名b,于是b也取得该地址20000H。因此,a、b两数

	a[0]	a[1]	a[2]	a[3]	a[4]	a[5]	a[6]	a[7]	a[8]	a[9]
起始地址 20000H	2	4	6	8	10	12	14	16	18	20
	b[0]	b[1]	b[2]	b[3]	b[4]	b[5]	b[6]	b[7]	b[8]	b[9]

图 5-5 数组名作为函数参数

组共同占用以 20000H 为首地址的一段连续内存单元。从图中还可以看出,a 和 b 下标相同的元素实际上也占相同的两个内存单元(整型数组每个元素占 4 字节)。例如,a[0]和b[0]都占用 20000H 至 20003H 的内存单元,当然 a[0]等于 b[0]。以此类推,则有 a[i]等于 b[i]。

例 5.18 多项式求值。设数组 p 中保存着多项式 $a_nx^n+a_{n-1}x^{n-1}+\cdots+a_1x+a_0$ 的各项系数,元素 p[i]存放系数 a_i。要求写一个函数求出数组 p 表示的多项式在某个指定点 x 的值。

有多种方法可以实现多项式求值,下面介绍最快速的秦九韶多项式算法。根据数学知识,任何多项式均可以变换为下面的规范形式:

$$(\cdots((a_nx+a_{n-1})x+a_{n-2})x\cdots)x+a_2)x+a_1)x+a_0$$

按照这个公式,求值的循环可以写成:

```
for(sum=0.0,i=n-1; i>=0; i--)
   sum=sum*x+p[i];
```

完整的程序如下:

```
#include<stdio.h>
#define N 6
int main(){
  double f(double p[], double x);
  double x,p[N]={2.3,1.4,5.2,6.7,8.4,1.3};
  printf("please input x:");
  scanf("%lf",&x);
  printf("\nf(%lf)=%lf\n",x,f(p,x));
  return 0;
}
double f(double q[], double x){
  double sum;
  int i;
  for(sum=0.0,i=N-1; i>=0; i--)
    sum=sum*x+q[i];
return sum;
}
```

如果在上述程序中的函数 f 中加入修改数组 q 中元素的语句,此时在主函数中输出数组 p 时,其相应的数组元素也会发生改变,这就说明了实参数组 p 与形参数组 q 是共用存储空间的。读者可自行测试。

(3) 前面已经讨论过，在变量作函数参数时，所进行的值传递是单向的。即只能从实参传向形参，不能从形参传回实参。形参的初值和实参相同，而形参的值发生改变后，实参并不变化，因此，两者的终值是不同的。而用数组名作函数参数时，情况则不同。由于实际上形参和实参为同一数组，因此当形参数组发生变化时，实参数组也随之变化。当然，这种情况不能理解为发生了双向的值传递。但从实际情况来看，调用函数之后实参数组的值将由于形参数组值的变化而变化。

5.4　综合应用：排序、查找

5.4.1　数组中的排序算法

数组排序是指将数组中的各个元素按照某种规则(从大到小、从小到大、字典序)重新排列。常见的排序算法包括交换排序、选择排序、插入排序、归并排序。

1. 交换排序

交换排序包含冒泡排序(Bubble Sort)和快速排序(Quick Sort)。

1) 冒泡排序

冒泡排序的基本思想是：依次比较相邻的两个数，将小数放在前面，大数放在后面。即在第一趟：首先比较第 1 个数和第 2 个数，将小数放前，大数放后。然后比较第 2 个数和第 3 个数，将小数放前，大数放后。如此继续，直至比较最后两个数，将小数放前，大数放后。至此第一趟结束，将最大的数放到了最后。在第二趟：仍从第一对数开始比较(因为可能由于第 2 个数和第 3 个数的交换，使得第 1 个数不再小于第 2 个数)，将小数放前，大数放后，一直比较到倒数第二个数(倒数第一的位置上已经是最大的)。第二趟结束，在倒数第二的位置上得到一个新的最大数(其实在整个数列中是第二大的数)。如此下去，重复以上过程，直至最终完成排序。由于在排序过程中总是小数往前放，大数往后放，相当于气泡往上升，所以称作冒泡排序。完整程序如下：

```
void bubble_Sort(int a[],int n)
{
    int i,j,w,lastExchangeIndex;
    i=n-1;
    while(i>0)
    {
        lastExchangeIndex=0;
        for(j=0; j<i; j++)
            if(a[j+1]<a[j])                          /*逆序*/
            {
                w=a[j];a[j]=a[j+1];a[j+1]=w;          /*交换*/
```

```
                lastExchangeIndex=j;          /*记录发生交换的位置*/
            }
        i=lastExchangeIndex;                  /*有序序列与无序序列的分界点*/
    }
}
```

2）快速排序

快速排序的基本思想是：选择数组元素 e 作为“分割元素”，然后重新排列数组使得位于分割元素 e 之前的元素都是小于或等于 e 的，而位于分割元素 e 之后的元素都是大于或等于 e 的。然后，再分别的对前半部分的数组和后半部分的数组进行快速排序。

显然快速排序的过程具有结构自相似性，用递归函数实现最为简单。首先，定义函数 split 实现第一步中的分割任务。可在程序中使用两个标记：low 和 high。开始，low 指向数组中的第一个元素，而 high 指向末尾元素。先把第一个元素(分割元素)复制给一个临时存储单元，从而在数组中留出一个“空位”。接下来，从右向左移动 high，直到 high 指向小于分割元素的数时停止。然后把这个数复制给 low 指向的空位，这将产生一个新的空位(high 指向的)。再从左向右移动 low，寻找大于分割元素的数。找到后把这个找到的数复制给 high 指向的空位。重复执行此过程，交替操作 low 和 high 直到两者在数组中间的某处相遇时停止。此时，两个标记都指向空位，只要把分割元素复制给空位就可以了。然后，定义名为 quicksort 的递归函数。完整程序如下：

```
#include<stdio.h>
#define N 10
int main()
{
    void quicksort(int a[], int low, int high);
    int a[N], i;
    printf("Enter %d numbers to be sorted: ", N);
    for(i=0; i<N; i++)                        /*输入*/
        scanf("%d", &a[i]);
    quicksort(a, 0, N=1);                     /*快速排序*/
    printf("In sorted order: ");
    for(i=0; i<N; i++)                        /*输出结果*/
        printf("%d ", a[i]);
    printf("\n");
    return 0;
}
void quicksort(int a[], int low, int high)
{
    int middle;
    int split(int a[], int low, int high);
    if(low>=high) return;                     /*排序结束*/
    middle=split(a, low, high);               /*分割*/
```

```
    quicksort(a, low, middle-1);                    /* 在前段继续快排 */
    quicksort(a, middle+1, high);                   /* 在后段继续快排 */
}
int split(int a[],int low,int high)
{
    int part_element=a[low];
    for(;;)
    {
        while(low<high&&part_element<=a[high])
            high--;
        if(low>=high) break;
        a[low++]=a[high];
        while (low<high&&a[low]<=part_element)
            low++;
        if(low>=high) break;
        a[high--]=a[low];
    }
    a[high]=part_element;
    return high;
}
```

虽然快速排序算法是目前效率最高的一种排序算法，但还可以从以下三个方面考虑对其进行改进：

(1) 改进分割算法。不选择数组中的第一个元素作为分割元素，而是取第一个元素、中间元素和最后一个元素的中间值作为分割元素。分割过程本身也可以加速，特别是，在两个 while 循环中避免测试 low＜high。

(2) 采用不同的方法进行小数组排序。不再递归地使用快速排序法对所有分割后的小数组进行排序，针对小数组(例如，拥有的元素数量少于 25 个的数组)可以采用较为简单的方法(例如，插入排序)。

(3) 使得快速排序非递归。虽然快速排序本质上是递归算法，并且递归格式的快速排序是最容易理解的，但是实际上若去掉递归会更高效。

2. 插入排序

当待排序序列基本有序时，插入排序的执行效率非常高。

例 5.19 把一个整数按大小顺序插入已排好序的数组中。

为了把一个数按大小顺序插入已排好序的数组中，应首先确定排序是从大到小还是从小到大进行的。假设排序是从大到小的，则可把欲插入的数与数组中的各数逐个比较，当找到第一个比插入数小的元素 i 时，该元素之前即为插入位置。然后从数组最后一个元素开始到该元素为止，逐个后移一个单元。最后把插入数赋予元素 i 即可。如果被插入数比所有的元素值都小，则插入最后位置。

程序如下：

```
#include<stdio.h>
int main()
{
  int i,j,p,q,s,n,a[11]={127,3,6,28,54,68,87,105,162,18};
  for(i=0;i<10;i++)      /*选择排序法对已有数据按从大到小的顺序排序*/
  {
    p=i;q=a[i];           /*p记录当前最小元素的下标,q记录其值*/
    for(j=i+1;j<10;j++)
      if(q<a[j])
      {  p=j; q=a[j];  }
    if(p!=i)
    {  s=a[i]; a[i]=a[p]; a[p]=s;  }
    printf("%d ",a[i]);
  }
  printf("\ninput number:\n");
  scanf("%d",&n);                             /*输入要插入的数据*/
  for(i=0;i<10;i++)
    if(n>a[i])                                /*寻找插入位置*/
    {
      for(s=9;s>=i;s--) a[s+1]=a[s];  /*空出插入位置*/
      break;
    }
  a[i]=n;                                     /*插入数据*/
  for(i=0;i<=10;i++)                          /*输出插入数据后的数组*/
      printf("%d ",a[i]);
  printf("\n");
  return 0;
}
```

执行结果:

```
162 127 105 87 68 54 28 18 6 3
input number:
47
162 127 105 87 68 54 47 28 18 6 3
```

本程序首先对数组a中的10个数从大到小排序并输出排序结果。然后输入要插入的整数n。再用一个for语句把n和数组元素逐个比较,如果发现有“n>a[i]”时,则由一个内循环把a[i]以后的各元素值顺次后移一个单元。后移应从后向前进行(从a[9]开始到a[i]为止)。后移结束则跳出外循环。插入点为i,把n赋予a[i]即可。假如所有的元素均大于被插入数,则无须进行后移工作。此时i=10,结果是把n赋予a[10]。最后一个循环输出插入数后的数组各元素值。

程序运行时,输入数47。从结果中可以看出47已插入到54和28之间。

3. 选择排序

选择排序包括简单选择排序和堆排序(Heapsort)。这里只讨论简单选择排序。

简单选择排序的基本思想是：每一趟从待排序的数据元素中选出最小(或最大)的一个元素,顺序放在已排好序的数列的最后,直到全部待排序的数据元素排完。选择排序是不稳定的排序方法。

例 5.20　输入 10 个整数并用选择排序法将它们按从大到小的顺序排序。

程序如下：

```
#include<stdio.h>
int main()
{
    int i,j,p,q,s,a[10];
    printf("\n input 10 numbers:\n");
    for(i=0;i<10;i++)                          /*输入*/
      scanf("%d",&a[i]);
    for(i=0;i<10;i++)
    {
        p=i;q=a[i];
        for(j=i+1;j<10;j++)                    /*选择最大元素记入 q*/
        {
            if(q<a[j])
            {
                p=j;q=a[j];
            }
        }
        if(i!=p)                               /*交换位置*/
        {
            s=a[i];a[i]=a[p];a[p]=s;
        }
        printf("%d",a[i]);
    }
}
```

本程序中用了两个并列的 for 循环语句,在第二个 for 语句中又嵌套了一个循环语句。第一个 for 语句用于输入 10 个元素的初值,第二个 for 语句用于排序。本程序的排序采用逐个比较的方法进行。在 i 次循环时,把第一个元素的下标 i 赋予 p,而把该下标变量值 a[i]赋予 q。然后进入小循环,从 a[i+1]到最后一个元素逐个与 a[i]作比较,有比 a[i]大者则将其下标送 p,元素值送 q。一次循环结束后,p 即为最大元素的下标,q 则为该元素值。若此时 i≠p,说明 p、q 值均已不是进入小循环之前所赋的值,则交换 a[i]和 a[p]的值。此时,a[i]为已排序完毕的元素。输出该值之后转入下一次循环。对 i+1 以后的各个元素排序。

5.4.2 数组中的查找算法

查找一般有几种情况,即查找特定元素、查找最大元素、查找最小元素等。而且一般情况下的查找都需要两种结果,即是否存在该元素及该元素在什么位置。

数组的查找是指根据给定的某个值,在数组中查找一个等于给定值的数组元素。若数组中存在这样的数组元素,则称查找是成功的;若数组中不存在这样的数组元素,则称查找不成功。

数组中的查找算法包括顺序查找和折半查找。

1. 顺序查找

顺序查找算法是最普通的查找算法,其实现最为简单,也相当实用。特别是在我们不知道待查找的数组是否有序的情况下,此算法很容易使用。

顺序查找的基本思想非常简单,就是从数组的第一个元素开始到数组的最后一个元素,依次与给定值进行比较,最终得出查找成功或查找不成功的结论。

查找一个数组中的特定元素,返回该元素的位置,设定返回-1时表示不存在。用函数实现的顺序查找算法如下:

```
int search(int a[],int key,int n)
{
    int i;
    for(i=0;i<n;i++)            /*查找范围 0~n-1*/
        if(a[i]==key)           /*查找元素 key*/
            return i;           /*查找成功*/
    return -1;                  /*查找失败*/
}
```

2. 折半查找

折半查找的算法思想是将数列按有序化(递增或递减)排列,并采用跳跃式方式查找,即先以有序数列的中点位置为比较对象,如果要找的元素值小于该中点元素,则将待查序列缩小为左(右)半部分,否则为右(左)半部分。通过一次比较将查找区间缩小一半。折半查找是一种高效的查找方法。它可以明显减少比较次数,提高查找效率。但是,折半查找的先决条件是查找表中的数据元素必须有序。

算法描述如下(以递增排列为例):

Step 1:确定整个查找区间的中间位置:“mid=(left+right)/2。”

Step 2:用待查关键字值与中间位置的关键字值进行比较。若相等,则查找成功;若前者大于后者,则在后(右)半个区域继续进行折半查找;若前者小于后者,则在前(左)半个区域继续进行折半查找。

Step 3:对确定的缩小区域再按折半公式重复上述步骤。最后,得到结果:查找成功或查找失败。

查找一个数组中的特定元素，返回该元素的位置，设定返回－1 时表示不存在。用函数实现的折半查找算法如下：

```
int search_Bin (int a[],int key,int n)
{
    int low,high,mid;
    low=0; high=n-1;                    /* 置区间初值 */
    while (low<=high)
    {
        mid=(low+high)/2;
        if(key==a[mid])
            return mid;                 /* 查找成功，返回待查元素位置 */
        else if(key<a[mid])
            high=mid-1;
        else
            low=mid+1;                  /* 继续在后半区间进行查找 */
    }
    return -1;                          /* 不存在待查元素 */
}
```

温馨提示：折半查找的算法思想属于递归。

5.4.3　数组的综合应用

设计一个发牌程序，负责发一副标准纸牌给玩牌的人，玩牌人手中应有的牌数由键盘输入。

首先，发牌程序必须保证同一张牌不能发多次，这就需要程序跟踪当前已经发出的纸牌，采用一个名为 inhand 的二维数组记下当前已发出的牌。该数组为 4 行 13 列，行表示标准牌的花色，列表示标准牌的等级。程序开始时，该数组的所有元素均为 0，表示没有牌被发出。当程序随机抽取一张纸牌时，先检查 inhand 数组中该纸牌的相应位置的值，为 0 表示该纸牌可发出，发出后将值改为 1；为 1 表示该纸牌已经发出，需要另外随机抽取纸牌。

其次，发牌程序还要保证发牌的随机性。可以采用 C 语言提供的一些库函数：rand 函数(stdlib.h)：每次调用时产生一个随机的数；time 函数(time.h)：返回当前的时间；srand 函数(stdlib.h)：初始化 C 语言的随机数生成器。将 time 函数的返回值传递给 srand 函数可以避免程序每次运行时发同样的牌。

另外，标准纸牌的花色有梅花、方块、红桃、黑桃，纸牌的等级有 2、3、4、5、6、7、8、9、10、J、Q、K、A。因此，设置两个字符数组，一个用于表示纸牌的等级，另一个用于表示纸牌的花色。这两个数组在程序执行期间不会发生改变，可以将它们定义为常量数组。

程序如下：

```
#include<stdio.h>
#include<stdlib.h>
```

```
#include<time.h>
#define NUM_SUITS 4
#define NUM_RANKS 13
#define TRUE 1
#define FALSE 0
int main()
{
   int inhand[NUM_SUITS][NUM_RANKS]={0};
   int num_cards,rank,suit;
   const char rank_code[ ][3]={"2","3","4","5","6","7","8","9","10",
                              "J","Q","K","A"};
   const char suit_code[]={3,4,5,6};
                      /*纸牌符号红心、方块、梅花、黑桃的ASCII码*/
   srand((unsigned)time(NULL));
   printf("Enter number of cards in hand:");
   scanf("%d",&num_cards);
   printf("Your hand:");
   while(num_cards>0){
      suit=rand() %NUM_SUITS;
      rank=rand() %NUM_RANKS;
      if(!inhand[suit][rank]){
         inhand[suit][rank]=TRUE;
         num_cards--;
         printf("%c%c",suit_code[suit],rank_code[rank]);
      }
   }
   printf("\n");
   return 0;
}
```

本章小结

数组是程序设计中最常用的组合数据类型,在需要对大批相同类型的数据进行相同操作的处理时通常就用数组来描述数据。

数组定义由类型说明符、数组名、数组长度(数组元素个数)3部分组成。依据类型说明符的不同,数组可分为数值数组(包括整数组和实数组)、字符数组、指针数组以及后续章节将要介绍的结构体数组等。数组的类型就是其数组元素的类型。可以用一条数组定义语句同时定义多个同类型的变量,但这些变量在使用时必须单独引用。当访问到数组中的某个数组元素时,就可以将其作为一个同类型(数组类型)的普通变量来处理了。

数组可以是一维的、二维的或多维的。使用数组一定要注意避免越界访问,每一维的下标取值范围为 $0\sim N-1$。其中 N 表示数组第 i 维的长度。

对数组的赋值可以用数组初始化赋值、输入函数动态赋值和赋值语句赋值三种方法实现。对数值数组不能用赋值语句整体赋值、输入或输出，而必须用循环语句逐个对数组元素进行操作。对字符数组赋值可采用字符串方式初始化赋值，或利用“%c”加循环逐个字符输入或输出，也可利用“%s”将整个字符串一次输入或输出。当采用%s格式控制符输出字符数组时，遇到数组中的第一个“\0”即认为整个字符串结束；输入时碰到空格、回车或Tab键即认为本字符数组输入结束。

下面为常用的数组应用程序模式：

(1) 处理数组元素的循环：

```
for(i=0; i<数组 a 的长度; i++) …a[i]…
```

注意：几维数组就用几重循环与之对应，只有确定访问到某个数组元素时才能真正对其进行各种操作(输入、输出、计算或赋值)。

(2) 从标准输入为数组填充值的循环：

```
n=0;
while (n<NUM && scanf("%lf",&score[n])==1)  ++n;
```

(3) 处理数组的函数头部：

```
double fun (int n,double a[]) {…}
```

(4) 静态“求”数组元素个数的宏(带参数的宏)：

```
#define NUM(ax) sizeof(ax)/sizeof(ax[0])
```

当指针变量指向数组时，可以进行加、减运算，指针变量的加减并不是直接对指针变量中的地址值进行加减运算，而是根据指针所指变量类型占用的内存单元个数决定计算结果，从而得出相应的地址。

习　　题

一、填空题

1. 下面程序以每行4个数据的形式输出a数组，请填空。

```
#define N 20
int main()
{
  int a[N],i;
  for(i=0;i<N;i++) scanf("%d",_______);
  for(i=0;i<N;i++)
```

```
    {
      if(________)
        printf("%3d",a[i]);
      else
        printf("%3d\n",a[i]);
    }
  return 0;
  }
```

2. 若二维数组 a 有 m 列,则计算任一元素 a[i][j]在数组中位置的公式为________。(假设 a[0][0]位于数组的第一个位置上)

3. 若有定义

```
int a[3][4]={{1,2},{0},{4,6,8,10}};
```

则初始化后,a[1][2]得到的初值是________,a[2][1]得到的初值是________。

4. 设在主函数中有以下定义和函数调用语句,且 fun 函数为 void 类型,则 fun 函数的首部为________。(要求形参名为 b)

```
int main(){
    double s[10][22];
    int n;
    fun(s);
    return 0;
}
```

二、编程题

1. 编写程序,实现数组元素的逆置(不占用额外存储空间)。

2. 编写程序,将十进制整数转换成 n 进制数。

3. 写一个函数 days,计算某日在本年中是第几天。由主函数将年、月、日传递给 days 函数,计算后将日数传回主函数输出,要求用 5.1.1 节中最后给出的 month 数组存放 12 个月的天数,用于辅助计算。

4. 求一个 3×3 的整型二维数组的主对角线元素之和。

5. 编写程序,对从键盘上输入的两个字符串进行比较,输出两个字符串中第一个不相同字符之间的 ASCII 码差值。例如:输入的两个字符串分别为 abcdefg 和 abceef,则输出为−1。

6. 编写一个函数 sort,使 10 个整数按由小到大的顺序排列。在 main 函数中输入这 10 个数,并输出排好序的数。

7. 编写一个函数,从 n 个实型数据中求最大值。

8. 编写程序,在主函数中调用 LineMax 函数,实现在 N 行 M 列的二维数组中,找出每一行上的最大值。

9. 编写函数，交换两个一维数组对应元素的值。

10. 编写一个函数 insert(s1,s2,ch)，实现在字符串 s1 中的指定字符 ch 位置处插入字符串 s2。

11. 自行设计函数 strcat(s1,s2,n)，把 s2 中的前 n 个字符添加到 s1 的尾部。

12. 自行设计函数 strcmp(s1,s2)，当字符串 s1 大于 s2 时，返回值大于 0；s1 等于 s2 时，返回值等于 0；s1 小于 s2 时，返回值小于 0。

13. 编写函数，测出一个字符串的长度，令函数返回值等于该长度(说明：长度不包括字符串结束标志“\0”)。

第6章 指　针

指针是C语言中一种非常特殊的数据类型，也是C语言的一个重要特色。正确而灵活地运用它可以直接处理内存地址，实现内存的动态分配；以传址方式实现在函数间共用存储空间，避免大量数据的复制，降低函数的调用成本；方便地访问字符串、数组、结构等构造类型变量；有效地表示复杂的数据结构，如动态堆栈、链表或队列等。总之，用好指针可以使程序简洁、紧凑、高效，但指针使用不当也很容易产生难以排除的程序错误，甚至导致操作系统的崩溃。

本章主要介绍内存与内存地址、指针与指针变量等基本概念；指针变量的定义、赋值和引用的方法；并在此基础上重点强调数组指针、指针变量作函数参数的本质及意义；最后对指针数组、函数指针、指针函数、指针的指针、动态内存分配等内容作简要介绍。

6.1　直接访问与间接访问

计算机中CPU所处理的数据大都保存在计算机的内存中。内存是存储单元的有穷序列，系统顺序为每一个内存单元(通常为1字节，即8比特)编号，这种编号称为内存单元的"地址"，在一个内存单元中所存放的数据，称为内存单元的"内容"。

程序中某变量所占用内存单元的首字节地址就是该变量的地址，也称为该变量的指针。因此，某变量的地址/指针在系统为其分配存储空间时就已经确定，是一个固定值，在整个程序执行过程中是不会也不允许改变的。

在高级语言中使用变量名掩盖了内存单元、地址等底层概念，使我们写程序时不必关心实现细节，但实际上，变量的地址/指针在程序执行的过程中发挥着巨大的作用。比如在下面程序段中：

```
int i;
i=3;
printf("%d",i);
```

当程序开始执行后，系统首先为变量i分配地址为20000H至20003H共4字节的存储单元(Visual C++ 2010中int型占用4字节的内存单元)，并在i和

20000H 之间建立对应关系。当执行“i＝3;”语句时，系统将 3 的二进制补码存放到 i 变量所对应的内存单元中(按照高位对高地址的原则)，如图 6-1 所示。在执行输出语句时，系统同样通过 i 找到 20000H，并依据 i 的数据类型为整型，取出连续 4 字节的内存单元内容进行组合(按照高位对高地址的原则)，最终将其转换成十进制整型输出。

地址	内容
20000H	00000011
20001H	00000000
20002H	00000000
20003H	00000000

图 6-1　变量的地址

可见，程序对变量所有的访问都与变量的地址有关，访问的结果都与变量的内容有关。其实，无论是地址还是内容，其在计算机中的存在形式都是二进制编码，只是两者的内在含义有着天壤之别。一般地，我们把用于计算的二进制编码称为数据值，把用于访问的二进制编码称为地址值。

在程序中直接使用变量名对变量进行访问的方式，称为“直接访问”。与“直接访问”相对的是“间接访问”，即将变量的地址存放在另外的内存单元中，需要存取该变量的值时，系统先找到存放其地址的内存单元，取出该变量的地址，然后再根据变量地址找到存放数据值的内存单元，取出变量的值。例如，假设将上例中 i 变量的地址放入另外的变量 ip 中。当需要访问变量 i 时，可通过访问变量 ip，找到 i 的地址 20000H，再到 20000H 地址对应的内存区域访问 i 变量的值，这种访问方式就是间接访问方式。

变量的间接访问可通过指针变量来实现。指针类型与 C 语言中的其他数据类型有着本质的区别，它是一种用来表示内存地址的数据类型。

6.2　指针变量的基本语法

6.2 指针变量的基本语法

所谓指针变量，和其他类型的变量一样，也对应于若干字节的内存空间，也具有变量名、变量地址、变量值 3 个属性。只不过指针变量的值不是程序中用户运算直接使用的数据值，而是一个地址值，这个地址值所对应的内存单元的内容才是用户运算所需要的数据值。

指针变量的使用同样遵循定义、赋初值、使用的一般顺序。

6.2.1　指针变量的定义

定义指针变量的一般形式为

```
类型说明符　*变量名
```

其中：

(1) 类型说明符：规定指针变量所指向变量的类型，即指定指针变量存储哪一种类型变量的地址。

(2) *：说明当前定义的变量为指针变量。

(3) 变量名：指针变量的名称，遵循 C 语言对标识符定义的规则。

例如：

```
int   *p1;          /*p1是指向整型变量的指针变量*/
float *p2;          /*p2是指向浮点变量的指针变量*/
char *p3;           /*p3是指向字符变量的指针变量*/
```

定义指针变量时,系统也为指针变量分配相应的存储空间。与其他数据类型的变量所不同的是,无论是哪种类型的指针变量,系统都为其分配固定大小的空间(其字节数由硬件系统、操作系统及编译器的具体实现决定,本书中统一默认为4字节)。既然如此,指定指针变量的类型还有什么意义呢?

其实,指针变量定义中的类型说明符在引用指针变量所指变量的内容时起决定性作用。根据指针变量的值,系统只能确定初始地址。从该地址开始取多少字节的内存单元内容、以什么编码格式读写其内容,则必须由类型说明符指定。也因此,C语言规定指针变量只能指向与其类型相一致的变量。

6.2.2 指针变量的赋值

指针变量是一种特殊的变量,对其赋值只能赋予其他变量的地址。这个赋值的一般形式为

```
指针变量=&变量名
```

其中,& 叫作取地址运算符,它的作用是返回变量的地址,即变量对应内存单元的首字节地址。再通过"="把取出的变量地址赋值给指针变量。通过这种运算建立联系的两个变量之间存在一种"指向"关系。

例如:

```
int i=200;
int *ip;
ip=&i;
```

在这里,假设系统为整型变量i在内存中分配的存储单元的起始地址是20000H,为指针变量ip在内存中分配的存储单元的起始地址是31000H。那么当ip变量被赋值为i的地址之后,就可以说ip指向i,ip和i的指向关系如图6-2所示。

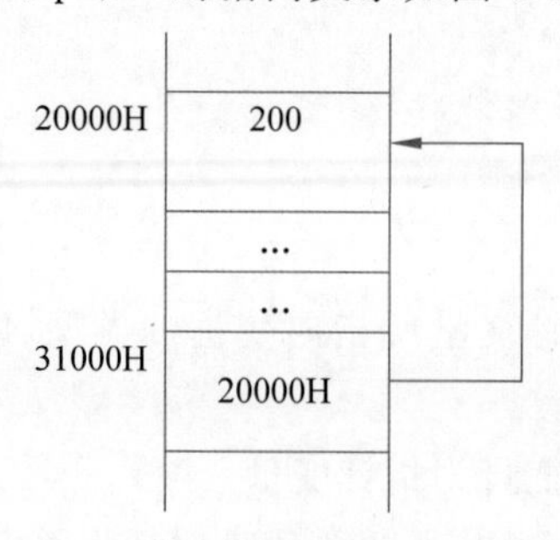

图6-2 指针与变量的指向关系

指针变量像普通变量一样，定义的同时也可以进行初始化赋值，因此上例可以改写为

```
int i;
int * ip=&i;
```

在为指针变量进行赋值的过程中，需要注意以下问题：

(1) 不允许把一个数赋予指针变量，故下面的赋值是错误的：

```
int * p;
p=1000;
```

(2) 赋给指针变量的变量地址不能是任意的类型，而只能是与指针变量具有相同类型的变量的地址。例如，整型变量的地址可以赋给指向整型变量的指针变量，但浮点型变量的地址不能赋给指向整型变量的指针变量。下面赋值是错误的：

```
int * p;
float x;
p=&x;
```

(3) 被赋值的指针变量前不能再加 * 说明符，如写为"* p=&a"是错误的。

6.2.3　指针变量的引用

在程序中可直接使用指针变量名得到该指针变量的值，即一个地址值。而通常情况下，我们不会用地址值参与运算，因此，我们更关心指针变量所指向变量的值。

当一个指针变量指向一个变量之后，就可以通过访问这个指针变量来间接访问它所指向的变量，其访问的一般形式为

```
* 指针变量名
```

其中，* 称为取内容运算符，它的作用是返回指针变量所指向变量的内容，即所指向变量的值。

例如：

```
int i=200;
int * ip;
ip=&i;
printf("%d\n",i);
printf("%d\n", * ip);
```

输出结果：

```
200
200
```

这段程序中第一个输出语句是对 i 变量的直接访问，而第二个语句是对 i 变量的间接访问。因为 ip 是指向 i 的指针变量，所以 ip 中存放的是变量 i 的地址，在 ip 前加 * 是访问 ip 变量中存储的地址所对应的存储单元中的数据。从中可以看到，虽然上面程序段中的两个输出语句访问变量的方式不同，但结果相同。

这段程序中第 3 行以 ip 的方式引用指针变量，它代表的是变量 ip 本身，对应图 6-2 中 31000H 内存段。第 5 行以 * ip 的方式引用指针变量，它完全等价于 i，代表的是 ip 所指向的变量 i，对应图 6-2 中 20000H 内存段。

思考：如果已经执行了"ip=&i;"语句，则"& * ip"的含义是什么？"* &i"的含义是什么？"(* ip)++"和 *"ip++"的区别？

例 6.1 输入 a 和 b 两个整数，按从大到小的顺序输出 a 和 b。

```
#include<stdio.h>
int main(){
  int * p1, * p2, * p, a, b;
  p1=&a;p2=&b;
  scanf("%d,%d",p1,p2);
  if(a<b)
    {p=p1; p1=p2; p2=p;}                    /* p1、p2 交换内容 */
  printf("\na=%d,b=%d\n",a,b);
  printf("max=%d,min=%d\n", * p1, * p2);
  return 0;
}
```

说明：

(1) "p=p1;p1=p2;p2=p;"三条语句的作用是交换 p1 和 p2 变量中的数据，在交换之前 p1 和 p2 分别指向 a 和 b，在进行交换之后 p1 和 p2 分别指向 b 和 a。

(2) 在此程序中 a，b 的值是保持不变的。

注意：此处"scanf("%d,%d",p1,p2);"语句完全等价于"scanf("%d,%d",&a,&b);"语句。因为 p1、p2 本身就是地址，因此不必再在其前面加 &。

对比程序：

```
#include<stdio.h>
int main(){
  int * p1, * p2, p, a, b;
  scanf("%d,%d",&a,&b);
  p1=&a;p2=&b;
  if(a<b)
    {p= * p1; * p1= * p2; * p2=p;}          /* 实际是交换 a、b 的值   */
  printf("\na=%d,b=%d\n",a,b);
  printf("max=%d,min=%d\n", * p1, * p2);
  return 0;
}
```

思考：在这段程序中，p1和p2变量的指向是否发生变化？a和b变量的值是否发生变化？

综上所述，指针变量的相关运算有如下两种：

(1) &：取地址运算符。

(2) *：取内容运算符(或间接访问运算符)。

注意：指针运算符*和指针变量说明中的指针说明符*不是一回事。在指针变量说明中，*是类型说明符，表示其后的变量是指针类型。而表达式中出现的*则是一个运算符，用以表示指针变量所指的变量值。

当一个指针变量p指向一个变量i以后，对于i变量的访问方式可以由直接访问改变为间接访问。在程序中对变量的直接访问通常有三种方式，同样与之对应的间接访问也有三种方式，如表6-1所示。

表6-1 直接访问与间接访问

运算	直接访问	间接访问
表达式	i=i+1;	*p=*p+1;
输入	scanf("%d",&i);	scanf("%d",p);
输出	printf("%d",i);	printf("%d",*p);

6.3 指针与数组

6.3 指针与数组

用数组名加下标的方式访问数组元素时，需要系统先计算数组元素的实际地址，程序效率不高。如果能够直接在程序中给出数组元素的地址，就能使代码紧凑且高效。合理地运用数组指针就能达到这样的效果。

6.3.1 数组指针

数组在内存中占有一段连续的存储空间，其首字节地址即为数组的指针。在实际编程中，我们常常用一个指针变量来存放它，称该指针变量为数组指针，即指向数组的指针变量。

使指针变量指向一个数组的方法如下：

```
int a[5];        /*定义a为包含5个整型数据的数组*/
int *p;          /*定义p为指向整型变量的指针*/
p=a;             /*该句等价于p=&a[0];*/
```

注意：指针变量必须与它所指向的数组类型保持一致，这里都为int型。数组的首元素地址即为数组的起始地址，可以用向指针赋数组名或数组首元素地址的方法使指针指向数组。即把a[0]元素的地址赋给指针变量p，也就是说，p指向a数组的第0号元素。赋值的结果如图6-3所示。

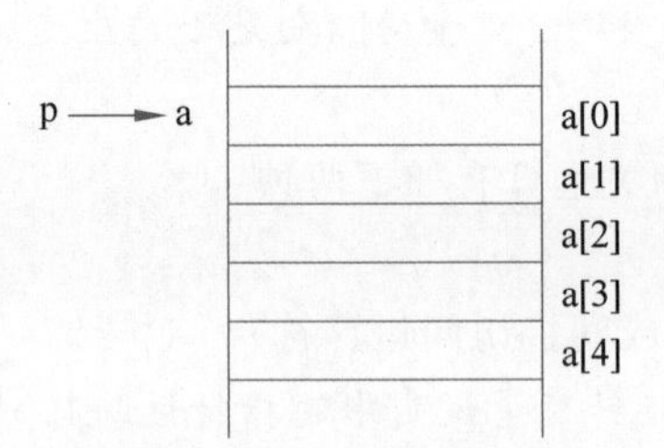

图 6-3 指向一维数组的指针

在定义指针变量的同时可以赋初值为数组的起始地址,例如:

```
int *p=&a[0]; 或 int *p=a;
```

从图 6-3 中我们可以看出以下关系:a、&a[0]、p 均表示数组 a 的首地址。

注意:p 是变量,而 a 和 &a[0]都是常量,在编程时必须区别对待。

1. 指针变量的运算

指针在通常情况是不能进行算术运算的,但是如果指针变量 p 已指向数组中的一个元素,则指针可以进行以下运算。

(1) 加、减运算。例如,指针 p 已经指向数组中的某个元素了,那么 p+1、p−1 分别指向当前元素的下一个元素和上一个元素。在这里指针的加减运算并不是单纯将指针变量的值进行加减。C 语言规定,p+i 实际上是 p+(i×该指针所指数据类型所占字节数)。

例如,p 指向 a[0],p+i 得到 a[i]的地址,a+i 也得到 a[i]的地址。

(2) 指向同一数组的指针之间可以进行减法,比如,p2−p1 得到两个指针所指元素之间的地址差值。

例如,p2 指向 a[4],p1 指向 a[1],p2−p1 得到 3。

注意:指针的自加、自减运算与 * 运算相连时的优先级问题遵循以下规则。

① *p++,由于++和 * 同优先级,结合方向自右而左,等价于 *(p++)。

② *(p++)与 *(++p)作用不同。若 p 的初值为 a,则 *(p++)等价 a[0], *(++p)等价 a[1]。

③ (*p)++表示 p 所指向的元素值加 1。

④ 如果 p 当前指向 a 数组中的第 i 个元素,则:

*(p−−)相当于 a[i−−];

*(++p)相当于 a[++i];

*(−−p)相当于 a[−−i]。

2. 通过指针访问数组元素

引入指针变量后,就可以用以下两种方法来访问数组元素了。

(1) 下标法。引用数组元素可以用下标法,即数组名称[下标]。

(2) 指针法。即采用 *(a+i)或 *(p+i)形式,用间接访问的方法来访问数组元素。

其中 a 是数组名，p 是指向数组的指针变量，其初值 p＝a。

例如，p 指向数组 a 的首地址，如图 6-4 所示。p＋i 和 a＋i 就是 a[i]的地址，或者说它们指向 a 数组的第 i 个元素。＊(p＋i)或＊(a＋i)就是 p＋i 或 a＋i 所指向的数组元素的值，其功能等价于 a[i]。因此，＊(p＋5) 或＊(a＋5) 就是 a[5]。此外，指向数组的指针变量也可以带下标，如＊(p＋i)也可写为 p[i]。

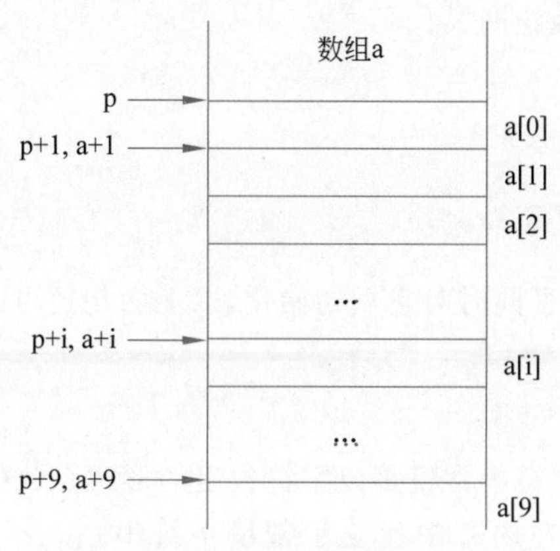

图 6-4　通过指针引用数组元素

例 6.2　输出数组中的全部元素。(要求：用指针法输出)

	指 针 法 一	指 针 法 二

源程序	#include<stdio.h>
	int main(){
	  int a[10]={0, 1, 2, 3, 4, 5, 6, 7, 8, 9,
	        10},i;
	  for(i=0;i<10;i++)
	    printf("a[%d]=%d\n",i, *(a+i));
	  return 0;
	}
		#include<stdio.h>
		int main(){
		  int a[10]={0,1,2,3,4,5,6,7,8,9,10},
		        i, *p;
		  p=a;
		  for(i=0;i<10;i++)
		    printf("a[%d]=%d\n",i, *(p+i));
		  return 0;
		}

	指 针 法 三	指 针 法 四

源程序	#include<stdio.h>
	int main(){
	  int a[10]={0,1,2,3,4,5,6,7,8,9,10},
	        *p;
	  for(p=&a[0];p<a+10;p++)
	    printf("a[%d]=%d\n",i, *p);
	  return 0;
	}
		#include<stdio.h>
		int main(){
		  int a[10]={0,1,2,3,4,5,6,7,8,9,10},
		        *p;
		  for(p=a;a<(p+10);a++)
		    printf("a[%d]=%d\n",i, *a);
		  return 0;
		}

注意：上述指针法一和指针法二的执行效率类似于下标法；指针法三是效率最高的编程方法，但一定要时刻注意 p 的变化范围，以免造成数组越界访问；指针法四是错误的，

因为数组名 a 代表数组首元素的地址,它是一个指针常量,它的值在程序运行时是固定不变的。既然 a 是常量,所以 a++ 是无法实现的。

3. 指向字符串的指针和指向字符数组的指针

在实际应用中,字符指针常常用来指向一个字符串常量或者字符数组。指向字符串常量时"只读",指向字符数组时"可写"。

例如:

```
char * pc;
pc="House";
```

因为定义字符指针时可同时对它做初始化,以上两句还可改写为

```
char * pc="House";
```

我们知道,C 语言对字符串常量是以字符数组的形式存放的。因此,上述语句定义了指向字符的指针 pc,其次在内存中建立了常量字符串"House",最后将字符串常量的起始地址存放入 pc 变量中。pc 指针与数组的指向情况如图 6-5 所示。

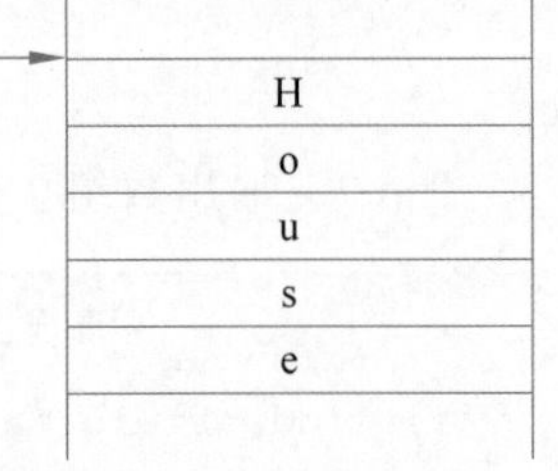

图 6-5　字符指针与字符数组

注意:"char * pc = "House";"和"char pc[] = "House";"是有本质区别的。

(1) 前者中的"House"是一个字符串常量,虽然可以通过指针变量 pc 取到它的某个数组元素,但却不允许修改它。比如:"*(pc+2) ='r';"是错误语句;后者中的 pc 是一个字符数组,因此,可通过"pc[2]='r';"来修改字符数组中的元素值。

(2) 前者中的 pc 是一个指针变量,可对其重新赋值,指向其他的字符串常量,如例 6.3 所示。后者中的 pc 是一个字符数组名,其值不允许被改变。

例 6.3　用字符指针指向一个字符串。

```
#include<stdio.h>
int main()
{
  char *pc="House!";                /*pc 指针指向字符串常量*/
  printf("%s\n",pc);                /*用%s 控制方式输出 pc 所指字符串*/
  pc="Horse!";                      /*为 pc 所指地址处重新赋值*/
  printf("%s\n",pc);
  return 0;
}
```

程序执行结果:

```
House!
Horse!
```

说明：pc是指向字符的指针变量，虽然进行初始化时指向常量字符串"House!"，但是在后面的语句中，pc被重新赋值指向常量字符串"Horse!"。因此，程序执行结果得到两行不同的输出。

例6.4　用字符指针实现strcat函数的功能，完成字符串的连接。

```
#include<stdio.h>
int main()
{
    char * s1="I am";             /* s1、s2指针指向字符串常量 */
    char * s2=" a student.";
    char c[80], * pc;
    pc=c;                         /* pc指针指向字符数组 c */
    for(; * s1!='\0';s1++,pc++)/* 循环变量 s1所指的字符不等于\0时，即进行循环 */
      * pc= * s1;                 /* 将 s1所指的值赋值给 pc指针指向地址处 */
    for(; * s2!='\0';s2++,pc++)
      * pc= * s2;
    pc='\0';                      /* 此句不可省！ */
    printf("%s\n",c);
    return 0;
}
```

程序运行结果：

```
I am a student.
```

说明：

(1) 程序利用两个循环分别将s1和s2指针所指的字符串先后写入c字符数组，实现字符串的拼接。

(2) 在两次写入时，并没有写入字符串休止符“\0”，因此在写入s2后，需要为c字符数组添加一个结束符。

6.3.2　指针数组

C语言允许定义各种类型的数组，当然也可以定义指针类型数组，简称指针数组。指针数组的所有元素值均为指针类型。指针数组是一组有序的指针的集合。指针数组的所有元素都必须是具有相同存储类型和指向相同数据类型的指针变量。

指针数组说明的一般形式为

```
类型说明符 *数组名[数组长度]
```

其中,类型说明符为指针所指向的变量的类型。

1. 指针数组与二维数组

指针数组与二维数组两种数据结构在编程中经常需要配合使用。一般地,用二维数组存储数据本身。由于二维数组可以以行为单位分解为多个一维数组,因此,可利用指针数组来存放由二维数组分解出来的多个一维数组的地址,然后就可以通过指针数组来操作二维数组中的某一行了。

假设有下面两个定义:

```
int num[3][3]={{1,2,3},{4,5,6},{7,8,9}};
int * pa[3];
pa[0]=num[0];
pa[1]=num[1];
pa[2]=num[2];
```

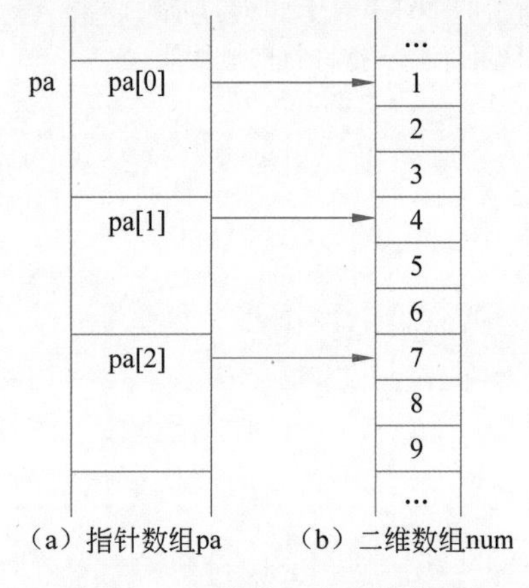

图 6-6 二维数组和指针数组

第一行定义建立了一个二维(3×3)的整型数组,它占用一片连续存储区,其存储情况如图 6-6(b)所示。三个成员数组里各存 3 个整数,所有未指定值的元素都填入 0。第二行定义一个长度为 3 的整型指针数组,第三行到第五行代码让指针数组里的指针分别指向二维数组的各行。定义后的情况如图 6-6(a)所示。

指针数组 pa 的建立为二维数组 num 提供了另一种以行为整体进行访问的途径,使得对 num 二维数组元素的访问可以更为灵活。例如,用指针法访问 num 二维数组的 num[i][j]元素的常用方法有"*(pa[i]+j)"、"*(*(pa+i)+j)"等。

例 6.5 通过指针数组访问二维数组。

```
#include<stdio.h>
int main()
{
  int a[3][3];
  int * pa[3];
  int i,j;
  pa[0]=a[0];
  pa[1]=a[1];
  pa[2]=a[2];
  for(i=0;i<3;i++)
  {
    for(j=0;j<3;j++)
      scanf("%d ",(*(a+i)+j));       /*以行为单位,逐字访问字符*/
  }
```

```
    for(i=0;i<3;i++)
    {
      for(j=0;j<3;j++)
        printf("%d ",*(pa[i]+j));
      printf("\n");
    }
    return 0;
}
```

2. 字符指针数组

字符指针数组是一组指向字符数组的指针的集合。当程序里有多个字符串时，一种常见做法就是用一个字符指针数组表示并指向它们。然后，可以使用循环语句对多个字符串进行批量操作，方便用户编程。

定义一个字符指针数组的方法如下：

```
char  *pc[10]
```

字符指针数组也可以在定义时初始化。人们常让字符指针指向字符串，也常用字符串常量为指针数组提供初始值。下面是这种用法的一个例子：

```
char  *country[]={"China","Japan","England" };
```

这里定义了一个包含3个字符指针的数组，同时建立了3个字符串常量，让数组里的指针分别指向各个字符串，如图6-7所示。有了这个定义后，通过数组元素country[0]、country[1]和country[2]就可以访问这些字符串了。

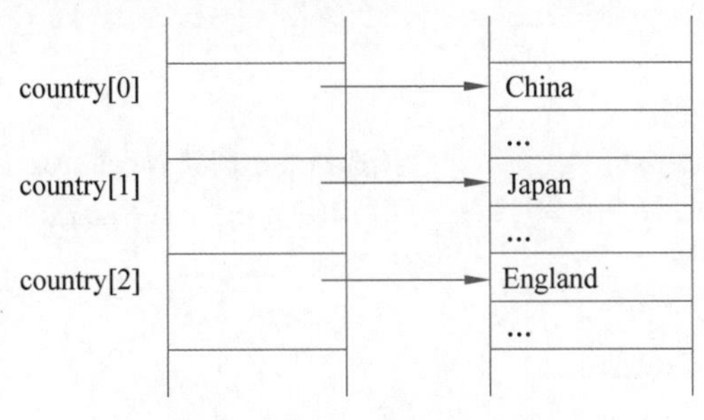

图6-7　字符指针数组示例

注意：图6-7中country[0]、country[1]和country[2]占用连续的存储空间，但3个字符串常量“China”、“Japan”、“England”所占用的存储空间并不一定是连续的。

字符指针数组中的每个数组元素都可以看作是一个指向字符串常量的指针变量，其用法与6.3.1节中所讲到的用法类似。例如，输出指针数组中的各个指针所指向的字符串可用如下语句实现：

```
for(i=0;i<3;i++)
    printf("%s\n",country[i]);
```

也可以对以上字符串进行比较或重新输入,但不能修改某个字符串中的字母。

```
for(i=0;i<3;i++)
{
    if(strcmp(country[i], "Japan")==0)
        country[i]="Korea";
}
```

在字符串常量编程中,使用指针数组往往能够在很大程度上降低程序的执行成本、提高程序的执行效率。这是因为,当采用二维字符数组存储多个字符串常量时,如果字符串数量较多,且字符串的长度较大,则需要在内存分配一块相当大的连续存储区,而实际上,我们很难在内存找到这样大块连续的空闲区。若能使用多个一维数组将这些字符串分别存放在不连续的小块空间内,则对内存的要求会降低很多。但是由于多个一维数组是一种分散的组织,不便于管理,所以可以使用字符指针数组分别指向这些字符串,通过字符指针数组操作字符串更为简便。如例 5.14 可用字符指针数组改写成如下程序:

```
#include<stdio.h>
#include<string.h>
int main()
{
    char *name[]={ "CHINA","AMERICA","AUSTRALIA","FRANCE","GERMANY"};
    int i,j,p;
    char *temp, *min;
    for(i=0;i<5;i++){
        p=i;
        min=name[i];
        for(j=i+1;j<5;j++)          /*选择最小国家名称记入 min*/
            if(strcmp(name[j],min)<0) {  p=j; min=name[j];  }
        if(p!=i)                    /*交换位置*/
        {
            temp=name[i];
            name[i]=name[p];
            name[p]=temp;
        }
        puts(name[i]);              /*输出一个国家名称*/
    }
    printf("\n");
    return 0;
}
```

程序执行结果为

```
AMERICA
AUSTRALIA
CHINA
FRANCE
GERMANY
```

说明：在以前的例子中采用了普通的排序方法，逐个比较之后交换字符串的位置。交换字符串的物理位置是通过字符串复制函数完成的。反复的交换使程序执行的速度减慢，同时由于各字符串(国名)的长度不同，又增加了存储管理的负担。用指针数组能很好地解决这些问题：把所有的字符串存放在一个数组中，把这些字符数组的首地址放在一个指针数组中，当需要交换两个字符串时，只需交换指针数组相应两元素的内容(地址)即可，而不必交换字符串本身。

3. 命令行参数及其处理

在运行程序时，有时需要将必要的参数传递给主函数。例如，一个打开文件的源程序文件名为 openfile.c，所产生的可执行文件名为 openfile.exe，在命令行状态下输入命令：

```
openfile
```

这个程序就会被装入并执行，但是此处并未指明打开哪个文件。若想在输入命令的同时指明打开文件的名称，就必须在输入可执行程序文件名的同时输入目标文件名称，这就需要使用命令行参数。

要编写能处理命令行参数的程序，需要了解 C 语言的命令行参数机制。在 Turbo C 中，主函数的形式参数为下列形式：

```
main(int argc,char  * argv[ ])
```

两个特殊的内部形参 argc 和 argv 是用来接收命令行实参的，它们是只有 main()才能拥有的实参。其中，argc 是整型变量，其作用是保存命令行的参数个数。参数 argv 是指向字符数组的指针数组，这个数组里的每个元素都指向命令行实参。所有命令行实参都是字符串，任何数字都必须要由程序转变成为适当的格式。下面所给出的简单程序说明了命令行实参的用法。

例 6.6　编写函数使屏幕上显示“Hello”，如果你在程序名后直接输入自己的名字，在“Hello”之后就会显示你的名字。

```
#include<stdio.h>
int main (int argc , char * argv[])        /* name program */
{
    if(argc!=2)
    {
        printf(" you forgot to type your name\n");
```

```
        exit(0);
    }
    printf(" Hello %s" ,argv[1]);
    return 0;
}
```

若命名该程序为 name.c,在命令行方式下输入:

```
name Mary
```

则程序执行结果为

```
Hello Mary
```

说明:

(1) 以上命令由两个参数组成。第 1 个参数是 name,即执行程序文件名本身。第 2 个参数是 Mary,是要求显示的人名。这两个参数都是一维字符数组。第 1 个一维字符数组的起始地址放在 argv[0]中,第 2 个一维字符数组的起始地址放在 argv[1]中,如图 6-8 所示。

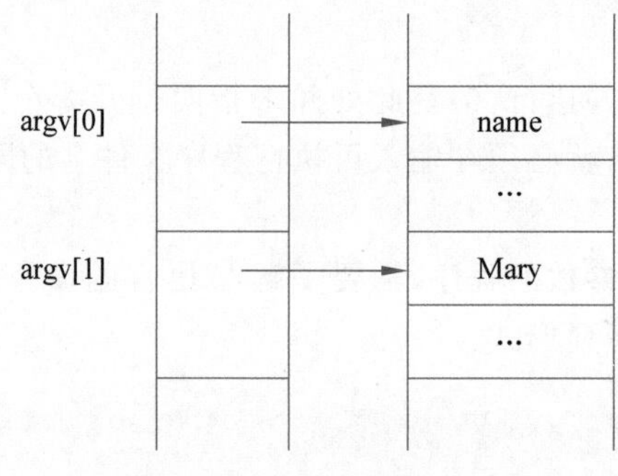

图 6-8 命令行参数地址

(2) argc 接收命令输入时参数的个数。在程序中判断如果“argc!=2”,说明用户输入的命令不规范,所以输出提示信息。但是如果用户命令输入正确,即显示“Hello”加第 2) 参数的字符串。

6.4 指针与函数

6.4 指针与函数

在前面第 4 章例 4.9 中,我们希望函数能够返回整数部分和小数部分两个数据值,但由于函数实参向形参传递数据遵循单向值传递的原则,使我们很难编写这种需要在函数间传递大量数据的函数。尤其是需要返回多于一个数据时,只能迫不得已将变量定义为全局变量。但是这会违反模块化程序设计的原则,增强函数间的耦合性,是我们不希望看到的。此时,使用指针变量不仅能解决上述问题,还能提高程序的运行效率。

6.4.1 指针变量作为函数参数

函数的参数可以是指针类型,它的作用是将实参值(一个变量的地址)赋值给函数的形参(指针变量),其本质上依然是单向值传递,只不过传递的是地址值而不是数据值,因此又称为"传址"方式。这种方式使得函数的实参与形参共用存储空间,在函数内部修改形参的值实质上就是修改实参的值。

需要注意的是,传址方式中的实参必须是一个地址值,形参必须是指针变量,且实参与形参必须保持类型上的一致。

例 6.7 编写函数,当输入两个整数时,使其按大小顺序输出。

```
#include<stdio.h>
void swap(int * pa,int * pb){
  int temp;
  temp= * pa;
  * pa= * pb;
  * pb=temp;
}
int main(){
  int a,b, * p1, * p2;
  printf("input a,b:");
  scanf("%d,%d",&a,&b);
  p1=&a;  p2=&b;
  if(a<b)
    swap(p1,p2);
  printf("the Max is  %d,the Min is %d\n",a,b);
  return 0;
}
```

程序执行结果:

```
input a,b: 3,5
the Max is 5, the Min is 3
```

说明:

(1) swap 是用户定义的函数,它的作用是交换两个变量(a 和 b)的值。swap 函数的形参 pa、pb 是指针变量。

(2) 程序运行时,先执行 main 函数,输入 a 和 b 的值。然后将 a 和 b 的地址分别赋给指针变量 p1 和 p2,使 p1 指向 a,p2 指向 b。接着执行 if 语句,由于 a 小于 b,因此执行 swap 函数。注意实参 p1 和 p2 是指针变量,在函数调用时,将实参变量的值传递给形参变量。因此形参 pa 的值为 &a,pb 的值为 &b。这时 pa 指向变量 a,pb 指向变量 b,如图 6-9(a)所示。

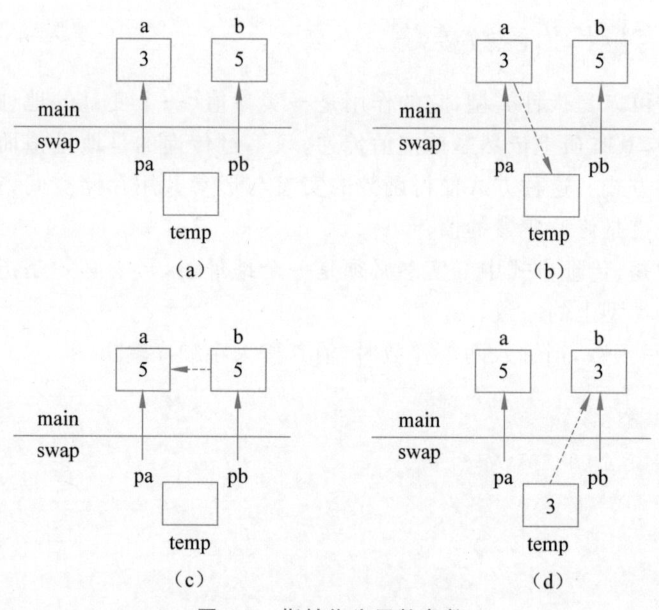

图 6-9 指针作为函数参数

(3) 接着执行 swap 函数的函数体,使 pa 所指的值和 pb 所指的值互换,其过程分别如图 6-9(b)～图 6-9(d)所示。从图示可以看出,a 和 b 的值已经实现互换。

(4) 返回主程序后,输入 a 和 b 的值,得到交换后的结果。

对比程序一:

```
#include<stdio.h>
swap(int *pa,int *pb){
int *temp;
*temp=*pa;
  *pa=*pb;
  *pb=temp;
}
int main(){
  int a,b;
  int *p1,*p2;
  printf("input a,b:");
  scanf("%d,%d",&a,&b);
  p1=&a;
  p2=&b;
  if(a<b)
  swap(p1,p2);
    printf("the Max is  %d,the Min is%d\n",a,b);
  return 0;
}
```

说明：此程序是错误程序。因为在 swap 函数中，temp 变量是指针变量，但此程序中的 temp 变量没有指向任何其他变量。因此，在实现交换过程中，“* temp= * pa;”企图将 pa 所指的值(即 a 的值)赋给 temp 所指的变量，但 temp 并未指向任何一个存储单元，所以赋值语句错误。

对比程序二：

```
#include<stdio.h>
void swap(int x,int y){
int temp;
  temp=x;
  x=y;
  y=temp;
}
int main(){
int a,b;
  printf("input a,b:");
  scanf("%d,%d",&a,&b);
  if(a<b)
    swap(a,b);
  printf("the Max is  %d,the Min is%d\n",a,b);
  return 0;
}
```

说明：在此程序中，swap 函数不能实现 a 和 b 互换。因为本程序中参数的传递属于“传值”方式，形参的改变不会影响实参。

对比程序三：

```
#include<stdio.h>
swap(int *pa,int *pb){
int * temp;
  temp=pa;
  pa=pb;
  pb=temp;
}
int main(){
  int a,b;
  printf("input a,b:");
  scanf("%d,%d",&a,&b);
  if(a<b)
    swap(&a,&b);
```

```
  printf("the Max is  %d,the Min is%d\n",a,b);
  return 0;
}
```

说明：在 swap 函数中，交换的是 pa 和 pb 的指向。而 a 和 b 的值并没有真正的交换。因此，返回主函数后，a 和 b 的值不变。

请读者仿效例 6.7 用指针变量作函数参数改写例 4.9。

温馨提示：对于基本数据类型的数据，使用指针间接访问效率并不高，反而可能会耗费更大的空间和更长的时间。但对于复杂的构造类数据，比如数组、结构等，使用指针能编写更紧凑、更高效的代码。

由于用数组名作实参传递给函数形参的实质上只是数组的首地址，因此，也可以用与实参数组同类型的指针变量来承接这个地址值，即用同类型指针变量作函数形参。据此，例 5.15 的程序可进一步改写如下：

```
#include<stdio.h>
void nzp(int *a,int n)        /*省略形参数组长度,用变量n控制其下标范围*/
{
    int i;
    printf("\nvalues of array a are:\n");
    for(;a<a+n;a++)
        if(*a<0)   *a=0;
        else   printf("%d ",*a);
}
int main(){
    int b[5],i;
    printf("\ninput 5 numbers:\n");
    for(i=0;i<5;i++)
      scanf("%d",&b[i]);
    printf("initial values of array b are:\n");
    for(i=0;i<5;i++)
      printf("%d ",b[i]);
    nzp(b,5);
    printf("\nlast values of array b are:\n");
    for(i=0;i<5;i++)
      printf("%d ",b[i]);
    return 0;
}
```

注意：用数组名作函数实参，对应的形参可以是同类型的数组名或者同类型的指针变量，具体使用方法可归纳如下：

形参实参都 用数组名	实参用数组名， 形参用指针变量	形参实参都 用指针变量	实参用指针变量， 形参用数组名

void f(int x[],int n)
{
  …;
}
int main(){
  int a[5];
  …;
  f(a,5);
  …;
}
	void f(int *x,int n)
	{
	  …;
	}
	int main(){
	  int a[10];
	  …;
	  f(a,10);
	  …;
	}
		void f(int *x,int n)
		{
		  …;
		}
		int main(){
		  int a[10],*p=a;
		  …;
		  f(p,10);
		  …;
		}
			void f(int x[],int n)
			{
			  …;
			}
			int main(){
			  int a[10],*p=a;
			  …;
			  f(p,10);
			  …;
			}

例 6.8　编写函数将数组 a 中的 n 个整数按相反顺序存放。

方法一：

```
#include<stdio.h>
void inv(int x[ ],int n)
{
  int temp,i,j,m=(n-1)/2;
  for(i=0;i<=m;i++){
        j=n-1-i;
        temp=x[i];
        x[i]=x[j];
        x[j]=temp;
    }
}
int main(){
    int i,a[10]={3,7,9,11,0,6,7,5,4,2};
    printf("The original array:\n");
    for(i=0;i<10;i++)
        printf("%d ",a[i]);
    printf("\n");
    inv(a,10);
    printf("The array has been inverted:\n");
    for(i=0;i<10;i++)
        printf("%d ",a[i]);
    return 0;
}
```

说明：将 a[0]与 a[n－1]对换，a[1]与 a[n－2] 对换……直到全部对换完毕。用循环处理此问题，设两个位置指示变量为 i 和 j，i 的初值为 0，j 的初值为 n－1。将 a[i]与 a[j]交换，然后使 i 的值加 1，j 的值减 1，再将 a[i]与 a[j]交换，直到 i＝(n－1) /2 为止。

方法二：

```
#include<stdio.h>
void inv(int * x,int n)          /* 形参 x 为指针变量 */
{
    int * p,temp, * i, * j,m=(n-1)/2;
    i=x;j=x+n-1;p=x+m;
    for(;i<=p;i++,j--){
        temp= * i;
        * i= * j;
        * j=temp;
    }
}
int main() {
    int i,a[10]={3,7,9,11,0,6,7,5,4,2};
    printf("The original array:\n");
    for(i=0;i<10;i++)
        printf("%d,",a[i]);
    printf("\n");
    inv(a,10);
    printf("The array has been inverted:\n");
    for(i=0;i<10;i++)
        printf("%d,",a[i]);
    printf("\n");
    return 0;
}
```

6.4.2 指针函数

在定义函数时，每个函数都有自己的类型，所谓函数类型是指函数返回值的类型。在C语言中允许一个函数的返回值是一个指针(即地址)，这种返回指针值的函数称为指针函数。

指针函数与非指针函数定义上的区别主要在于对函数名的声明上。指针函数定义的一般形式与指针变量的定义相似：

```
类型说明符 * 函数名(形参表)
{
    …              /* 函数体 */
}
```

在此定义之中，函数名之前加了 * 号表明这是一个指针型函数。因此，在指针函数的函数体中必有一个“return 指针;”的返回语句。

例 6.9　利用指针函数从数列中选择最大数，并最终完成选择排序。

```
#include<stdio.h>
int *max(int *x,int num)
{
   int i,*this=x;
   for(i=1;i<num;i++)
      if(*(x+i)>*this)
           this=x+i;
   return this;
}
void swap(int *first,int *max)
{
    int temp;
    temp=*first;
    *first=*max;
    *max=temp;
}
void sort(int *pa,int n)          /*pa 指向 array 数组*/
{
   int *pmax,i;
   for(i=0;i<n;i++)
   {
      pmax=max(pa+i,n-i);
      swap(pa+i,pmax);
   }
}
int main()
{
    int array[]={13,5,7,9,40,60,23,77,81,49};
    int i;
    printf("The original array:");
    for(i=0;i<10;i++)
       printf("%d ",array[i]);
    printf("\n");

    sort(array,10);
    printf("The array has been sorted:");
    for(i=0;i<10;i++)
       printf("%d ",array[i]);
    printf("\n");
    return 0;
}
```

说明：

(1) 本程序中有三个函数，其中，sort、max 和 swap 分别用于排序、选择最大值和交换。main 函数在调用 sort 函数时，以 array 数组名称及数组长度 10 作为实参；完成参数传递后，sort 函数的形参指针 pa 指向 array 数组的首地址。

(2) sort 函数实现选择排序,在每一趟排序过程中选择最大值的步骤是由函数 max 完成的。max 函数是指针函数,比较最大值的过程的算法与"打擂台"法基本一致,但在此函数中,没有进行任何交换。因为交换的过程耗时太多,特别是交换频繁发生时,会导致程序执行效率下降。在这里,用 this 指针始终指向已经比较过的数列中的最大数。因此,函数最后返回 this 指针。

6.4.3 函数指针

尽管函数不是变量,但函数和变量同样都要占用一段内存单元。函数也有一个地址,该地址是编译器分配给这个函数的,这个地址可以赋给一个指针,因此指针变量不仅可以指向整型、实型等变量,也可以指向函数。指向函数的指针叫作函数指针。而函数的地址实际上是这个函数的入口地址,就存放在函数名中,因此,指针指向函数实际上是指向函数对应的程序段的起始地址。正是由于这一点,一个函数指针可以用来调用一个函数。

1. 定义函数指针变量

定义函数指针变量的一般格式如下:

```
函数类型  (*函数指针标识符)(形参类型说明表)
```

使用函数指针时,应注意:

(1) 函数指针和它指向的函数的参数个数和类型都应该是一致的。

(2) 函数指针的类型和函数的返回值类型也必须是一致的。

2. 函数指针的赋值

函数名即代表了函数的入口地址,因此在赋值时,直接将函数名赋值给函数指针变量就可以了。

例如:

```
int fun(int x);              /*声明一个函数*/
int(*f)(int x);              /*声明一个函数指针*/
f=fun;                       /*函数指针指向函数名*/
```

3. 通过函数指针调用函数

函数指针是通过函数名及有关参数进行调用的。与其他指针变量相类似,如果指针变量 p 是指向某整型变量 i 的指针,则 *p 等于它所指的变量。如果 p 是指向函数 func(x) 的指针,则 *p 就代表强制性指向的函数 func。所以在执行了"p=func;"之后,(*p)和 func 代表同一函数。

由于函数指针指向存储区中的某个函数,因此可以通过函数指针调用相应的函数。为实现这一过程,应执行以下三步:

(1) 定义函数指针变量。例如,执行"int(*f)(int x);"。

(2) 对函数指针变量赋值。例如,执行“f=fun;”。

(3) 使用“(* f)(参数表)”进行函数调用。

例 6.10　利用函数指针实现调用求最大值函数 max。

```
#include<stdio.h>
int max(int x,int y){
   if(x>=y)
     return x;
   else
     return y;
}
int main(){
    int i,a,b;
    int (* func)(int x,int y);
    printf("请输入 a,b 的值:");
    scanf("%d,%d",&a,&b);
    func=max;                              /* func 指向 max 函数 */
    printf("最大值是:");
    printf("%d",(* func)(a,b));            /* 通过 func 指针访问 max 函数 */
    return 0;
}
```

说明:在 max 函数中,返回 x 和 y 之中的较大值。在主函数中,func 指向 max 函数,通过 func 调用 max 函数。

温馨提示:函数指针有两个典型应用。一是将函数指针作为参数传递给其他函数,这样可以实现在一个函数内部调用同类型的多个不同函数完成运算。例如,编写对不同函数求积分的函数。二是引用不在代码段中的函数,此功能在嵌入式系统中经常使用。因为很多微控制器厂家在出厂前会将一些系统功能函数固化在微控制器的 ROM 中,用户若想在自己的程序中调用这些函数,则要通过函数指针来调用。

6.5　指针的指针

指针变量是存储其他类型变量地址的变量,这里的其他类型也包括指针类型。也就是说,一个指针变量中存放的地址可以是另一个指针变量的地址,称这样的指针变量为指向指针的指针,也叫作二级指针。

这种指针的指针与指向数据间的关系如图 6-10 所示。

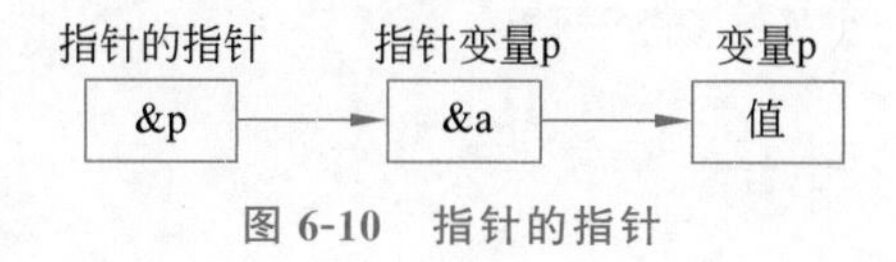

图 6-10　指针的指针

定义二级指针的一般形式是

```
数据类型  **变量标识符
```

例如:

```
int **pp;
```

其中:**表示pp是二级指针,int表示pp中存放的是指向整型变量指针的地址。指针的指针只能存储其他指针变量的地址,因此对指针的指针的赋值的一般过程是:

```
数据类型 *p1;
数据类型 **p2;
p2=&p1;
```

二级指针的数据类型定义必须与它所指的指针变量的类型定义相同。

要引用二级指针所指的数据值,其访问的一般形式如下:

```
**指针变量名
```

例6.11 利用指针的指针编写程序,判断在报名同学的名字中是否有某同学。

```
#include<stdio.h>
int main(){
char *classmates[]={"Wang Lin","Li Qi","Zhang Ming","Chen Lu","Li Lan"};
    char name[8];
    char **p;
    int i,flag=0;
    printf("请输入所要查找的学生姓名:");
    scanf("%s",name);    /*name变量用来保存要查找的学生姓名*/
    for(i=0;i<5;i++){
        p=classmates+i;  /*classmates是数组的首地址,p在循环中依次指向二维数组
                           的每一行*/
        if(strcmp(*p,name)==0){
            flag=1;
            break;
        }
    }
    if(flag==1)
        printf("%s已报名\n",name);
    else
        printf("%s尚未报名\n",name);
    return 0;
}
```

说明:

(1) classmates是指针数组,分别指向5个常量字符串,如图6-11所示。classmates

是 classmates 指针数组的首地址。classmates+i 是第 i 个常量字符串的起始地址。

(2) 定义一个指针的指针变量 p,使它指向指针数组元素。在循环中,通过 p+i 分别得到 classmates[0]~classmates[4]元素的地址。

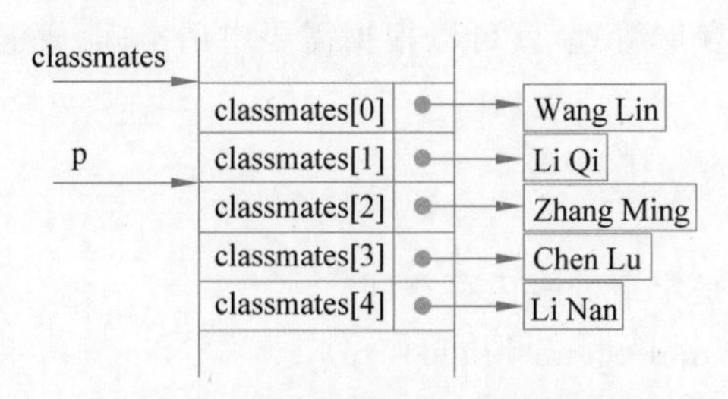

图 6-11　指针的指针与指针数组

(3) 在访问常量字符串时,并没有使用**p,而是用 * p 进行访问的。这是因此在本例中指针的指针指向的是字符串。

例 6.12　一个指针数组的元素指向数据的简单例子。

```
#include<stdio.h>
int main(){
    static int a[5]={1,3,5,7,9};
    int * num[5]={&a[0],&a[1],&a[2],&a[3],&a[4]};
                            /* 指针数组 num 的每一个元素指向对应的 a 数组的每一个元素 */
    int **p,i;
    p=num;
    for(i=0;i<5;i++){
        printf("%d\t", * * p);p++;
    }
    return 0;
}
```

说明：num 是指针数组,在初始化时,分别将 a 数组的 5 个元素的地址赋值给 num 数组的对应元素,因此,num 数组的每一个元素指向对应的 a 数组的每一个元素。p 是指向指针的指针,p 被赋初的值为 num。在循环中通过访问 * * p 来访问对应的 a 数组的元素。

6.6　动态内存分配

6.6.1　内存的动态分配概述

在编译阶段,程序中所有定义的变量和常量都被系统分配了相应的存储单元,在使用完毕后自动释放。而在某些情况下,用户可能需要在程序的运行过程中向计算机申请分配一段存储单元或把早先申请的内存单元释放给计算机。这就是动态存储管理。

C 语言提供了动态申请和释放存储单元的两个标准函数 malloc 和 free。有些语言不提供类似功能的函数和语句,这样程序员在编程时就必须估算可能出现的最大数据量。例如,当输入一批数据存储在数组中时,需事先估算这批数据的最大个数,并按最大个数定义数组,如果实际的数据量少于这个最大估算值,就会有很多数组元素闲着不用,造成空间的浪费。有了动态存储管理,就可以根据需要申请空间,既满足了程序要求又不浪费计算机资源。

1. malloc 函数

malloc 函数的作用是申请分配内存空间。

调用方式:“void * malloc(unsigned size)”。

返回:NULL 或一个指针。

说明:申请分配一个大小为 size 字节的连续内存空间,如果成功则返回分配空间段的起始地址,否则,返回 NULL。

这里函数类型声明为 void *,表示返回值是一个指针,可指向任何类型。

2. free 函数

该函数是 malloc 函数的逆过程,作用是释放一段空间。

调用方式:“void free(void ptr)”。

返回:无。

说明:把指针 ptr 所指向的一段内存单元释放掉。ptr 是该内存段的地址,内存段的长度由 ptr 对应的实参类型确定。

使用以上这两个函数时,应在源文件中用“# include＜malloc.h＞”,把头文件 malloc.h 包含进去。

6.6.2 内存的动态分配方法与应用

内存的动态分配方法与应用如例 6.13 所示。

例 6.13 求若干个输入数据中的最大值和最小值。

```
#include<stdio.h>
#include<malloc.h>
int main(){
    int n;
    float *p, * q, *max, *min;
    printf("Please input the number of data:");
    scanf("%d" ,&n);
    p=(float*)malloc(n*sizeof(float)); /*p指向动态分配的内存空间的首地址*/
    for(q=p;q<p+n;q++)
        scanf("%f",q);
    for(min=p, max=p, q=p+1; q<p+n; q++){
        min=(*q<*min?q:min);     /*将q和min所指的数据中较小的赋值给min*/
        max=(*q>*max?q:max);     /*将q和max所指的数据中较大的赋值给max*/
    }
```

```
    printf("the max is %f \n" , * max);
    prlntf("the min is %f \n", * min);
    free(p);
    return 0;
}
```

程序执行结果：

```
Please  input the number of data: 5
17 26 3 67 80
the max is 80
the min is 3
```

说明：

(1) sizeof 用于计算指定类型数据的单元数，其操作数是数据类型关键字。

(2) “malloc(n * sizeof(float))”语句是向系统申请 8×4 字节连续的存储空间。

(3) “p=(float *)malloc(n * sizeof(float))”是将 malloc 函数申请空间的起始地址强制类型转换为指向 float 类型的指针，并将其赋值给 p 指针。至此，p 指针指向新申请空间的首地址。

(4) “for(q=p;q<p+n;q++)”是在循环中，利用 q 指针从 p 所指地址开始依次指向连续空间中的相邻元素。

(5) 在第二个 for 循环中，max 和 min 指针首先均指向连续空间中的第 1 个数据。在比较过程中，一旦出现新的最大或最小数，就将 max 或 min 指针指向新的最大或最小数。

本章小结

变量的地址/指针是指变量的首字节内存地址，而指针变量是专门用于存储其他变量地址/指针的变量。通过访问指向某变量的指针变量，可以在程序中实现对变量的间接访问。

有关指针的运算包括取地址运算(&)和间接访问运算(*)，这两种运算互相依赖。要实现对某变量 a 的间接访问，前提是将其地址取出(&a)并赋值给同类型指针变量 ip，再对指针变量 ip 进行间接访问运算(*ip)，则可实现对变量 a 的间接访问。即 a 和 *ip 均能得到 a 的数据值。

用指针变量作函数参数可以使函数的形参与实参共用存储空间，从而实现在函数内部通过改变形参的数据值使实参的数据值改变。指向函数的指针变量中存放的是同类型(形参及返回值类型均相同)函数的入口地址，通过函数指针可以间接调用其所指向的函数。

C 语言提供进行存储单元动态申请和释放的两个标准函数 malloc 和 free，实现对内存的动态存储管理。

习　　题

1. 写出下面程序的输出结果。

(1)

```
#include<stdio.h>
void swap(int * p1 , int * p2)
{
  int *p;
  p=p1; p1=p2; p2=p;
}
int main ()
{
  int a,b;
  int *pt1, *pt2;
  a=5,b=8;
  pt1=&a; pt2=& b;
  if(a<b)   swap (pt1 , pt2);
  printf("%d,%d\n", * pt1 ,* pt2);
  return 0;
}
```

(2)

```
#include<stdio.h>
int main ()
{
  static int a[10]={1,2,3,4,5,6,7,8,9,10},i;
  for(i=0; i<10; i++)
  printf("%d ", * (a+i));
  return 0;
}
```

(3)

```
#include<stdio.h>
int func(int * a, int * b)
{
    if( * a> * b)
        ( * a) -= * b;
    else
        ( * a)--;
    return (( * a)+( * b));
}
```

```
int main (){
    int x=1,y=2;
    y=func(&x,&y);
    x=func(&x,&y);
    printf("%d, %d \n",x,y);
    return 0;
}
```

2. 若函数 fun 的类型为 void,且有以下定义和调用语句:

```
#define M 50
int main(){
   int a[M];
   …
   fun(a);
   …
}
```

定义 fun 函数首部可以用两种不同的形式,这两种形式分别为________,________(注意:形参的名字请用 q)

3. 从键盘输入 3 个整数,要求设 3 个指针变量 p1、p2、p3,使 p1 指向 3 个数的最大者,p2 指向次大者,p3 指向最小者,然后按由大到小的顺序输出 3 个数。

4. 编一个函数 sort,使 10 个整数按由小到大的顺序排列。在 main 函数中输入这 10 个数,并输出排好序的数。

5. 编写一个函数,从 n 个实型数据输出求最大值和次大值。

6. 设计一个函数,对 10 个字符串按由小到大顺序排序。对字符串赋初值和输出都在 main 函数中进行。

7. 设计函数 strcat(s1,s2,n),用指针形式把 s2 中的前几个字符添加到 s1 的尾部。

8. 有 n 个人围成一圈,顺序排序。从第 1 个人开始报数(从 1 到 4 依次用指针实现报数),凡报到 4 的人退出圈子,问最后留下的是原来第几号的那一位(用指针实现)。

9. 有一个数列,有 20 个整数,要求编写一个函数,它能够对从指定位置开始的几个数按相反顺序重新排列并在 main 函数中输出新的数列。

10. 用指针形式编写一函数 insert(int a[],int i,int k),把整型数 k 插入到整型数组 a 中的第 i 位。

11. 有 n 个学生,每个学生考 3 门课。要求编写一函数,能检查 n 个学生有无不及格的课程,如果有某一学生有一门或一门以上课程不及格,就输出该学生的学号(学号从 0 算起,即 0、1、2、…)和其全部课程成绩。

12. 输入三行字符,每行 60 个字符,要求统计出其中共有多少大写字母、小写字母和空格。

第7章 结构、联合与枚举

实际应用中，需要处理的数据往往是非常复杂的，尤其是在一些非数值问题中，不同类型的数据之间存在着很强的关联关系。如果不能对其进行整合处理，就会造成程序逻辑的复杂与混乱。因此，C语言中提供了一种基于基本数据类型，构造用户自定义数据类型的机制，使得设计人员可以根据问题需求，将不同类型的数据组合成为新的数据类型，并在后续的程序设计工作中，能够像使用C语言基本数据类型一样，直接定义和使用这种新类型的变量。

本章主要介绍C语言构造数据类型的定义与描述机制，包括结构(struct)、联合(union)和枚举(enum)。

7.1 结构体

 7.1 结构体

当我们需要将不同类型的数据组合成一个逻辑整体进行数据处理时，就要用到结构体。例如，在学籍管理系统中，需要对学生的学号、姓名、性别、生日、籍贯、住址和各科成绩等信息进行存储和管理。由于这些属性具有不同的数据类型，编程时，我们只能分别用不同类型的变量来定义和存储它们。但如果这样做的话，后期对这些属性量的处理就会变得复杂和混乱。

为解决这个问题，C语言提供了一种构造数据类型——“结构”(struct)或叫“结构体”，它相当于其他高级语言中的“记录”。结构是由若干“成员”组成的，每一个成员可以是一个基本数据类型或者又是一个构造类型。简单地讲，结构就是用户自定义数据类型，类似4.2.1节中讲到的用户自定义函数。

使用结构体必须遵循先声明结构体类型、再定义结构体变量、最后访问结构体变量成员的次序。

7.1.1 结构体类型的声明

结构体类型是用户自定义类型，因此要使用结构体变量就要先进行结构体类型的声明，即告诉计算机这个新类型都包括哪些成员，各个成员的具体类型、名称以及次序等。

结构体类型是用struct关键字声明的，其声明的一般形式为

```
struct 结构类型名
{
    成员表列;
};
```

其中,结构类型名是用户为自己定义的结构体类型所起的类型名称;成员表列由若干个不同数据类型的变量组成,每个变量被称为一个成员,每个成员都是该结构的一个组成部分。对每个成员必须作类型说明,成员名的命名应符合标识符的书写规定。

例如,在学籍管理程序中,声明如下结构体:

```
struct student
{
    int num;
    char name[20];
    char sex;
    float score[4];
};
```

结构体类型名称为 student,该结构由 4 个成员组成。第 1 个成员为 num,整型变量;第 2 个成员为 name,字符数组;第 3 个成员为 sex,字符变量;第 4 个成员为 score[4],实型数组。

温馨提示:结构体声明中,相同类型的成员可以用一条定义语句声明,不必分写成多条语句的形式。例如,上例中的 name[20]和 sex 可以合写成如下形式。

```
struct student
{
    int num;
    char name[20], sex;
    float score[4];
};
```

7.1.2　结构体变量的定义、引用及初始化

1. 结构体变量的定义

结构体类型是用户自定义的数据类型,逻辑上,它与 C 语言的基本数据类型是同一层级的概念。程序中是不能直接使用数据类型来存储数据和参与运算的,而必须首先定义该类型的变量,才能使用变量来存储数据和参与运算。

定义结构体变量有以下 3 种方法。以上面定义的 student 为例来加以说明。

(1) 先声明结构体类型,再定义结构体变量。

```
struct student
{
```

```
    int num;
    char name[20];
    char sex;
    float score;
};
struct student boy1,boy2;
```

这里定义了两个 student 类型的变量 boy1 和 boy2。其中,struct student 相当于数据类型说明符,用法等同于 int、char 等类型说明关键字的用法。

(2) 声明结构体类型的同时定义结构体变量。

```
struct student
{
    int num;
    char name[20];
    char sex;
    float score;
}boy1,boy2;
```

(3) 直接定义结构体变量。

```
struct
{
    int num;
    char name[20];
    char sex;
    float score;
}boy1,boy2;
```

第 3 种方法与第 2 种方法的区别在于第 3 种方法中省去了结构类型名,而直接给出结构体变量名。这种定义方法由于没有给出结构类型名,导致后期如果想再单独定义这种类型的变量还必须重写结构声明代码,也就是说此处的结构使用是一次性的。

内存地址	
00003H	num
00007H	name
0001BH	sex
0001CH	score

图 7-1 结构体变量的存储结构

三种方法中定义的 boy1、boy2 变量都具有如图 7-1 所示的存储结构。从图中可以看出,结构体变量的各个成员所占用的存储空间地址是连续的,次序是固定的(按成员列表中的排列次序),一个结构体变量所占用的字节数等于其各个成员所占用字节数的总和。

成员也可以又是一个结构,即构成了嵌套的结构。例如:

```
struct date
{
```

```
    int month;
    int day;
    int year;
};
struct{
    int num;
    char name[20];
    char sex;
    struct date birthday;
    float score;
}boy1,boy2;
```

首先，定义一个结构 date，由 month（月）、day（日）、year（年）三个成员组成。在定义变量 boy1 和 boy2 时，其中的成员 birthday 被定义为 date 结构类型。

成员名可与程序中其他变量同名，互不干扰。例如：

```
int i;
struct student
{
    int i;
    float score;
};
struct student stu1,stu2;
```

2. 结构体变量的引用

虽然一个结构体变量中各自成员的地址空间连续，但在程序中使用结构体变量时，往往不能把它作为一个整体来使用。在 ANSI C 中除了允许具有相同类型的结构体变量相互赋值以外，一般对结构体变量的使用，包括赋值、输入、输出、运算等都是通过对结构体变量的成员访问来实现的。

访问结构体变量成员的一般形式为

```
结构体变量名.成员名
```

此时，可将“结构体变量名.成员名”看作一个完整的新的变量名，它的作用与地位相当于该成员类型的普通变量名。

（1）赋值运算。

```
boy1.num=1001;
```

（2）如果结构体类型中嵌套结构体，则对结构体变量成员的访问可以通过“.”运算到最后一级成员。

```
boy1.birthday.month=3;
```

(3) 输入运算。

```
scanf("%s", boy1.name);
```

(4) 输出运算。

```
printf("%c", boy1.sex);
```

(5) 同类的结构体变量可以互相赋值。

```
boy2=boy1;
```

注意:除了整体赋值,不能将一个结构体变量作为一个整体进行访问。

例 7.1 在学籍管理程序中,输入一个学生的学号、姓名、性别及3门课成绩。将学生的信息及平均成绩进行输出。

```
#include<stdio.h>
int main(){
    struct student{
      int num;
      char name[20];
      char sex;
      float score[3];
    }
    struct student boy1;
    int i;
    float avg=0;
    printf("请输入学生的学号、姓名和性别:\n");
    scanf("%d %s %c ",&boy1. num ,boy1.name, &boy1.sex);
    printf("请输入学生的 3门课成绩:\n");
    for(int i=0;i<3;i++)
      scanf("%f",&boy1.score[i]); /* 输入 boy1 变量的 score 数组成员 */
    printf("学生信息:\n");
    printf("学号=%d,姓名=%s,性别=%c\n",boy1.num,boy2.name, boy2.sex);
    for(int i=0;i<3;i++){
      printf("第%d门课成绩: %f",i+1,boy1.score[i]);
      avg+=boy1.score[i];            /* 累加 boy1 变量的 score 数组成员 */
    }
    printf("\n平均成绩: %f",avg/3);
    return 0;
}
```

注意：如果成员本身又属一个结构体类型，则要用若干个成员运算符，一级一级地找到最低一级的成员。只能对最低级的成员进行赋值、存取以及运算。

3. 结构体变量的初始化

结构体变量和其他类型变量一样，可以在定义时进行初始化赋值。

例 7.2　定义一个有学号、姓名、性别和某门课成绩的结构体，并对其变量进行初始化，进行结构体变量之间的赋值，并对结构体变量的各个成员的值进行输出。

```
#include<stdio.h>
int main(){
    struct stu          /* 定义结构 */
    {
      int num;
      char * name;
      char sex;
      float score;
    }boy2,boy1={102,"Zhang ping",'M',78.5};
    boy2=boy1;
    printf("Number=%d\nName=%s\n",boy2.num,boy2.name);
    printf("Sex=%c\nScore=%f\n",boy2.sex,boy2.score);
    return 0;
}
```

初始化结构体变量时，“{ }”里面的数据必须与结构体类型声明的成员在次序和类型上一一对应。

7.1.3　结构体综合应用

7.1.3.1 结构体数组

1. 结构体数组

大部分结构体数据类型应用在对多个同类型对象的管理中。例如，学籍管理通常是对一批学生进行管理。一个学生对应一个结构体变量，一批学生则需要使用结构体数组。

定义结构体数组的方法有 3 种，分别对应 3 种定义结构体变量的方法。

例如：

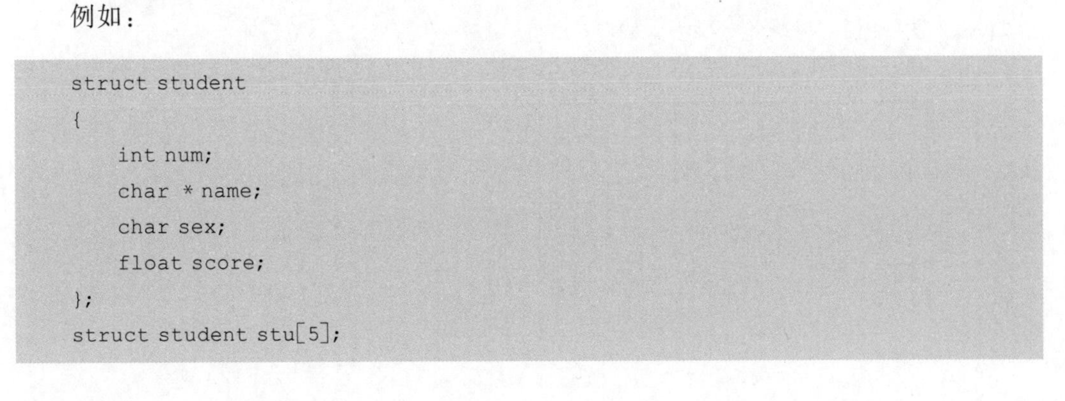

```
struct student
{
    int num;
    char * name;
    char sex;
    float score;
};
struct student stu[5];
```

定义了一个结构体数组 stu,共有 5 个元素,stu [0]～stu [4]。每个数组元素都具有 struct student 的结构形式。对结构体数组可以作初始化赋值。

例如:

```
struct student
{
    int num;
    char name[20];
    char sex;
    int age;
    float score;
    char addr[30];
}stu[2]={{10101,"LiLin",'M',18,87.5,"103 Beijing Road"},
            {10102,"Zhang Fun",'M',19,99,"130 Shanghai Road"}};
```

当对全部元素作初始化赋值时,也可不给出数组长度。

例 7.3 计算 5 个学生的平均成绩和其中不及格的人数。

```
#include<stdio.h>
int main()
{
    struct student
    {
        int num;
        char name[20];
        char sex;
        float score;
        char addr[30];
    };
    struct student stu[5];
    int i,c=0;
    float ave,s=0;
    for(i=0;i<5;i++)
    {
      printf("请输入学生的信息:");
      scanf("%d %s %c %f %s",& stu[i].num, &stu[i].num, stu[i].name, &stu[i].
      sex, &stu[i].score stu[i].addr);
    }
    for(i=0;i<5;i++)
    {
      s+=boy[i].score;
      if(boy[i].score<60) c+=1;
    }
```

```
    printf("s=%f\n",s);
    ave=s/5;
    printf("average=%f\ncount=%d\n",ave,c);
    return 0;
}
```

说明：stu 是结构体数组。在循环中，stu[i]代表其中的每个元素，但 stu[i]本身是结构体变量，要访问其中的成员，则需要用取成员符“.”。

例 7.4　对候选人得票的统计程序。设有 3 个候选人，每次输入一个得票的候选人的名字，要求最后输出各人得票结果。

```
#include<string.h>
#include<stdio.h>
struct person
{
    char name[20];
    int count;
}leader[3]={"Li",0,"Zhang",0,"Fun",0};
int main()
{
    int i,j;
    char leader_name[20];
    for(i=1;i<=10;i++)
    {
        scanf("%s",leader_name);
        for(j=0;j<3;j++)
           if(strcmp(leader_name,leader[j].name)==0)
               leader[j].count++;
    }
    printf("\nResult:\n");
    for(i=0;i<3;i++)
        printf("%5s:%d\n",leader[i].name,leader[i].count);
    return 0;
}
```

2. 结构体在函数中的应用

7.1.3.2 结构体在函数中的应用

1）结构体变量的成员作为函数实参

用结构体变量的成员作函数实参时，对应的形参变量的类型应与作为实参的结构体成员的类型保持一致。

例 7.5　结构体变量的成员作实参。

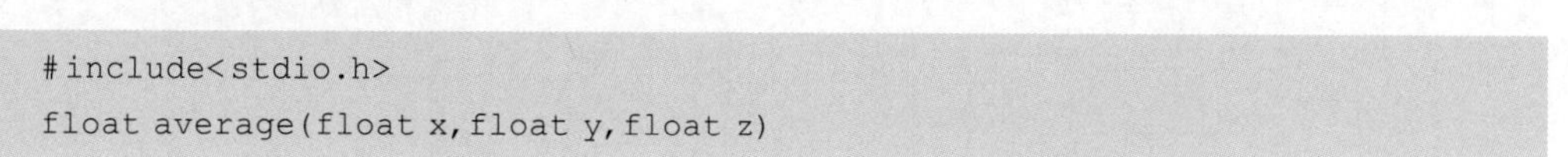
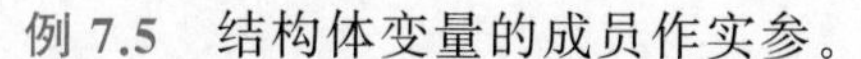

```
#include<stdio.h>
float average(float x,float y,float z)
```

```
{
    return (x+y+z)/3;
}
int main()
{
    float avg=0;
    struct student
    {
        int num;
        char name[20];
        float score[3];
    };
    struct student stu={1001,"sdas",89.0,67.5,80.0};
    avg=average(stu.score[0], stu.score[1], stu.score[2]);
    printf("平均成绩: %f",avg);
    return 0;
}
```

对比程序：

```
#include<stdio.h>
float average(float * x,int n)
{
    float s=0;
    int j;
    for(j=0;j<n;j++)
        s+= * (x+j);
    return s/3;
}
int main()
{
    float avg=0;
    struct student
    {
        int num;
        char name[20];
        float score[3];
    };
    struct student stu={1001,"sdas",89.0,67.5,80.0};
    avg=average(stu.score,3);
    printf("平均成绩: %f",avg);
    return 0;
}
```

2）用结构体变量作实参

用结构体变量作实参，对应的形参应是与实参同类型的结构体变量。

例 7.6　设计一个对结构体变量的成员值进行输出的函数。要求在主函数中定义结构体变量并对其初始化，同时以结构体变量作实参，调用函数输出结构体变量的成员值。

```
#include<stdio.h>
#include<string.h>
struct student
{
    int num;
    char name[20];
    float score;
};
void print(struct student stu)
{
    printf("num:%d\nname:%s\nscore:%5.1f\n",stu.num,stu.name,stu.score);
}
int main()
{
    struct student stu;
    stu.num=12345;
    strcpy(stu.name,"Li Li");
    stu.score=67.5;
    print(stu);
    return 0;
}
```

3. 指针与结构体

7.1.3.3 指针与结构体

1）指向结构体变量的指针

当一个指针变量指向一个结构体变量时，称之为结构指针变量。一个结构体变量的起始地址就是这个结构体变量的指针。指针指向结构体变量本质上就是指向结构体变量的首地址。结构指针变量的类型必须与结构体变量的类型相同。

结构指针变量说明的一般形式为

```
struct 结构名 * 结构指针变量名
```

例如：

```
struct student stu, * pstu;
```

定义了 student 这个结构类型的变量 stu 和一个指向 student 的指针变量 pstu。若要结构指针指向对应的结构体变量，只需将结构体变量的首地址赋予该指针变量即可。

例如：

```
pstu=& stu;
```

当指针变量指向结构体变量以后，对该结构体变量成员的访问就有以下3种访问方式：

(1) 结构体变量.成员名。

(2) (＊p).成员名。

(3) p->成员名。

这3种用于表示结构体成员的形式是完全等效的。其中“指向”运算符由字符“-”和“>”组成，运算符优先级与“.”运算相同。

例如：

```
stu.name="ZhangLi";
(*pstu).sex='M';
pstu->score=71.0;
```

2) 指向结构体数组的指针

指针变量可以指向一个结构体数组，这时结构指针变量的值是整个结构体数组的首地址。结构指针变量也可指向结构体数组的一个元素，这时结构指针变量的值是该结构体数组元素的首地址。

设p为指向结构体数组的指针变量，则p指向该结构体数组的0号元素，p+1指向1号元素，p+i则指向i号元素。这与普通数组的情况是一致的。

例7.7 指向结构体数组元素的指针。

```
#include<stdio.h>
int main()
{
    struct student
    {
        int num;
        char name[20];
        char sex;
        int age;
    };
    struct student stu[3]={{10101,"Li Lin",'M',18},{10102,"Zhang Fun",'M',19},
                          {10104,"Wang Min",'F',20}};
    struct student * p;
    p=&stu;          /*p指向stu数组的首地址*/
    printf(" No.  Name  sex age\n");
    for(p=stu;p<stu+3;p++)
    {
        printf("输出学生信息：\n");
```

```
        printf("%5d %-20s %2c %4d\n",(* p).num, p->name, p->sex, p->age);
        /* 通过指针运算符访问结构体变量的每一个成员 */
    }
    return 0;
}
```

注意：如果 p 的初值为 stu，即指向第一个元素，则：

(++p)->num：先使 p 自加 1，然后得到它指向的元素中的 num 成员值(即 10102)。

(p++)->num：先得到 p->num 的值(即 10101)，然后使 p 自加 1，指向 stu[1]。

3) 结构指针变量作函数参数

在 ANSI C 标准中允许用结构体变量作函数参数进行整体传递。但是这种传递要将全部成员逐个传送，特别是成员为数组时，传递的时间和空间开销很大，严重地降低了程序的效率。因此，最好的办法就是使用指针，即用指针变量作函数参数进行传递。这时由实参传向形参的只是地址，从而减少了时间和空间的开销。

例 7.8　计算一组学生的平均成绩和不及格人数。用结构指针变量作函数参数编程。

程序如下：

```
#include<stdio.h>
struct stu
{
    int num;
    char * name;
    char sex;
    float score;
}boy[5]={          /* 对 boy 数组进行初始化 */
        {101,"Li ping",'M',45},
        {102,"Zhang ping",'M',62.5},
        {103,"He fang",'F',92.5},
        {104,"Cheng ling",'F',87},
        {105,"Wang ming",'M',58}
    };
int main()
{
    struct stu * ps;
    void ave(struct stu * ps);
    ps=boy;
    ave(ps);          /* 实际传递的是 boy 数组的首地址 */
    return 0;
}
void ave(struct stu * ps)
{
```

```
    int c=0,i;
    float ave,s=0;
    for(i=0;i<5;i++,ps++)
      {
        s+=ps->score;        /*通过指针方式访问boy数组的每个元素*/
        if(ps->score<60) c+=1;
      }
    printf("s=%f\n",s);
    ave=s/5;
    printf("average=%f\ncount=%d\n",ave,c);
    return 0;
}
```

说明：在主函数中，ps是指向boy数组的指针，用ps作为实参传递的是boy数组的首地址。

在ave函数中，形参ps虽与实参同名，但与实参ps是两个变量，在接收了实参ps的值后，也指向boy数组。

7.2 联合体

联合体是C语言提供的另一种组织数据对象的机制。联合体和结构体很相似，由几个类型相同或不同的成员组合而成，其中每个成员有一个名字。但是结构体的成员在结构体变量内部是顺序排列的，每个成员的存储空间地址连续。而一个联合体变量的所有成员共享同一片存储区，因此这种变量在每个时刻只能保存它的某一个成员的值。

7.2.1 联合体类型及变量定义

联合声明在形式上与结构声明类似，不过是由关键字union引导。下面是一个例子，这里声明了一个联合，同时定义了一个联合体变量。

```
union data
{
    int n;
    double x;
    char c;
};
union data u1;
```

在u1中，整型变量n、双精度浮点型变量x和字符变量c共用同一个内存空间，但上述3种变量所占的存储单元个数各不相同。在编译时，为u1变量分配存储空间按照其成员所占最大存储单元个数分配，如图7-2所示。因为联合体变量的所有成员共享同一片存储区，因此这种变量在每个时刻只能保存它的某一个成员的值，或者存储一个整型数，或者存储一个双精度数，或者存储一个字符。

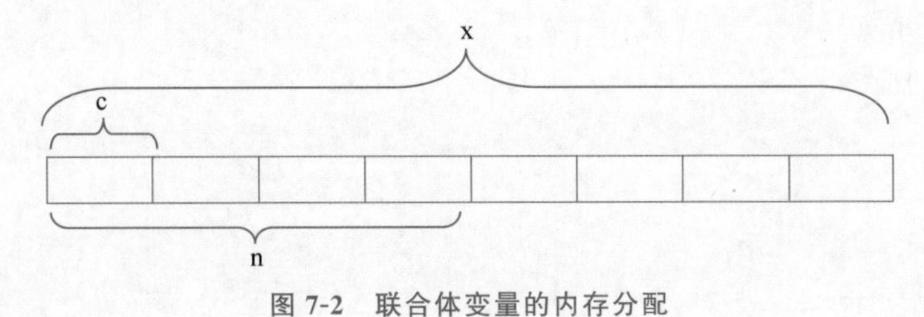

图 7-2　联合体变量的内存分配

7.2.2　联合体变量的初始化及引用

联合体变量可以在定义时直接初始化，但这种初始化只能对联合体变量的第一个成员进行。下面描述定义了两个联合体变量，并对它们做了初始化：

```
union data u1={3}, u2={5};
```

因为 u1、u2 变量的第一成员是整型变量 n，所以在对 u1、u2 初始化时只能赋值为整型量。

允许用已有的联合体变量去初始化局部定义的同类型联合体变量。

联合体变量的使用方式与结构体变量一样，也可以做整体赋值、成员访问、取地址。对联合成员访问的形式与对结构成员访问的形式也一样。下面是使用联合成员的几个例子。

```
printf("%d",u1.n);
u1.c='\n';
scanf("%c",&u1.c);
u1.n=u1.n+1;
```

若存在指针指向联合体变量，可以用如下方式访问联合体变量的成员。

```
union data u1, * pu;
pu=&u1;
printf("%d",pu->n);
pu->c='\n';
```

使用联合体变量的基本原则是：当联合体变量中有多种不同类型的成员时，任何时候只能按照其中一种成员的类型来访问联合体变量。也就是最近一次对这个联合体变量的赋值时把它当作什么类型对待，取值时也应该采用同样的方式（通过同样的成员访问取值使用）。

例 7.9　某校建立一个人员登记表，记录姓名、职业，若职业是教师则需要记录其工资，若职业是学生则记录其籍贯。编程对学校人员数据进行输入，并输出。

```
#include<stdio.h>
#define N 20
int main()
{
    struct per
    {
       char name [10];
       char job;
       union
       {
         float salary;
         char addr[30];
       } category;
    };
    struct per person [10];
    int i;
    for(i=0;i<N;i++){
       scanf("%s  %c",person[i].name ,& person[i].job);
       if(person [i].job=='s')
         scanf "'%d" , &person[i].category. salary);
       else if(person [i].job=='t')
         scanf("%s " , person[i].category. addr);
       else printf("input error ! ");
    }
    printf("\n");
    printf("Name job class/position\n");
    for(i=0;i<N;i++){
       if(person [i].job=='s') /*判断人员的身份是否是学生*/
         printf("%s %c %f", person[i].name ,& person[i].job, person[i].category.
             salary);
       else
         printf("%s %c %s", person[i].name ,& person[i].job, person[i].category.
             addr);       /*若不是学生则第三项数据记录的是住址,用%s控制字符输出*/
    }
    return 0;
}
```

7.3 枚举类型

在实际问题中,有些变量的取值被限定在一个有限的范围内。例如,一个星期只有7天,一年只有12个月,一个班每周有6门课程等。如果把这些量说明为整型,字符型或其他类型显然是不妥当的。为此,C语言提供了一种称为“枚举”的类型。在枚举类型的定义中列举出所有可能的取值，被说明为该枚举类型的变量取值不能超过定义的范围。应该说明的是，枚举类型是一种基本数据类型，而不是一种构造类型，因为它不能再分解为任何基本类型。

7.3.1　枚举类型的声明

枚举类型声明的一般形式为

```
enum 枚举名{枚举值表};
```

在枚举值表中应罗列出所有可用值。这些值也称为枚举元素。

例如：

```
enum weekday{sun,mon,tue,wed,thu,fri,sat};
```

该枚举名为 weekday，枚举值共有 a 个，即一周中的 7 天。凡被说明为 weekday 类型变量的取值只能是 7 天中的某一天。

7.3.2　枚举变量的定义及使用

如同结构和联合一样，枚举变量也可用 3 种不同的方式定义：包括先声明后定义，同时声明和定义以及直接定义。

设有变量 a,b,c 被定义为上述的 weekday 类型，可采用下述任一种方式：

```
enum weekday{sun,mon,tue,wed,thu,fri,sat};
enum weekday a,b,c;
```

或者为

```
enum weekday{sun,mon,tue,wed,thu,fri,sat }a,b,c;
```

或者为

```
enum{sun,mon,tue,wed,thu,fri,sat}a,b,c;
```

枚举类型在使用中有以下规定：

(1) 枚举值是常量，不是变量。因此不能在程序中用赋值语句再对它赋值。

例如，对枚举 weekday 的元素再作以下赋值：

```
sun=5;
mon=2;
sun=mon;
```

都是错误的。

(2) 枚举元素本身由系统定义了一个表示序号的数值，从 0 开始顺序定义为 0、1、2…

如在 weekday 中,sun 值为 0,mon 值为 1,……,sat 值为 6。

```
int main()
{
    enum weekday{sun,mon,tue,wed,thu,fri,sat} a,b,c;
    a=sun;
    b=mon;
    c=tue;
    printf("%d,%d,%d",a,b,c);
    return 0;
}
```

说明:只能把枚举值赋予枚举变量,不能把元素的数值直接赋予枚举变量。如:

```
a=sun;
b=mon;
```

是正确的。而:

```
a=0;
b=1;
```

是错误的。如果一定要把数值赋予枚举变量,则必须用强制类型转换。

如:

```
a=(enum weekday)2;
```

其意义是将顺序号为 2 的枚举元素赋予枚举变量 a,相当于:

```
a=tue;
```

还应该说明的是枚举元素不是字符常量也不是字符串常量,使用时不要加单、双引号。例如:

```
int main(){
    enum body { a,b,c,d } month[31],j;
    int i;
    j=a;
    for(i=1,i<=30,i++){
      month[i]=j;
      j++;
      if(j>d) j=a;
    }
    for(i=1;i<=30;i++){
      switch(month[i])
      {
```

```
            case a:printf(" %2d  %c\t",i,'a'); break;
            case b:printf(" %2d  %c\t",i,'b'); break;
            case c:printf(" %2d  %c\t",i,'c'); break;
            case d:printf(" %2d  %c\t",i,'d'); break;
            default:break;
        }
    }
    printf("\n");
    return 0;
}
```

7.4 类型定义符 typedef

C 语言不仅提供了丰富的数据类型，而且还允许由用户自己定义类型说明符，也就是说允许由用户为数据类型取别名。类型定义符 typedef 即可用来完成此功能。typedef 定义的一般形式为

```
typedef 原类型名  新类型名
```

其中，原类型名中含有定义部分，新类型名一般用大写表示，以便于区别。

有时也可用宏定义来代替 typedef 的功能，但是宏定义是由预处理完成的，而 typedef 则是在编译时完成的，后者更为灵活方便。

例如，有整型变量 a、b，其说明如下：

```
int a,b;
```

其中，int 是整型变量的类型说明符。int 的完整写法为 integer，为了增加程序的可读性，可把整型说明符用 typedef 定义为

```
typedef int INTEGER
```

这样以后就可用 INTEGER 来代替 int 作整型变量的类型说明了。例如：

```
INTEGER a,b;
```

它等效于：

```
int a,b;
```

用 typedef 定义数组、指针、结构等类型将带来很大的方便，不仅使程序书写简单而且使意义更为明确，因此增强了可读性。例如：

```
typedef char NAME[20];
```

表示 NAME 是字符数组类型,数组长度为 20。然后可用 NAME 说明变量,如:

```
NAME a1,a2,s1,s2;
```

完全等效于:

```
char a1[20],a2[20],s1[20],s2[20]
```

又如:

```
typedef struct stu
    { char name[20];
      int age;
      char sex;
    } STU;
```

定义 STU 表示 stu 的结构类型,然后可用 STU 来说明结构体变量:

```
STU body1,body2;
```

7.5 综合应用:链表

7.5.1 链表的概念

当处理一批同类型数据时常常用到数组,但数组在使用时也有一些弊端。例如,数组的大小在定义时要事先规定,不能在程序中进行调整。这样,在数据量不定的情况下,只好定义数组的最大上限。当数据量小于最大上限值时,有相当一部分存储空间被浪费了。另外,数组结构在内存中占用连续的存储空间,当数组数据量庞大时,对内存的要求较高,有时甚至难以满足。

因此,如果能在程序运行过程中根据数据量多少动态地申请内存空间,就可以解决上述问题。链表是最基本的一种动态数据结构。链表中的每一个元素除了需存放数据本身外,还有一个数据项专门用于存放相邻元素的地址,如图 7-3 所示。链表中的每一个"块"都被称为一个结点。除 head 以外的每一个结点都是一个结构体变量。

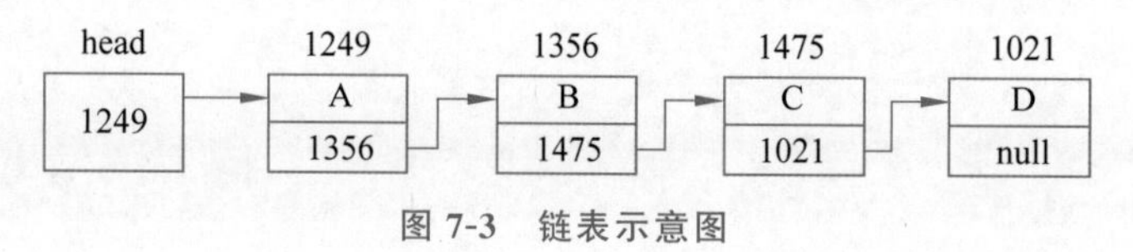

图 7-3 链表示意图

从图 7-3 中可知：

(1) 链表中的第一个结点是 head 结点，也被称为“头结点”。它位于链表的首部，是一个指针变量，用于存放第一个元素的首地址。

(2) 链表中其余的结点都分为两个域：一个是数据域，存放各种实际的数据，如学号 num、姓名 name、性别 sex 和成绩 score 等；另一个域为指针域，存放下一结点的首地址。链表中的每一个结点都是同一种结构类型。

(3) 最后一个元素没有下一个元素，因此它的地址部分放一个特殊值 null 作为标记。null 是一个符号常量，在 stdio.h 头文件中定义为 0。

7.5.2　链表的基本操作

对链表的主要操作有建立链表、链表的查找与输出、插入一个结点和删除一个结点。建立链表的作用是在内存中建立一个如图 7-3 所示的数据结构，它是链表编程的基础。链表的查找是一个循环的过程，即从链表的第一个元素开始顺序查找每一个结点的数据，以得到想要的信息并加以输出。插入结点与删除结点是动态地为链表增加或删减结点的操作，也正是链表动态性的体现。

1. 建立链表

建立链表首先要定义链表上结点的数据类型。链表的结点是结构体变量，而且这种结构体变量必须分为两个域：一个用于存放数据，另一个用于存放链表上下一结点的首地址。因此，链表结点的类型定义如下：

```
struct node
    { int num;
      int score;
      struct node * next;
    }
```

在上述定义中，前两项成员是结点的数据域，第三项是结点的指针域。因为链表上所有结点都是同一类型的结构体变量，因此指针域部分的成员是指向自身的指针。同时，链表的 head 指针也必须是指向该类型结构体变量的指针。

建立链表的过程是通过循环执行以下步骤完成的：

(1) 使用 malloc 函数申请内存空间，若系统响应此分配请求，则返回所分配空间的首地址。

(2) 给新结点成员进行赋值。

(3)将新结点加入到链表的末尾。此时要分两种情况处理：第一种，本结点加入前，若链表是空的，即 head＝NULL。这种情况下，加进去的结点 p 既是链表最后一个结点，也是链表第一个结点，因此要修改 head 的值。第二种，本结点加入前，链表中已有结点，这时要把结点 p 加到链表尾部。

例 7.10　建立一个链表，存放若干学生的学号、姓名和考试成绩数据。

```
#include<stdio.h>
int main()
{
   struct stu
   {
      int num;
      char name[20];
      float score;
      struct stu * next;
   };
   struct stu * head=null, * tail=null, * this;
   int n,i;
   printf("请输入学生个数:");
   scanf("%d",&n);
   for(i=0;i<n;i++)
   {
      this=(struct stu *)malloc(sizeof(struct stu));
      /* 动态申请内存空间,并将申请空间的地址赋值给 this 指针 */
   printf("请输入学号,姓名和成绩:");
   scanf("%d,%s,%f",&this->num,this->name,&this->score);
   this->next=null; /* 当前结点的指针域赋值为空 */
   if(head==null)
     {   head=this; tail=this;   }
     else
     {   tail->next=this; tail=this;}
   }
   return 0;
}
```

说明:

(1) 首先,将链表的头指针 head 和尾指针 tail 赋值为 null,表示链表没有任何结点,是空链表。

(2) 在循环中,用 malloc 函数申请大小为 sizeof(struct stu)的内存空间,并将申请到的空间的首地址赋值给 this 指针。

(3) 对新申请结点的数据域进行赋值之后,需要将当前结点链入链表。如果此时 head 指针为 null,说明链表尚无任何结点,所以 head=this 将头指针指向 this 结点,tail=this将尾指针也指向 this 结点,如图 7-4(a)所示。

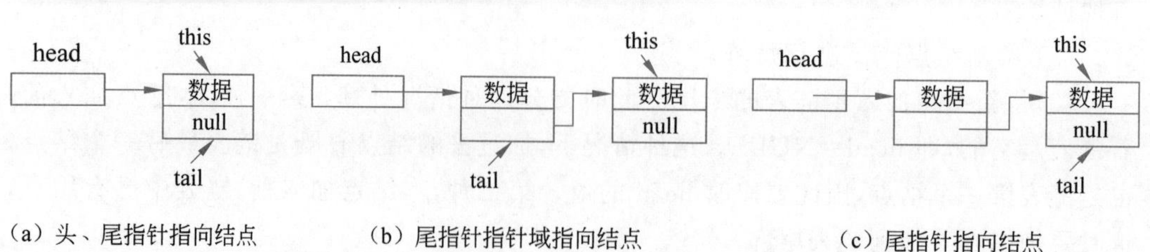

(a) 头、尾指针指向结点　　(b) 尾指针指针域指向结点　　(c) 尾指针指向结点

图 7-4　链表的生成

(4) 如果当前结点链入链表时,链表上已有结点了,则执行 tail－＞next＝this 将尾结点的指针域指向 this 结点,如图 7-4(b)所示。再执行 tail＝this,将尾指针指向当前 this 结点,如图 7-4(c)所示。

2. 链表的查找与输出

上例中,已经将学生的数据存储在链表当中了,要将输入的数据显示出来,就必须对链表进行遍历。所谓遍历就是从头结点开始依次访问链表上的每个结点,这是一个循环的过程,实现代码如下:

```
this=head;
while(this!=null)
{
    printf("%d,%s\n",this->num,this->name);
    this=this->next;
}
```

在循环中将 this 指针所指结点的数据域输出后,this＝this－＞next 语句将 this 指针后移到下一个结点。但若 this 结点已是尾结点了,则 this＝this－＞next 语句执行后,this 指针将为空,循环结束。

3. 插入结点

插入结点就是在链表中添加新的结点,这里的添加并不局限于在链表尾部进行,而可以发生在链表的任意两个结点之间。如图 7-5(a)所示,结点 c 将要插入链表的 p 指针和 q 指针所指的结点之间。

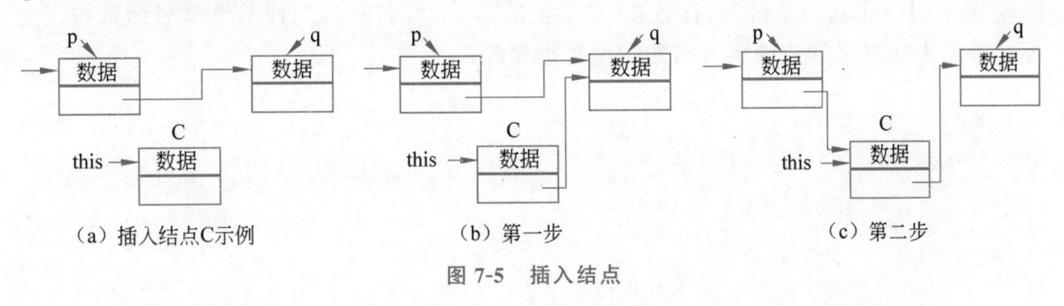

图 7-5　插入结点

插入过程分两步进行。第一步是将 c 结点的指针域指向 q 所指结点的首地址,而 q 所指结点的首地址存储在 p 结点的指针域,如图 7-5(b)所示,实现语句为

```
this->next=p->next;
```

第二步是将 p 结点的指针域指向 c 结点的首地址,如图 7-5(c)所示,实现语句为

```
p-next=this;
```

4. 删除结点

删除结点是指从链表中移除指定的结点。如图 7-6(a)所示,从链表上删除 this 指针所指的结点,而 this 指针所指结点是 p 指针所指结点的后继。因此,删除 this 指针所指的结点实际上是将 p 指针所指结点的指针域改为指向 this 指针的后继,如图 7-6(b)所示。

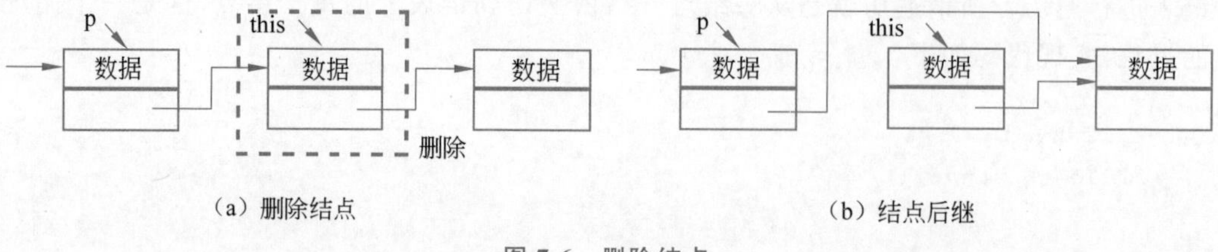

图 7-6 删除结点

实现删除结点的语句为

```
p->next=this->next;
```

从图 7-6(b)可以看出,被删除的 this 所指结点此时并未真正消失,但是在遍历链表时已经不可能再访问到 this 所指结点,因为在访问 p 所指结点时,从其指针域得到的地址已指向了 this 的后继结点。而 this 指针所指结点若要真正的删除,还必须被释放,其实现语句为

```
free(this);
```

例 7.11 建立一个链表,存放 10 名学生的学号、姓名和三门课的考试成绩数据。要求:将其中所有平均成绩不合格的学生数据删除。

```
#include<stdio.h>
int main()
{
  struct stu
  {
    int num;
    char name[20];
    float score[3];
    struct stu * next;
  };
  struct stu * head=null, * tail=null, * this, * p;
  int i,j;
  float ave;
  for(i=0;i<10;i++)
  {
```

```
    this=(struct stu *)malloc(sizeof(struct stu));
    printf("请输入学号,姓名:");
    scanf("%d,%s",&this->num,this->name);
    printf("请输入三门课成绩:");
    for(j=0;j<3;j++)        /*在循环中输入三门课成绩*/
        scanf("%f", &this->score[j]);
    this->next=null;
    if(head==null)
    {  head=this; tail=this;  }
    else
    {  tail->next=this; tail=this;}
  }                         /*链表建立完成*/
  for(this=head;this!=null;p=this,this=this->next)
  {
    ave=0;
    for(j=0;i<3;j++)
        ave+=this->score[j];
    if(ave/3<60.0)
    {
        if(this==head)      /*判断是否是删除链表的第一个结点*/
        {
            head=this->next;
            /*若删除链表的第一个结点需要将 head 指针的内容直接指向链表的原第二结
              点*/
        }
        else
        {
            p->next=this->next;
            /*若删除链表的其他结点需要将该结点前继的指针的内容直接指向该结点的后
              继结点*/
        }
        free(this);
      }
  }
  return 0;
}
```

本章小结

使用结构体编程,需要首先声明结构体类型,再以用户自行定义的结构体类型来定义结构体变量,在后续的程序中是对结构体变量进行访问,而非对结构体类型进行访问。

访问结构体变量的方法有 3 种,它们可以相互代替。

链表是一种动态的数据结构,链表的基本运算有插入、删除结点等。在操作链表时,要始终保持链表的完整结构,即有头指针,前驱和后继具有一对一关系。

习　题

1. 定义一个结构体变量(包括年、月、日),计算该日在当年中为第几天(注意考虑闰年问题)。要求写一个函数 days,实现上面的计算。由主函数将年、月、日传递给 days 函数,计算后将数字传递回主函数输出。

2. 定义一个结构体变量,其成员包括职工号、职工名、性别、年龄、工龄、工资、地址。从键盘输入所需的具体数据,然后用 printf 函数打印出来。

3. 有 4 个学生,每个学生的数据包括学号、姓名、性别、年龄、三门课的成绩。要求初始化这 4 个学生的数据,然后调用一个函数 count,在该函数中计算出每个学生的总分和平均分,然后打印出所有各项数据(包括原有的和新求出的)。

4. 编程实现链表逆转,即链首变成链尾,链尾变成链首。

5. 有一个单链表,其每个元素包括一个整型值。试编写一个函数,在该单链表的末尾插入一个新结点,新结点的数据值由函数参数给出。

6. 已有两个链表,每个链表中的结点包括学号、成绩,并分别按成绩升序排列,编写一函数合并这两个链表,并使合并后的链表也按成绩升序排列。

7. 建立一个链表,每个结点包括学号、姓名、年龄等信息。编程实现:键盘输入一个年龄,在链表中将对应年龄的结点删去。

8. 有两个链表 a 和 b,设结点中包含学号、姓名。从 a 链表中删去与 b 链表中有相同学号的那些结点。

第8章

文　件

在以往的程序中，我们往往是从键盘输入数据，并将输出结果显示在计算机屏幕上。程序运行完毕后，所有数据都会消失。这样显然不满足一些实际需求，例如，在学生学籍管理系统中，需要将学生的相关信息以文件形式保存下来。本章介绍的C语言中文件的相关知识正是为了解决此类问题。

8.1 文件概述

8.1 文件概述

文件是指存放在外部介质上的一组相关数据的有序集合，这个数据集合有一个名字，称为文件。操作系统是以文件为单位对数据进行管理的，也就是说，如果想找存放在外部介质上的数据，就必须先按文件名找到指定文件，然后再从该文件中读取数据；若要在外部介质上存储数据也必须先建立一个文件（以文件名为标识），然后才能向它输出数据。实际上，在前面的各章中我们已经多次使用了文件，例如源程序文件、目标文件、可执行文件、库文件（头文件）等。

在C语言中，文件是一串连续的字节，每字节均能被单独读取。C语言程序对文件的处理是通过标准函数库中的文件操作函数实现的，使用这些函数可以简单、高效、安全地访问外部数据。此外，C语言中所有的外部设备均被作为文件对待，这种文件称为设备文件。对外部设备的输入输出处理就是读写设备文件的过程。设备文件是指与主机相连的各种外部设备，如显示器、打印机、键盘等。在操作系统中，把外部设备也看作是一个文件来进行管理，把它们的输入、输出等同于对磁盘文件的读和写。通常把显示器定义为标准输出文件，一般情况下在屏幕上显示有关信息就是向标准输出文件输出。例如前面经常使用的printf、putchar函数就是这类输出。键盘通常被指定为标准的输入文件，从键盘上输入就意味着从标准输入文件上输入数据。例如scanf、getchar函数就属于这类输入。

8.1.1 文本文件与二进制文件

从文件编码的方式来看，文件可分为ASCII文件和二进制文件两种。ASCII文件也称为文本文件，这种文件在磁盘中存放时每个字符对应一字节，用于存放对应的ASCII编码。

例如,数 5678 的存储形式为

ASCII：00110101 00110110 00110111 00111000

↓ ↓ ↓ ↓

十进制： 5 6 7 8

共占用 4 字节。

ASCII 文件可在屏幕上按字符显示,例如源程序文件就是 ASCII 文件,用 DOS 命令 TYPE 可显示文件的内容,由于是按字符显示,因此能读懂文件内容。

二进制文件是按二进制的编码方式来存放文件的。

例如,数 5678 的存储形式为:

00010110 00101110

只占 2 字节。二进制文件虽然也可在屏幕上显示,但其无法读懂内容。C 系统在处理这些文件时,并不区分类型,都看成是字符流,按字节进行处理。

8.1.2 文件缓冲区

文件缓冲区可以分为输出文件缓冲区和输入文件缓冲区。在程序的运行过程中,程序要将保存在内存中的数据写入磁盘。首先,要建立一个输入文件缓冲区,这个缓冲区是一个连接计算机内存数据与外存文件的桥梁。当向文件输出数据时,准备输出的数据先写入文件缓冲区,等文件缓冲区填满后再输出到文件中。这一过程称为"写文件",是数据输出的过程。

与写文件过程相对的是要将保存在文件中的数据装入内存。首先,要建立一个输入文件缓冲区,当从文件中输入数据时,也是把读入的数据先写入文件缓冲区,等文件缓冲区数据装满之后再整个送给程序。这一过程称为"读文件",是数据输入的过程。图 8-1 为使用缓冲区的读写示意图,这种数据的读写方式提高了程序的执行效率。

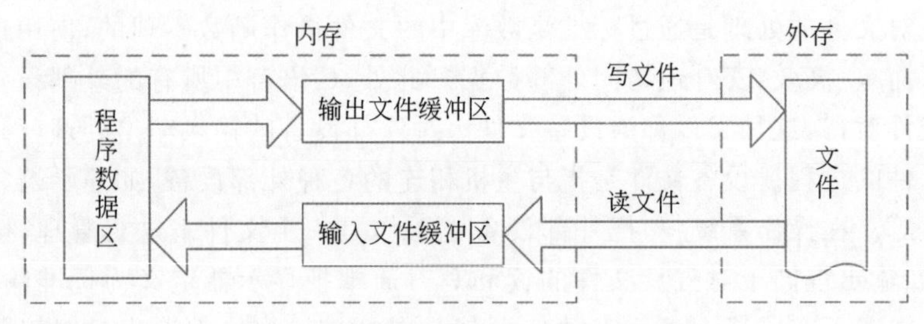

图 8-1 使用缓冲区的文件读写示意图

8.1.3 文件的指针

在 C 语言中,当用一个指针变量指向一个文件时,则这个指针称为文件指针。通过文件指针就可对它所指的文件进行各种操作。为了能正常使用文件,C 语言系统要对打开的每一个文件从多方面进行跟踪管理,例如文件缓冲区的大小、文件缓冲区的位置、文件缓冲区使用的程度、文件操作模式、文件内部读写位置等。这些信息被记录在"文件信息区"的结构体变量中,该变量的数据类型由 C 语言系统事先定义,固定包含在头文件

stdio.h 中，数据类型名为 FILE。以下是 Turbo C2.0 文件指针类型的定义：

```
typedef struct
{
int             level;              /* 缓冲区被占用的程度 */
unsigned        flags;              /* 文件状态标记 */
char            fd;                 /* 文件描述符 */
unsigned char hold;                 /* 如无缓冲区,则不读取字符 */
short           size;               /* 缓冲区大小 */
unsigned char * buffer;             /* 文件缓冲区指针 */
unsigned char * curp;               /* 文件定位指针 */
unsigned        istemp;             /* 临时文件标识 */
short           token;              /* 用于合法性检测 */
}FILE;
```

其中，FILE 就是所定义的文件指针类型的类型名。在定义中使用了 typedef 关键字，它的作用是把用 struct 定义的结构体类型命名为 FILE。

在 C 语言中，凡是要对已打开的文件进行操作，都要通过指向该文件结构的指针。因此，需要在程序中定义 FILE 型的指针变量，并使其指向要操作的文件。

定义说明文件指针的一般形式为

```
FILE * 指针变量标识符;
```

例如：

```
FILE * fp;
```

表示 fp 是指向 FILE 结构的指针变量，通过 fp 即可找存放某个文件信息的结构体变量，然后按结构体变量提供的信息找到该文件，实施对文件的操作。习惯上也笼统地把 fp 称为指向一个文件的指针。

8.2　文件处理

本节主要讨论文件的打开、关闭、读、写、定位等各种操作。文件在进行读写操作之前要先打开，使用完毕要关闭。在 C 语言中，文件操作都是由库函数来完成的。

8.2.1　文件的建立/打开

8.2.1 文件的建立/打开

打开一个文件应使用 fopen 函数，其调用的一般形式为

```
FILE * fp;
fp=fopen(文件名,使用文件方式);
```

例如：

```
FILE * fp;
fp=("a","r");
```

其意义是在当前目录下打开文件 a,并且只允许进行“读入”(r 代表 read,即读入)操作,fopen 函数带回指向 a 文件的指针并赋给 fp。

又如:

```
FILE * fphzk
fphzk=("c:\\hzk16","rb")
```

其意义是打开 C 驱动器磁盘的根目录下的文件 hzk16,这是一个二进制文件,只允许按二进制方式进行读操作。两个反斜线“\\ ”中的第一个表示转义字符,第二个表示根目录。

由以上两个例子可以看出,在打开一个文件时,需要通知编译系统以下 3 个信息:

(1) 需要打开的文件名。

(2) 使用文件的方式。

(3) 让哪一个指针变量指向被打开的文件。

使用文件的方式共有 12 种,表 8-1 给出了它们的符号和意义。

表 8-1 使用文件的方式

方 式	意 义
"r"	打开一个文本文件,只允许读数据
"w"	打开或建立一个文本文件,只允许写数据
"a"	打开一个文本文件,并在文件末尾写数据
"rb"	打开一个二进制文件,只允许读数据
"wb"	打开或建立一个二进制文件,只允许写数据
"ab"	打开一个二进制文件,并在文件末尾写数据
"r+"	打开一个文本文件,允许读和写
"w+"	打开或建立一个文本文件,允许读写
"a+"	打开一个文本文件,允许读,或在文件末追加数据
"rb+"	打开一个二进制文件,允许读和写
"wb+"	打开或建立一个二进制文件,允许读和写
"ab+"	打开一个二进制文件,允许读,或在文件末追加数据

对于文件使用方式有以下几点说明:

(1) 文件使用方式由 r、w、a、t、b、+六个字符拼成,各字符的含义是:

r(read):读。

w(write):写。

a(append):追加。

t(text)：文本文件，可省略不写。

b(banary)：二进制文件。

+：读和写。

(2) 用"r"打开一个文件时，该文件必须已经存在，且只能从该文件读出。

(3) 用"w"打开的文件只能向该文件写入。若打开的文件不存在，则以指定的文件名建立该文件；若打开的文件已经存在，则将该文件删去，重建一个新文件。

(4) 若要向一个已存在的文件追加新的信息，只能用"a"方式打开文件。但此时该文件必须是存在的，否则将会出错。

(5) 在打开一个文件时，如果出错，fopen将返回一个空指针值NULL。在程序中可以用这一信息来判别是否完成打开文件的工作，并作相应的处理。因此常用以下程序段打开文件：

```
if((fp=fopen("c:\\hzk16","rb")==NULL)
{
    printf("\nerror on open c:\\hzk16 file!");
    getch();
    exit(1);
}
```

这段程序的意义是，如果返回的指针为空，表示不能打开C盘根目录下的hzk16文件，则给出提示信息“error on open c:\hzk16 file!”，下一行getch()的功能是从键盘输入一个字符，但不在屏幕上显示。在这里，该行的作用是等待，只有当用户从键盘敲任一键时，程序才继续执行，因此用户可利用这个等待时间阅读出错提示。敲键后执行exit(1)退出程序。

(6) 把一个文本文件读入内存时，要将ASCII码转换成二进制码，而把文件以文本方式写入磁盘时，也要把二进制码转换成ASCII码。因此，文本文件的读写要花费较多的转换时间。对二进制文件的读写不存在这种转换。

(7) 标准输入文件(键盘)、标准输出文件(显示器)、标准出错输出(出错信息)是由系统打开的，可直接使用。

8.2.2 文件的关闭

文件一旦使用完毕，需要用关闭文件函数把文件关闭，以避免文件的数据丢失等错误。

fclose函数调用的一般形式为

```
fclose(文件指针);
```

例如：

```
fclose(fp);
```

8.2.1节中用fopen函数打开文件时,将所带回的指针赋给了fp,现在通过fclose函数把该文件关闭,此后fp不再指向该文件。正常完成关闭文件操作时,fclose函数返回值为0。如返回非零值则表示有错误发生。

8.2.3 文件的顺序读写

8.2.3 文件的顺序读写

对文件的读和写是最常用的文件操作。在C语言中提供了多种文件读写的函数:

字符读写函数:fgetc和fputc。

字符串读写函数:fgets和fputs。

数据块读写函数:fread和fwrite。

格式化读写函数:fscanf和fprinf。

使用以上函数都要求包含头文件stdio.h。下面分别予以介绍。

1. 字符读写函数 fgetc 和 fputc

1) 读字符函数fgetc

fgetc函数调用的形式为

```
字符变量=fgetc(文件指针);
```

例如:

```
ch=fgetc(fp);
```

其中,fp为文件型指针变量,ch为字符变量。其作用为从打开的文件fp中读取一个字符并送入ch中。在使用该函数时,有几点注意事项:

(1) 在fgetc函数调用中,读取的文件必须是以读或读写方式打开的。

(2) 读取字符的结果也可以不向字符变量赋值,但是读出的字符不能保存。例如:

```
fgetc(fp);
```

(3) 在文件内部有一个位置指针,用来指向文件的当前读写字节。在文件打开时,该指针总是指向文件的首字节。使用fgetc函数后,该位置指针将向后移动1字节。因此,可连续多次使用fgetc函数,读取多个字符。应注意文件指针和文件内部的位置指针不是一回事。文件指针是指向整个文件的,须在程序中定义说明,只要不重新赋值,文件指针的值是不变的。文件内部的位置指针用以指示文件内部的当前读写位置,每读写一次,该指针均向后移动,它不需在程序中定义说明,而是由系统自动设置的。

2) 写字符函数fputc

fputc函数的功能是把一个字符写入指定的文件中,函数调用的形式为

```
fputc(字符量,文件指针);
```

其中,待写入的字符量可以是字符常量或变量,例如:

```
fputc('a',fp);
```

其意义是把字符 a 写入 fp 所指向的文件中。

对于 fputc 函数的使用也要说明几点：

(1) 被写入的文件可以用写、读写、追加方式打开，用写或读写方式打开一个已存在的文件时将清除原有的文件内容，写入字符从文件首开始。如需保留原有文件内容，希望写入的字符从文件末开始存放，必须以追加方式打开文件。被写入的文件若不存在，则创建该文件。

(2) 每写入一个字符，文件内部位置指针向后移动 1 字节。

(3) fputc 函数有一个返回值，如写入成功则返回写入的字符，否则返回一个 EOF。可用此来判断写入是否成功。

例 8.1　把从键盘输入的一个字符串写入磁盘文件 example.txt 中。

程序如下：

```
#include<stdio.h>
int main()
{
    char ch;
    FILE * fp;
    fp=fopen("example.txt","w");
    printf("Enter a string: ");
    while((ch=getchar())!='\n')
    fputc(ch,fp);
    fclose(fp);
    return 0;
}
```

本程序使用"w"方式打开 example.txt 文件，实际上就是创建 example.txt 文件。该文件的内容是键盘输入的内容，它是一个文本文件，可以使用任何文本编辑程序阅读该文件。例如，可以使用记事本程序打开 example.txt 文件查看它的内容。

例 8.2　把一个文本文件的内容复制到另一个文本文件中。

```
#include<stdio.h>
int main()
{
    char source[10],target[10];
    FILE * fp_s, * fp_t;
    printf("Enter the source filename: ");
    scanf("%s",source); /* op_q* /
    printf("Enter the target filename: ");
    scanf("%s",target); /* orG_q* /
    if((fp_s=fopen(source,"r"))==NULL)
```

```
    {
        printf("cannot open source file.\n");
        exit(1);
    }
    if((fp_t=fopen(target,"w"))==NULL)
    {
        printf("cannot open target file.\n");
        exit(1);
    }
    while(!feof(fp_s))
    fputc(fgetc(fp_s),fp_t);
    fclose(fp_s);
    fclose(fp_t);
    return 0;
}
```

程序运行结果如下:

```
Enter the source filename: example.txt
Enter the target filename: try.txt
```

其中,example.txt 是要复制的源文件名,它是已经存在的一个文本文件;try.txt 是要形成的目标文件名。程序运行结束后,example.txt 文件复制到 try.txt 文件中。

2. 字符串读写函数:fgets 和 fputs

1)字符串读函数 fgets

fgets 函数的功能是从指定的文件中读一个字符串到字符数组中,函数调用的形式为

```
fgets(字符数组名,n,文件指针);
```

其中,n 是一个正整数,表示从文件中读出的字符串不超过 n−1 个字符。在读入的最后一个字符后加上串结束标志'\0'。

例如:

```
fgets(str,n,fp);
```

其意义是从 fp 所指的文件中读出 n−1 个字符送入字符数组 str 中。

2)字符串写函数 fputs

fputs 函数的功能是向指定的文件写入一个字符串,函数调用的形式为

```
fputs(字符串,文件指针);
```

其中,字符串可以是字符串常量,也可以是字符数组,如:

```
fputs("abcd",fp);
```

其意义是把字符串"abcd"写入 fp 所指的文件之中。

例 8.3 将字符串"Visual C++"和"Visual Basic"依次存入文件 text 中,然后将第一个字符串读出并显示出来。

程序如下:

```
#include<stdio.h>
int main()
{
    FILE *fp;
    char string[20];
    fp=fopen("text","w+");
    fputs("Visual C++\n",fp);
    fputs("Visual Basic\n",fp);
    rewind(fp);
    fgets(string,20,fp);
    puts(string);
    fclose(fp);
    return 0;
}
```

程序执行结果如下:

```
Visual C++
```

3. 数据块读写函数:fread 和 fwrite

读数据块函数调用的一般形式为

```
fread(buffer,size,count,fp);
```

写数据块函数调用的一般形式为

```
fwrite(buffer,size,count,fp);
```

其中:

buffer 是一个指针,在 fread 函数中,它表示存放输入数据的首地址。在 fwrite 函数中,它表示存放输出数据的首地址。

size 表示数据块的字节数。

count 表示要读写的数据块数量。

fp 表示文件指针。

例如:

```
fread(fa,4,5,fp);
```

其意义是从fp所指的文件中，每次读4字节(一个实数)送入实数组fa中，连续读5次，即读5个实数到fa中。

例8.4　将几个变量中所存放的数字写入一个文件中，然后再从文件中读出并在屏幕上显示出来。

```
#include<stdio.h>
#include<stdlib.h>
int main()
{
    FILE * fp;
    char c='a', c1;
    int i=123, i1;
    long l=2004184001L, l1;
    double d=4.5678, d1;
    /*检查能否以读写方式打开或建立文本文件text1.txt*/
    if((fp=fopen("test1.txt", "wt+"))==NULL)
    {
        printf("不能打开文件.\n");
        exit(1);
    }
    /*通过函数fwrite将几个变量所存放的数据写入文件*/
    fwrite(&c, sizeof(char), 1, fp);
    fwrite(&i, sizeof(int), 1, fp);
    fwrite(&l, sizeof(long), 1, fp);
    fwrite(&d, sizeof(double), 1, fp);
    /*重新定位指针到文件首部*/
    rewind(fp);
    /*通过函数fread将数据读出文件*/
    fread(&c1, sizeof(char), 1, fp);
    fread(&i1, sizeof(int), 1, fp);
    fread(&l1, sizeof(long), 1, fp);
    fread(&d1, sizeof(double), 1, fp);
    /*输出*/
    printf("c1=%c\n", c1);
    printf("i1=%d\n", i1);
    printf("l1=%ld\n", l1);
    printf("d1=%f\n", d1);
    fclose(fp);
    return 0;
}
```

本程序的运行结果为：

```
c1=a
i1=123
l1=2004184001
d1=4.567800
```

从上例不难看出，缓冲区也就是存放变量的内存本身。

例 **8.5** 将数组中所存放的字符写入到一个文本文件中，然后再从文件中读出并在屏幕上显示出来。

```
#include<string.h>
#include<stdio.h>
#include<stdlib.h>
int main()
{
    FILE * fp;
    char msg[]="this is a test";
    char buf[20];
    /* 检查能否以读写方式打开或建立文本文件 text2.txt */
    if((fp=fopen("test2.txt", "wt+"))==NULL)
    {
        printf("不能打开文件.\n");
        exit(1);
    }
    /* 通过函数 fwrit 将几个变量所存放的数据写入文件 */
    fwrite(msg, strlen(msg)+1, 1, fp);
    /* 重新定位指针到文件首部 */
    rewind(fp);
    /* 通过函数 fread 将数据读出 */
    fread(buf, strlen(msg)+1,1,fp);
    printf("%s\n", buf);
    fclose(fp);
    return 0;
}
```

本程序的运行结果为

```
this is a test
```

本例程序定义了一个字符数组 msg，程序以读写方式打开文本文件 test2.txt，将字符数组中所存放的字符写入该文件中，然后把文件内部位置指针移到文件首，读出文件中的数据到字符数组 buf 中，并输出到屏幕上显示。

例 **8.6** 从键盘输入两个学生数据，写入一个文件中，再读出这两个学生的数据并显示在屏幕上。

```
#include<stdio.h>
#include<stdlib.h>
#include<conio.h>
struct stu
{
    char name[10];
    int num;
    int age;
    char addr[15];
};
int main()
{
    FILE * fp;
    struct stu boya[2], boyb[2], * pp, * qq;
    char ch;
    int i;
    /* pp 指向 boya,qq 指向 boyb */
    pp=boya;
    qq=boyb;
    /* 以读写方式打开二进制文件 stu_list.dat */
    if((fp=fopen("stu_list.dat","wb+"))==NULL)
    {
        printf("不能打开文件,按任意键退出! \n");
        getch();
        exit(1);
    }
    /* 输入两个学生数据 */
    printf("\n input data\n");
    for(i=0; i<2; i++, pp++)
        scanf("%s%d%d%s", pp->name, &pp->num, &pp->age, pp->addr);
    /* 写数据到文件 */
    pp=boya;
    fwrite(pp, sizeof(struct stu), 2, fp);
    /* 关闭文件,保证缓冲区的信息写入到文件中 */
    fclose(fp);
    /* 再次以只读形式打开文件 */
    if((fp=fopen("stu_list.dat","rb"))==NULL)
    {
        printf("不能打开文件,任意键退出!");
        getch();
        exit(1);
    }
    /* 把文件内部位置指针移到文件首,读出两个学生数据后,在屏幕上显示 */
```

```
    rewind(fp);
    fread(qq, sizeof(struct stu), 2, fp);
    printf("\n\nname\tnumber age addr\n");
    for(i=0; i<2; i++, qq++)
    {
        printf("%s\t%5d\t",qq ->name,qq ->num);
        printf("%7d\t%s\n",qq ->age,qq ->addr);
    }
    fclose(fp);
    return 0;
}
```

本程序定义了一个结构 stu,说明了两个结构体数组 boya 和 boyb 以及两个结构指针变量 pp 和 qq。pp 指向 boya,qq 指向 boyb。程序以读写方式打开二进制文件 stu_list.dat,输入两个学生数据之后,写入该文件中,然后把文件内部位置指针移到文件首,读出两个学生数据后,在屏幕上显示。

4. 格式化读写函数：fscanf 和 fprintf

fscanf 函数和 fprintf 函数与前面使用的 scanf 和 printf 函数的功能相似,都是格式化读写函数。两者的区别在于 fscanf 函数和 fprintf 函数的读写对象不是键盘和显示器,而是磁盘文件。

这两个函数的调用格式为

```
fscanf(文件指针,格式说明,输入表列);
fprintf(文件指针,格式说明,输出表列);
```

例如：

```
fscanf(fp,"%d%s",&i,s);
fprintf(fp,"%d%c",j,ch);
```

例 8.7　将文件 data1.txt 中的 4 行 5 列的二维数组数据写入内存,将数组元素逐个增 1 后写入文件 data2.txt 中。

```
#include<stdio.h>
int main()
{
    FILE * fp1, * fp2;
    int i,j,a[4][5];
    if((fp1=fopen("F:\\data1.txt","r"))==NULL)
    {
      printf("Can't open file1\n");
      return;
    }
```

```
    if((fp2=fopen("F:\\data2.txt","w"))==NULL)
    {
      printf("Can't open file2\n");
      return;
    }
    for(i=0;i<4;i++)
    {
      for(j=0;j<5;j++)
      {
         fscanf(fp1,"%d\t",&a[i][j]);
         a[i][j]+=1;
         fprintf(fp2,"%d ",a[i][j]);
      }
      fprintf(fp2,"\n");
    }
      fclose(fp1);
      fclose(fp2);
    return 0;
}
```

例 8.8 从一给定的文本文件 test3.txt 中读出数据,放到相应的变量中并输出到屏幕显示。设文本文件 test3.txt 中存放的内容为“HELLO! 1234”。

若要将上述信息读出到变量中,则需在程序中定义一个字符数组和一个整型变量,然后用函数 fscanf 将文本文件 test3.txt 中的内容以%s 和%d 的格式读出,并分别存放到字符数组和整型变量中,最后将字符数组和变量中的内容输出到屏幕显示即可完成本题要求。示例程序如下:

```
#include<stdlib.h>
#include<stdio.h>
#include<conio.h>
int main()
{
    int i;
    char str[20];
    FILE * fp;
    /*检查能否以只读形式打开文件 test3.txt?如果失败,则提前退出,结束程序*/
    if((fp=fopen("test3.txt","rt"))==NULL)
    {
        printf("不能打开文件,按任意键退出!\n");
        getch();
        exit(1);
    }
    /*读数据到字符数组 str 和变量 i 中*/
```

```
    fscanf(fp, "%s %d", str,&i);
    /*输出到屏幕*/
    printf("%s,%d", str,i);
    fclose(fp);
    return 0;
}
```

本程序的运行结果为

```
HELLO!,1234
```

用函数 fscanf 和 fprintf 也可以完成例 8.6 的任务。修改后的程序如下所示：

```
#include<stdio.h>
#include<stdlib.h>
#include<conio.h>
struct stu
{
    char name[10];
    int num;
    int age;
    char addr[15];
};
int main()
{
    FILE * fp;
    char ch;
    int i;
        struct stu boya[2],boyb[2], * pp, * qq;
    /*pp 指向 boya, qq 指向 boyb*/
    pp=boya;
    qq=boyb;
    /*以读写方式打开二进制文件 stu_list|.txt*/
    if((fp=fopen("stu_list1.txt","w+"))==NULL)
    {
        printf("不能打开文件,任意键退出!");
        getch();
        exit(1);
    }
    /*输入两个学生数据*/
    printf("\ninput data\n");
    for(i=0; i<2; i++, pp++)
      scanf("%s%d%d%s",pp->name,&pp->num,&pp->age,pp->addr);
```

```
    /* 将两个学生的数据输出到文件指针所指向的文件 */
    pp=boya;
    for(i=0; i<2; i++, pp++)
      fprintf(fp,"%s %d %d %s\n",pp->name,pp->num,pp->age,pp->addr);
    /* 关闭文件,保证缓冲区的信息写入到文件中 */
    fclose(fp);
    /* 再次以只读形式打开文件 */
    if((fp=fopen("stu_list1.txt","r"))==NULL)
    {
        printf("不能打开文件,任意键退出!");
        getch();
        exit(1);
    }
    /* 把文件内部位置指针移到文件首,读出两个学生数据后,在屏幕上显示 */
    rewind(fp);
    for(i=0; i<2; i++, qq++)
      fscanf(fp,"%s %d %d %s\n",qq->name,&qq->num,&qq->age,qq->addr);
    printf("\n\nname\tnumber age addr\n");
    qq=boyb;
    for(i=0; i<2; i++, qq++)
      printf("%s\t%5d %7d %s\n",qq->name,qq->num,qq->age, qq->addr);
    fclose(fp);
    return 0;
}
```

本程序中函数 fscanf 和 fprintf 每次只能读写一个结构体数组元素,因此采用了循环语句来读写全部数组元素。还要注意指针变量 pp 和 qq,由于循环改变了它们的值,因此,在程序中分别对它们重新赋予了数组的首地址。

关于函数 fprintf,在使用时还得注意它向文件输出的是 ASCII 码值特别在输出数值时,要输出的是该数值的 ASCII 码值,而不是数值本身。

8.2.4 文件的随机读写

8.2.4 文件的随机读写

前面介绍的对文件的读写方式都是顺序读写,即读写文件只能从头开始,顺序读写各个数据。这种读写方式容易理解和操作,但有时效率不高。例如,在实际问题中经常要求只读写文件中某一指定的部分。为了解决这个问题可以先移动文件内部的位置指针到需要读写的位置,再进行读写,这种读写称为随机读写。这种读写方式显然要比顺序访问效率高得多。实现随机读写的关键是要按要求移动位置指针,这称为文件的定位。

1. 文件定位

移动文件内部位置指针的函数主要有两个,即 rewind 函数和 fseek 函数。

rewind 函数的调用形式为

```
rewind(文件指针);
```

它的功能是把文件内部的位置指针移到文件头。

采用fseek函数可以实现改变文件的位置指针，其调用形式为

```
fseek(文件指针,位移量,起始点);
```

其中：

(1) 文件指针指向被移动的文件。

(2) 起始点表示从何处开始计算位移量，规定的起始点可以是文件首、当前位置或文件尾。用0代表文件首部，1代表当前位置，2代表文件末尾。

(3) 位移量表示以起始点为基点移动的字节数，ANSI C和大多数C版本要求位移量是long型数据，以便在文件长度大于64KB时不会出错。当用常量表示位移量时，要求加后缀L。

下面是fseek函数的用例：

```
fseek(fp,100L,0);
```

其意义是把位置指针移到离文件首100字节处。

还要说明的是fseek函数一般用于二进制文件。在文本文件中由于要进行转换，故往往计算的位置会出现错误。

2. 随机读写函数rewind和fseek

利用rewind和fseek函数，就可以实现文件的随机读写了。下面通过简单的例子来了解怎样进行文件的随机读写。

例8.9　在学生文件stu_list.dat中有10个学生的数据，要求将第1、3、5、7、9个学生的数据输出到屏幕显示。

```
#include<stdio.h>
#include<stdlib.h>
#include<conio.h>
struct stu
{
    char name[10];
    int num;
    int age;
    char addr[30];
};
int main()
{
    FILE *fp;
```

```
    char ch;
    int i;
    struct stu q[10];
    /*检查是否能以二进制只读的方式打开文件*/
    if((fp=fopen("stu_list.dat","rb"))==NULL)
    {
        printf("Cannot open file strike any key exit!");
        getch();
        exit(1);
    }
    rewind(fp);
    /*开始读出数据,并输出到屏幕*/
    for(i=0; i<10; i+=2)
    {
        fseek(fp,i*sizeof(struct stu),0);
        fread(&q[i],sizeof(struct stu),1,fp);
        printf("\n\nname\tnumber age addr\n");
        printf("%s\t%5d%7d%s\n",q[i].name,q[i].num,q[i].age,\q[i].addr);}
        fclose (fp);
    }
    return 0;
}
```

8.2.5 文件检测函数

C语言中常用的文件检测函数有以下几个。

1. 文件结束检测函数

调用格式:

```
feof(文件指针);
```

功能:判断文件是否处于文件结束位置。如文件结束,则返回值为1,否则为0。

2. 读写文件出错检测函数

调用格式:

```
ferror(文件指针);
```

功能:检查文件在用各种输入输出函数进行读写时是否出错。如ferror返回值为0表示未出错,否则表示有错。

3. 文件出错标志和文件结束标志置 0 函数

调用格式：

```
clearerr(文件指针);
```

功能：本函数用于清除出错标志和文件结束标志，使它们为 0 值。

本章小结

C 语言中文件的处理过程通常要经历"打开文件"→"文件的读写"→"关闭文件"3 个步骤，C 标准函数库为此都配备有相应的操作函数。按文件内的数据组织形式，可把文件分为文本流文件和二进制流文件，编写程序时应注意这两种流文件在完成上述 3 个存取操作步骤的不同之处。

任何打开的文件都对应一个文件指针，文件指针的类型是 FILE 型，它是在 stdio.h 中预定义的一种结构体类型。

文件指针和文件使用方式是文件操作的重要概念，实现文件操作的基本工具是系统提供的文件操作函数。文件读写的方式有多种，任何一个文件被打开时必须指明它的读写方式。常用的文件操作函数有：用于打开和关闭文件的 fopen 和 fclose 函数，用于文件字符读写的 fgetc 和 fputc 函数，用于文件的数据块读写的 fread 和 fwrite 函数，用于文件字符串读写的 fgets 和 fputs 函数，用于文件随机读写定位的 fseek 和 rewind 函数，用于文件结束状态测试的 feof 函数。

习　题

1. 编一程序，用文件的字符串输入函数 fgets，读取磁盘文件中的字符串，并用打印机打印输出。

2. 从键盘输入一个字符串，将其中的小写字母全部转换成大写字母，然后输出到一个磁盘文件 test 中保存。输入的字符串以"!"结束。

3. 有 5 个学生，每个学生有 3 门课程的成绩，从键盘输入学生数据(包括学号、姓名、3 门课程成绩)，计算出平均成绩，将原有数据和计算出的平均分数存在文件 stud 中。

4. 将题 3 stud 文件中的学生数据，按照平均分进行排序处理，将已排序的学生数据存入一个新文件 stu_sort 中。

5. 将题 4 已排序的学生成绩文件进行插入处理。插入一个学生的 3 门课成绩，程序先计算新插入学生的平均成绩，然后将它按成绩高低顺序插入，插入后建立一个新文件。

6. 将题 5 的结果仍存入原有的 stu_sort 文件而不另建立新文件。

第9章 常用数据结构的C语言实现

程序由算法和数据结构组成。数据结构是实现算法的基础，其与实际问题的契合度将直接决定算法的复杂度。例如，学籍管理系统中经常要以班为单位打印学生成绩，如果学生信息是按照姓名顺序存放，则打印操作就需要在全校范围内进行筛选，效率极低。而如果学生信息是以树状结构按照院系、专业、年级、班进行组织和存储，则打印算法可通过很短的查找路径直接找到班，效率很高。因此，妥善选择和实现数据结构是编制优秀程序的基础。

本章以数组、链表为基础，重点讲解栈、队列、二叉树、图等常用数据结构的定义及实现方法，讨论表达式求值、任务调度、二叉排序树、最小代价等经典应用问题的C程序实现。

9.1 栈和队列

栈和队列是在程序设计中应用最为广泛的数据结构。它们是操作受限的线性表，可以用顺序存储结构或链式存储结构实现。具体到C语言中，顺序存储可以用数组来实现，链式存储形式可用结构和指针（即链表）来实现。栈和队列中的数据元素可以是简单的，例如一个整数、一个字符或一个指针，也可以是复杂的，例如一个数组或一个结构。

本节中为了方便讨论，假设栈和队列都采用顺序存储形式，且它们中的数据元素都是简单的。读者在掌握假设情况下的栈和队列的概念和操作之后，不难推广到其他数据元素类型和其他存储形式的应用上。

9.1.1 栈的定义与操作

9.1.1 栈的定义与操作

栈（Stack）是限定仅在表尾进行插入和删除的线性表。往栈里插入一个数据元素称为进栈（push），从栈里删除一个数据元素称为出栈（pop）。由于插入和删除操作只能在表尾一端进行，所以每次删除的都是最后进栈的元素，故栈也称为“后进先出”（Last In First Out）表。表的头端称为栈底，表的尾端称为栈顶。不含数据元素的栈称为空栈。栈底固定不动，栈顶随着插入和删除操作而不断变化。

建立一个栈结构必须先开辟一片连续的内存空间，这片空间可以静态分配,也可以动态申请。为了便于管理,给栈设置两个指针 base 和 top。base 为栈底指针,它固定指向栈底,当 base 为空指针时,表示栈结构不存在。top 为栈顶指针,其初值指向栈底,top==base 即表示空栈。每执行一次进栈操作,top 增 1;每执行一次出栈操作,top 减 1。因此 top 总是指向下一个可用的数据元素存储单元。

在栈的操作中要防止"上溢"(overflow)和"下溢"(underflow)。当栈的内容填满了所分配的空间时,top 必然指向这片连续空间之外,若还要执行进栈操作,则被拒绝,并报"栈满"。当为空栈时,若还要执行出栈操作,则被拒绝,并报"栈空"。

栈的定义及操作可用如下参考代码实现:

```
#define MAX 200                  /* MAX 为 a 栈空间尺寸 */
#define HUGE_VAL -1              /* HUGE_VAL 为一特殊值,表示栈空 */
/* 开辟栈存储区 */
int Stack[MAX];                  /* 栈元素为整型 */
/* 定义一个空栈 */
int *base=Stack ,  *top=Stack;
/* 进栈操作 */
void push(int i){
    if(top>=base+MAX){
        printf("Stack is full! \n");
        return;
    }
    *top=i;
    top++;
    return;
}
/* 出栈操作 */
int pop(){
    if(top<=base){
        printf("Stack is empty !\n");
        return HUGE_VAL;
    }
    top--;
    return *top;
}
```

9.1.2 栈的应用

在计算机程序设计中,尤其是在系统软件的设计中,栈是应用最多的一种数据结构。输入输出中数制的转换、编译过程中常量表达式的求值、嵌套循环中控制变量的管理、嵌套调用中返回地址和调用参数的传递以及各种递归函数的实现都离不开栈。本小节以表达式求值为例对栈的应用进行介绍。

在源程序的编译过程中,编译程序要对源程序的表达式进行处理,表达式的分析和计算是编译程序最基本的功能之一。一般地,程序中出现的表达式可分为两种：带变量的表达式和不带变量的常量表达式。对于带变量的表达式,编译程序经过分析,把表达式的计值步骤翻译成机器指令序列,在目标程序运行时执行这个机器指令序列,即可求出表达式的值;对于常量表达式,编译程序经过分析,在编译过程中就立即算出表达式的值。下面仅介绍编译程序对常量表达式的处理。对含变量表达式的处理,方法一样,只不过处理结果的表示形式不同而已,此处不再赘述。

为便于理解,假设：常量表达式除整常数之外,只含有二元运算符+、-、*、/和括号(、);计值顺序遵守四则运算法则;表达式中没有语法错误。为实现计值,使用两个工作栈：运算符栈和操作数栈。编译程序扫描表达式,获取一个"单词"——数或运算符,是数则进操作数栈,是运算符则进运算符栈。但运算符在进栈时要按运算法则作如下处理：

(1) 栈空：获取的运算符直接进栈。

(2) 栈顶为*或/：若获取的运算符为(,直接进栈;否则,先执行出栈操作,然后进栈。

(3) 栈顶为+或-：若获取的运算符为(、*或/,直接进栈;否则,先执行出栈操作,然后进栈。

(4) 栈顶为(：获取的运算符除)之外,都直接进栈。

(5) 若获取的运算符为),则先要连续执行出栈操作,直到出栈的运算符为(时为止。实际上,)并不进栈。

(6) 除了(之外,每当一个运算符出栈时,要将操作数栈的栈顶和次栈顶出栈,进行该运算符所规定的运算,并立即把运算结果放进操作数栈,(出栈时,操作数栈不做任何操作。

(7) 当表达式扫描结束后,若运算符栈还有运算符,则应将运算符出栈,并执行(6)的操作。当运算符栈空时,操作数栈的栈顶内容就是整个表达式的值。例如,表达式"2*(3+4)+10/2"的求值过程如图9-1所示。

步骤	运算符栈	操作数栈	表达式待扫描字符
0		2	
1	*	2	2*(3+4) + 10/2
2	* (	2	*(3+4) + 10/2
3	* (	2 3	(3+4) + 10/2
4	*	2 3	3+4) + 10/2
5	(+	2 3 4	+4) + 10/2
6	*	2 7	4) + 10/2
7	(+	2 7	)+ 10/2
8	* (	14	)+ 10/2
9	*	14	+ 10/2
10		14 10	+ 10/2
11	+	14 10	10/2
12	+	14	/2
13	+ /	10 2	2
14	+ /	14 5	(扫描结束)
15	+	19	

图9-1 表达式求值的操作过程

下面给出完整版表达式求值的实现程序。

```
#include<stdio.h>
#define MAX 100
#define STMAX 200
#define SNMAX 200
#define HUGE_VAL -1
char Tr_Stack[STMAX], *Tr_base=Tr_Stack, *Tr_top=Tr_Stack; /*定义运算符栈*/
int Nd_Stack[SNMAX], *Nd_base=Nd_Stack, *Nd_top=Nd_Stack;  /*定义操作数栈*/
/*运算符进栈、出栈操作*/
void pushT(char optr){
    if(Tr_top>=Tr_base+STMAX){
        printf("Stack_Tr is full! \n");
        return;
    }
    *Tr_top=optr;
    Tr_top++;
    return;
}
char popT(){
    Tr_top--;
    if(Tr_top<Tr_base){
        printf("Stack_Tr is empty !\n");
        Tr_top++;
        return HUGE_VAL;
    }
    return *Tr_top;
}
/*操作数进栈、出栈操作*/
void pushN(int opnd){
    if(Nd_top>=Nd_base+SNMAX){
        printf("Stack_Nd is full!\n");
    return;
    }
    *Nd_top=opnd;
    Nd_top++;
    return;
}
int popN(){
    Nd_top--;
    if(Nd_top<Nd_base){
        printf("Stack_Nd is empty!\n");
        Nd_top++;
        return HUGE_VAL;
    }
```

```
    return *Nd_top;
}
int getword(char **p,char *c,int *n)          /*表达式词法分析函数*/
{
    if(**p=='\0') return 0;
    if(**p=='*'||**p=='/'||**p=='+'||**p=='-'||**p=='('||**p==')'){
        *c=**p; (*p)++; return 1;
    }
    else{
        *n=0;
        while(**p>='0'&&**p<='9'){  *n=*n*10+(**p-48); (*p)++; }
        return -1;
    }
}
int operate(int opnd1,int opnd2,char optr)   /*二元运算求值函数*/
{
    int result;
    switch(optr)
    {
        case '*':result=opnd1*opnd2;break;
        case '/':result=opnd1/opnd2;break;
        case '+':result=opnd1+opnd2;break;
        case '-':result=opnd1-opnd2;break;
    }
    return result;
}
int main(){
    char exp[MAX],*p=exp,**point;                /*表达式存储区*/
    point=&p;
    char opTr,*Tr=&opTr;                          /*运算符存储单元*/
    int  opNd,*Nd=&opNd;                          /*操作数存储单元*/
    int x,y,flag;
    char cz;
    printf("please input expression:");
    scanf("%s",exp);                              /*输入表达式*/
    while((flag=getword(point,Tr,Nd))!=0){
        if(flag==-1)
           pushN(*Nd);
        else
           switch(*Tr){
               case '(':pushT(*Tr);break;
               case '*':case '/':
                   if(Tr_top==Tr_base||*(Tr_top-1)=='('
```

```
                    ||*(Tr_top-1)=='+'||*(Tr_top-1)=='-')
                    pushT(*Tr);
                else{
                    cz=popT();y=popN();x=popN();
                    pushN(operate(x,y,cz));
                    pushT(*Tr);
                }
                break;
            case '+':case '-':
                if(Tr_top==Tr_base||*(Tr_top-1)=='(')
                    pushT(*Tr);
                else{
                    cz=popT();y=popN();x=popN();
                    pushN(operate(x,y,cz));
                    pushT(*Tr);
                }
                break;
            case ')':
                cz=popT();
                while(cz!='('){
                    y=popN();x=popN();
                    pushN(operate(x,y,cz));
                    cz=popT();
                }
                break;
        }
    }
    while(Tr_top>Tr_base)    {
      cz=popT();y=popN();x=popN();
      pushN(operate(x,y,cz));
    }
    printf("Value of the expression is %d\n",popN());
    return 0;
}
```

程序执行结果如图 9-2 所示。

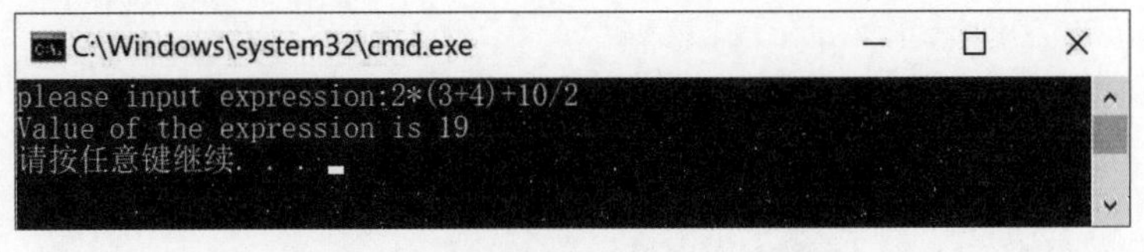

图 9-2　表达式求值算法执行结果

温馨提示:本例中getword函数实现时用到了指针的指针,主要是为了控制读取exp的指针p的移动。使得在getword内部对p的移动能够连续,而不是每次调用函数都从exp[0]开始。

9.1.3 队列的定义与操作

9.1.3 队列的定义与操作

队列(Queue)是限定仅在表尾插入和仅在表头删除的线性表。因为队列只允许在一端插入,在另一端删除,所以只有最早进入队列的元素才能最先从队列中退出,故队列也称为"先进先出"(First In First Out)表。队列中允许插入的一端称为队尾(rear),允许删除的一端称为队头(front)。在插入和删除操作中,队尾和队头不断变化。

建立队列结构必须静态分配或动态申请一片连续的内存空间,并设置两个指针进行管理。一个指针是队头指针front,它指向队列头元素;另一个指针是队尾指针rear,它指向下一个入队元素的存储单元。每在队尾插入一个元素,rear增1;每在队头删除一个元素,front增1。随着插入和删除操作的进行,队列元素的个数不断变化,队列所占的存储空间也在队列结构的连续空间中移动。当front==rear时,队列中没有任何元素,称为空队。当rear增加到指向连续空间之外时,队列无法再插入新元素,但这时往往还有大量可用空间未被占用。

实际使用队列时,为了避免出现上述情况,往往对队列的使用方法稍加改进。插入时一旦rear指针增1越出所分配的连续空间时,就让它指向这片连续空间的起始存储单元,即归位到开辟队列空间时rear的初态;删除时,front指针也同样处理。这种做法实际上是把队列空间想象成一个环状空间,队列空间中的存储单元循环使用,因此用这种方法管理的队列也称为循环队列。在循环队列中,初始情况下,front==rear表示空队。在队列的操作过程中,front==rear并非一定表示队空,也可能表示队满。在循环队列中,删除操作是front指针追赶rear指针,若赶上,front==rear,则为队空;插入操作是rear指针追赶front指针,若赶上,front==rear,则为队满。如果在进行队列插入或删除之前,已有front==rear,则无法判断是队满还是队空,为此将队满的概念重新定义,约定队列用完Max-1个存储单元即为队满。因此队满的判断条件是front==(rear+1)%MAX,而队空的判断条件仍然是front==rear。

循环队列的定义和操作可用如下程序实现:

```
#define MAX 200                  /* MAX为a队列空间尺寸 */
/* 开辟队列存储区 */
char * Queue[MAX];               /* 队列元素为字符型指针 */
/* 定义一个空队 */
int front=0 , rear=0;
/* 入队操作 */
void enq(char * p){
    if((rear+1)%MAX==front){
        printf("Queue is full! \n");
        return;
    }
```

```
    Queue[rear]=p;
    rear=(rear+1)%MAX;
    return;
}
/*出队操作*/
char *deq(){
    char *elem;
    if(front==rear){
        printf("Queue is empty !\n");
        return NULL;
    }
    elem=Queue[front];
    front=(front+1)%MAX;
    return elem;
}
```

9.1.4 队列的应用

队列最重要的应用是在操作系统中,作业的管理、进程的调度、I/O 请求的处理都要用到队列。实时程序要处理一些随机到达的离散事件,也要用到队列。本节以一个简单的任务调度程序为例,对队列的应用进行介绍。

任务调度程序要求能顺序接受任务,按任务下达的先后顺序执行任务,并支持按列表查看尚待执行的任务。假设任务描述形式是一个字符串,则可用一个指针数组构成的循环队列来实现上述要求。这里每个队列元素是任务命令描述串的字符指针(串存储的始地址)。接受任务即为入队,执行任务即为出队,查看任务即为按顺序显示队列元素所指字符串。

任务调度程序可编制如下:

```
#include<stdio.h>
#include<stdlib.h>
#include<string.h>
#define Max 100
#define MAX 200          /*MAX为队列空间尺寸*/
/*建立队列*/
char *Queue[MAX];        /*队列元素为字符型指针*/
int front=0,rear=0;
int n=1,m=1;             /*m表示即将执行的任务序号;n表示最后接受的任务序号*/
void enq(char *p){       /*入队操作*/
    if((rear+1)%MAX==front){
        printf("Queue is full! \n");
        return;
    }
```

```
    Queue[rear]=p;
    rear=(rear+1)%MAX;
}
char * deq(){                        /* 出队操作 */
    char *elem;
    if(front==rear){
        printf("Queue is empty !\n");
        return NULL;
    }
    elem=Queue[front];
    front=(front+1)%MAX;
    return elem;
}
void enter(){                        接受任务函数 */
    char s[256], *p;
    do{
        printf("Enter appointment %d:",n);
        gets(s);
        if(*s==0) break;
        p=(char *)malloc(strlen(s));
        if(p==NULL){
            printf("Out of Memory!\n");
            return;
        }
        strcpy(p,s);
        enq(p);
        n++;
    }while(*s);
}
void review(){                       /* 查看任务函数 */
    int t,im=m;
    if(front<rear)
        for(t=front;t<rear;t++)
            printf("%d,%s!\n",im++,Queue[t]);
    if(front>rear){
        for(t=front;t<MAX;t++)
            printf("%d,%s!\n",im++,Queue[t]);
        for(t=0;t<rear;t++)
            printf("%d,%s!\n",im++,Queue[t]);
    }
}
void process(){                      /* 执行任务函数 */
    char s[256], *p=s;
```

```
    p=deq();
    if(p==NULL)
        printf("Task were finished!\n");
    else
        printf("%d,%s!\n",m++,p);
}
int main(){
    char s[80];
    int t;
    for(t=0;t<MAX;t++)     Queue[t]=NULL;
    for(;;)    {
        printf("Enter,Review,Process or Quit:");
        gets(s);
        switch(s[0]){
            case 'E':case 'e': enter();break;
            case 'R':case 'r': review();break;
            case 'P':case 'p': process();break;
            case 'Q':case 'q': exit(0);break;
        }
    }
    return 0;
}
```

程序执行结果如图 9-3 所示。

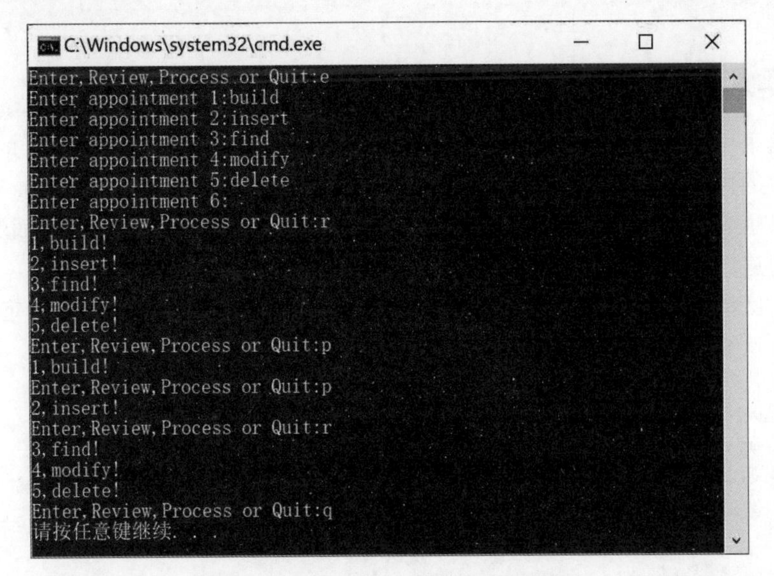

图 9-3　任务调度程序算法执行结果

9.2 二叉树

9.2 二 叉 树

对于具有层次性、递归性的数据，通常以二叉树的形式进行存储和组织。此外，还有某些具有线性关系的数据，从操作方便和算法效率方面考虑，也往往选择以二叉树的形式存储和组织。

9.2.1 二叉树的存储与表示

二叉树的存储结构包括顺序存储和链式存储两种。

二叉树的顺序存储方法是先将其补全为完全二叉树，再从根起按层序将各结点存储在一维数组中，对应的完全二叉树的顺序存储结构定义如下：

```
const MAXSIZE=100;          //二叉树中结点数的最大值
struct{
    char * data;            //存储空间基址,以 char 类型表示结点数据
    int nodenum;            //树中结点个数
}SqBiTree;
```

链式存储中二叉树结点类型定义如下：

```
struct BiTNode{
    char * data;                          //结点数据域,以 char 类型表示结点数据
    struct BiTNode * llink, * rlink;      //左、右子树
} * BiTree;
```

9.2.2 二叉树的遍历

当数据采用二叉树结构时，对数据处理的许多操作是在遍历过程中进行的，例如对数据某个属性的操作，对某个数据的检索等。另外，对数据的某些操作，例如插入、删除等，其操作结果也是依赖于某种遍历顺序的。因此，二叉树的遍历操作是重要而频繁的。因为二叉树的遍历操作是递归定义的，所以用递归函数很容易实现遍历运算。

假设二叉树的结点类型和根结点指针定义为 9.1 节中给出的链式存储定义，则 3 种次序的遍历运算的程序如下：

```
void preorder(struct BiTNode * root){      //先根遍历
    struct BiTNode * p;
    p=root;
    if(p!=NULL)  {
        printf("%s",p->data);
        preorder(p->llink);
        preorder(p->rlink);
    }
}
```

```
void midorder(struct BiTNode * root){        //中根遍历
    struct BiTNode * p;
    p=root;
    if(p!=NULL)  {
        midorder(p->llink);
        printf("%s",p->data);
        midorder(p->rlink);
    }
}
void postorder(struct BiTNode * root){       //后根遍历
    struct BiTNode * p;
    p=root;
    if(p!=NULL)  {
        postorder(p->llink);
        postorder(p->rlink);
        printf("%s",p->data);
    }
}
```

9.2.3　二叉树的应用

在应用二叉树解决实际问题时，通常遵循建立二叉树、遍历二叉树两大步。本节以表达式求值和二叉排序树为例进行详细讲解。

1. 表达式求值

9.1.2 节在介绍栈的应用时，列举了一个表达式求值的例子，其中的表达式是以字符串形式表示的。其实，表达式的概念是递归的，用二叉树表示更为自然。

假设，表达式中只有加、减、乘、除二元运算；操作数都是整数，而且操作数和表达式求值的中间结果、最终结果只需 1 字节便可存储；表达式中没有语法错误。规定一律用括号表示运算的顺序，而且不包括仅由一个数构成表达式的特殊情况。例如，“a * b+c/d”应写成“((a * b)+(c/d))”。对于上面的表达式，在以字符串形式输入计算机之后，应在内存中生成一棵二叉树，如图 9-4 所示。

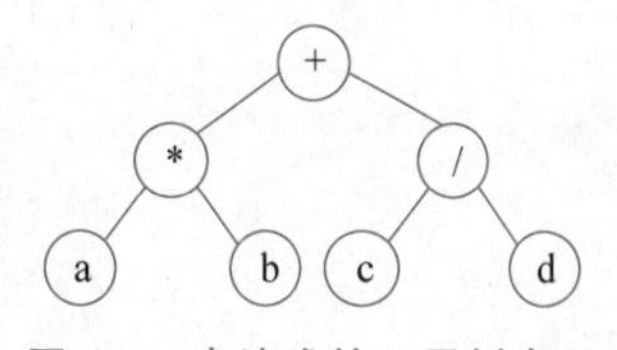

图 9-4　表达式的二叉树表示

二叉树结点类型定义如下：

```
struct Node{
    char * data;                          //字符串形式的运算符和操作数
    int result;                           //以该结点为根的子树所表示的表达式的值
    struct Node * llink, * rlink;         //左、右子树
}
```

从字符串形式的表达式中析取操作数和运算符的过程,称为表达式词法分析。表达式词法分析函数较为复杂,下面仅给出处理上述规范输入的表达式的函数。

```
void getword(char * p, char * pl, char * pt, char * pr){}
```

其中：p 指向待分析表达式;pl 指向第一操作数;pt 指向运算符;pr 指向第二操作数。根据递归的定义,操作数也可以是用括号括起来的表达式,此时指针指向最左括号。另外,该函数不能处理仅由一个数构成的表达式。第一个指针由调用者传入,后三个指针是表达式分析的结果,由该函数传出。

下面给出一个完整程序,其功能是从终端输入一个表达式后,在内存建造一个该表达式的二叉树,并给出该二叉树的根结点指针。用中序遍历结点的 data 域,输出该表达式。用后序遍历计算各结点的 result 域,得到整个表达式的值。在遍历过程中,每经过一个分支结点,就用左右子女结点的值(result)进行该结点(data)所指的运算,并将结果作为该结点的值。

```
#include<stdio.h>
#include "stdlib.h"
struct BiTNode{
    char * data;
    int result;
    struct BiTNode * llink, * rlink;
};
void midorder(struct BiTNode * root){
    struct BiTNode * p;
    p=root;
    if(p!=NULL)  {
        midorder(p->llink);
        printf("%s",p->data);
        midorder(p->rlink);
    }
}
void getword(char * p,char * pl,char * pt,char * pr){
    if(* (++p)=='('){
        while(* p!=')')  * pl++= * p++;           /* 抽取表达式的第一操作数 pl * /
        * pl=')';
        * (++pl)='\0';
        p++;
    }
    else{
        while(* p>='0'&& * p<='9')  * pl++= * p++;
        * pl='\0';
    }
```

```
        * pt++= * p;                          /* 抽取表达式的运算符 pt * /
        * pt='\0';
        if( * (++p)=='('){                    /* 抽取表达式的第二操作数 pr * /
            while( * p!=')')     * pr++= * p++;
            * pr=')';
            * (++pr)='\0';
        }
        else{
            while( * p>='0'&& * p<='9')     * pr++= * p++;
            * pr='\0';
        }
}
void evalexp(struct BiTNode * t){    /* 后序遍历计算表达式的值 * /
    if(t!=NULL){
        evalexp(t->llink);
        evalexp(t->rlink);
        if(t->rlink!=NULL&&t->rlink!=NULL)
            switch( * (t->data)){
            case '+': t->result=(t->llink->result)+(t->rlink->result);
                break;
            case '-': t->result=(t->llink->result)-(t->rlink->result);
                break;
            case '*': t->result=(t->llink->result) * (t->rlink->result);
                break;
            case '/': t->result=(t->llink->result)/(t->rlink->result);
                break;
            }
        else{ /* 处理叶子结点：将字符串转换为相应的整数值 * /
            char * p=t->data;
            int n=0;
            while( * p>='0'&& * p<='9'){  n=n * 10+( * p-48);p++; }
            t->result=n;
        }
    }
}
struct BiTNode * buildTree(char * exp){
    char * pl, * pt, * pr;
    struct BiTNode * lnodep, * tnodep, * rnodep;
    int sz=sizeof(struct BiTNode);
    /* 动态生成字符数组分别存放左、右子树和根结点的数据 * /
    pl=(char * )malloc(10);pt=(char * )malloc(2);pr=(char * )malloc(10);
    getword(exp,pl,pt,pr);                             /* 表达式分割 * /
    if( * pl=='(')
```

```
        lnodep=buildTree(pl);                       /*递归构建左子树*/
    else{
        lnodep=(struct  BiTNode *)malloc(sz);  /*创建左孩子叶子结点*/
        if(lnodep==NULL){
            printf("Out of memory!\n");
            exit(0);
        }
        lnodep->data=pl;
        lnodep->result=0;                           /*初始设置 result 为 0*/
        lnodep->llink=lnodep->rlink=NULL;
    }
    if(*pr=='(')
        rnodep=buildTree(pr);                       /*递归构建右子树*/
    else{
        rnodep=(struct  BiTNode *)malloc(sz);  /*创建右孩子叶子结点*/
        if(rnodep==NULL){
            printf("Out of memory!\n");
            exit(0);
        }
        rnodep->data=pr;
        rnodep->result=0;
        rnodep->llink=rnodep->rlink=NULL;
    }
    tnodep=(struct BiTNode *)malloc(sz);        /*构建根结点*/
    if(tnodep==NULL){
            printf("Out of memory!\n");
            exit(0);
    }
    tnodep->data=pt;
    tnodep->llink=lnodep;
    tnodep->rlink=rnodep;
    return tnodep;
}
int main(){
    struct BiTNode *t;
    char s[80];
    printf("请输入一个表达式: ");
    scanf("%s",s);
    t=buildTree(s);                                 /*由字符串 s 建立二叉树*/
    printf("计算结果: ");
    midorder(t);                                    /*中序遍历输出表达式*/
    evalexp(t);                                     /*后序遍历计算表达式的值*/
    printf("=%d\n",t->result);
    return 0;
}
```

程序执行结果如图 9-5 所示。

图 9-5　二叉树运算程序执行结果

2. 二叉排序树

二叉树中一种非常有用的种类是二叉排序树。二叉排序树的定义为：任意结点的左子树所含结点都小于或等于该结点，而右子树所含结点都大于该结点。当然，结点的排序是对于某个关键字而言的。上面定义中所说的结点大小，实际是指结点关键字的大小。如果要将一批数据元素进行排序，可以先用这些数据元素构造一个二叉排序树，然后按中序遍历即可得到所要求的序列。

二叉排序树的构造方法是：先建立一个空二叉排序树，然后把数据元素逐个插入该树，并且保证每次插入后该树仍是二叉排序树。假设数据元素是单个字符，用它们构造二叉排序树的程序如下：

```
#include<stdio.h>
#include "stdlib.h"
struct BiTNode{
    char data;
    struct BiTNode * llink, * rlink;
} * t;
void midorder(struct BiTNode * root) {       /* 中序遍历 */
    struct BiTNode * p;
    p=root;
    if(p!=NULL)  {
        midorder(p->llink);
        printf("%c",p->data);
        midorder(p->rlink);
    }
}
void instree(struct BiTNode * p) {           /* 二叉排序树的插入操作 */
    struct BiTNode * q;
    if(t==NULL) {                            /* 插入空二叉树 */
        t=p;
        return;
    }
    q=t;
    for(;;) {                               /* 插入非空二叉树 */
        if(p->data<=q->data) {
```

```
            if(q->llink==NULL){
                q->llink=p;
                return;
            }
            else
                q->llink;
        }
        else{
            if(q->rlink==NULL){
                q->rlink=p;
                return;
            }
            else
                q=q->rlink;
        }
    }
}
int main(){
    char s[80];
    int i=0;
    struct BiTNode *p;
    int sz=sizeof(struct BiTNode);
    gets(s);                                /*输入待排序数据*/
    while(s[i]!='\0'){                      /*构建二叉排序树*/
        p=(struct BiTNode *)malloc(sz);
        if(p==NULL){
            printf("Out of memory!\n");
            exit(0);
        }
        p->data=s[i];
        p->llink=p->rlink=NULL;
        instree(p);                         /*将结点插入二叉排序树*/
        i++;
    }
    printf("排序结果: ");
    midorder(t);                            /*中序遍历输出排序结果*/
    return 0;
}
```

程序执行结果如图 9-6 所示。

图 9-6　二叉排序树程序执行结果

只要数据元素是随机插入，二叉排序树就有很好的平均检索性能，但当数据元素按已排序的队列顺序插入时，二叉排序树就退化成了线性链表。

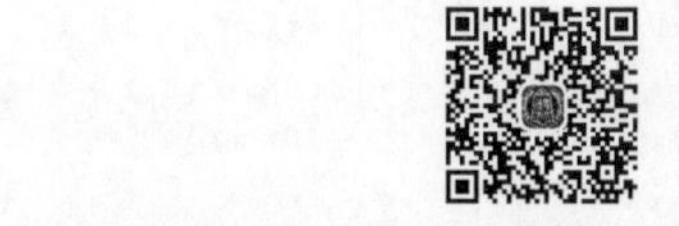

9.3 图

9.3 图

图是比线性表和二叉树都要复杂的一种数据结构，能够描述更为复杂的实际问题，因此应用也更为广泛。

9.3.1 图的存储与表示

图的存储结构包括邻接矩阵和邻接表两种。

邻接矩阵是用于描述图中顶点之间关系（弧或边的权）的矩阵。假设图中顶点数为 n，则邻接矩阵 $\mathbf{A}=(a_{i,j})_{n\times n}$ 定义为：

$$\mathbf{A}[i][j]=\begin{cases}1 & V_i \text{ 和 } V_j \text{ 之间存在弧或边}\\0 & V_i \text{ 和 } V_j \text{ 之间不存在弧或边}\end{cases}$$

例如，图 9-7 的邻接矩阵可表示如下。

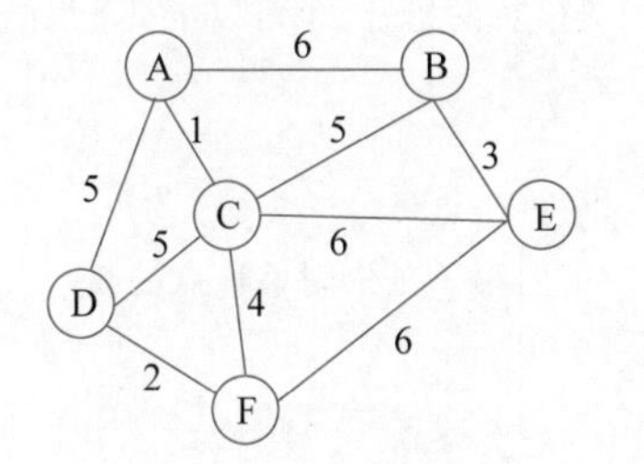

（a）邻接矩阵的图表示

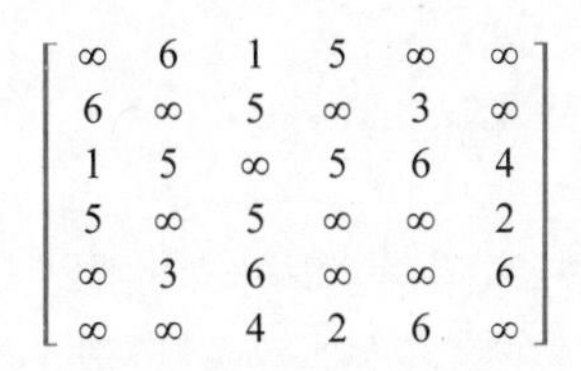

（b）邻接矩阵表示方法

图 9-7　图和邻接矩阵的表示方法

通常用二维数组表示图的邻接矩阵，其存储表示可定义如下：

```
const INFINITYINT_MAX=MAX;                  //最大值∞设为 MAX
const MAX_VERTEX_NUM=20;                    //最大顶点个数
typedef enum {DG, DN, AG, AN } GraphKind;  //图类型(有向图、有向网、无向图、无向网)
typedef struct ArcCell{
    VRType adj;     //VRType 是顶点关系类型: 无权图用 1 或 0 表示;带权图则为权值类型
    InfoType * info;                        //指向该弧相关信息的指针
}ArcCell, AdjMatrix [MAX_ VERTEX_ NUM ] [MAX_ VERTEX_NUM];
typedef struct {
    VertexType  vexs[MAX_ VERTEX_ NUM];    //描述顶点的数组
    AdjMatrix   arcs;                       //邻接矩阵
    int         vexnum,arcnum;              //当前顶点数和弧/边数
    GraphKind   kind;                       //图的种类标志
}MGraph;
```

邻接表是图的一种链式存储表示方法,它类似于树的孩子链表表示法。例如,图 9-7 的邻接表可表示为如图 9-8 所示。

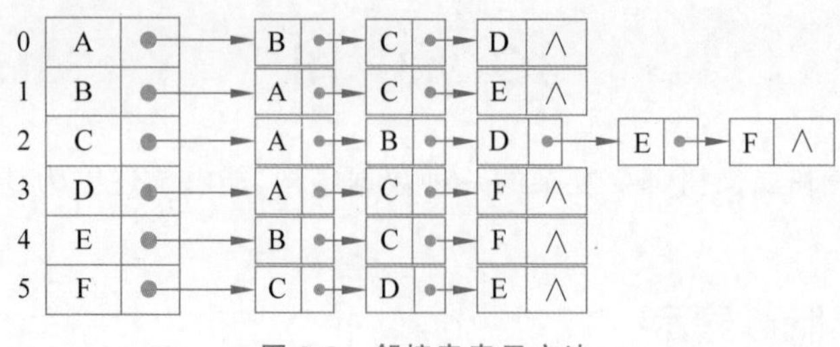

图 9-8 邻接表表示方法

邻接表的定义如下:

```
const MAX_VERTEX_NUM=20;
typedef struct ArcNode {
    int    adjvex;                        //该弧所指向的顶点的位置
    struct ArcNode   * nextarc;           //指向下一条弧的指针
    InfoType    * info;    //指向该弧相关信息的指针,也可以定义为 int,存放权值信息
}ArcNode;
typedef struct VNode {
    VertexType  data;                     //顶点信息
    ArcNode    * firstarc;                //指向第一条依附该顶点的弧
}VNode, AdjList[MAX_VERTEX_NUM];
typedef struct{
    AdjList  vertices;
    int    vexnum,arcnum;                 //图的当前顶点数和弧数
    int    kind;                          //图的种类标志
}ALGraph;
```

9.3.2 图的遍历

在图的应用所涉及的算法中,遍历是最基本的运算。图的遍历是求生成树、找最短路径、进行拓扑排序和求关键路径等各种图运算的基础。图的遍历是对图中的每个顶点都访问且只访问一次,分为深度优先和广度优先两种方式,这两种方式遍历所得到的顶点序列是不同的。图的遍历可在图的不同存储结构上实现,但在不同存储结构上实现算法的难易程度和效率是不一样的。

假设有向图采用邻接表存储形式。因为图的任一顶点都可能和其他顶点相邻接,所以在访问了某个顶点结束,可能沿着某条路径搜索结束又回到该顶点上。为了在图的遍历过程中,记下每个已访问过的顶点,在顶点表的每个结点上增加一个 mark 域,用于存储访问标志。其初始状态为"假",顶点被访问后即变为"真"。另外,为了不破坏边表的链头指针,在顶点表的每个结点上再增加一个 next 域,作为边表的扫描指针,初始时指向边表的链头。

深度优先遍历的过程如下：初始状态是图中所有顶点都未访问。遍历可从图中某个顶点(不妨选 v1) 开始，在访问了这个顶点之后，从边表取出它的下一个邻接点。如果下一个邻接点已经访问过，则继续再取下一个邻接点……直到取出的邻接点未曾访问或已经没有下一个邻接点为止。如果还存在下一个邻接点而且该点未曾被访问，则又从该点开始按深度方向遍历，所以这是一个递归的过程。当某个刚访问了的顶点的所有邻接点都已被访问时，则退到前一次访问的顶点，从它的一个未曾访问的邻接点出发，按深度方向遍历，如果它的所有邻接点也都已被访问，则退到再前一次访问的结点作同样的处理……退到最早出发的顶点时，如果它还有未曾访问的邻接点，则从该邻接点出发按深度方向遍历；如果它的所有邻接点都已被访问，而图中还有顶点未被访问，则再从一个未被访问的顶点开始，重复上述过程。

按深度方向遍历的函数可编制如下：

```
void DepthFirstS(struct vertex * vi){
    int k;
    printf("%c",vi->info);
    vi->mark=1;
    for(;;){
        if(vi->p==NULL)  return;
            k=vi->p->i;
        vi->p=vi->p->next;               /* 让 p 始终指向当前正在访问的边表结点 */
        if(vlist[k-1].mark==0)
            DepthFirstS(point[k-1]);
    }
}
```

广度优先遍历不是一个递归过程。当从某个顶点开始遍历后，接着必须访问完它所有的邻接点。然后对这些邻接点，再逐个依次访问完它所有的邻接点……当然每个顶点只能访问一次。为此，不仅要在顶点表的每个结点增加一个标志，还必须设置一个队列。在访问每一个顶点时，将它的未被访问的邻接点逐个入队，而每次访问的都是从队头出队的顶点。如果图中还有顶点未被访问，则重复上述过程。

按宽度方向遍历的函数可编制如下：

```
void WidthFirstS(){
    struct vertex * vi, * Qelem[N];
    struct edge * p;
    int iloop,front=0,rear=0;
    for(iloop=0;iloop<N;iloop++){
        if(vlist[iloop].mark==0){
            Qelem[rear]=&vlist[iloop];     /* 未访问顶点入队 */
            rear++;
        }
        else
```

```
            continue;
        while(front<rear){
            vi=Qelem[front];                    /*队首顶点出队*/
            front++;
            printf("%c",vi->info);
            vi->mark=1;
            p=vi->head;                         /*用p遍历该顶点相应的边表*/
            while(p!=NULL){
                if(vlist[(p->i)-1].mark==0){
                    Qelem[rear]=&vlist[(p->i)-1];
                    rear++;
                }
                p=p->next;
            }
        }
    }
}
```

完整程序如下：

```
#include<stdio.h>
#include "stdlib.h"
#define N 6                                     /*图的顶点个数*/
#define MAXNUM 30
struct edge{
    int i;
    struct edge *next;
};                                              /*边表结点的结构定义*/
struct vertex{
    int mark;
    char info;
    struct edge *head;
    struct edge *p;
}vlist[N],*point[N];                            /*邻接表表示中顶点结构的定义*/
void WidthFirstS(){                             /*宽度优先遍历函数*/
    …
}
void DepthFirstS(struct vertex *vi){            /*深度优先遍历函数*/
    …
}
void BuildAdjList(){                            /*由邻接矩阵构建邻接表*/
    int iloop,j;
    struct edge *p,*q;
    int sz=sizeof(struct edge);
```

```
    int AdgMatrix[N][N]={{MAXNUM,6,1,5,MAXNUM,MAXNUM},{6,MAXNUM,5,MAXNUM,3,
        MAXNUM},{1,5,MAXNUM,5,6,4},{5,MAXNUM,5,MAXNUM,MAXNUM,2},{MAXNUM,3,
        6,MAXNUM,MAXNUM,6},{MAXNUM,MAXNUM,4,2,6,MAXNUM}};
    printf("已知图: \n");
    for(iloop=0;iloop<N;iloop++){                    /*以邻接矩阵的形式输出图*/
        for(j=0;j<N;j++)
            if(AdgMatrix[iloop][j]==MAXNUM)
                printf("∞   ");
            else
                printf("%2d   ",AdgMatrix[iloop][j]);
        printf("\n");
    }
    for(iloop=0;iloop<N;iloop++){                    /*初始化顶点信息*/
        vlist[iloop].info='A'+iloop;
        vlist[iloop].head=NULL;
        vlist[iloop].mark=0;
    }
    for(iloop=0;iloop<N;iloop++){                    /*创建各顶点的边表*/
        q=vlist[iloop].head;
        for(j=0;j<N;j++)
            if(AdgMatrix[iloop][j]!=MAXNUM){
                p=(struct edge *)malloc(sz);
                if(p==NULL){
                    printf("Out of memory!\n");
                    exit(0);
                }
                p->i=vlist[j].info-'A';          /*边表结点中存放的是顶点序号*/
                p->next=NULL;
                while(q!=NULL)
                    q=q->next;
                q=p;
            }
        vlist[iloop].p=vlist[iloop].head;     /*为深度遍历函数准备指针*/
        point[iloop]=&vlist[iloop];
    }
}
int main(){
    int iloop;
    BuildAdjList();
    printf("宽度优先遍历结果: ");
    WidthFirstS();
    for(iloop=0;iloop<N;iloop++)
        vlist[iloop].mark=0;
```

```
    printf("\n深度优先遍历结果: ");
    for(iloop=0;iloop<N;iloop++)
        if(vlist[iloop].mark==0)
            DepthFirstS(point[iloop]);
    printf("\n");
    return 0;
}
```

程序执行结果如图 9-9 所示。

```
C:\WINDOWS\system32\cmd.exe
已知图:
∞    6    1    5    ∞    ∞
 6   ∞    5    ∞    3    ∞
 1    5   ∞    5    6    4
 5   ∞    5    ∞    ∞    2
∞    3    6    ∞    ∞    6
∞    ∞    4    2    6    ∞
宽度优先遍历结果: ABCDEF
深度优先遍历结果: ABCDEF
请按任意键继续. . .
```

图 9-9　图的遍历程序执行结果

9.3.3　图的应用:最小生成树问题

图的遍历访问了图中所有的顶点,要按一定次序找到这些顶点必须经过某些边。图的遍历所经过的边加上图所有的顶点,就构成图的生成树。如果从某顶点出发可以有路径到达其他任意顶点,则从该顶点出发遍历可得到一棵生成树,否则将得到一棵以上的生成树,称为生成树林。从不同的顶点出发遍历,得到的生成树或生成树林也不同。在 1.3.3 节的例 1.2 中,城市之间公路选线的设计问题就用到了生成树。如果用顶点代表城市,城市之间的公路就可用边代表,一棵生成树就可代表连接各城市公路的一种选线方案。如果给每条边都赋予一个权值,那么边权值总和最小的生成树就称为最小生成树。如果边权值为代表公路的造价,则最小生成树就代表公路选线部总造价最低的设计。要注意一个图的生成树边权总和最小值只有一个,但最小生成树不一定唯一,具有边权总和最小值的生成树都是最小生成树。已知一个边带权的图,求它的最小生成树问题就是最小代价问题,它在现实世界得到广泛的应用。

上面所说的公路选线设计问题的数学模型是一个无向图,而且从任何顶点出发都可以遍历其他所有顶点。在这种情况下,一定可以找出一棵包括所有顶点的最小生成树。可以这样来构造最小生成树:从任意一个顶点开始,首先把它包括进生成树,然后在那些一端在生成树里,一端在生成树外的边中,找一条权值最小的边,并把这条边和其不在生成树里的那个端点包括进生成树。如此进行下去,每次往生成树里加入一个顶点和一条边,直到把所有的顶点都包括进生成树。下面给出用这种方法构造最小生成树的一般算法。

设要处理的是有 n 个顶点的无向图，任两个顶点都有路径相通，边权值为正数，图用邻接矩阵表示。若(V_i,V_j)是边，则邻接矩阵元素 $\mathbf{A}[i,j]$的值为此边的权；若 V_i、V_j 之间没有边，则 $\mathbf{A}[i,j]$的值是一个比任何边权都大的正数；矩阵的对角线元素全为0。因为无向图的邻接矩阵是对称的，实际只需存储下三角矩阵。所以可用一个一维数组来存储下三角矩阵。但为了便于算法的理解，仍然采用二维数组来表示邻接矩阵。

在最小生成树的构造过程中，若顶点 V_i 已包括进生成树，则把邻接矩阵对角线元素 $\mathbf{A}[i,i]$置为1；若边(V_i,V_j)已包括进生成树，则把矩阵元素 $\mathbf{A}[i,j]$置为负值。算法结束时，邻接矩阵中值为负的元素即代表最小生成树的边。在图1-3无向图的邻接矩阵中，求最小生成树的结果如图9-10所示，与图1-4相对应。

求最小生成树的程序可编制如下：

```
#include<stdio.h>
#define N 6              /*图的顶点个数*/
#define MAXNUM 30        /*边长+∞的表示*/
int AdgMatrix[N][N]={{0,6,1,5,MAXNUM,MAXNUM},{6,0,5,MAXNUM,3,MAXNUM},{1,5,
    0,5,6,4},{5,MAXNUM,5,0,MAXNUM,2},{MAXNUM,3,6,MAXNUM,0,6},{MAXNUM,
    MAXNUM,4,2,6,0}};
int main(){
    int i,j,k,min,row=0,col=0,vx=0;
    AdgMatrix[0][0]=1;          /*从V1出发构造最小生成树*/
    for(k=1;k<N;k++){           /*每循环一次找到最小生成树中的一个顶点和一条边*/
        min=MAXNUM+1;           /*min记录本次找到的最小边的权值*/
        for(i=0;i<N;i++){
            if(AdgMatrix[i][i]==1){                /*Vi在生成树中*/
                for(j=0;j<N;j++){
                    if(AdgMatrix[j][j]==0){        /*Vj不在生成树中*/
                        if(j<i&&min>AdgMatrix[i][j]){
                            min=AdgMatrix[i][j];
                            row=i;col=j;vx=j;      /*记录当前最小边的对应信息*/
                        }
                        if(j>i&&min>AdgMatrix[j][i]){
                            min=AdgMatrix[j][i];
                            row=j;col=i;vx=j;
                        }
                    }
                }/*end of for j*/
            }
        }/*end of for i*/
        printf("vex:%d edge:%d\n",vx,AdgMatrix[row][col]);
```

```
        AdgMatrix[row][col]=-AdgMatrix[row][col];
                                        /*将边权置负表示选中边加入生成树*/
        AdgMatrix[vx][vx]=1;
    }
    for(i=0;i<N;i++){
        for(j=0;j<i;j++)
            if(AdgMatrix[i][j]==MAXNUM)
                printf("%4s","+∞");
            else
                printf("%4d",AdgMatrix[i][j]);
        printf("\n");
    }
    return 0;
}
```

程序执行结果如图 9-10 所示。

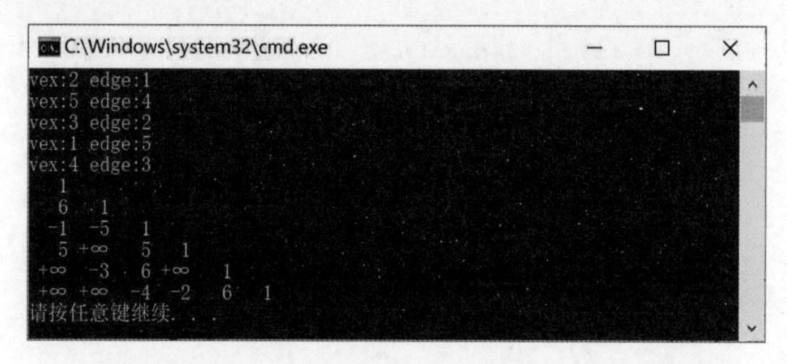

图 9-10　城市选线问题：最小生成树算法执行结果

本章小结

数据结构的逻辑结构包括集合、线性表、树、图 4 种关系，但实际上这 4 种关系可以统一为前驱和后继的顺序关系。集合可以看作是由其中某一元素和除该元素外的其他元素所组成的集合构成；线性关系可理解成由第 1 个元素和剩余元素所组成的线性关系构成；树可以看作由根和除根外的若干棵子树构成；图可以理解成由某一顶点和所有后继顶点为起始点形成的子图构成。因此，各种数据结构在逻辑上可以有统一的表现形式，即它们的定义都是递归的定义。递归是众多数据结构逻辑意义上的统一体。

数据结构的存储结构包括顺序、链式、索引、散列 4 种，但最常用的是前两种，且几乎所有数据结构的逻辑结构都可以用链式结构存储和描述。而链式结构本身具有递归性，因此，递归也是众多数据结构物理构造上的统一体。

本章所讨论的数据结构相关算法大多采用递归思想。

习　　题

1. 若让元素1,2,3,4,5依次进栈,则出栈次序不可能出现为(　　)。

A. 5,4,3,2,1　　B. 2,1,5,4,3　　C. 4,3,1,2,5　　D. 2,3,5,4,1

2. 若已知一个栈的入栈序列是1,2,3,…,n,其输出序列为p_1,p_2,p_3,…,p_n,若$p_1=n$,则p_i为(　　)。

A. i　　B. $n-i$　　C. $n-i+1$　　D. 不确定

3. 数组Q[n]用来表示一个循环队列,f为当前队列头元素的前一位置,r为队尾元素的位置,假定队列中元素的个数小于n,计算队列中元素个数的公式为(　　)。

A. $r-f$　　B. $(n+f-r)\%n$　　C. $n+r-f$　　D. $(n+r-f)\%n$

4. 由3个结点可以构造出(　　)种不同的二叉树。

A. 2　　B. 3　　C. 4　　D. 5

5. 一棵完全二叉树上有1001个结点,其中叶子结点的个数是(　　)。

A. 250　　B. 500　　C. 254　　D. 501

6. 在一个图中,所有顶点的度数之和等于图的边数的(　　)倍。

A. 1/2　　B. 1　　C. 2　　D. 4

7. 设一棵二叉树的先序序列为A B D F C E G H,中序序列为B F D A G E H C。

① 画出这棵二叉树。

② 画出这棵二叉树的后序线索树。

③ 将这棵二叉树转换成对应的树(或森林)。

8. 假设用于通信的电文仅由8个字母组成,字母在电文中出现的频率分别为0.07、0.19、0.02、0.06、0.32、0.03、0.21、0.10。

① 试为这8个字母设计哈夫曼编码。

② 试设计另一种由二进制表示的等长编码方案。

③ 对于上述实例,比较两种方案的优缺点。

9. 已知图的邻接表如图9-11所示,则从顶点v_0出发按广度优先遍历的结果是(　　)。

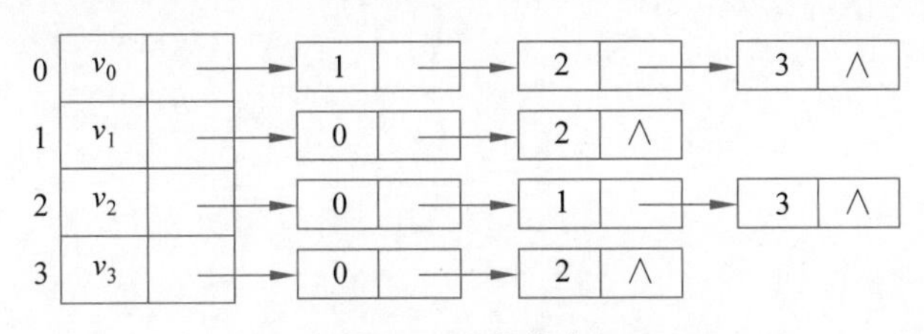

图9-11　邻接表

A. 0 1 3 2　　B. 0 2 3 1　　C. 0 3 2 1　　D. 0 1 2 3

10. 已知图 9-12 所示的有向图,请给出:

① 每个顶点的入度和出度。

② 邻接矩阵。

③ 邻接表。

④ 逆邻接表。

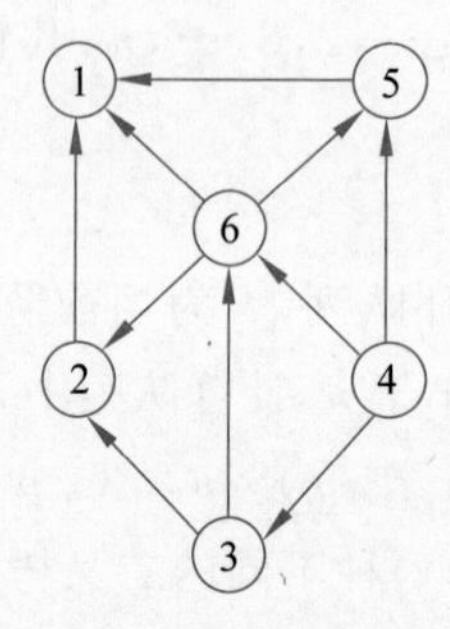

图 9-12 有向图

第三篇 应 用 篇

随着现代科技的日益更新,计算机及其应用已渗透到社会生活的各个领域,成为人们日常生活与工作的最佳帮手,有力地推动了整个信息化社会的发展。在数字智能时代,掌握以程序设计为核心的信息技术的基础知识和应用能力,是现代大学生必备的基本素质。

本篇主要介绍面向对象、单片机、软件工程等基础知识,为完成可视化编程、嵌入式编程、软件开发等任务打下必要的基础。通过本篇学习,应掌握以下内容:

- 面向对象的基础知识。
- 可视化编程的一般步骤。
- 单片机的基础知识。
- 嵌入式编程的常用模式。
- 软件工程基础知识及软件开发文档的书写规范。

第10章 面向对象基础与可视化编程

随着计算机技术的发展,人们对计算机应用软件的需求空前高涨,要求应用软件的开发成本越来越低、研制时间越来越短,而软件规模却越来越大。如何保证在时间短、成本低的情况下设计高质量、大规模的应用软件已经成为程序设计者们面临的首要问题。面向对象程序设计方法正是在这样的背景下应运而生的,它能极大程度地提高软件的复用性,尤其适合团队协作完成大规模软件的开发,是软件开发向工程化发展的必经之路。

本章在介绍面向对象基本概念和C++语言基本构成的基础上,重点讲解可视化编程方法,最后简要介绍信息管理软件的三层架构及常用开发技巧。

10.1 面向对象基础

面向对象是一种对现实世界理解和抽象的方法,其基本思想是基于对象概念,以对象为中心,利用类和继承为构造机制,认识、理解、刻画客观世界,设计、构建相应的软件系统。随着计算机软件技术的发展,面向对象的概念和应用已超越了程序设计和软件开发,扩展到如数据库系统、交互式界面、分布式系统、CAD技术、人工智能等领域。

10.1.1 从面向过程到面向对象

在现实世界中存在的客体是问题域中的主角。客体是指客观存在的对象实体和主观抽象概念,它是人类观察问题和解决问题的主要对象。客体的属性反映客体在某时刻的状态,客体的行为反映客体所能从事的操作。一般地,在任何一个问题域中,客体是稳定的,而行为是不稳定的。例如,不管是国家图书馆、学校图书馆,还是市图书馆,都会含有图书这个客体,但管理图书的方法可能是截然不同的。

面向过程程序设计方法求解问题的基本策略是从功能的角度审视问题域。它将应用程序看成实现某些特定任务的功能模块,其中子过程/子函数是实现某项具体操作的底层功能模块。在每个功能模块中,用数据结构描述待处理数据的组织形式,用算法描述具体的操作过程。这种设计思路不是将客体作为一个整体,而是将依附于客体之上的行为抽取出来,以功能为目标来设计构造应用系统。这种做法导致在进行程序设计的时候,不得不将客体所构成的现实世界映射到由功能模块组成的解空间中,这种变换过程不仅增加了程序设计的复杂程度,而且背离了人们观察问题和解决问题的基本思路。首先,由于客体属性与客体行为的描述是截然分开且没有封装的,因此,如果客体属性的表示方式发生改变,就有可能牵扯到已有系统的很多部分,对客体属性的不安全修改也有可能会给应用程序带来致命的错误。其次,由于仅能对客体行为实现封装,所以可重用单位只能是模块,但对于现今的软件开发需求,这样的重用力度显得微不足道。最后,由于客体行为的不稳定性,客体某个行为上的微小变化可能会波及整个系统,基于客体行为分析、设计程序功能模块必将出现应用程序后期维护和扩展的困难。

面向对象程序设计方法求解问题的基本策略是建造问题域模型。它把构成问题的各个事物分解成各个对象,建立对象的目的不是为了完成某个步骤,而是为了描述一个事物在整个解决问题的步骤中的行为。面向对象的设计中,初始元素是对象,然后将具有共同特征的对象归纳成类,组织类之间的等级关系,构造类库。应用时,在类库中选择相应的类。

10.1.2 基本概念

面向对象程序设计中的基本概念主要包括对象、类和消息。通过这些概念使面向对象的思想得到了具体的体现。

1. 对象

对象是面向对象程序设计的核心,正确地认识和定义对象是掌握面向对象理论的基础。在面向对象程序设计中,我们将问题域中待研究的客观事物抽象表示成对象。例如,一本书、一家图书馆、一个整数、一栋大楼、一架航天飞机等都可以看作对象。

对象是由数据(描述事物的属性)和作用于数据的操作(体现事物的行为)构成的独立实体。它不仅能表示客观世界中有形的物体,也能表示无形的(抽象的)规则、计划或事件。它具有以下特性:

(1) 有一个名字以区别于其他对象。

(2) 有一组状态数据描述其属性。

(3) 有一组操作描述其功能和行为。

(4) 操作可分为:内部操作(自身承受)和外部操作(施加于其他对象)。

一般地,我们将问题描述中的名词或名词词组抽象为一个对象。

2. 类

一个问题域所包含的对象可能是数以万计的,如果我们逐一孤立地去描述和处理这些对象,可能根本得不到问题的解。即使得到了,其工作量之大也是难以想象的。怎样才能事半功倍呢?这就需要我们进一步深入分析对象与对象之间的关系,它们之间是等价关系,包含关系,还是平行关系?要确定这些关系,我们就必须遵循一定的分类准则。在面向对象程序设计中,程序设计者也应站在分类学家的角度去看待问题域中的各个对象,把具有相同属性和相同行为的对象抽象表示成一个类。抽象的过程就是将有关事物的共性归纳、集中的过程,其作用是表示同一类事物的本质。

类是对多个同类型对象的抽象,是构造对象的模板,它对逻辑上相关的数据和操作进行封装。对象是类的具体化,是类的实例。

类可由其子类或其他类组合而成,这样就形成了类的层次结构。通常,一种高级程序设计语言不仅提供用户自定义类的语法,还会同时提供一些基本的内置类,例如整数类、实数类、字符类、字符串类、文件类等。程序设计者只须在程序中包含相应的头文件,即可直接使用这些内置类,而无须每次使用都对其重新定义。

在程序中,类实际上就是用户自定义的数据类型,是对逻辑上与该数据类型相关的状态和行为的封装定义。

其实,类只是一个虚概念,它不对应于问题域中的具体事物,因此,只包含类定义的程序是不具有实际意义的。类只有被实例化为具体的对象之后才能在程序中产生实际作用,而对象只有被指名了所属类型才能在计算机中存在。

3. 消息

在面向对象程序中,程序之间的相互作用是通过对象互发消息实现的,这类似于人与人之间沟通时的信息传递。然而,人与人的沟通可以通过语言、眼神、动作等多种形式实现,而对象之间的沟通必须以消息的形式实现。

消息是对象之间相互请求或相互协作的途径,是要求某个对象执行某个功能操作的规格说明。一般它由三部分组成:接收消息的对象、消息名及实际变元。针对某个特定的对象,按照功能的不同将消息分为三类:可返回对象内部状态的消息、可改变对象内部状态的消息以及可完成一些特定操作并改变系统状态的消息。

消息具有三个性质:

(1) 同一对象可接收不同形式的多个消息,并产生不同的响应。

(2) 相同形式的消息可传送给不同类型的对象,产生的响应可能截然不同。

(3) 消息的发送可以不考虑具体的接收者,对象可以响应消息,也可以不响应消息。

当对象A需要请求对象B完成某种功能时,A就向B发消息(即调用B的某个成员函数),消息(调用语句)中包括了接收消息的对象名B、成员函数名及实际参量,B在执行完该成员函数后再将执行结果返回给A,这样就完成了A与B之间的一次消息传递。

10.1.3 基本特征

面向对象的应用解决了传统的面向过程开发方法中客观世界描述工具与软件结构的不一致性问题,缩短了开发周期,解决了从分析、设计到软件模块结构之间多次转换映射的繁杂过程,是目前主流的软件开发方法。它具备封装、继承和多态性三个主要特征。

1. 封装

封装(Encapsulation)就是把对象的属性和行为结合成一个独立的单位,并尽可能隐蔽对象的内部细节,具体体现在类的说明中。封装是一种信息隐蔽技术,是面向对象的重要特性之一,其好处主要有以下两点:

(1) 数据保护。

封装把对象的全部属性和行为结合在一起,形成一个不可分割的独立单位,对象的属性值(公有属性除外)只能由这个对象的行为来读取和修改。

(2) 操作保护。

封装尽可能隐蔽对象的内部细节,对外形成一道屏障,与外部的联系只能通过外部接口实现。用户只能见到对象的外特性(即对象能接收哪些消息、具有哪些处理能力),而对象的内特性(保存内部状态的私有数据和实现加工能力的算法)对用户是隐蔽的。

封装的目的在于把对象的设计者和对象的使用者分开,使用者不必知晓行为实现的细节,只须使用设计者提供的消息来访问该对象。

2. 继承

继承是子类自动共享父类数据和方法的机制,具体体现在类的派生功能。继承允许从现有的类建立新类,新类继承了现有类的属性和行为,并且可以根据自己的需要修改这些属性和行为。被继承的类称为基类,新定义的类称为派生类。类似人类社会中的血缘承继,派生类在继承基类属性和行为的同时,可以添加自己的数据成员和函数成员。

继承分为单继承(一个子类只有一个父类)和多重继承(一个子类有多个父类)。

继承机制实现了"软件重用"的思想。继承可以使程序员方便地重用已经定义的经过测试和调试的高质量的代码,提高软件开发的效率。它不仅支持系统的可重用性,而且还促进系统的可扩充性。

3. 多态性

多态性(Polymorphism)是指由继承而产生的不同的相关类,其对象对同一消息会做出不同的响应,从而增加程序的灵活性。具体来说,多态性是指类中同一函数名可以对应多个具有相似功能的不同函数,并使用相同的调用方式来调用这些具有不同功能的同名函数。例如,Print 消息被发送给图或表时调用的打印方法与将同样的 Print 消息发送给正文文件而调用的打印方法会完全不同。

多态性的实现受到继承的支持,利用类继承的层次关系,把具有通用功能的协议存放在类层次中尽可能高的地方,而将实现这一功能的不同方法置于较低层次。这样,在这些低层次上生成的对象就能给通用消息以不同的响应。在面向对象编程中可通过强制多态、重载多态、类型参数化多态、包含多态 4 种形式实现。

这 4 种形态式中,强制多态通过数据类型转换实现;重载多态包括函数重载和运算符重载;类型参数化多态通过模板实现;包含多态通过虚函数实现。其中,强制多态与重载多态只是表面的多态,而类型参数化多态和包含多态才是真正的多态。

综上可知,在面向对象程序设计中,对象和消息传递分别表现事物及事物间相互联系的概念,方法是允许作用于该类对象上的各种操作,类和继承是适应人们一般思维方式的描述方法。这种包括对象、类、消息的程序设计方法的基本点在于对象的封装和类的继承。通过封装能将对象的定义和对象的实现分开,通过继承能体现类与类之间的关系,以及由此带来的动态联编和实体的多态性,从而构成了面向对象的基本特征。

10.1.4 面向对象程序设计的一般步骤

面向对象程序设计的思考方式是面向问题结构的，它认为现实世界是由对象组成的，而问题求解的方法与现实世界是对应的。因此，采用面向对象程序设计方法解决实际问题，需要确定这个问题由哪些对象组成，以及这些对象之间是如何相互作用的。

一般地，面向对象的程序设计方法可以大致分成以下五步：

(1) 找出问题域中的对象及对象之间的关系，描述对象之间的消息通信方式。

(2) 抽象出问题域中的类，描述每个类的属性和行为。

(3) 找出类之间的关系，确定类之间的继承和复合关系。

(4) 代码实现类及其对象。

(5) 代码实现主程序。

10.2 C++ 语言概述

C++ 是一种面向对象的程序设计语言，它由 C 语言发展而来，是 C 语言的超集。它支持过程式和对象式程序设计，属于一种混合语言。本节主要讨论其在 C 语言基础上增加的、支持面向对象程序设计的语言成分。

10.2.1 C++ 对 C 语言非面向对象特性的扩充

1. 关键字

C++ 语言中定义了 66 个关键字，比 C 语言的关键字多 34 个，表 10-1 列出了两者的对比关系。

表 10-1　C++ 与 C 关键字对比表

C 语言关键字(32 个)			C++ 新增关键字(34 个)		
auto	switch	sizeof	try	bad_cast	bool
extern	case	const	catch	const_cast	class
register	default	unsigned	throw	reinterpret_cast	delete
static	if	signed	except	dynamic_cast	new
void	else	struct	finally	static_cast	explicit
float	for	union	friend	operator	template
double	do	enum	public	mutable	inline
char	while	typedef	private	this	bad_typeid
int	break	volatile	protected	virtual	type_info
short	continue	goto	using	true	typename
long	return		namespace	false	typeid
			asm		

2. 数据表示方面的扩充

1) 基本数据类型中增加 bool 类型

布尔型用来表示逻辑真、假,用关键字 bool 进行定义,取值范围为 true 和 false。Visual C++ 6.0 中 bool 型数据占 1 字节的内存空间。

2) 局部变量的定义

C++ 中变量的定义语句可以和执行语句交替出现,但必须符合"先定义,再使用"的原则,且其有效作用域是有范围限制的,一般为从定义语句开始到遇到第一个"}"为止。

3) const 修饰符

C++ 语言除了可以用 #define 定义常量(称为宏常量)外,还可以用 const 来定义常量(称为 const 常量)。定义的格式如下:

```
const float PI=3.14159;
```

或

```
float const PI=3.14159;
```

注意:

- 如果 const 定义的是一个整型常量,那么关键字 int 可省略。
- 如果某一常量与其他常量密切相关,应在定义中包含这种关系,而不应给出一些孤立的值。例如:

```
const int RADIUS=100;
const int DIAMETER=RADIUS * 2;
```

const 常量与宏常量相比具有以下优点:

(1) const 常量有数据类型,而宏常量没有数据类型。编译器可以对前者进行类型安全检查,而对后者只进行字符替换,没有类型安全检查,并且进行字符替换时可能会产生意料不到的错误。

(2) 有些集成化的调试工具可以对 const 常量进行调试,但是不能对宏常量进行调试。

3. 运算符方面的扩充

1) 强制类型转换

C++ 提供了一种类似于函数格式的强制类型转换,例如:

```
int x=1;
double y=double(x);
```

2) 作用域运算符"::"

如果有两个同名变量,一个是全局的,一个是局部的,那么局部的变量在其作用域将拥有较高的优先权，而全局变量则被屏蔽。如果希望在局部变量的作用域里使用全局变量时就要用作用域运算符“::”，例如：

```
#include<iostream.h>
int x;
int main(){
    int x=50;
    ::x=100;
    cout<<"局部变量 x="<<x<<endl;
    cout<<"全局变量 x="<<::x<<endl;
    return 0;
}
```

执行结果为

```
局部变量 x=50
全局变量 x=100
```

3）引用

C++ 中的引用就是给变量起别名。使用引用的格式为

```
类型 &引用名=已定义的变量名
```

注意：

(1) 在声明引用时，必须立即对它进行初始化，不能声明完后再赋值。

(2) 引用的类型必须和给其赋值的变量的类型相同。

(3) 为引用提供的值，可以是变量也可以是引用。

(4) 引用在初始化后不能再被重新声明为另一个变量的引用。

(5) 不能建立数组引用。

(6) 不能建立引用的引用，不能建立指向引用的指针。

(7) 可以把引用的地址赋给指针；

(8) 可以用 const 对引用加以限定，但不允许改变引用的值。

(9) 引用运算符和地址操作符虽然都是使用 &，但引用只是在声明时才用，而在其他场合使用 & 都是地址操作符。

其实引用的主要用途是作函数参数，在 C 语言中传递函数参数有两种情况，分别是“传值调用”和“传址调用”，而引用作为函数参数传递，则是“传址调用”，它和 C 语言中指针作为参数传递的效果是一致的，只不过它不需要像指针一样使用间接引用运算符“*”。

引用与指针的区别：

(1) 引用被创建的同时必须被初始化；指针则可以在任何时候被初始化。

(2) 引用不能有 NULL 引用，且必须与合法的存储单元关联；指针则可以是 NULL。

(3) 引用一旦被初始化，就不能改变引用的关系；指针则可以随时改变所指的对象。

4）new 和 delete

C 语言中的 malloc 和 free 函数被用于动态分配内存和释放动态分配的内存，而在 C++ 里，虽然保留了这两个函数，但是一般使用运算符 new 和 delete 来更好地进行内存的分配和释放。

内存分配的基本形式：指针变量名=new 类型。例如：

```
int * x;
x=new int;
```

或：

```
char * chr;
chr=new char;
```

释放内存的基本形式：delete 指针变量名。例如：

```
delete x;
delete chr;
```

虽然 new 和 delete 的功能和 malloc 和 free 相似，但是前者有几个优点：

(1) new 可以根据数据类型自动计算所要分配的内存大小，而 malloc 必须使用 sizeof 函数来计算所需要的字节。

(2) new 能够自动返回正确类型的指针，而 malloc 的返回值一律为 void *，必须在程序中进行强制类型转换。

(3) new 还可以为数组动态分配内存空间。

例如："int * array=new int[10];"或"int * xyz=new int[8][9][10];"。

释放时用："delete []array;"和"delete []xyz;"。

(4) new 可以在给简单变量分配内存的同时初始化，但不能对数组进行初始化。

例如："int * x=new int(100);"。

注意：有时候如果没有足够的内存满足分配要求，则有些编译系统将会返回空指针 NULL。

4. 注释语句

C++ 提供了两种书写注释的方法：

(1) 单行注释：从符号"//"开始到本行结束。

(2) 多行注释：以符号"/ * "开始到符号" * /"结束。

5. 输入输出

C++ 的输入输出功能由输入输出流 iostream 库提供，输入输出流库是 C++ 中一个面向对象的类层次结构，也是标准库的一部分。

iostream 中预定义了三个流类对象(流是指数据从一个对象到另一个对象的流动，也可简单理解为一段缓冲区)。

(1) cin 用来绑定终端输入(standard input)即键盘输入。

(2) cout 用来绑定终端输出(standard output),即屏幕输出;

(3) cerr 用来绑定标准错误(standard error),也与显示终端绑定,通常用来产生给程序用户的警告或错误信息。

任何要想使用 iostream 库的程序必须包含相关的系统头文件,如“ ＃include ＜iostream＞。”

输出操作符<<用来将一个值导向到标准输出 cout 或标准错误 cerr 上,例如“cout <<"a＋b＝"<<a＋b;”。

输入操作符>>用来从标准输入设备读入一个值,一般用于从对象 cin 读取数值传递给右方变量。例如“cin>>a>>b;”。

使用 cin 和 cout 进行数据输入输出时,能够自动按照正确的默认格式处理。当需要设置特殊格式时,C++ 的 I/O 流类库通过提供操纵符的形式来实现 I/O 格式控制。此时,需要首先在源程序开头包含 iomanip 头文件。常用的 I/O 流类库操纵符如表 10-2 所示。

表 10-2　常用 I/O 流类库操纵符

操纵符名	含　义
dec	以十进制表示数值数据
hex	以十六进制表示数值数据
oct	以八进制表示数值数据
ws	提取空白符
endl	插入换行符,并刷新流
ends	插入空字符
setprecision(int)	设置浮点数的小数位数(包括小数点)
setw(int)	设置域宽

6. 函数机制的扩充

1) 内联函数

内联函数就是在函数定义中的函数头前冠以关键字 inline,当 C++ 在编译时,使用函数体中的代码插入到要调用该函数的语句处,同时用实参代替形参,以便在程序运行时不再进行函数调用。

引入内联函数的目的主要是为消除函数调用时的系统开销,以提高系统的运行速度。如果在程序执行过程中调用函数,系统要将程序当前的一些状态信息保存到栈中,同时转到函数的代码处去执行函数体,这些参数的保存和传递过程需要时间和空间的开销,使得程序效率降低。

但是并不是什么函数都可以定义为内联函数,一般情况下,只有规模很小且使用频繁的函数才定义为内联函数,这样可以提高程序的运行效率。

2) 函数重载

函数重载是指如果函数参数的类型或者个数不同(或者两者兼而有之),多个函数可以使用相同的函数名。例如,两个 int 型数据的加法运算和两个 double 型数据的加法运算,其函数名都可以定义为 add,在发生函数调用时系统会根据实参的类型自动匹配并调用适用的 add 函数。

注意:

(1) 函数返回值不在函数参数匹配检查之列。

(2) 函数重载与带默认参数的函数一起使用可能会引起二义性。

(3) 如果函数调用给出的实参和形参类型不符,C++ 会自动执行类型转换,转换成功会继续执行,但是在这种情况下可能会出现不可识别的错误。

3) 带默认参数的函数

在 C++ 里,如果函数定义在后,函数调用在前,则函数声明中函数名称、参数类型和个数以及返回值都必须说明,不能略写。此外,在 C++ 中允许实参和形参的个数不一样,方法是在说明函数原型时,为一个或多个形参指定默认值,这样以后调用此函数时,若省略其中某一实参,C++ 将自动以默认值作为相应参数的值。

注意:

(1) 默认参数必须在参数列表的最右端。

(2) 不允许某个参数省略后,再给其后的参数指定参数值。

(3) 如果函数定义在函数调用之后,则函数调用之前需要函数声明,且必须在函数声明中给出默认值,在函数定义时就不必给出默认值了(有的 C++ 编译系统会给出"重复指定默认值"的错误信息)。

4) 运算符重载

重载就是重新赋予新的含义。函数重载是对一个已有的函数赋予新的含义,使之实现新功能。运算符也可以重载,运算符重载的方法是定义一个重载运算符的函数,在需要执行被重载的运算符时,系统就自动调用该函数,以实现相应的运算。也就是说,运算符重载是通过定义函数实现的,其本质就是函数的重载。

重载运算符的函数一般格式为

```
函数类型 operator 运算符名称 (形参表列) {
    对运算符的重载处理
}
```

例如,想将运算符+用于 Complex 类(复数)的加法运算,函数的原型可以是这样的:

```
Complex operator+ (Complex& c1,Complex& c2);
```

在定义了重载运算符的函数后,可以说:函数 operator+重载了运算符+。

例 10.1 重载运算符+，使之能用于两个复数相加。

```
#include<iostream>
using namespace std;
class Complex{
    public:
        Complex(){real=0;imag=0;}
        Complex(double r,double i){real=r;imag=i;}
        Complex operator+(Complex &c2);            //声明重载运算符的函数
        void display();
    private:
        double real;
        double imag;
};
Complex Complex::operator+(Complex &c2) {          //定义重载运算符的函数
    Complex c;
    c.real=real+c2.real;
    c.imag=imag+c2.imag;
    return c;
}
void Complex::display(){
    cout<<"("<<real<<","<<imag<<"i)"<<endl;
}
int main() {
    Complex c1(3,4),c2(5,-10),c3;
    c3=c1+c2;                                      //运算符+用于复数运算
    cout<<"c1=";c1.display();
    cout<<"c2=";c2.display();
    cout<<"c1+c2=";c3.display();
    return 0;
}
```

程序运行结果如下：

```
c1=(3+4i)
c2=(5-10i)
c1+c2=(8,-6i)
```

注意：

(1) C++ 不允许用户自行定义新的运算符，只能对已有的 C++ 运算符进行重载。

(2) C++ 中绝大部分的运算符允许重载，不能重载的运算符只有 5 个，如表 10-3 所示。

表 10-3 C++ 中不能重载的运算符

运算符	说明
.	成员访问运算符
.*	成员指针访问运算符
::	域运算符
sizeof	长度运算符
?:	条件运算符

(3) 重载不能改变运算符的优先级别、结合性、运算对象(即操作数)的个数。

(4) 重载运算符的函数不能有默认的参数。

(5) 重载运算符必须和用户定义的对象(自定义类型)一起使用,其参数至少应该有一个是类对象(或类对象的引用)。也就是说,参数不能全部是C++的标准类型,以防止用户修改用于标准类型数据的运算符的性质。

(6) 用于类对象的运算符一般必须重载,但有两个例外,即运算符=和&不必重载。赋值运算符=可以用于每一个类对象,可以利用它在同类对象之间相互赋值。地址运算符&也不必重载,它能返回类对象在内存中的起始地址。

(7) 应当使重载运算符的功能类似于该运算符作用于标准类型数据时所实现的功能。

(8) 运算符重载函数可以是类的成员函数,也可以是类的友元函数,还可以既不是类的成员函数也不是友元函数的普通函数。

通过运算符重载,扩大了C++已有运算符的作用范围,使之能用于类对象。运算符重载使C++具有更强大的功能、更好的可扩充性和适应性,这是C++最吸引人的特点之一。

10.2.2 C++支持面向对象特性的扩充

1. 类

在C++语言中引入类的目的就是为程序员提供一种用于建立新类型的工具,当现实世界中的某个概念在C++的内置类型中找不到直接对应时,我们就可以设计一个新类型与之对应,并且使这些新类型的使用能够像内置类型一样方便。

从程序设计的层面理解,类的作用就类似于现实生活中工厂生产包装盒时用的模具,人们可以用不同形状(星形、心形、方形、圆形)的模具做出各种不同形状的包装盒来存放物品。而在程序设计中,我们以类为模板定义出问题域中的各个对象,这些对象就像盒子一样可以存放不同的数据,如果程序中的计算需要某数据,我们就从存放该数据的盒子(对象)中取,同样,计算的结果也可以再放回盒子中。在这里,我们也可以形象地把类称为"对象模具"。类、对象与数据的关系就类似于模具、包装盒与物品的关系。盒子可以存放物品,模具却不能存放物品,同理,只有具体的对象才能存放计算所需的数据,而类是不能存放数据的。

1) 类的声明

类声明的格式一般分为说明部分和实现部分。说明部分用来说明该类中的成员,包含数据成员(描述属性)的定义和成员函数(描述行为)的声明两部分;实现部分给出在类体内所声明的成员函数的定义部分。概括地说,说明部分将告诉使用者做什么,而实现部分是告诉使用者怎么做。

类声明的一般格式如下:

```
class  <类名>
{
```

```
    private:
                <私有数据成员和成员函数>;
    protected:
                <保护数据成员和成员函数>;
    public:
                <公有数据成员和成员函数>;
};
<各个成员函数的实现>;
```

说明部分由类头和类体构成。类头包括 class 和＜类名＞：class 是声明类的关键字；＜类名＞是一个标识符，用于唯一标识一个类，通常用 T 字母开头的字符串作为类名。花括号内是类体部分，说明该类的成员，包含数据成员和成员函数。其中，类的数据成员主要描述该类对象的共有属性或状态。它能确切描述/区分一类对象的属性，是成员函数所操控的数据对象的集合；类的成员函数主要描述类的行为，是程序算法的实现部分，它描述的是对类的数据成员进行操作的方法。因此，有时也称类的成员函数为方法。

从访问权限上来分，类的成员分为公有、私有和保护 3 类。公有成员用关键字 public 说明，通常包含一些操作(即成员函数)，是类的外部接口，用户可通过对象引用这些接口。私有成员用 private 来说明，通常包含一些数据成员，这些成员用来描述该类中对象的属性，用户无法访问它们，只有成员函数或经特殊说明的函数才可以引用它们，它们是被隐藏的部分。保护类(protected)将在以后介绍。公有成员、私有成员和保护成员在类体内(即一对花括号内)出现的先后顺序不定，并且允许多次出现。

实现部分包含所有在类体内说明的成员函数的定义。如果一个成员函数在类体内定义了，实现部分将不再出现。如果所有的成员函数都在类体内定义，则实现部分可以省略。

定义类成员函数的格式如下：

```
返回类型 类名::成员函数名(形式参数说明)
{
    函数体;
}
```

定义类的基本思想就是将实现中非必然的细节(例如，类成员的存储布局)与正确使用该类的至关重要的性质(例如，访问类中数据成员的函数列表)区分开来。表示这种区分的最好方式就是提供一个特定的界面，令对于数据结构以及内部维护例程的所有使用都通过这个界面进行。从这个角度分析，类声明中的所有公有成员就组成了这个特定的界面。类内部的构造将完全隐藏在这个界面之下，而程序员只能通过这个界面访问类。也就是说，我们应该把不希望被别人(类以外的程序)随意访问和使用的成员定义为私有成员，以达到信息隐藏的目的。当然，一个类要发挥作用就不能只包含私有成员，还必须设计一些相应的公有成员。这样，当别人(类以外的程序)需要改变或访问类中的私有成员时，就可以且必须通过类的某个公有成员按照程序员预先设定好的程序进行而不会任意妄为,即达到数据保护的目的。

声明类时应注意的事项如下:

(1) 在类体中不允许对已定义的数据成员进行初始化。

(2) 类中数据成员的类型可以是任意的,包含整型、浮点型、字符型、数组、指针和引用等。除此之外,也可以是对象,即另一个类的对象也可以作为该类的成员。但类自身的对象不可以作为该类的成员,只有类自身的指针或引用才可以。当类A的对象作为类B的成员时需要提前定义或说明类A。

(3) 一般地,在类体内先说明公有成员,它们是用户所关心的;后说明私有成员,它们是用户不感兴趣的。在说明数据成员时,一般按数据成员的类型大小由小至大说明,这样可提高时空利用率。

(4) 一般地,将类定义的说明部分或者整个定义部分(包含实现部分)放到一个头文件中。

此外,如果某个属性为整个类所有且不属于任何一个具体对象,我们就应该在类声明中把它声明为静态数据成员。声明的一般格式为

```
static 类型名 成员名;
```

静态数据成员在每个类中只有一个副本,由该类的所有对象共同维护和使用,实现了同类的不同对象之间的数据共享。

在类声明中仅仅给出了静态数据成员的声明而并未给出其定义。因此,还必须在文件作用域的某个地方给出静态数据成员的定义及初始化。由于静态数据成员只属于类而不属于任何一个对象,因此,只能通过"类名::标识符"的形式进行访问。

2) 构造函数和析构函数

除了一般的成员函数外,每个类都包含两个特殊的成员函数——构造函数和析构函数。构造函数帮助我们在创建类对象的同时完成必要的初始化工作,析构函数则在对象使用结束时完成必要的清理工作。

任何时候,只要创建类的对象,就会自动调用构造函数。一个类可以定义多个接受不同参数的构造函数,也可以不定义任何构造函数。一个类声明中不包含任何的构造函数时,编译器会为其自动生成一个默认的无参构造函数,它不执行任何操作,其一般格式如下:

```
<类名>::<类名>()
{
}
```

如果类中声明了构造函数,编译器便不会再生成如上的默认构造函数了。通常情况下,建议大家显式给出类的构造函数,因为构造函数可以使程序员设置更规范的默认值、限制实例化、编写灵活且便于阅读的代码。

定义构造函数的一般格式如下:

```
class<类名>
{
    public:
        <类名>(参数表)
        //…(还可以声明其他成员函数)
};
<类名>::<类名>(参数表)
{
    //函数体
}
```

构造函数有以下几个特点：

(1) 构造函数的命名必须和类名完全相同。

(2) 构造函数没有返回值，也不能用 void 修饰，试图指定构造函数的返回类型将导致语法错误。

(3) 构造函数不能被直接调用，必须通过 new 运算符在创建对象时自动调用。

(4) 一个类可以定义若干个构造函数，可以是公有的、私有的或者受保护的；若一个类只定义了私有的构造函数，则无法通过 new 关键字来创建其对象。

(5) 构造函数有回滚的效果。当构造函数抛出异常时，构造的是一个不完整对象，此时便会回滚，将此不完整对象的成员全部释放。

析构函数和构造函数的作用刚好相反，析构函数用于撤销对象。例如，释放分配给对象的内存空间。

析构函数名和构造函数名相同，但在析构函数名前面要加"～"符号。析构函数没有参数，也没有返回值，且不能重载，因此一个类中只能有一个析构函数。

如果程序员没有定义析构函数，则编译器会自动生成默认的析构函数。一般情况下，默认析构函数就够用了，但在某些特殊情况下必须显式定义析构函数。例如，类中的某个数据成员在构造函数中使用 new 申请了内存空间，这时就需要显式定义析构函数，并在析构函数中使用 delete 释放这些空间。

3) 友元

友元是一种定义在类外部的普通函数或普通类，但它需要在类体内用 friend 进行声明，友元的引入使得非成员函数能够访问类的私有成员。

友元函数的声明格式如下：

```
friend  类型 函数名(形式参数);
```

友元函数的声明可以放在类的私有部分，也可以放在公有部分，它们是没有区别的，都说明是该类的一个友元函数。一个函数可以是多个类的友元函数，只需要在各个类中分别声明。友元函数的调用与一般函数的调用方式和原理一致。

友元类的所有成员函数都是另一个类的友元函数，都可以访问另一个类中的隐藏信息(包括私有成员和保护成员)。

定义友元类的语句格式如下：

```
friend class 类名;
```

其中,friend 和 class 是关键字,类名必须与程序中的一个已定义过的类相同。

注意：

(1) 友元可以访问类的私有成员。

(2) 友元声明只能出现在类定义内部,但是可以在类中的任何地方,一般放在类定义的开始或结尾。

(3) 友元可以是普通的非成员函数,或前面定义的其他类的成员函数,或整个类。

(4) 类必须将重载函数集内每一个希望设为友元的函数都声明为友元。

(5) 友元关系不能继承,基类的友元对派生类的成员没有特殊的访问权限。如果基类被授予友元关系,则只有基类具有特殊的访问权限,该基类的派生类不能访问授予友元关系的类。

4) 组合与继承

现实世界中,概念之间普遍存在两种关系,即“由……组成”和“……是……”。类与类之间也存在着这样两种关系,即组合和继承。组合用来表征类之间的包含关系,即“A 由 c、d、e 等组成”,例如,汽车由引擎、车轮、座椅等组成。继承用来表征类之间的共性,即“b 是 A,c 也是 A”,例如,本科生是学生,研究生也是学生。利用组合与继承能够很自然地描述类与类之间的关系,并得以在现有类的基础上构造或扩展新的类,避免重复代码带来的诸多问题。组合和继承是面向对象程序设计中软件重用的两种重要形式。

(1) 组合类。

组合类的声明与一般类的声明无异,只是其中内嵌了其他类的对象作为成员。

组合类构造函数定义的一般形式如下：

```
类名::类名(形参表):内嵌对象 1(形参表), 内嵌对象 2(形参表),…
{
    类的初始化
}
```

其中,“内嵌对象 1(形参表),内嵌对象 2(形参表),……”称为初始化列表,其作用是对内嵌对象初始化。

注意：构建以彼此的对象为数据成员的两个类是非法的。

(2) 派生类。

一个类可以继承另一个类的属性。其中被继承的类叫作基类(Base class),继承后产生的类叫作派生类(Derived class)。有时也把基类称为“父类”,而把派生类称为“子类”。

派生类继承了基类的全部数据成员和除了构造函数、析构函数的全部成员函数。定义派生类的一般格式如下：

```
class 派生类名:[访问属性] 基类名
{
    …
};
```

其中:

(1) class 是类定义的关键字,用于告诉编译器下面定义的是一个类。

(2) 派生类名是新定义的类名。

(3) 访问属性(也叫继承方式、访问权限、引用权限)是访问说明符,用于决定在派生类中能访问从基类继承的哪些成员以及怎样访问,类成员可以是 private、public 和 protected 之一,缺省时的默认值为 private。派生类名和访问属性之间用冒号隔开。

(4) 基类名可以有一个,也可以有多个。如果只有一个基类,则这种继承方式叫作单继承;如果基类名有多个,则这种继承方式称为多继承。多继承时各个基类名之间用逗号隔开。

派生类构造函数的一般书写形式为

```
派生类名(参数总表): 基类名 1(参数表 1),…,基类名 n(参数表 n),
                    内嵌对象 1(内嵌对象形参表 1),…
{
    派生类新增成员的初始化语句序列;
}
```

类型兼容规则是指在需要基类对象的任何地方都可以使用公有派生类的对象替代。替代分为以下几种情况:

① 派生类对象赋值给基类对象。

② 派生类对象初始化基类的引用。

③ 派生类对象的地址赋值给基类的指针。

替代之后的派生类对象就可以作为基类的对象使用,但只能使用从基类继承的成员。

由于类型兼容规则的引入,对于基类及其公有派生类的对象,我们可以使用相同的函数统一进行处理(因为当函数形参为基类对象时,实参可以是派生类的对象),而不必为每个类设计单独的模块,大大提高了编程效率。这正是 C++ 的又一特性,即本章 10.1.3 节详细讲解的多态性。可以说,类型兼容规则是多态性的重要基础之一。

虚函数使程序员可以在基类里声明一些能够在各个派生类中重新定义的函数。编译器和装载程序能保证对象和应用于它们的函数之间的正确对应关系。

如果需要通过基类的指针指向派生类的对象,并访问某个与基类同名的成员,则首先在基类中将这个同名函数说明为虚函数。这样,通过基类指针,就可以使属于不同派生类的不同对象产生不同的行为,从而实现运行过程的多态。

虚函数是动态绑定的基础,它必须是非静态的成员函数。其声明的一般形式如下:

```
virtual 函数类型 函数名(形参表)
{
    函数体
}
```

注意：虚函数声明只能出现在类声明的说明部分，不能出现在实现部分。

虚函数在经过派生之后，在类族中即可实现运行时的多态。其实现需满足以下 3 个条件：

① 类之间满足类型兼容原则。

② 提前声明虚函数。

③ 由成员函数调用或者通过指针、引用来访问虚函数。

纯虚函数也称为抽象函数，它是一个在基类中声明的不包括函数体的虚函数。在基类声明中不必给出纯虚函数的实现部分，其具体实现由派生类给出。声明的一般格式如下：

```
virtual 函数类型 函数名(形参表)=0
```

注意：函数体为空的虚函数和纯虚函数是两个完全不同的概念，不要混淆。

带有纯虚函数的类是抽象类。抽象类是一种特殊的类，它为一个类族提供统一的操作界面。建立抽象类主要是为了通过它多态地使用其中的成员函数。抽象类处于类层次的上层，且无法实例化。也就是说不能直接定义一个抽象类的对象，而只能利用该抽象类作为基类生成非抽象派生类，然后再实例化。

2. 模板

考虑如下问题：如何实现对 int 数组和 double 数组的排序？实际上，不论数组元素的类型是什么，排序算法总是相同的，即处理数据的源代码总是相同的。如果能将被处理数据的类型也作为参数，这样就可以大幅度节约代码，只提供一个适用于任意类型的通用的排序函数即可。这就是所谓的泛型编程(也称为类属编程)。

C++ 引入模板机制来实现泛型编程，即支持程序员编写与类型无关的代码。模板分为类模板和函数模板两种。以所处理的数据类型的说明作为参数的类称为类模板；以所处理的数据类型的说明作为参数的函数称为函数模板。

C++ 标准库中每个主要的标准库都被抽象表示为一个模板，例如：string、ostream、list、map 等，所有的关键性操作，例如：string 比较、输出运算符<<、获取 list 的下一个元素、sort()等，也通过模板实现。

注意：模板的声明或定义只能在全局、命名空间或类范围内进行，而不能在局部范围以及函数内进行。例如，不能在 main 函数中声明或定义一个模板。

1) 函数模板

函数模板的通用形式为

```
template<class  形参名,class  形参名>
```

```
返回类型 函数名(参数列表)
{
    函数体
}
```

其中,template 和 class 是关键字。class 可以用 typename 关键字代替,在这里二者没区别。

<>中的参数叫模板形参,模板形参和函数形参很像,但模板形参不能为空。一旦声明了模板函数,就可以用模板函数的形参名声明类中的成员变量和成员函数,即在该函数中使用内置类型的地方都可以使用模板形参名。

模板形参需要调用该模板函数提供的模板实参来初始化,一旦编译器确定了实际的模板实参类型,就称它实例化了函数模板的一个实例。

例如,swap 的模板函数形式为

```
template<class T>void swap(T& a, T& b){
…
}
```

当调用这样的模板函数时,类型 T 就会被调用时的类型所代替。例如,“swap(a,b)”中 a 和 b 是 int 型,这时模板函数 swap 中的形参 T 就会被 int 所代替,模板函数就变为“swap(int &a,int &b)”。而“swap(c,d)”中 c 和 d 是 double 类型时,模板函数会被替换为“swap(double &a,double &b)”。这样就实现了与类型无关的函数代码。

注意:对于函数模板而言不存在 h(int,int)这样的调用,因为不能在函数调用的参数中指定模板形参的类型,对函数模板的调用应使用实参推演来进行,即只能使用 h(2,3)这样的调用,或者“int a,b;”,“h(a,b);”。

2) 类模板

类模板的通用形式为

```
template<class  形参名,class  形参名…>
class  类名{
    …
}
```

类模板和函数模板都是以 template 开始,后接模板形参列表组成,其中模板形参不能为空。一旦声明了类模板,就可以用类模板的形参名声明类中的成员变量和成员函数,即在类中可以使用内置类型的地方都能使用模板形参名来声明。例如:

```
template<class T>
class A{
    public:
        T a;
```

```
        T b;
        T hy(T c, T &d);
    };
```

在类A中声明了两个类型为T的成员变量a和b,还声明了一个函数hy,该函数有两个类型为T的形参,且返回类型也为T。

类模板对象的创建:例如有一个模板类A,则使用类模板创建对象的方法为

```
A<int>  m;
```

在类A后面跟上<>并在里面填上相应的类型,这样的话,类A中凡是用到模板形参的地方都会被int所代替。其类模板有两个模板形参,创建对象时类型之间用逗号隔开,例如:

```
A<int, double>m;
```

对于类模板,模板形参的类型必须在类名后的<>中明确指定。例如,用"A<2> m;"这种方法把模板形参设置为int是错误的。这是因为类模板形参不存在实参推演的问题,也就是说不能把整型值2推演为int型传递给模板形参。

在类模板外部定义成员函数的方法为

```
template<模板形参列表>函数返回类型 类名<模板形参名>::函数名(参数列表)
{
  函数体
}
```

例如,两个模板形参T1、T2的类A中含有一个void h()函数,则定义该函数的语法为

```
template<class T1,class T2>void A<T1,T2>::h(){}
```

注意:当在类外面定义类的成员时,template后面的模板形参应与要定义的类的模板形参一致。

3. 异常处理

程序在运行中总会遇到一些可以预料但不可避免的错误,例如,内存空间不足、打印机未连接、文件找不到等由于系统运行环境造成的错误,我们把这类错误称为异常。当发生异常情况时,我们希望程序能给出提示,并在排除环境错误后继续运行程序,而不是出现bug后自动退出,或者导致死机。这就是异常处理程序的任务。

C++语言中通过throw、try、catch语句实现对异常的抛掷、捕获和处理。其基本用法如下:

```
throw 表达式
```

若某段程序中发现了自己不能处理的异常，可以用 throw 抛掷这个异常给调用者。throw 后表达式的类型表示异常类型，如果程序中有多处需要抛掷异常，则应该用不同的表达式类型来互相区别，表达式的值不能用来区别不同的异常。例如：

```
try
    复合语句
catch(异常类型声明)
    复合语句
catch(异常类型声明)
    复合语句
...
```

try 子句后的复合语句是代码的保护段，将有可能发生异常的代码段放在 try 子句中，这样若执行时真的发生异常，catch 子句就会捕获这个异常并执行 catch 子句后复合语句中所定义的异常处理程序。

C++ 的异常处理机制使得异常的引发和处理不必在同一个函数中，这样底层的函数可以着重解决具体问题而不必过多地考虑对异常的处理，上层调用者可以在适当位置设计对不同类型异常的处理。

4. 命名空间

一个大型软件通常由多个模块组成，这些模块往往是由不同的人合作完成，最后组成一个完整的程序。假如不同的人分别定义了函数和类，放在不同的头文件中，在主文件需要用到这些函数和类时，用 #include 命令行将这些头文件包括进来。但由于各个头文件是由不同的人设计的，可能在不同的头文件中会有相同的名字来定义函数或类，这样就会出现命名冲突的问题。同时，如果在程序中用到第三方类库，也会有同样的问题。为解决这一问题，ANSI/ISO C++ 引入命名空间，即一个程序设计者命名的内存区域。程序设计者根据需要指定命名空间，并将命名空间中声明的标识符和命名空间关联起来，这样就保证不同命名空间的同名标识符不发生冲突。

它的一般格式为

```
namespace 命名空间名
{
    标识符 1;
    标识符 2;
}
```

花括号内是命名空间的作用域。

std 是一个最常用的 C++ 指定的标准命名空间。在源程序头部书写 using namespace std 语句，就可以使用标准命名空间 std。std 是单词 standard 的缩写，标准 C++ 库中的所有标识符都在这个命名空间中定义，例如我们常用到的 iostream 头文件中的函数、类、对象等。

如果要调用命名空间里的函数、类、对象等,有两种方法:

(1) 在原文件中使用"using namespace 命名空间名",再直接调用标识符。

(2) 在标识符前面加上命名空间以及作用域运算符::。

C++ /C 程序的头文件以 h 扩展名,C 程序的定义文件以 c 为扩展名,C++ 程序的定义文件通常以 cpp 为扩展名(也有一些系统以 cc 或 cxx 为扩展名)。

因为 C++ 是从 C 语言发展而来的,为了与 C 语言兼容,C++ 保留了 C 语言中的一些规定,其中就包括用 h 作为扩展名的头文件,例如大家所熟悉的 stdio.h、math.h 和 string.h 等。后来 ANSI/ISO C++ 建议头文件不带扩展名 h,但为了使原来编写的 C++ 的程序能够运行,在 C++ 程序中既可以采用不带扩展名的头文件,也可以采用 C 语言中带扩展名的头文件,但有几个注意点:

(1) 如果 C++ 程序中使用了带扩展名 h 的头文件,那么不必在程序中声明命名空间,只需要文件中包含头文件即可。

(2) C++ 标准要求系统提供的头文件不带扩展名 h,但为了表示 C++ 与 C 语言的头文件既有联系又有区别,C++ 中所用头文件不带扩展名 h,而是在 C 语言的相应头文件名之前加上扩展名 c。

10.2.3 C++ 程序结构

逻辑上,一个 C++ 程序由若干预处理命令、全局变量或全局对象的定义、类及若干函数(子程序)构成。其中必须有且仅有一个名字为 main 的函数,整个程序从函数 main 开始执行。类由数据成员和成员函数构成;函数由函数名、参数和返回类型、局部变量或对象的定义以及语句序列构成,函数间可以互相调用(main 除外),变量或对象的定义可以出现在函数的外部和内部,而语句只能出现在函数内部。

物理上,一个 C++ 程序可以放在一个或多个源文件中。每个源文件包含一些函数、类和外部变量或对象的定义,其中有且仅有一个文件中包含 main 函数,且每个源文件可以分别完成编译。例如,在例 10.2 的源代码中,String 类的定义和实现就是在 strclass.h 中完成的,我们还可以将候选人类也单独放在一个 CandidatesClass.h 文件中,进一步简化 Candidates.cpp 程序。这样做不仅能使 Candidates.cpp 的程序结构更加清晰,而且还能使其他程序方便地使用 Candidates 类,进一步提高代码复用性。

例 10.2 候选人选票计数程序。

```
#include<iostream.h>
#include "strclass.h"              //包含 String 库
#define  N  5                      //N 表示选票数量
//声明类 Candidates 及其数据和方法
class Candidates
{
   public:
       void setCandidates(String iName,int iBallotCount);
       //回答姓名、回答得票数、得票数加 1
```

```
        String rName();
        int rBallotCount();
        void addOne(String okname);
    private:
        //属性：姓名、得票数
        String name;
        int ballotCount;
};
//给数据成员赋值
void Candidates::setCandidates(String iName,int iBallotCount)
{
    name=iName;
    ballotCount=iBallotCount;
}
//回答姓名
String Candidates::rName()
{
    return name;
}
//回答得票数
int Candidates::rBallotCount()
{
    return ballotCount;
}
//得票数加 1
void Candidates::addOne(String okname)
{
    if(okname==name)
        ballotCount++;
}
int main(){
    String tempName;
    //建立 Candidates 类对象
    Candidates one, two,three;
    one. setCandidates ("张三",0);         //初始化对象 one
    two. setCandidates ("李四",0);         //初始化对象 two
    three. setCandidates ("王五",0);       //初始化对象 three
    cout<<"******唱票记录******"<<endl;
    for(int i=0;i<N;i++)
    {
        //唱票
        cout<<"请输入选票"<<i+1<<"的结果:";
        cin>>tempName;
```

```
            //计票
            one.addOne(tempName);
            two.addOne(tempName);
            three.addOne(tempName);
        }
        //输出结果
        cout<<"******候选人得票结果统计******"<<endl;
       cout<<one.rName()<<"得票:"<<one.rBallotCount ()<<endl;
        cout<<two.rName()<<"得票:"<<two.rBallotCount ()<<endl;
        cout<<three.rName()<<"得票:"<<three.rBallotCount ()<<endl;
        return 0;
    }
```

程序执行结果如下：

```
******唱票记录******
请输入选票 1 的结果：张三
请输入选票 2 的结果：张三
请输入选票 3 的结果：李四
请输入选票 4 的结果：张三
请输入选票 5 的结果：王五
******候选人得票结果统计******
张三得票：3
李四得票：1
王五得票：1
```

VS.NET 2010 安装及使用说明

10.2.4 C++ 程序开发环境

1. 开发 C++ 程序的集成环境

开发 C++ 程序的集成环境包括 VS.NET 2010、Visual C++ 、Turbo C++ 、Borland C++ 、C++ Builder 等。本节的示例程序以 VS.NET 2010 为例实现。请扫码学习具体的安装及使用流程。

2. C++ 程序的运行过程

一个 C++ 程序从无到有，需经历 3 个阶段：编辑、编译和执行，如图 10-1 所示。

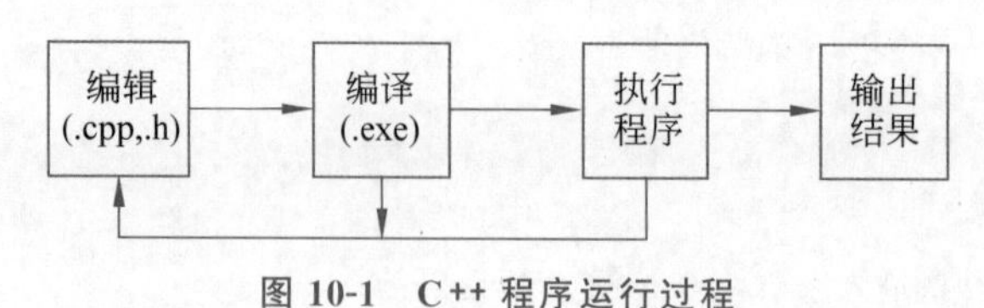

图 10-1 C++ 程序运行过程

程序的编译由程序设计者所选用的编译环境完成，其过程如图 10-2 所示，分为预处理、编译、汇编、连接 4 个阶段。

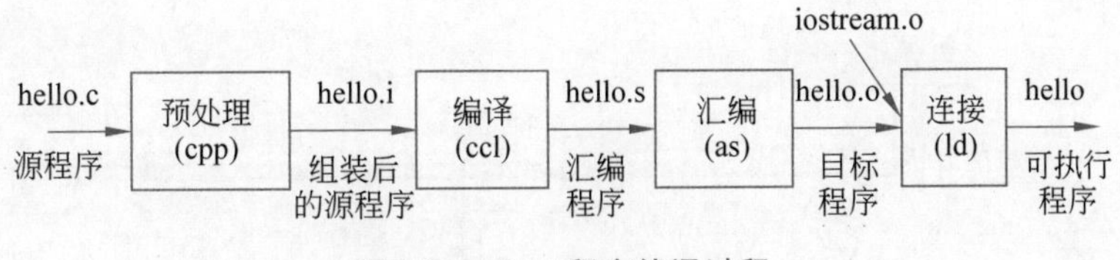

图 10-2　C++ 程序编译过程

(1) 预处理：预处理相当于根据预处理命令组装成新的 C 程序，不过常以 i 为扩展名。

```
cpp hello.c=hello.i
```

(2) 编译：将得到的 i 文件翻译成汇编代码 s 文件。

```
gcc  -S  hello.i  -o  hello.s
```

(3) 汇编：将汇编文件翻译成机器指令，并打包成可重定位目标程序的 o 文件。该文件是二进制文件，字节编码是机器指令。

```
as hello.s -o hello.o
```

(4) 连接：将引用的其他 o 文件并入到我们程序所在的 o 文件中，处理得到最终的可执行文件。

```
gcc  -o hello hell.o
```

我们已经讨论了可执行文件产生的过程，接下来进一步讨论可执行文件的执行过程。从图 10-3 中的线条可以清晰地看到这个过程，我们简单地把它分为 6 步。

(1) shell 程序执行指令，等待用户输入，这里我们输入“hello”。

(2) shell 程序将字符逐一读到寄存器中。

(3) shell 程序再从寄存器取出字符放到主存中。

(4) 当我们按 Enter 键时，shell 程序得知输入结束，将 hello 目标文件的代码和数据复制到主存，从而加载 hello 文件数据，包括最终被输出的字符串“hello world\n”。该过程利用了 DMA(Direct Memory Access，直接存储器访问)访问技术，数据可不经 CPU 直接到主存。

(5) 执行主程序中的机器语言指令，将“hello，world\n”字符串的字节从主存复制寄存器堆。

(6) 从寄存器中把文件复制到显示设备显示“hello world”。

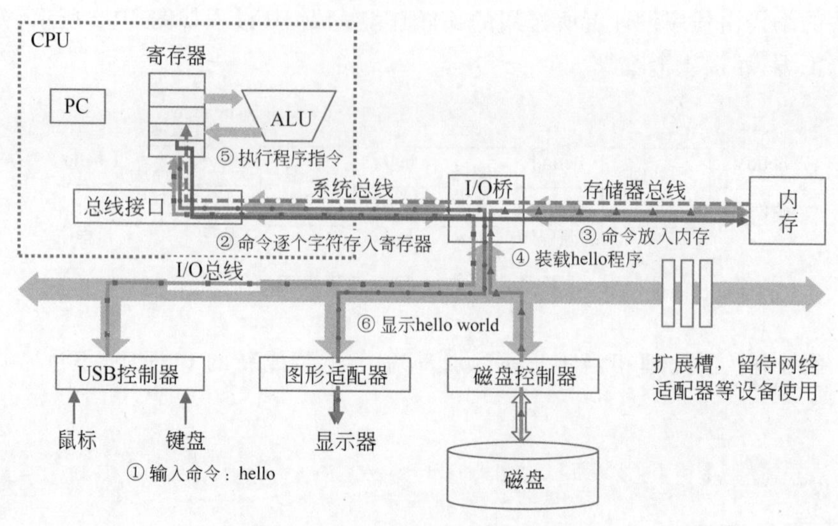

图 10-3 可执行程序运行过程示意图

10.3 可视化编程

可视化编程又称为可视化程序设计，是以“所见即所得”的编程思想为原则，力图实现编程工作的可视化。这里的“可视”，指的是无须编程，仅通过直观的操作方式就能让程序设计人员利用软件本身所提供的各种控件，像搭积木似地构造应用程序的各种界面。它一方面基于面向对象的思想，引入类的概念和事件驱动；另一方面基于面向过程的思想，先利用各种控件进行界面绘制，再基于事件编写程序代码，以响应鼠标、键盘的各种动作。可视化编程由于其超强的易操作性和适配性成为 Windows 应用程序开发的主流编程模式。

本节以常用的信息管理系统设计为例讲解可视化编程的一般过程。

10.3.1 项目的创建

在.NET 2010 中，应用可视化编程方法创建 Windows 窗体应用程序的过程如图 10-4 所示。在主菜单点击“新建”出现如图 10-4(a)所示窗口，在左侧选择 C++ 语言，并选择 Windows，然后选择 Windows 窗体应用程序，单击“确定”按钮出现图 10-4(b)所示项目编辑窗口。

10.3.2 界面设计

界面设计在可视化编程中起着举足轻重的作用，它不仅决定了整个程序的基本功能及操作方式，更体现了程序的设计理念。因此，界面设计时应着重考虑使用者的行为习惯，遵循简洁、易操作等人性化的设计原则。

界面设计中常用到的基本概念包括：

(1) 表单：表单是指进行程序设计时使用的窗口。我们主要是通过在表单中放置各

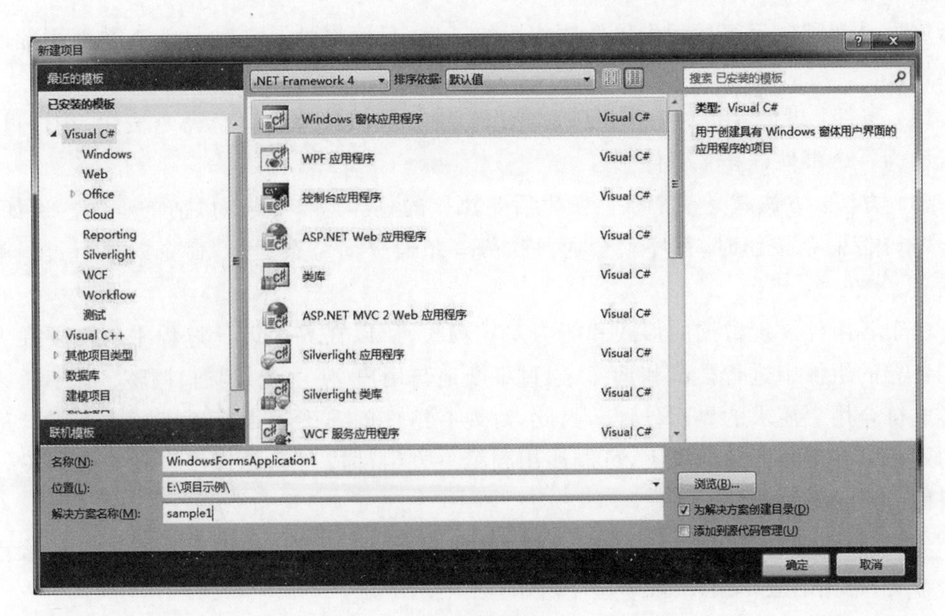

(a) 新建项目

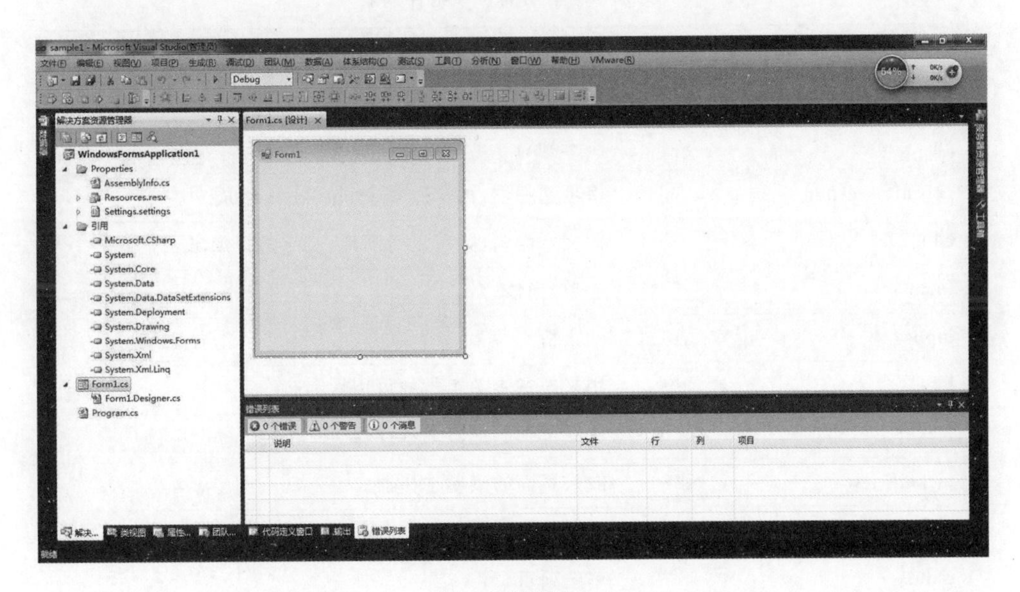

(b) 项目编辑窗口

图 10-4　Windows 应用程序项目创建过程

种部件(例如命令按钮、复选框、单选按钮、滚动条等)来布置应用程序的运行界面。

(2) 组件：组件就是组成程序运行界面的各种部件。例如：命令按钮、复选框、单选按钮、滚动条等。

(3) 属性：属性就是组件的性质。它说明组件在程序运行的过程中是如何显示的、组件的大小是多少、组件显示在何处、组件是否可见、组件是否有效等。属性可分成设计属性、运行属性和只读属性三类。其中,设计属性是在进行设计时就可发挥作用的属性;

运行属性是在程序运行过程中才发挥作用的属性;只读属性是一种只能查看而不能改变的属性。

(4) 事件:事件就是对一个组件的操作。例如用鼠标单击一个命令按钮,在这里,单击就称为一个事件(Click事件)。

(5) 方法:方法就是某个事件发生后要执行的具体操作,类似以前的程序。例如,当单击"退出"命令按钮时,程序就会通过执行一条命令而结束运行,命令的执行过程就叫方法。

由于各组件展现数据的形式和能力差异较大,所以在界面设计过程中就需要在大量功能各异的组件中进行尝试和选择,通过不断地与用户(使用者)沟通、调整、确认,最终才能形成符合用户需求的界面设计。因此,对现有组件的熟悉程度就决定了界面设计的质量和效率。在某些特殊情况下,可能还用到第三方组件或者需要程序设计者自主设计的新组件。

一般地,组件可分为表单、容器、媒体、数据库、导航、画布、地图等。本节首先着重介绍表单类,常用的表单组件如表10-4所示。

表10-4 常用的表单组件列表

名 称	功能说明
button	按钮
checkbox	多选项目
checkbox-group	多项选择器,内部由多个checkbox组成
editor	富文本编辑器,可以对图片、文字进行编辑
form	表单/窗体
input	输入框
label	用来改进表单组件的可用性
picker	从底部弹起的滚动选择器
picker-view	嵌入页面的滚动选择器
picker-view-column	滚动选择器子项
radio	单选项目
radio-group	单项选择器,内部由多个radio组成
slider	滑动选择器
switch	开关选择器
textarea	多行输入框

下面以登录界面的设计为例进行表单组件的使用过程说明。首先新建一个空白窗体form,然后从工具条中拖动button、input、label、radio-group等组件放置在合适的位置,并按需要修改其属性值,完成界面设计。完成结果如图10-5所示。

图 10-5　登录界面设计示例

常用的组件属性值包括名称、字体、颜色等。以.NET 2010 为例,在选中某组件后即可在右下角的属性页中看到该组件的属性列表,如图 10-6(a)所示。用鼠标选中某一属性会在该页的最下方看到详细说明,修改属性值后,会在设计窗口看到相应的变化。这就是所见即所得——零编码实现整个界面的设计过程。

当然,如果需要在程序执行的过程中动态修改某组件的属性值就必须写代码了。例如,动态读取当前已有用户的名称列表。

10.3.3　事件响应

可视化编程是通过操作界面中的各组件产生事件,并对不同的事件定制不同的响应(即方法)来实现人机交互。因此,熟悉各种组件所能产生的事件及其方法是完成整个程序的输入输出设计的基础。

事件与方法是相互对应的,例如 button 的 click 事件对应着 onclick 方法。不同组件的事件和方法的对应关系可通过类似于查看组件属性的方式,在编辑环境下的事件页中进行查看,如图 10-6(b)所示。

以图 10-5 中的命令按钮"确认"为例,在该应用程序中,用户可通过简单的敲击按钮来执行一段特定的操作。当用户选中按钮时,不仅会执行相应操作,还会使该按钮看上去像被按下后又释放一样。无论何时,只要用户单击按钮,就会调用该按钮的 click 事件。因此,程序设计人员只要将按钮按下时需要程序执行的操作代码(一般不超过 50 行)写入与该按钮按下时激发的 click 事件相对应的 onclick 方法内即可。一般的,在编辑状态下,鼠标双击 form 中的 button 组件,编译系统会自动生成并跳转至 onclick 方法代码编写的位置,设计人员只需在此输入响应代码即可,如图 10-7 所示。

其他组件的使用过程与此类似,只是不同的组件所能引发的事件及对应的方法各有不同,不同的编程环境所提供的组件种类也是五花八门。因此,关于组件的详细介绍我们在这里不做赘述,请读者在确定具体的编程环境后,依据编译软件提供的在线帮助及示例进行学习。

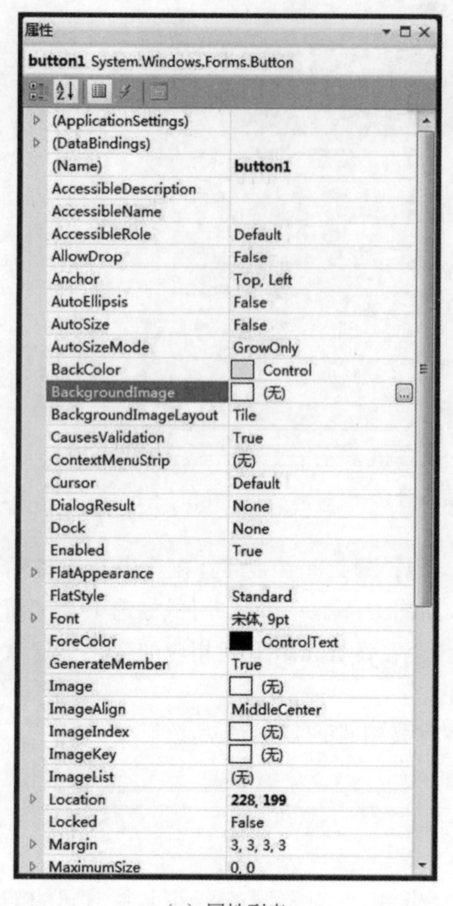

（a）属性列表

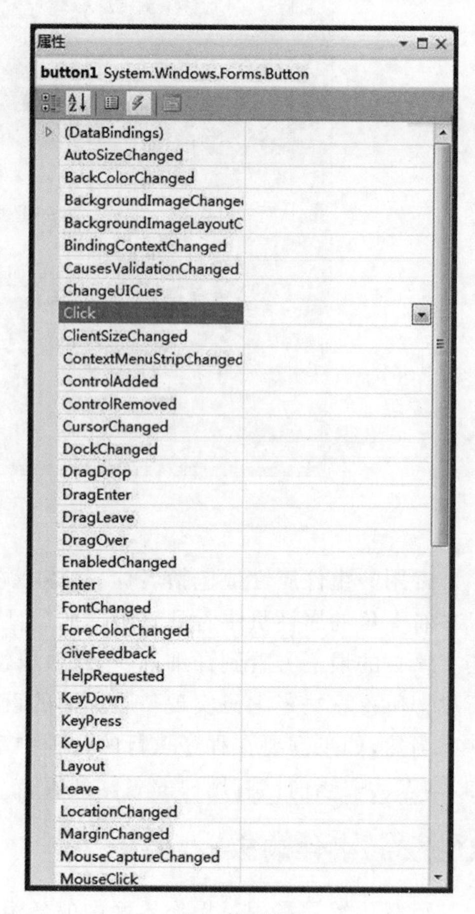

（b）事件列表

图 10-6　组件属性修改界面

```
Form1.cs*  ×  Form1.cs [设计]*
WindowsFormsApplication1.Form1            button1_Click(object sender, EventArgs e)

namespace WindowsFormsApplication1
{
    public partial class Form1 : Form
    {
        public Form1()
        {
            InitializeComponent();
        }

        private void button1_Click(object sender, EventArgs e)
        {
            //确定

        }
    }
}
```

图 10-7　button-onclick 组件方法示例

10.3.4　常用技巧及代码段

1. 设置启动窗体

当一个项目中含有多个窗体时，如果想要更改项目的启动窗体，需要修改"项目名.cpp"文件中的 main 函数内容。

"项目名.cpp"文件通常是由编译系统自动生成的，其中，默认的项目启动窗体为 Form1。因此，只须将本文件中的 Form1 替换为你要修改的启动窗体名称即可。需要提醒的是，文件包含部分也需进行相应修改。例如，表 10-5 中给出了将启动窗体由 Form1 修改为 form2 的代码对比。

表 10-5　修改启动窗体代码对比

<table>
<tr><th>默认窗体 Form1</th><th>修改启动窗体为 form2</th></tr>
<tr><td><pre>//test.cpp: 主项目文件
#include "stdafx.h"
#include "Form1.h"
using namespace test;
[STAThreadAttribute]
int main(array<System::String ^>^args)
{
    //在创建任何控件之前启用 Windows XP 可
视化效果
    Application::EnableVisualStyles();
    Application::SetCompatibleTextRen-
deringDefault(false);
    //创建主窗口并运行它
    Application::Run(gcnew Form1());
    return 0;
}</pre></td><td><pre>//test.cpp: 主项目文件
#include "stdafx.h"
#include "form2.h"
using namespace test;
[STAThreadAttribute]
int main(array<System::String ^>^args)
{
    //在创建任何控件之前启用 Windows XP 可
视化效果
    Application::EnableVisualStyles();
    Application::SetCompatibleTextRen-
deringDefault(false);
    //创建主窗口并运行它
    Application::Run(gcnew form2());
    return 0;
}</pre></td></tr>
</table>

2. 动态生成窗体

在可视化程序设计中，窗体(表单 Form)的生成通常是随着使用者的操作出现的一个动态过程。同一个窗体在程序的单次运行中应该是唯一的。常用的控制窗体生成的代码段如下，它通常出现在主窗体中某控件的 onclick 事件中。

```
//----------------------查询 MDI 子窗体是否存在-------------------
private bool checkChildFrmExist(string childFrmName){
    foreach(Form childFrm in this.MdiChildren){
        if(childFrm.Name==childFrmName){  //用子窗体的 Name 判断,若存在则激活
            if(childFrm.WindowState==FormWindowState.Minimized)
                childFrm.WindowState=FormWindowState.Normal;
            childFrm.Activate();
```

```
                return true;
            }
        }
        return false;
    }
    //----------------------动态创建子窗体 SysPForm ------------------
    if(this.checkChildFrmExist("SysPForm")==true) {
        return;
    }
    SysPFrm newFrm0=new SysPFrm();
    newFrm0.MdiParent=this;
    newFrm0.Show();
```

3. 异常处理消息框

中大型软件的设计架构中往往会出现第三方软件,最常见的有数据库软件。程序员无法控制一次数据查询操作的成功与否,只能对查询结果进行预见性地程序设计,但是直接这样编程往往会造成不可预知的系统错误(在用户看来,可能认为是软件 bug)。通常在这种情况下,比较好的处理方式是采用异常处理,将不可预估结果的代码段用 try 包含起来,并在 catch 分句中提供相应友好的消息提示框。这样,如果该段代码执行无异常,则程序按正常顺序往下执行;一旦发生异常,程序就会给出预设好的消息提示,然后再顺序往下执行,不会造成整个程序突然退出。

```
//------------消息框------------------
try{
  …
}
catch (Exception ex){
  System.Windows.Forms.MessageBox.Show("提示说明!"+ex.Message);
  …
}
```

10.3.5 基于构件的可视化编程开发示例

1. 软件的三层架构

软件架构是用于指导大型软件系统设计的一系列相关的抽象模式,形象地讲,它是构建一个软件系统的草图。软件架构描述的对象是直接构成系统的抽象组件以及各组件之间的连接细则。在实现阶段,这些抽象组件被细化为实际的组件,即具体的某个类或对象,而各组件之间的连接则通过类或对象的接口实现。

在整个软件架构中,分层结构是普通且常见的软件结构框架,但同时也具有非常重要的地位和意义。

为了符合“高内聚，低耦合”思想，把各个功能模块划分为表示层（UI）、业务逻辑层（BLL）和数据访问层（DAL）三层架构，各层之间采用接口相互访问，并通过对象模型的实体类（Model）作为数据传递的载体。

这种三层架构可以在软件开发的过程中，帮助划分技术人员和开发人员的具体开发工作，重视核心业务系统的分析、设计以及开发，提高软件系统开发质量和开发效率，进而为软件系统日后的更新与维护提供很大的便利。

在日常开发的情况下，为了复用一些共同的东西，会将一些各层都使用的东西抽象出来。在软件架构中我们将数据对象实体和相应方法抽象出来，以便在各层中传递，称之为 Model 一些共用的通用辅助类和工具方法分离出来，称之为 Common。以常用的信息管理系统设计为例，三层架构演变结果如图 10-8(a)所示。为了程序更好地复用并使代码简洁，我们将对数据库的共性操作抽象封装成数据库访问类。数据访问层底层使用通用数据库访问类来访问数据库。最后形成完整的三层架构如图 10-8(b)所示。采用 VS.NET 2010 工具开发软件时，数据库访问类一般是对 ADO.NET 的封装，封装了一些针对不同数据库（例如 Access、SQL Server 等）的常用且重复的数据库操作。

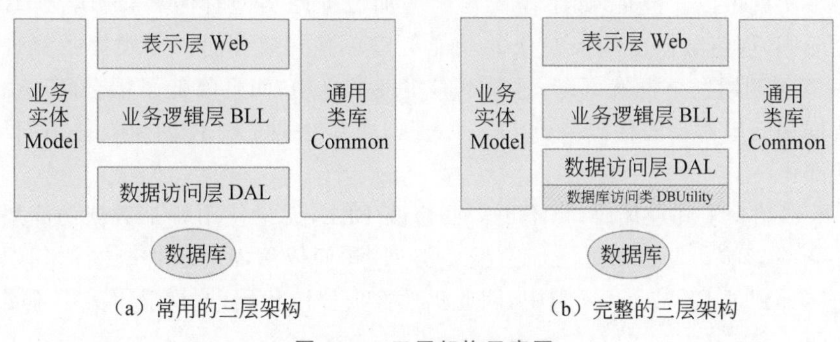

（a）常用的三层架构　　（b）完整的三层架构

图 10-8　三层架构示意图

使用三层架构的优点包括：

（1）分层结构将整个系统分为不同的逻辑块，大大降低了开发和维护的成本。

（2）分层结构将数据访问和逻辑操作都集中到组件中，增强了系统的复用性。

（3）分层结构使系统的扩展性大大增强。

总的来说，分层式设计可以达到以下目的：分散关注、松散耦合、逻辑复用、标准定义。

使用三层架构的缺点有：

（1）一定程度上降低了系统性能。

（2）有时会导致级联修改。若要在应用层中增加一个功能，则为保证其设计符合分层式结构，可能需要在相应的业务逻辑层及数据访问层中增加相应代码。

2. 三层架构对软件可扩展性、可维护性的支持

随着客户需求的增加，程序会越来越复杂。如刚开始使用 SQL Server 数据库，而有的用户需要同时使用 Oracle 数据库，或者某些情况下需要用 Oracle 数据库代替 SQL

Server 数据库,甚至两种情况会同时存在,这种情况下,修改数据访问层代码并重新编译发布并不能很好地适应需求、灵活扩展。因此,提供如下解决思路:

(1) 扩展新增数据访问层。将原来的数据访问层 DAL 命名为 SQLServerDAL,增加一个针对 Oracle 的 DAL 项目,命名为 OracleDAL,这样就有两个数据访问层分别实现对两类数据库的访问。

(2) 要实现对两种类型数据库的访问,就需要 BLL 根据需求来判断创建哪个类型的数据访问层。

(3) 为了减少代码冗余,避免在业务逻辑层增加条件判断语句,将相同功能的一系列操作抽象出来实现同一个接口 IDAL,让 SQLServerDAL 的类和 OracleDAL 的类都继承这个接口(可以这样实现,因为它们对数据库所做的增加、删除、修改、查询等操作都是一样的)。

注意:*在接口里定义的所有接口方法,在派生类中都必须实现,即此处接口中的操作必须在 SQLServerDAL 和 OracleDAL 项目中实现。*

(4) 通过对接口的抽象,BLL 创建数据访问层的对象代码减少了很多,只需要在构造函数中写一次就可以。但是,如果需要再次增加数据库类型时仍然会影响到 BLL,根据单一职责原则,创建数据访问层对象的功能可以单独封装到另一个类中去实现,所有的 BLL 类只需去调用这个类就可以,这样不但实现了复用,而且降低了耦合度。由此,我们将创建数据访问层对象的代码放到 DataAccess 类中去,则 BLL 创建数据访问层对象只需一句话即可。

(5) 虽然减少了冗余代码,也不再需要修改 BLL,无论使用哪个数据访问层对象,对 BLL 都不再有影响。但是如果增加数据库类型,我们依然需要条件判断语句,只是这种判断语句转移到了 DataAccess 类中,因此仍然需要修改代码,这样显得美中不足,不利于系统扩展。

(6) 为了解决第(5)步中出现的问题,我们使用工厂模式来解决,其中用到设计模式、条件外置及反射,很好地根据需要调用不同的对象,即实现动态调用,保证代码的灵活性。其实现步骤如下:

① 新建一个项目 DALFactory,作为创建 DAL 对象的工厂,将 DataAccess 类放置其中,并添加对 IDAL 项目的引用。

② 实现条件外置。即通过配置文件来实现对数据访问层的判断。该配置文件在系统中一般体现为 App.config。

③ 在 DataAccess 类中,为了不使用条件语句,更灵活地进行扩展,创建对象通过配置文件和反射技术来实现。通过配置文件的程序集名,决定加载哪个具体的 DAL 对象,动态组合类名来动态创建 DAL 对象,并返回 IDAL 接口对象。

④ 为 BLL 添加对 IDAL 和 DALFactory 的引用。在 BLL 层中通过 DALFactory 来创建 DAL 对象的接口调用,不用关心具体该调用哪个 DAL 对象。

如此一来,当我们新增数据库类型时,只需增加新的 DAL 项目,使新的 DAL 层的数据访问类继承于 IDAL 接口,之后修改 config 配置文件里的配置信息即可实现对新增数据库的访问支持,其他的所有模块和程序均不需加以修改。

根据上述内容，最终得出基于工厂模式的三层架构模型图，如图 10-9 所示。

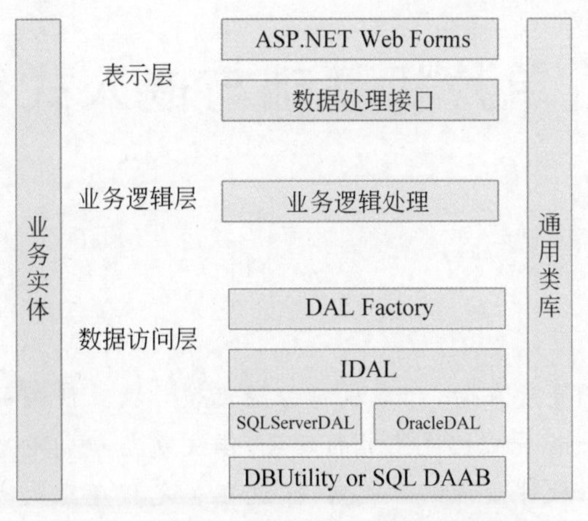

图 10-9　基于工厂模式的三层架构示意图

3. 示例：考务管理系统

软件开发所涉及的知识和技巧繁多，本节仅以 VS.NET 2010 为开发工具，演示搭建一个简单的考务管理系统的主要过程，重点体现三层架构的灵活性及可视化编程中构件的重要作用。

对于考务管理系统的设计过程，请读者参看本书后续 12.3 节的内容。对于每个具体功能的实现细节，例如，数据库的设计、界面美化等，此处不再赘述。

本 章 小 结

本章从中/大型软件设计需求出发，在 C 语言程序设计的基础上补充讲解了面向对象的基本概念和 C++ 语言的相关语法扩展。由于篇幅的限制，很多内容阐述比较简洁，例题也不够丰富，有需要的读者可选取以 C++ 语言为主题的书籍进一步学习。

另外，本章还从实际应用的角度出发，以信息系统设计时常用的软件三层架构为例，重点阐述了可视化编程的思想、过程及技巧，能够让读者在短时间内利用开发平台提供的各种控件，像搭积木式地构造应用程序的各种界面，并通过对界面及界面中各控件的事件响应设计，构建并控制整个应用程序的执行过程。

习　　题

请仿照 Windows 操作系统中的计算器、扫雷、日历等，设计并实现它（任选其一实现即可，也可通过网络下载半成品代码进行调试）。

第11章 单片机基础与嵌入式编程

从使用的角度来看，计算机可分为两类：独立使用的计算机系统和嵌入式计算机系统。随着微控制技术的发展，传统复杂控制电路中的大部分功能均可借助单片机以软件设计的方式实现，这在一定程度上大大降低了传统控制系统设计开发的成本和周期。本章在介绍嵌入式系统基本概念的基础上着重讨论嵌入式程序设计的方法与技巧，以STC系列单片机的开发为例，阐述简单嵌入式系统的设计与开发过程。

11.1 嵌入式系统概述

嵌入式系统是以应用为中心，以计算机技术为基础，软硬件可裁减，功能、可靠性、成本、体积、功耗严格要求的专用计算机系统，即以嵌入式应用为目的的计算机系统。例如，MP3、微型计算机工业控制系统等。它一般由嵌入式微处理器、外围硬件设备、嵌入式操作系统以及用户的应用程序等4部分组成，用于实现对其他设备的控制、监视、管理等功能。嵌入式计算机系统与通用计算机系统的最大差异在于必须支持硬件裁减和软件裁减，以适应应用系统对体积、功能、功耗、可靠性、成本等的特殊要求。

11.1.1 嵌入式系统的发展

嵌入式计算机的真正发展是在微处理器问世之后。1971年11月，算术运算器和控制器电路被成功地集成在一起，推出了第一款微处理器。其后各厂家陆续推出8位、16位微处理器。以这些微处理器为核心所构成的系统广泛地应用于仪器仪表、医疗设备、机器人、家用电器等领域。微处理器的广泛应用形成了一个广阔的嵌入式应用市场，计算机厂家开始大量地以插件方式向用户提供原始设备制造商(Original Equipment Manufacturer，OEM)产品，再由用户根据自己的需要选择一套合适的CPU板、存储器板及各式I/O插件板，从而构成专用的嵌入式计算机系统，并将其嵌入自己的系统设备中。

随着微电子工艺水平的提高，20世纪80年代，集成电路制造商开始把嵌入式计算机应用中所需要的微处理器、I/O接口、A/D转换器、D/A转换器、串行接口以及RAM、ROM等部件全部集成到一个超大规模集成电路(Very Large

Scale Integration,VLSI)中,从而制造出面向 I/O 设计的微控制器,即俗称的单片机。单片机成为嵌入式计算机中异军突起的一支新秀。20 世纪 90 年代,在分布控制、柔性制造、数字化通信和信息家电等巨大需求的牵引下,嵌入式系统进一步快速发展。面向实时信号处理算法的数字信号处理(Digital Signal Processing,DSP)产品向着高速、高精度、低功耗的方向发展。21 世纪是一个网络盛行的时代,将嵌入式系统应用到各类网络中是其发展的重要方向。

嵌入式系统的发展大致经历了以下 3 个阶段:

第一阶段:嵌入技术的早期阶段。嵌入式系统以功能简单的专用计算机或单片机为核心的可编程控制器形式存在,具有监测、伺服、设备指示等功能。这种系统大部分应用于各类工业控制和飞机、导弹等武器装备中。

第二阶段:以高端嵌入式 CPU 和嵌入式操作系统为标志。这一阶段系统的主要特点是计算机硬件出现了高可靠、低功耗的嵌入式 CPU,例如 ARM、PowerPC 等,且支持操作系统以及复杂应用程序的开发和运行。

第三阶段:以芯片技术和 Internet 技术为标志。微电子技术发展迅速,片上系统(System On Clip,SOC)使嵌入式系统越来越小,功能却越来越强。目前大多数嵌入式系统还孤立于 Internet 之外,但随着 Internet 的发展及 Internet 技术与信息家电、工业控制技术等结合日益密切,嵌入式技术即将进入快速发展和广泛应用的时期。

11.1.2　嵌入式计算机系统与单片机

嵌入式计算机系统作为嵌入式系统的重要组成部分,在体积、成本、功能上不宜过大、过高、过繁。单片机以其较小的体积和现场运行环境的高可靠性满足了大多数嵌入式应用的需求。因此,单片机成为嵌入式系统中应用最多的、最重要的智能核心器件。

单片机又称单片微控制器,其基本结构是将微型计算机的基本功能部件:中央处理器、存储器、输入接口、输出接口、定时器/计数器、中断系统等全部集成在一个半导体芯片上。只需为其外接所需的输入、输出设备,即可构成实用的单片机应用系统。

单片机由于其体积小、功耗低、价格低廉,且具有逻辑判断、定时计数、程序控制等多种功能,广泛应用于智能仪表、可编程程序控制器、家用电器、医用设备、航空航天、专用设备的智能化管理及过程控制等领域,成为计算机发展和应用的一个重要方向。

除此之外,单片机应用还从根本上改变了传统控制系统的设计思想和设计方法。过去必须由模拟电路、数字电路、继电器控制电路实现的大部分功能,现在均可采用单片机通过软件方法实现,极大地简化了硬件电路。"软件就是仪器"已成为单片机应用技术发展的主要特点,这种以软件取代硬件的高性能控制技术称为微控制技术。随着微控制技术的发展,单片机的应用给传统控制技术带来了质的飞跃。

单片机应用系统是典型的嵌入式系统,包括单片机硬件系统和单片机软件系统。

单片机硬件系统包括外围系统和接口系统。外围系统是指当单片机内部功能单元不能满足用户需求时,通过系统扩展,在外部并行总线上扩展相应的计算机外围功能单元所构成的系统。接口系统是在外围系统的基础上,通过系统配置,按控制对象的环境要求配置相应的外部接口电路(例如:数据采集系统的传感器接口,控制系统的伺服驱动接口单元以及人机对话接口等),构成满足用户全部需求的单片机硬件环境。

单片机软件系统包括系统软件和应用软件。系统软件处于底层硬件和高层应用之间,是两者之间的桥梁。由于单片机资源有限,考虑设计成本及单片机运行速度等因素,设计者必须根据软件可实现的功能与硬件配置的要求在系统软件和应用软件之间寻求平衡。常见的单片机系统软件构成有两种模式:监控程序和操作系统。监控程序模式是指用非常紧凑的代码编写系统硬件的驱动、管理以及开机初始化的引导(Boot)模块等系统底层软件;操作系统模式则使嵌入式系统具有更好的技术性能,例如:支持程序的多进程结构、硬件无关性设计、系统高可靠性、应用软件的高效开发等。目前广泛使用的嵌入式操作系统有:嵌入式实时操作系统 μC/OS-Ⅱ、嵌入式 Linux、Windows Embedded、VxWorks 等,应用在智能手机和平板电脑的 Android、iOS 等。

11.1.3 单片机系统开发的一般步骤

单片机由于其面向控制、使用灵活等特点被广泛应用于机电一体化的自动控制系统、智能化产品、家电和通信领域。其涉及的软硬件平台较多,因此开发/设计实用性的单片机系统对设计者的知识储备和设计素养要求较高。一般的开发过程分为以下 3 个阶段。

1. 需求分析和拟定设计方案阶段

首先,根据用户需求,确定系统需要完成的任务以及应该具备的功能。

然后,再根据任务确定大致的设计方向和准备采用的手段,拟定设计方案。在确定设计方案时,切忌将简单问题复杂化,因此要求设计者在进行系统设计之前对相关领域知识有较好的积累,尽量采取简单的方法解决问题。

2. 硬件和软件设计阶段

第一步,根据设计方案选择或设计相应的硬件电路。在保证系统任务需求及可靠性的前提下,尽可能选择简单的硬件电路。注意硬件电路设计时坚持“软硬结合”的原则,当有些问题无法或较难用硬件完成时可通过软件调整来实现;软件编写程序很麻烦时可通过稍微改动硬件电路使得软件变得简单。当硬件电路设计完成,就可以设计硬件电路板,进行手工制作与焊接。

第二步,基于硬件电路完成软件设计。首先,根据系统需求按照模块划分绘制程序流程图,例如:主程序、中断程序、子程序等;然后,将每个模块细化,形成软件的总体流程图;最后,依据流程图编写代码并在软件环境下进行仿真,观察寄存器和端口的变化。当所有的变化都是预想数值时,说明程序运行正常。

3. 硬件和软件联合调试阶段

当软件仿真、硬件电路焊接均完成之后,下一步就是软硬件联调阶段。由于硬件电路可能出现焊接问题,导致该阶段的工作相当烦琐,可能出现与软件仿真完全相反的结果。此时,要仔细检查硬件电路的每个焊接点,如果焊接没有问题,就需要从原理上分析并检查硬件电路。例如,单片机的有些端口本来的驱动能力很强,但如果按非常规的方法连接会大大降低端口的驱动能力，这时就要考虑是否需要在端口上连接上拉电阻等。

软硬件全部调试通过后，还需要对系统的运行状态进行调整。例如：系统中 A/D 转换器的参考电压、采样电路的采样频率等。

11.2　嵌入式 C 语言编程模式

嵌入式系统编程不同于一般形式的软件编程，它是建立在特定的硬件平台上的，因此也要求编程语言具备较强的硬件直接操作能力。C 语言作为一种“高级的低级语言”，成为嵌入式开发的一般选择。

11.2.1　嵌入式程序架构

1. 模块划分

嵌入式编程中的模块是指定义输入、输出和特性的程序实体。采用 C 语言进行嵌入式编程时主要采用模块化程序设计方法（如 4.1 节所述），在模块划分上主要依据功能，一般应遵循以下几个原则：

(1) 一个模块是一个 c 文件和一个 h 文件的结合，头文件 h 中是对该模块接口的声明。

(2) 某模块提供给其他模块调用的外部函数及数据需在 h 文件中以 extern 关键字声明。

(3) 模块内的函数和全局变量需在 c 文件开头以 static 关键字声明。

(4) 永远不要在 h 文件中定义变量。

定义变量和声明变量的区别在于定义会产生内存分配操作，是汇编阶段的概念；声明只是告诉包含该声明的模块在连接阶段从其他模块寻找外部函数和变量。

一个嵌入式系统通常包括两类模块：

(1) 硬件驱动模块，一种特定硬件对应一个模块。

(2) 软件功能模块，其模块的划分应满足高内聚、低耦合的要求。

2. 单任务/多任务方式

不能支持多任务并发操作的系统称为单任务系统，相对的，能够支持多任务并发操作的系统称为多任务系统。单任务系统只能宏观串行地执行一个任务，而多任务系统可以宏观并行地“同时”执行多个任务。多任务的并发执行通常依赖于一个多任务操作系统，常见的嵌入式多任务操作系统有 VxWorks、μClinux、μC/OS 等。

选择单任务还是多任务方式主要依据软件体系是否庞大。例如：大多数手机程序都是多任务的，需要操作系统的支撑。而一些小灵通的协议栈是单任务的，无须操作系统支持，只需由主程序轮流调用各模块的处理程序模拟多任务环境。

单任务程序典型架构：

(1) 从 CPU 复位时的指定地址开始执行。

(2) 跳转至汇编代码 startup 处执行。

(3) 跳转至用户主程序 main 执行,在 main 中完成以下工作:

① 初始化各硬件设备。

② 初始化各软件模块。

③ 进入无限循环,调用各模块处理函数。

在嵌入式系统中,我们又把这种模式称为"前后台系统",用户主程序和各模块处理函数均以 C 语言完成,常用主程序的编程模式如下:

```
initialize();           //各软硬件初始化
while(true){            //无限循环
    switch(condition){
        case 1: action1();break;
        case 2: action2();break;
        ⋮
        case n: actionn();break;
    }
}
```

3. 中断服务程序

中断是指 CPU 暂时中止现行程序转去处理随机发生的紧急事件(即转去执行某中断服务的程序),处理完后自动返回原程序的技术,它是嵌入式系统的重要组成部分。但标准 C 语言没有针对中断做特殊处理,许多编译开发商在标准 C 的基础上增加了对中断的支持。提供新的关键字用于标识中断服务程序(Interrupt Service Routines,ISR),类似于 interrupt、#program interrupt 等。当一个函数被定义为 ISR 时,编译器会自动为该函数增加中断服务程序所需要的中断现场入栈和出栈代码。

中断服务程序需要满足如下要求:

(1) 不能向 ISR 传递参数。

(2) ISR 不能返回值。

(3) ISR 应尽可能短小精悍。

(4) 非必要不要在 ISR 中采用"printf(char *lpFString,…)"函数,可能会带来重入和性能问题。

一般地,设计一个中断队列,在中断服务程序中将中断类型号加入该中断队列,在主程序的无限循环中不断扫描该中断队列是否为空,不为空则取出队列中的第一个中断类型号进行相应处理。

一般格式如下:

```
//中断队列
typedef struct queue_int{
    int int_type;                        //中断类型号
    struct queue_int *next;
```

```
} queue_int;
queue_int queue_head;

//中断服务程序
__interrupt ISRsample(){
    int  int_type;
    int_type=GetSystemType();                    //获得中断类型号
    queue_add_tail(queue_head, int_type);        //在队尾加入新中断类型号
}

//主程序
while(true){                                     //无限循环
    if(!is_ queue_head_empty()){                 //判断中断队列是否为空
        int_type=get_first_int();                //获得中断队列中的第一个中断类型号
        switch(int_type){
            case 1: action1();break;
            case 2: action2();break;
            ⋮
            case n: actionn();break;
        }
    }
}
```

4. 驱动模块

一个硬件驱动模块通常包括如下函数：

(1) 中断服务程序 ISR。

(2) 硬件初始化，包括：

① 修改寄存器，设置硬件参数(例如：UART 需设置波特率，A/D、D/A 设备需设置转换精度等)；

② 将中断服务程序入口地址写入中断向量表。

(3) 设置 CPU 针对该硬件的控制线。包括：

① 如果控制线可做控制信号和 PIO(可编程 I/O)用，需设置 CPU 内部对应寄存器使其作为控制信号；

② 设置 CPU 内部针对该设备的中断屏蔽位，设置中断方式(电平触发/边缘触发)。

(4) 提供一系列针对该设备的操作接口函数。例如，对于实时时钟，驱动模块需提供获取时间、设置时间等函数。

11.2.2 对内存的操作

1. 数据指针

在嵌入式系统编程中，经常要求对特定内存单元进行读/写。多发生在以下几种

情况：

(1) 某I/O芯片被定位在CPU的存储空间而非I/O空间，且寄存器对应于某特定地址。

(2) 两个CPU之间以双端口RAM通信，CPU需要在双端口RAM的特定单元书写内容以在对方CPU产生中断。

(3) 读取在ROM或FLASH的特定单元所烧录的特定数据，如系统初始参数等。

C语言可通过指针直接操作内存，常用程序片段模式如下：

```
unsigned char * p=(unsigned char * )0x20000000;
                                          //指针指向内存绝对地址 0x20000000
 * p=11;                                  //在该地址对应的内存单元写入 11
```

使用绝对地址指针时，注意指针自增和自减操作的结果取决于指针变量的数据类型，而不是绝对地址数值上的加1或减1。

2. 函数指针

函数指针是指对应于高级语言程序中的函数所生成的指令代码存放在内存中的首地址。函数指针变量就是存放该地址的指针变量，其定义的一般形式为

```
类型说明符 (* 指针变量名)();
```

其中，类型说明符表示被指函数的返回值类型。空括号表示指针变量所指的是一个函数。

使用函数指针变量应注意：

(1) C语言中函数名直接对应了该函数的函数指针，因此，可以直接将函数名赋值给同类型的函数指针变量。

(2) 调用函数本质上等同于“调转＋参数传递＋返回地址入栈”，最基本的核心操作是将函数指针赋值给CPU的程序计数器(指令指针寄存器)。

(3) 允许调用一个没有函数体的函数，本质上就是跳转，即换一个地址开始执行指令。例如，在如下的程序片段中不包含任何一个函数实体，但程序却执行了函数调用“reset()”，完成了“软重启”，跳转到CPU启动后第一条要执行的指令位置。

```
typedef void( * sys_reset)();
sys_reset reset=(sys_reset)0xF000FFF0;
⋮
reset();
```

3. 动态申请

程序执行时，系统为不同存储类别的变量分配内存的方式包括以下3种：

(1) 静态存储区域：在程序编译时就已经给变量分配好内存，直至整个程序运行结束才自动释放内存，例如：全局变量、static变量。

(2) 栈：当程序执行到某函数时，在栈(内存中的一段特定区域)内为该函数内部定义的局部变量分配存储空间，函数执行结束时自动释放。由于栈的内存分配运算内置于处理器的指令中，因此执行效率很高。但是在嵌入式系统中内存空间十分有限，一般的栈容量都不大，如果变量需要的空间太大则不适合放在栈中。

(3) 堆：在程序运行时，用 malloc 或 new 申请任意大小的内存空间，使用完毕后再用 free 或 delete 释放，这种内存分配方式称为动态内存分配。这种方式使用灵活，但需要程序员显式地编写申请和释放代码，如果申请的空间缺少相应的释放指令，就会产生内存泄漏现象，会很快导致系统的崩溃。

当程序执行中需要存放数据的空间只能在运行时才能确定大小，或者需要的空间很大时，最好采用动态内存分配方式。注意：使用时尽量保证 malloc 和 free 成对出现，常用的模式代码如下：

```
char * p=malloc(…);                //申请
if(p==NULL)                        //判断申请是否成功
    ⋮;
function(p){                       //针对 p 的操作
    ⋮
}
free(p);                           //释放
p=NULL;
```

为更好地实现代码移植，建议在使用 malloc/free 前，对其进行相应的封装，例如：

```
#define my_alloc malloc
#define my_free free
```

4. CPU 字长与存储器位宽不一致的处理

在嵌入式系统中经常会出现 CPU 字长与存储器位宽不一致的情况，例如：ARM 处理器字长为 32 位，NOR FLASH 的位宽为 8 位，这种情况下需要为 NOR FLASH 提供读写字节、半字、字的接口，通常的接口示例如下：

```
typedef unsigned char BYTE;
typedef unsigned short HWORD;
typedef unsigned int WORD;
//函数功能：读 NVRAM 中字节
//参数 offset：读取位置相对 NVRAM 基地址的偏移
extern BYTE nr_read_byte(WORD offset){
    return * ((BYTE *)(NVRAM+offset * 4));
}
//函数功能：读 NVRAM 中半字
extern HWORD nr_read_hword(WORD offset){      HWORD tmp;
```

```
    tmp=(nr_read_byte(offset)<<8)|(nr_read_byte(offset+1));
    return tmp;
}
//函数功能:读 NVRAM 中字
extern WORD nr_read_hword(WORD offset){
    WORD tmp;
    tmp=(nr_read_hword(offset)<<16)|(nr_read_hword(offset+2));
    return tmp;
}
//函数功能:向 NVRAM 中写一字节
extern void nr_write_byte(WORD offset,BYTE data){
    *((BYTE*)(NVRAM+offset*4))=data;
}
```

11.2.3 高效的 C 语言编程

1. 使用宏定义或内联函数

在嵌入式系统中,为达到性能的要求,通常使用宏来代替函数。当需要将简短的功能代码插入到很多地方时就应该使用宏定义来命名代码段,这样可以减小函数调用的开销。C 语言中,宏是产生内嵌代码的唯一方法。具体的使用方法,请读者参看本书的 4.5.1 节。

在新的 C/C++ 中也可以使用内联函数完成类似功能。内联函数是由编译器对代码分析,将原本应做调用的函数直接插入到调用点,从而减少函数调用的开销。

宏和内联函数相比较而言,使用宏定义会更为稳妥,因为再好的编译器在工作的过程中都会不可避免地产生冗余代码。

2. 使用寄存器变量

当程序中有一个数据需要被非常频繁地使用时,如果按照一般变量定义该数据,系统会将其存储在内存中,这就会导致 CPU 反复读写内存,花费大量的存取时间。为此,C 语言提供一种定义特殊变量的方式,即利用 register 关键字定义寄存器变量,将数据直接存放在 CPU 的内部寄存器组中。对于循环次数较多的循环控制变量和循环体内反复使用的变量均可定义为寄存器变量。具体的使用方法,请读者参看本书的 4.3.2 节。

3. 利用硬件特性

嵌入式系统中,CPU 对各种存储器的访问速度基本遵循以下关系:

```
寄存器>CPU内部 RAM(cache)>外部同步 RAM>外部异步 RAM>FLASH/ROM…
```

程序代码被烧录在 FLASH/ROM 中,CPU 直接从其中依次读取代码并执行的效率并不高。通常的做法是在系统启动后将 FLASH/ROM 中的目标代码复制在 RAM 中后再执行,以提高取指令速度。

对于 UART(Universal Asynchronous Receiver/Transmitter,通用异步收发传输器)等设备,其内部均有一定容量的接收 BUFFER,应尽量在 BUFFER 被占满之后再向 CPU 发中断请求,以节省中断处理时间。例如:通过 RS-232 向目标机传递数据时,不宜设置 UART 只接收到一个 BYTE 就向 CPU 发中断请求。

对于支持 DMA 方式读取的设备,尽量采取 DMA 方式读取。DMA 方式数据传输的基本单位是块,所传输的数据从输入输出设备直送内存,减少了无谓的 CPU 消耗,提升了 CPU 与外设的并行操作程度。

4. 活用位操作

位(bit,一个二进制数)是 C 语言程序可以操作的最小数据单位。理论上可以利用位运算实现所有其余的运算和操作,例如,以 2 为底的乘方和取模运算等。灵活的位操作可以有效地提高程序的运行效率。

除此之外,在嵌入式系统中,我们经常需要对硬件寄存器进行位设置,此时利用位间的与(&)、或(|)、非(~)就可以很方便地达到目的。

5. 内嵌汇编

可以用内嵌汇编的方式重写程序中的部分代码(通常是对时间要求苛刻的部分),从而进一步提高程序的运行速度。但是,开发和测试汇编代码可能需要花费更长的时间。因此,需要慎重选择要用汇编重写的部分。可依据 2—8 原则(即 20%的程序消耗了 80%的程序运行时间)考虑需改进的代码部分。

可在 C 程序中直接插入_asm{}内嵌汇编语句,例如:

```
int result;
void add(long a,long * b){
    _asm{
        LDR r0,a
        LDR r1,[b]
        ADD r2,r0,r1
        STR result,r2
    }
}
```

11.3 嵌入式程序设计实例

宏晶单片机由于其面向控制、使用灵活等一系列特点而广泛应用于机电一体化的自动控制系统、智能化产品、家电和通信领域。本节首先介绍宏晶 STC12C5 A60S2/AD/PWM 系列单片机的基本结构,然后通过一个应用实例使读者对嵌入式系统开发有更为深入的了解。

11.3.1 STC系列单片机

STC12C5 A60S2/AD/PWM 系列单片机是宏晶科技生产的单时钟/机器周期(1T)的单片机,是高速/低功耗/超强抗干扰的新一代 8051 单片机,指令代码完全兼容传统 8051,但速度快 8～12 倍。内部集成 MAX810 专用复位电路,2 路 PWM,8 路高速 10 位 A/D 转换(25 万次/秒)等针对电机控制,强干扰场合。

该系列单片机具有以下特征:

(1) 增强型 8051 CPU,1T,单时钟/机器周期,指令代码完全兼容传统 8051。

(2) 工作电压:

① STC12C5 A60S2 系列工作电压: 5.5～3.5V(5V 单片机);

② STC12LE5 A60S2 系列工作电压: 3.6～2.2V(3V 单片机)。

(3) 工作频率范围: 0～35MHz。

(4) 用户应用程序空间: 8KB/16KB/20KB/32KB/40KB/48KB/52KB/60KB/62KB 等。

(5) 片上集成 1280B RAM。

(6) 通用 I/O 口(36/40/44 个),复位后为: 准双向口/弱上拉(普通 8051 传统 I/O 口)。可设置成 4 种模式: 准双向口/弱上拉、强推挽/强上拉、仅为输入/高阻、开漏。每个 I/O 口驱动能力均可达到 20mA,但整个芯片最大不要超过 120mA。

(7) ISP(在系统可编程)/IAP(在应用可编程),无须专用编程器,无须专用仿真器,可通过串口(P3.0/P3.1) 直接下载用户程序,数秒即可完成一片。

(8) 有 EEPROM 功能(STC12C5 A62S2/AD/PWM 无内部 EEPROM)。

(9) 看门狗。

(10) 内部集成 MAX810 专用复位电路(外部晶体 12MHz 以下时,复位脚可直接 1kΩ 电阻到地)。

(11) 外部掉电检测电路: 在 P4.6 口有一个低压门槛比较器。5V 单片机为 1.33V,误差为±5%;3. 3V 单片机为 1.31V,误差为±3%。

(12) 时钟源: 外部高精度晶体/时钟,内部 R/C 振荡器(温漂为±5%～±10%以内),用户在下载用户程序时,可选择是使用内部 R/C 振荡器还是外部晶体/时钟,常温下内部 R/C 振荡器频率为: 5.0V 单片机为 11～17MHz;3.3V 单片机为 8～12MHz。精度要求不高时,可选择使用内部时钟,但因为有制造误差和温漂,以实际测试为准。

(13) 共 4 个 16 位定时器。两个与传统 8051 兼容的定时器/计数器,16 位定时器 T0 和 T1,没有定时器 2,但有独立波特率发生器做串行通信的波特率发生器,再加上 2 路 PCA 模块可再实现 2 个 16 位定时器。

(14) 3 个时钟输出口,可由 T0 的溢出在 P3.4/T0 输出时钟,可由 T1 的溢出在 P3.5/T1 输出时钟,独立波特率发生器可以在 P1.0 口输出时钟。

(15) 外部中断 I/O 口 7 路,传统的下降沿中断或低电平触发中断,并新增支持上升沿中断的 PCA 模块,Power Down 模式可由外部中断唤醒,$\overline{\text{INT0}}$/P3.2,$\overline{\text{INT1}}$/P3.3,T0/P3.4,T1/P3.5,RxD/P3.0,CCP0/P1.3(也可通过寄存器设置到 P4.2),CCP1/P1.4(也可

通过寄存器设置到 P4.3)。

(16) PWM(2 路)/PCA(可编程计数器阵列,2 路)。也可用来当 2 路 D/A 使用;可用来再实现 2 个定时器;可用来再实现 2 个外部中断(上升沿中断/下降沿中断均可分别或同时支持)。

(17) A/D 转换,10 位精度 ADC,共 8 路,转换速率可达 25 万次/秒。

(18) 通用全双工异步串行口(UART),由于 STC12 系列是高速的 8051,可再用定时器或 PCA 软件实现多串口。

(19) STC12C5 A60S2 系列有双串口 0(双串口后缀有 S2 标志),RxD2/P1.2(可通过寄存器设置到 P4.2),TxD2/P1.3(可通过寄存器设置到 P4.3)。

(20) 工作温度范围:-40℃～+85℃(工业级)/0℃～75℃(商业级)。

(21) 封装:LQFP-48,LQFP-44,PDIP-40,PLCC-44,QFN-40。I/O 口不够时,可用 2～3 根普通 I/O 口线外接 74HC164/165/595(均可级联)来扩展 I/O 口,还可用 A/D 做按键扫描来节省 I/O 口,或用双 CPU,三线通信,同时增加串口。

11.3.2　STC12 系列单片机开发/编程工具

STC12C5 A60S2 系列单片机具有在系统可编程(In System Programming,ISP)特性。ISP 的优点是:无须购买通用编程器,单片机在用户系统上即可下载/烧录用户程序,而不必将单片机从已生产好的产品上拆下,再用通用编程器将程序代码烧录进单片机内部;有些程序尚未定型的产品,可以一边生产,一边完善,加快了产品进入市场的速度,减少了新产品由于软件缺陷带来的风险;由于可以在用户的目标系统上将程序直接下载进单片机看运行结果对错,故无须仿真器。

1. 在系统可编程的典型应用线路图

在系统可编程的典型应用线路图如图 11-1 所示。在线路图中,如果外部时钟频率在 33MHz 以上时,可直接使用外部有源晶振。如果使用内部 R/C 振荡器时钟(室温情况下,5V 单片机频率为 11～15.5MHz,3V 单片机频率为 8～12MHz),XTAL1 和 XTAL2 脚浮空。如果外部时钟频率在 27MHz 以上时,使用标称频率就是基本频率的晶体。不要使用三次泛音的晶体,否则如果参数搭配不当,就有可能振在基频,此时实际频率就只有标称频率的 1/3 了。当直接使用外部有源晶振时,时钟从 XTAL1 脚输入,XTAL2 脚必须浮空。

关于复位电路,当时钟频率低于 12MHz 时,可以不用 C1,R1 接 1kΩ 电阻到地;当时钟频率高于 12MHz 时,可使用第二复位功能脚(STC12C5 A60S2 系列在 RST2/EX_LVD/P4.6 口)。

STC12 系列单片机内部固化有 ISP 系统引导固件,配合 PC 端的控制程序即可将用户的程序代码下载进单片机内部,无须编程器且速度比通用编程器快,几秒一片。

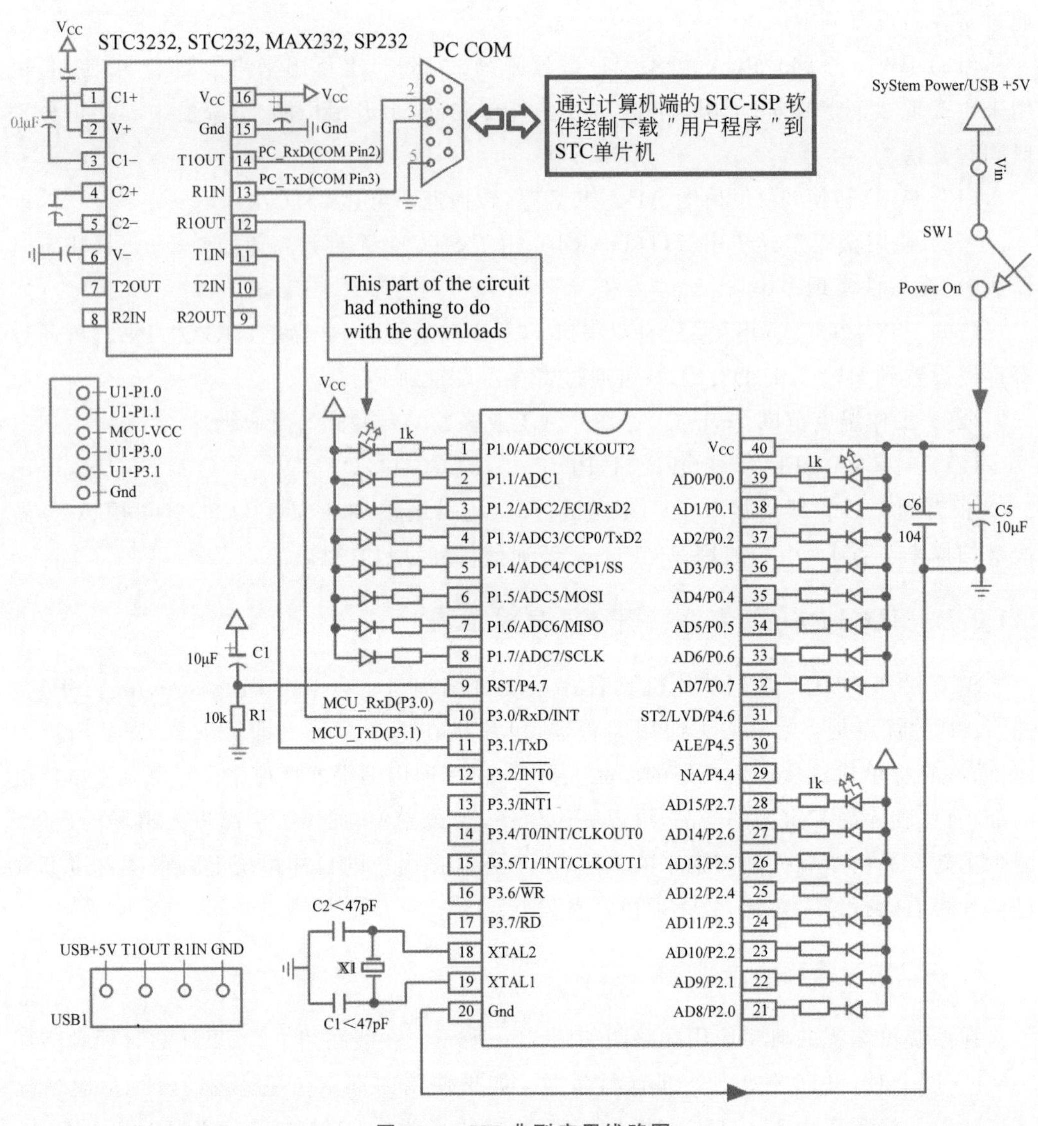

图 11-1 ISP 典型应用线路图

2. ISP 控制软件

1) PC 端 ISP 控制软件

STC 提供 ISP 下载工具(STC-ISP.exe),其主界面如图 11-2 所示。

下载和调试步骤如下:

(1) 选择所使用的单片机型号,如 STC12C5 A60X 等。

(2) 打开文件,即要烧录的用户程序,选择调入用户的程序代码(*.bin、*.hex)。

(3) 选择串行口,即所使用的计算机串口,例如:串行口 1-COM1,串行口 2-COM2……有些新式笔记本电脑没有 RS-232 串行口,可买一条 USB-RS232 转接器。有些 USB-RS232 转接器不能兼容,可让客服帮忙购买经过测试的转接器。

(4) 选择下次冷启动后,时钟源为"内部 R/C 振荡器"还是"外部晶体或时钟"。

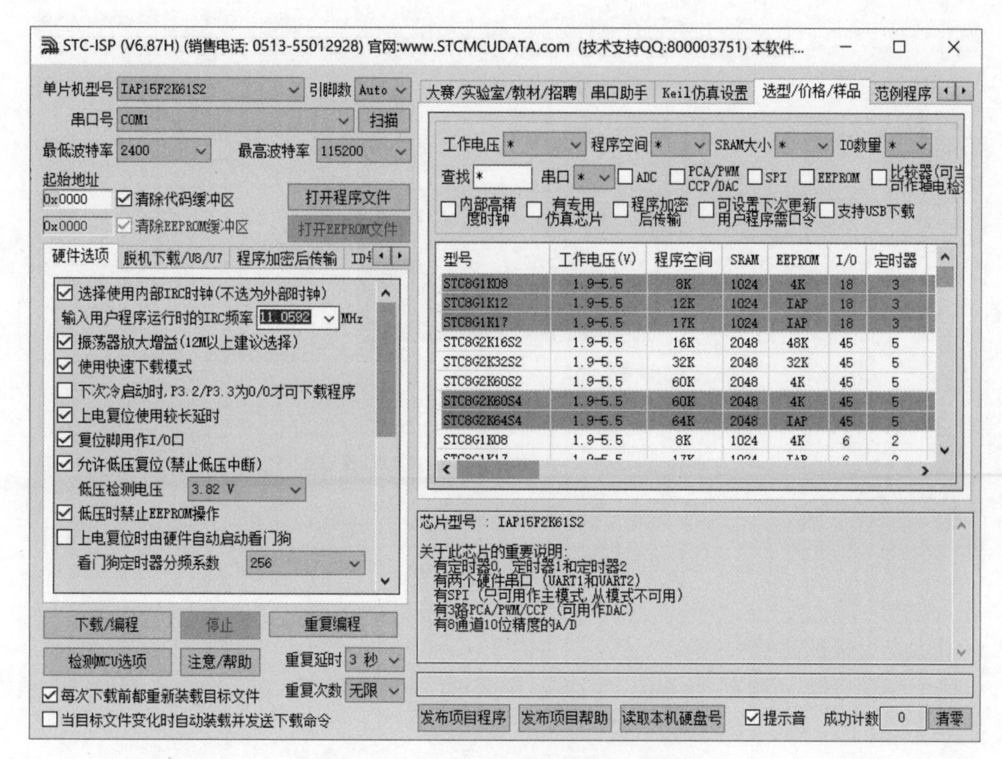

图 11-2　PC 端 ISP 控制软件主界面

(5) 选择“Download/下载”按钮下载用户的程序进单片机内部。可重复执行(5),也可选择“Re-Download/重复下载”按钮。

下载时注意看提示,主要看是否要给单片机上电或复位。一定要先选择“Download/下载”按钮,然后再给单片机上电或复位(先彻底断电),而不要先上电,否则检测不到合法的下载命令流,单片机就直接跑用户程序了。

2) STC 单片机仿真

STC12C5 A60S2 系列单片机可以用 STC-ISP.exe 直接下载用户程序,看运行结果就可以了。如需观察变量,可自己写一小段测试程序通过串口输出到计算机的 STC-ISP.exe 的“串口助手”来显示,无须添加新设备。串口调试助手的界面可通过图 11-2 中右侧的“串口调试助手”属性页打开。

3. 程序设计与编译

STC 单片机可以支持任何老版本的编译器,但一般流行用 Keil C。

1) Keil C

Keil C μVision5 开发环境是德国 Keil Software,是由 Inc. and Keil Elektronik GmbH 开发的微处理器开发平台,可以开发多种 8051 兼容单片机程序。由于其环境与 Microsoft Visual C++ 环境类似,所以赢得了众多用户的青睐,其至界面如图 11-3 所示。

经过编译后产生 4 个文件,分别是:

(1) 与源文件名相同的 LST 列表文件,在 LST 文件中包含格式化的源文件和编译

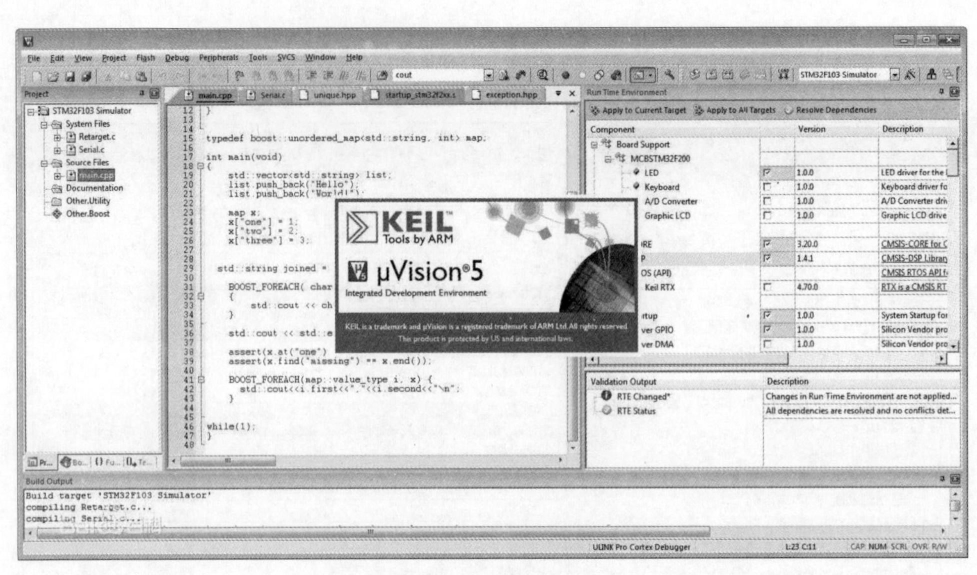

图 11-3 Keil C 主界面

过程中检查出来的错误。

(2) 与源文件名相同的 OBJ 目标文件,OBJ 文件可以用 BL51 连接器生成 HEX 文件。

(3) 与源文件名相同的 I 预处理器扩展的源文件,主要保存对宏的扩展。

(4) 与源文件名相同的 SRC 汇编源文件,包含有 C 源代码产生的汇编代码。

2) Cx51 简介

Cx51 编译器兼容 ANSI C 标准,又扩展支持了 8051 微处理器,其扩展内容包括存储区和存储区类型、存储模型、存储类型说明符、变量数据类型说明符、位变量和位可寻址数据、SFR、指针、函数属性。

8051 单片机支持程序存储器和数据存储器的分离,存储器根据读写情况可以分为程序存储区(ROM)、快速读写存储器(内部 RAM)、随机读写存储器(外部 RAM)。在 Cx51 中,通过定义不同的存储器类型的变量来访问 8051 的存储空间。Cx51 中用 code 关键字来声明访问 ROM 区中的数据;用 data、idata、bdata 关键字来声明访问内部 RAM 区中的数据;用 xdata、pdata 关键字来声明访问外部 RAM 区中的数据。

在 Cx51 中,存储器模式可以确定一些变量在默认情况下的存储器类型。程序中可用编译器控制命令 SMALL、COMPACT、LARGE 指定存储器模式。在默认情况下,SMALL 模式中所有的变量位于单片机的内部数据区;COMPACT 模式中所有变量都存放在外部数据区;LARGE 模式下所有变量存放在外部数据存储区。由于 SMALL 模式所生成的代码效率高,一般情况下都使用 SMALL 模式。

在 Cx51 中不仅支持所有的 C 语言标准数据类型,而且还对其进行了扩展,增加了专用于访问 8051 硬件的数据类型,使其对单片机的操作更加灵活。Cx51 数据类型中新增了 bit、sbit、sfr、sfr16。bit 类型用于声明位变量,其值为 1 或 0。sbit 类型用于声明可寻址变量中的某个位变量,其值为 1 或 0。sfr 类型用于声明特殊功能寄存器(8 位),位于内部 RAM 地址为 0x80～0xFF 的 128B 存储单元，这些存储器一般用作对计时器、计数器、串口、并口和外围使用。在这 128B 中有的区域未定义不能使用(如果强行使用，其值不确定)。

注意：sfr 的值只能为常量值。sfr16 类型用于声明两个连续地址的特殊功能寄存器(地址范围为 0～65535)。

在 Cx51 编译器中指针可以分为两种类型：通用指针和指定存储区地址指针。存储区域的指针是指在指针声明中包含存储器类型。程序中使用指定存储区域的指针要比通用指针的速度快(指定存储区域指针在编译时，Cx51 编译器已知道其存储区域，而通用指针直到运行时才确定存储区域)，因此，在实时控制系统中应尽量使用指定存储区域的指针。

在 Cx51 中提供了中断支持函数，中断服务程序在 Cx51 中是以中断函数的形式出现的。此类型函数用 interrupt 关键字进行描述。使用中断函数应注意以下问题：

(1) 在中断函数中不能使用参数。

(2) 在中断函数中不能存在返回值。

(3) 不能对中断函数产生明显的调用。可在定义函数时用 reentrant 属性引入再入函数。再入函数可以被递归调用，也可以被多个程序调用。

11.3.3　倒计时器

1. 系统的工作原理

该倒计时器由 STC12C5 A60S2 系列单片机作为控制核心，利用单片机片内的定时器/计数器作为倒计时器的时钟源，利用 4 位数码管进行显示，显示驱动采用 CH451 芯片。

倒计时器的显示格式为“0-00”，每位分别代表“分”“十秒”“秒”。倒计时器从 5 分钟开始倒计时，每过 1 秒，倒计时器的时钟减 1，当到 5 分钟后，系统重新开始 5 分钟的倒计时。

2. 电路原理图

倒计时器电路原理图如图 11-4 所示。

在该电路中，数码管驱动部分采用 CH451 典型电路连接方式，采用 8 个 200Ω 电阻作为数码管的限流电阻，防止电流过大造成数码管过热而烧坏。

CH451 有如下特点：

(1) 显示驱动。

内置大电流驱动级，段电流不小于 30mA，字电流不小于 160mA。动态显示扫描控制，直接驱动 8 位数码管或者 64 位发光管 LED。可选数码管的段与数据位相对应的不译码方式或者 BCD 译码方式。数码管的字数据可以左移、右移、左循环、右循环。各数码管数字独立闪烁控制。通过占空比设定提供 16 级亮度控制。支持段电流上限调整，可以省去所有限流电阻。扫描极限控制，支持 1～8 个数码管，只为有效数码管分配扫描时间。

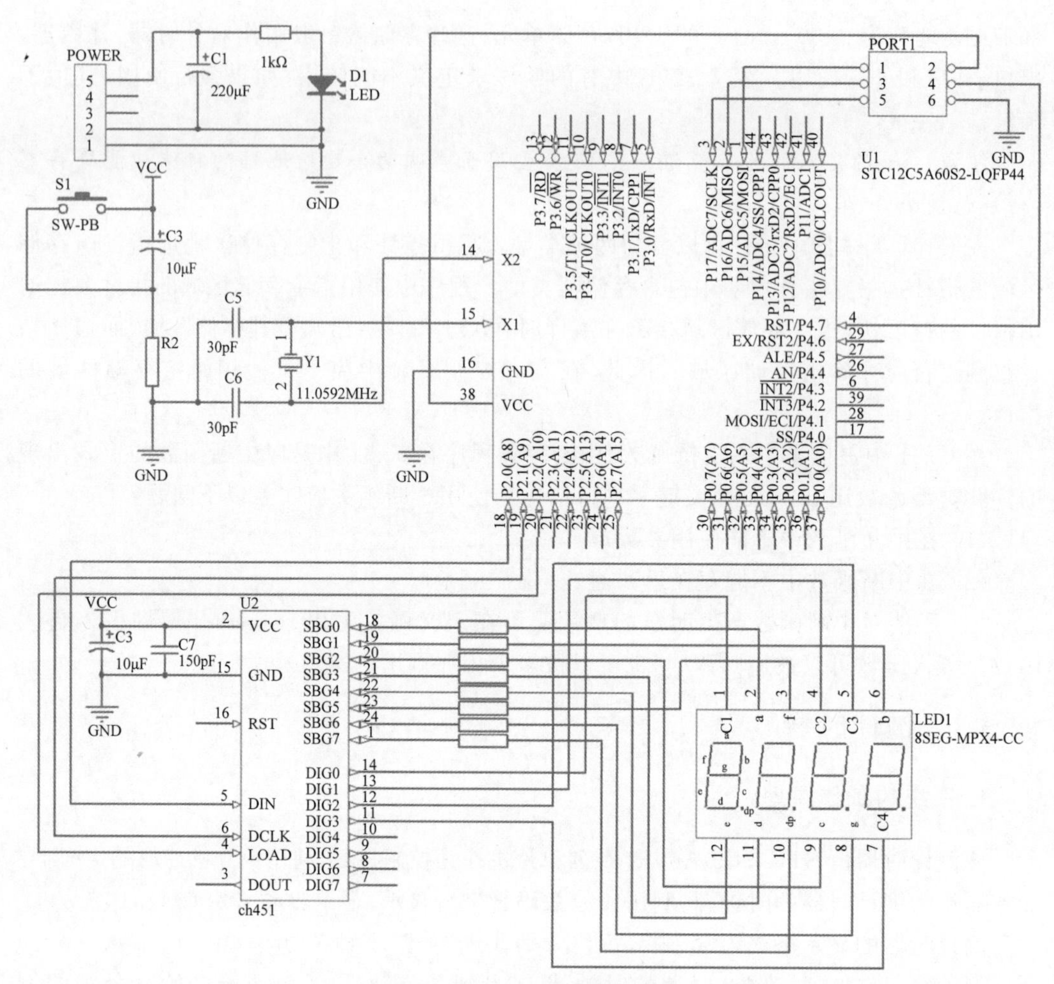

图 11-4　倒计时器电路原理图

(2) 键盘控制。

内置 64 键键盘控制器,基于 8×8 矩阵键盘扫描。内置按键状态输入的下拉电阻,以及去抖动电路。键盘中断,低电平有效输出。提供按键释放标志位,可供查询按键按下与释放状态。

(3) 其他。

可选高速的 4 线串行接口,支持多片级联,时钟速度从 0～100MHz。串行接口中的 DIN 和 DCLK 信号线可以与其他接口电路共用,节约引脚。完全内置时钟振荡电路,不需要外接晶体或者阻容振荡。内置上电复位和看门狗(watchdog),提供高电平有效和低电平有效复位输出。支持 3～5V 电源电压。提供 SOP28 和 DIP24S 两种无铅封装,兼容 RoHS。引脚及功能基本兼容 CH452 芯片。

3. 软件的调试

根据倒计时器的工作原理,绘出软件主程序流程图(见图 11-5)和中断服务程序流程图(见图 11-6)。

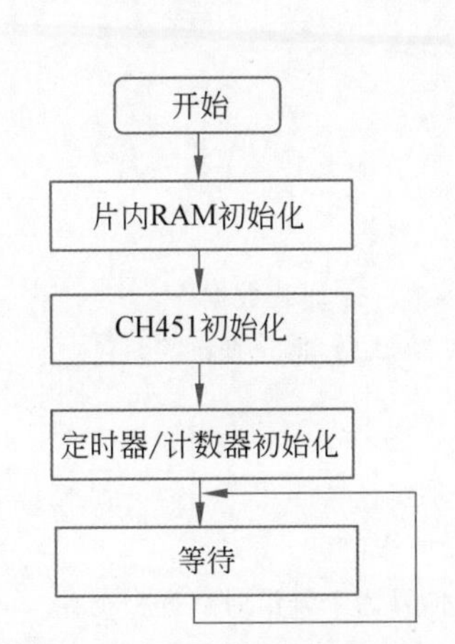

图 11-5　倒计时器主程序流程图

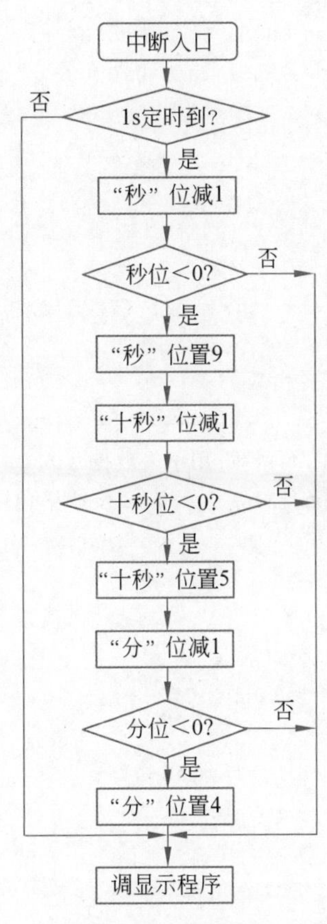

图 11-6　倒计时器中断服务程序流程图

主程序流程图主要完成：

(1) 对片内 RAM 的初始化,即指定存储倒计时器的时钟单元。

(2) CH451 的初始化,指定 CH451 的工作模式、译码方式控制、亮度控制、数码管点亮数量等。

(3) 定时器/计数器初始化,指定定时器/计数器的工作模式、定时初值以及附属寄存器的设置等。

倒计时器中断服务程序流程图主要完成：

(1) 对 1s 的判别。采用对定时器/计数器输出次数进行计数的方式来实现,如定时器/计数器设定为 10ms 定时,则只要完成对 10ms 计数 100 次即可实现 1s 的定时。

(2) 计数单元的修改。

(3) 判断是否到 5min 倒计时。

根据软件流程图,应用 Cx51 编写程序。程序清单如下：

```
#include<reg52.h>
#define uchar unsigned char
```

```
#define uint unsigned int
#define CH451_DIG0 0x0800                   //数码管位 0 显示
#define CH451_DIG1 0x0900                   //数码管位 1 显示
#define CH451_DIG2 0x0A00                   //数码管位 2 显示
#define CH451_DIG3 0x0B00                   //数码管位 3 显示
sibt Din=P2^0;                              //定义 CH4 51 的数据输入端
sibt Dclk=P2^1;                             //定义 CH451 的数据时钟端
sibt Load=P2^2;                             //定义 CH4 51 的数据加载端
char idata timer[4]={5,0x12,0,0};           //定义显示数组,显示为"5-00",也是时间数组
uchar timecount;                            //定义时钟系数,用于调节定时器的时间长短
bit timeflag                                //定义时钟标志,用于指示定时时间是否到
//-------------------------------------------------------------
//CH451 写函数,用于将数据写入 CH451
//入口条件:待显示的 16 位数据(只有低 12 位有效)
void ch451_write (unit command)
{
    uchar i;
    Load=0;                                 //开始向 CH4 51 加载数据
    for(i=0;i<12;i++)                       //送入 12 位数据,低位在前
    {
        Din=command&1;
        Dclk=0;
        command>>=1;
        Dclk=1:                             //在时钟信号为上升沿时数据被锁存
    }
    Load=1;                                 //加载数据结束
}
//----------------------------------------------------------
//数据显示函数
//入口条件:待显示数组的指针
void disp_ch(uchar *p)
{
    uint numtemp;
    numtemp=CH4 51_DIG0|*P++;               //将待显示数据的第 0 位写入 CH451
    ch451_write(numtemp);
    numtemp=CH4 51_DIG1|*P++;               //将待显示数据的第 1 位写入 CH451
    ch451_write(numtemp);
    numtemp=CH4 51_DIG2|*P++;               //将待显示数据的第 2 位写入 CH451
    ch451_write(numtemp);
    numtemp=CH4 51_DIG3|*P++;               //将待显示数据的第 3 位写入 CH451
    ch451_write(numtemp);
}
//---------------------------------------------------------
```

```
//定时中断函数
void timer0()  interrupt 1
{
    TH0=0xdc;                       //定时时间为 10ms
    TL0=0x23;
    if(--timecount=0)
    {
        timecount=100;              //重新设定 1s 定时系数
        timeflag=1;                 //1s 定时时间到,标志置 1
    }
}
//------------------------------------------------------------
//CH451 初始化函数
void ch451()
{
    Din=0;                          //数据线先低后高,选择 4 线输入
    Din=1;
    Ch451_write(0x0201);            //CH451 复位
    Ch451_write(0x0401);            //CH451 只开显示
    Ch451_write(0x0580);            //设置 CH451 为 BCD 译码方式
    disp_ch(timer);                 //调用数据显示函数
}
//------------------------------------------------------------
//主函数
void main()
{
    ch451_ini();                    //调用 CH451 初始化函数
    TMOD=0x01;                      //设置定时/计数器工作模式
    TH0=0xdc;                       //定时时间为 10ms(系统为 11. 0592MHz 晶振)
    TL0=0x23;
    TR0=1;                          //启动 T0
    IE=0x82;                        //开中断
    timeflag=0;                     //时钟标志位清 0
    timecount=100;                  //设定 1s 定时系数
    which(1)
    {
    if(timeflag)                    //如果 1s 定时时间到,开始修改时间数据
    {
        timeflag=0;                 //将时钟标志位清 0
        timer[3]--;                 //"秒"位减 1
        if(timer[3]<0)              //判断"秒"位是否减到 0
        {
            timer[3]=9;             //"秒"位设置为 9
```

```
            timer[2]--;                    //"十秒"位减 1
            if(timer[2]<0)                 //判断"十秒"位是否减到 0
            {
                timer[2]=5;                //"十秒"位设置为 5
                timer[0]--;                //"分"位减 1
                if(timer[0]<0)             //判断"分"位是否减到 0
                    timer[0]=4;            //"分"位设置为 4
            }
            }
            disp_ch(timer);                //调用数据显示函数
        }
    }
}
```

本章小结

本章概略阐述了嵌入式系统的软硬件技术及其应用设计的基本方法和过程，着重从C语言的角度对单片机软件系统的设计和开发技巧进行了详细总结。以STC12系列单片机为例，从硬件系统设计和软件系统设计两个方面进行分析和实现，给出倒计时器的具体设计实现过程。

本章中对常用的嵌入式开发工具(例如，Keil C μVision5等)的使用介绍亦可为初学者提供必要的操作指导。

习　题

参看本章倒计时器示例的设计方案，选用Keil C μ Vision5、ISP、Altium Designer10、Multisim等软件实现其仿真及制版。

第12章

软件工程基础与项目实战

软件作为一种无形的产品，很难在其开发和维护的过程中运用现有的工程化管理方法控制其质量和成本。本章所讲的软件工程就是研究如何以系统性的、规范化的、可定量的过程化方法开发和维护软件，如何把经过时间考验并证明正确有效的管理技术和当前能够得到的最好的技术方法结合起来，控制软件开发和维护的成本，保证软件开发的质量。

本章在简要介绍软件工程相关概念的基础上，着重阐述软件生命周期各阶段所使用的设计工具(UML)及生成的文档规范(GJB 438B—2009)，最后以教务管理系统的设计为例，讲述软件工程理论在实际应用中的运用方法。

12.1 软件工程基础

软件工程是应用计算机科学、数学、逻辑学及管理科学等原理开发软件的工程。它由方法、工具和过程3部分组成。方法是完成软件工程项目的技术手段，它支持项目计划和估算、系统和软件需求分析、软件设计、编码、测试和维护。软件工具是人类在软件开发过程中智力和体力的延伸与扩充，它自动或半自动地支持软件的开发和管理，支持各种软件文档的生成。软件工具最初是零散的、不系统的、不配套的，后来人们将支持不同开发阶段的软件工具和软件工程数据库集成在一起，建立了集成化的计算机辅助软件工程(CASE)环境。软件工程中的过程管理贯穿于软件开发和维护的各个阶段。管理者负责项目计划、人员组织、成本估算和控制、质量保证、配置管理等，并对软件开发的质量、进度、成本进行评估、管理和控制。

12.1.1 软件工程的目标

软件工程的目标是在给定成本、进度的前提下，开发出可满足用户需求且具有可靠性、有效性、可修改性、可理解性、可维护性、可重用性、可移植性、可追踪性和可互操作性的软件产品。追求这些目标有助于提高软件产品的质量和开发效率，减少维护的困难。下面依次介绍每个目标的具体描述：

(1) 可靠性：能够防止因概念、设计和结构等方面的不完善造成的软件系统失效，具有可挽回因操作不当造成软件系统失效的能力。

(2) 有效性：软件系统能有效地利用计算机的时空资源。

(3) 可修改性：能够比较容易地对软件系统进行修改和扩充,并保证修改后软件系统的正确性。

(4) 可理解性：系统具有清晰的结构,能直接反映问题的需求。

(5) 可维护性：软件产品交付使用后,能够对它进行修改,以便改正潜在错误、改进性能,使之适应环境的变化。

(6) 可重用性：把概念或功能相对独立的一组相关模块定义为一个软部件。软部件可以在多种场合应用的程度,称为软部件的可重用性。各种软部件可以按照某种规则存放在软部件库中,供开发人员使用。可重用性有助于提高软件产品的质量和开发效率,降低软件的开发费用。

(7) 可移植性：将软件从一个计算机系统或环境搬到另一计算机系统或环境的难易程度称为可称植性。为了获得较高的可移植性,在软件开发过程中通常采用通用的程序设计语言和运行支撑环境,使依赖于计算机系统低级(物理)特征的部分相对独立、集中。

(8) 可追踪性：根据软件需求对软件设计、程序进行正向追踪或根据软件设计、程序对软件需求进行逆向追踪的能力。可追踪性依赖于软件开发各阶段文档和程序的完整性、一致性、可理解性。

(9) 可互操作性：多个软件元素可以相互通信并协同完成任务的能力。为了实现互操作性,软件开发通常要遵循某种标准,支持这种标准的环境将为软件元素之间的相互操作提供便利。

12.1.2 软件工程的原则

为了达到上述目标,在软件开发过程中必须遵循下列软件工程原则：

(1) 抽象：抽取事物最基本的特性和行为,忽略非本质的细节。采用高层次抽象的方法可以控制软件开发过程的复杂度,有利于增强软件的可理解性和开发过程的管理。

(2) 模块化：模块是软件系统中逻辑上相对独立的成分,模块之间应有良好的接口定义。模块的大小要适中,如果模块过大会导致模块内部复杂度的增加,不利于模块的调试和应用,也不利于对模块的理解和修改;模块太小会使模块之间的关联过于复杂,不利于控制软件解的复杂度。模块之间的关联程度用耦合度表示,模块内部各成分的关联程度用内聚度表示。

(3) 信息隐藏：软件系统中的模块应设计成“黑箱”。模块接口应尽量简洁,不要罗列可有可无的内部操作和数据类型。模块外部只能使用接口说明中给出的信息。由于模块的实现细节被隐藏,开发人员便能够将注意力集中于更高层次的抽象上。

(4) 局部化：要求在一个物理模块内集中逻辑上相互关联的资源和操作,尽量缩小数据和操作的作用范围和影响范围。

(5) 一致性：整个软件系统的所有组成部分应使用一致的概念、符号和术语,模块之间的接口风格应协调一致,系统规格说明与系统的功能和行为应保持一致。实现一致性需要良好的开发方法、编码风格和软件开发工具的支持。

(6) 完全性：软件系统应完全实现用户需求,当发生非预期的外部情况时,系统行为应保持正常。

(7) 可验证性：软件系统的每一个开发步骤都应遵循容易检查、测试、评审的原则，以保证系统的正确性。采用形式化开发方法和强类型的程序设计语言有助于开发可验证的软件系统。

12.1.3 软件生存周期

软件产品从形成概念开始，经过开发、使用和维护，直至最后退役的全过程称为软件生存周期。根据软件所处的状态、特征以及软件开发活动的目的、任务可以将生存周期划分为若干阶段。一般来说，软件生存周期包括软件定义、软件开发、软件使用与维护3个部分，并可进一步细分为可行性研究、需求分析、概要设计、详细设计、实现、组装测试、确认测试、使用、维护和退役10个阶段。下面依次介绍各阶段的主要任务、技术途径及其阶段性产品。

1. 软件定义

软件定义包含可行性研究和需求分析两个阶段。

可行性研究的任务是了解用户的要求及现实环境，从技术、经济和社会等几个方面研究并论证软件系统的可行性。参与软件系统开发的分析人员应在用户配合下对用户要求及实现环境作深入细致的分析，并在调查研究的基础上撰写调研报告，根据调研报告及其他有关资料进行可行性论证。可行性论证包括技术可行性、操作可行性和经济可行性3部分。其中，技术可行性指，使用目前可用的开发方法和工具能否支持需求的实现；操作可行性指，用户能否在某一特定的软件运行环境中使用这个软件；经济可行性指，实现和使用软件系统的成本能否被用户接受。在对软件系统进行调研和可行性论证的基础上还要制定初步的项目开发计划，包括资源选用、任务定义、风险分析、成本估算、成本效益分析以及进度安排等。项目计划应有明确的、可供检查的里程碑和检查规范。

软件需求是指对目标软件系统在功能、行为、性能、设计约束等方面的期望。需求分析的任务是：通过对应用问题及其环境的理解与分析，为问题涉及的信息、功能及系统行为建立模型，将用户需求精确化、一致化、完全化，最终形成需求规格说明。

通常，用户对应用问题的理解、描述以及他们对目标软件的要求往往具有片面性、模糊性，甚至不一致性，这些特征是形成良好的软件需求的主要障碍。特别是当问题的规模较大时，对这些特征的处置将变得非常棘手。因此，在中、大型软件项目的需求分析阶段，必须使用系统的方法为问题及用户需求建造模型，并借助一系列行之有效的需求分析CASE工具将需求模型不断精确化、一致化、完全化。有时，为了向用户和开发者展示待开发系统的主要特征，还需要对目标软件系统的主要功能、行为、接口或人机界面进行模拟或建造原型。确定软件需求的过程往往需要反复多次，直至获得用户和开发者的共同确认。

在结束需求分析之前，必须以标准格式书写需求规格说明。其内容包括软件系统的功能需求、性能需求、接口需求、设计需求、基本结构、开发标准及验收原则，等等。需求规格说明是软件设计、实现、测试直至维护的主要基础，其书写规范请参看附录D中给出的

GJB 438B—2009 需求规格说明部分的内容。

2. 软件开发

在软件生存周期模型中，软件开发由概要设计、详细设计、实现、组装测试和确认测试5个阶段组成。其中，概要设计和详细设计统称为设计，实现也称为编码，组装测试和确认测试统称为测试。软件开发是按照需求规格说明的要求，由抽象到具体，逐步生成软件的过程。软件在开发过程中通常有多种方案供人们选择，人们往往在成本、进度、功能、性能、系统复杂性、时/空开销、风险等方面进行折中，以便用较小的代价实现用户对软件总体目标的需求。下面详细介绍5个阶段的任务目标。

1）概要设计

概要设计的任务包括：根据软件需求规格说明建立软件系统的总体结构和模块间的关系；定义各功能模块的接口；设计全局数据库或数据结构；规定设计约束；制订组装测试计划。对于大型软件系统，应对软件需求进行分解，将其划分为若干子系统，对每个子系统定义功能模块以及各功能模块之间的关系，并给出各子系统接口界面的定义；对于一般的软件系统可以直接定义各功能模块以及它们之间的关系。概要设计阶段应提供每个功能模块的功能描述、全局数据定义和外部文件定义等。要力争做到功能模块之间有比较低的耦合度，而功能模块内部有较高的内聚度。设计的软件系统应具有良好的总体结构并尽量降低模块接口的复杂性。通常，软件系统的设计采用层次结构并用结构图表示。结构图中的结点代表功能模块。结构图中的上层模块可用一个或若干个下层模块表示，体现了自顶向下、逐步求精的设计思想。

概要设计应提供概要设计说明书、数据库或数据结构设计说明书、组装测试计划等文件，其书写规范请参看附录D中给出的 GJB 438B—2009 概要设计部分的内容。

2）详细设计

详细设计的任务包括：对概要设计产出的功能模块逐步细化，形成若干可编程的程序模块；用某种过程设计语言(Procedure Design Language，PDL)设计程序模块的内部细节，包括算法、数据结构和各程序模块之间的详细接口信息，为编写源代码提供必要的说明；拟定模块测试方案。设计应与软件需求保持一致，设计的软件结构应支持模块化、信息隐藏等。

详细设计应提供详细设计说明等文件，具体的书写规范请参看附录D中给出的 GJB 438B—2009 详细设计部分的内容。

3）实现

实现的主要任务是，根据详细设计将各模块转化为所要求的编程语言或数据库语言的程序，并对这些程序进行调试和程序单元测试，验证程序模块接口与详细设计文档的一致性。需求分析方法、设计方法、编程方法及选用的程序设计语言应该尽可能匹配。若采用结构化的分析方法就应该采用结构化的设计方法和结构化的编程技术，选用支持结构化编程的 Pascal 语言、C 语言、Ada 语言等。若采用面向对象的分析方法、面向对象的设计方法，就应该选用面向对象的编程技术和支持面向对象的编程语言，如 Java、C++ 等。在编程过程中不仅要注意程序的正确性，与详细设计文档保持一致，而且还要使程序具有良好的风格，以便于程序的理解、调试和维护。为了保证模块测试的质量，测试之前应制定测试方案并产生相应的测试数据，不仅要对合法输入数据进行测试，而且还要对非法输入数据进行测试；既要对正常处理路径进行测试，也要对异常或出错处理路径进行测试。

关键代码段、程序模块测试方案、用例、预期的测试结果是本阶段需提供的软件文档的重要组成部分，具体的书写规范请参看附录 D 中给出的 GJB 438B—2009 编程实现部分的内容。

4）组装测试

组装测试是指，根据概要设计中各功能模块的说明及制定的组装测试计划，将经过单元测试的模块逐步进行组装和测试。组装测试应测试系统各模块间的连接是否正确；测试软件系统或子系统的功能和行为是否达到设计要求；测试系统或子系统的正确处理能力和承受错误的能力是否达到合格标准等。

通过组装测试的软件应生成满足概要设计要求、可运行的系统源程序清单和组装测试报告。

5）确认测试

确认测试是指，根据软件需求规格说明定义的全部功能和性能要求及软件确认测试计划，对软件系统进行测试，从而判断系统是否达到需求。确认测试应有用户参加，确认测试结束时应生成确认测试报告和项目开发总结报告。为验证软件产品是否满足软件需求规格说明的要求，必须按照测试计划编制大量的测试用例、采用多种方法和工具、组织专门的测试队伍并严格组织实施。只有经过严格测试的软件才能保证质量。由专家、用户、软件开发人员组成的软件评审小组在对软件确认报告、测试结果和软件进行评审通过后，软件产品正式得到确认，才可以交付用户使用。

确认测试阶段应向用户提交最终的用户手册、操作手册、源程序清单及其他软件文档。

3. 软件使用、维护和退役

1）软件的使用

将软件安装在用户确定的运行环境中，测试通过后移交用户使用。软件在使用过程中，用户或维护人员必须认真收集被发现的软件错误，定期或阶段性地撰写软件问题报告和软件修改报告。

2）软件的维护

软件的维护是对软件产品进行修改或对软件需求变化做出响应的过程。当发现软件产品中的潜在错误，或用户提出要对软件需求进行修改，或软件运行环境发生变化时，都需要对软件进行维护。软件维护不仅针对程序代码，而且还针对软件定义、开发的各个阶段生成的文档。软件在设计阶段很难预料到这个软件被交给谁，在什么时候进行什么样的维护工作。软件维护的依据只能靠软件文档和有关的设计信息。这样，软件维护人员不得不花费大量的劳动（据统计，约占维护工作量的 60％以上用于软件系统的再分析和对软件信息的理解）。软件的维护直接影响软件的应用和软件的生存期，而软件的可维护性又与软件的设计密切相关。因此，软件在开发过程中应该重视对软件可维护性的支持。

3）软件的退役

软件的退役是软件生存周期的最后一个阶段，即终止对软件产品的支持，软件停止使用。

12.1.4 软件开发模型

12.1.3 节介绍了软件生存周期各个阶段的划分。事实上，软件开发各个阶段之间的关系不可能是顺序的、线性的，相反，软件开发应该是带有反馈的迭代过程，这种过程用软件开发模型表示。软件开发模型给出了软件开发活动各阶段之间的关系，它是软件开发过程的概括，是软件工程的重要内容。它为软件工程管理提供里程碑和进度表，为软件开发过程提供原则和方法。

软件开发模型大体上可分为两种类型：第一种是以软件需求完全确定为前提的瀑布模型；第二种是在软件开发初始阶段只能提供基本需求时采用的渐进式开发模型，例如原型模型、螺旋模型等。实践中经常将几种模型组合使用以便充分利用各种模型的优点。

1. 瀑布模型

瀑布模型(Waterfall Model)也称软件生存周期模型，由 W. Royce 于 1970 年首先提出。根据软件生存周期各个阶段的任务，瀑布模型从可行性研究(或称系统分析)开始，逐步进行阶段性变换，直至通过确认测试并得到用户确认的软件产品为止。瀑布模型上一阶段的变换结果是下一阶段变换的输入，相邻的两个阶段具有因果关系，紧密相连。因此，一个阶段工作的失误将蔓延到以后的各个阶段。为了保证软件开发的正确性，每一阶段任务完成后，都必须对它的阶段性产品进行评审，确认之后再转入下一阶段的工作。评审过程发现错误和疏漏后，应该反馈到前面的有关阶段修正错误、弥补疏漏，然后再重复前面的工作，直至某一阶段通过评审后再进入下一阶段。这种形式的瀑布模型是带有反馈的瀑布模型。

瀑布模型在软件工程中占有重要的地位，它提供了软件开发的基本框架，这比依靠个人技艺开发软件好得多。它有利于大型软件开发过程中人员的组织和管理，有利于软件开发方法和工具的研究与使用，从而提高了大型软件项目开发的质量和效率。瀑布模型的主要缺点是：

(1) 在软件开发的初始阶段指明软件系统的全部需求是困难的，有时甚至是不现实的。而瀑布模型在需求分析阶段要求用户和系统分析员必须做到这一点才能开展后续阶段的工作。

(2) 需求确定后，用户和软件项目负责人要等相当长的时间(经过设计、实现、测试)才能得到一份软件的最初版本。如果用户对这个软件提出比较大的修改意见，那么整个软件项目将会蒙受较大的人力、财力和时间方面的损失。

2. 原型模型

原型(prototype)不是一个新概念。在建筑领域中，建筑师接到一个建筑项目后，他根据用户提出的基本要求和自己对用户需求的理解，按一定比例设计并建造一个原型。

用户和建筑师以原型为基础进一步研究并确定建筑物的需求。当用户和建筑师对建筑物的需求取得一致理解之后，建筑师再组织对建筑物的设计和施工。针对软件开发初期在确定软件需求方面存在的困难，人们开始借鉴建筑师在设计和建造原型方面的经验。软件开发人员根据用户提出的软件定义，快速地开发一个原型，它向用户展示了待开发软件系统的部分功能和性能。在征求用户对原型意见的过程中，进一步修改、完善、确认软件系统的需求并达到一致的理解。

快速开发原型的途径有3种：

(1) 利用计算机模拟软件系统的人机界面和人机交互方式。

(2) 开发一个工作原型，实现软件系统的部分功能。这部分功能可能是重要的，也可能是容易产生误解的。

(3) 利用类似软件向客户展示软件需求中的部分或全部功能。为了快速开发原型，要尽量采用软件重用技术，在算法时空开销方面也可以让步，以便争取时间，尽快向用户提供原型。原型应充分展示软件的可见部分，例如：数据的输入方式、人机界面、数据的输出格式等。由于原型是用户和软件开发人员共同设计和评审的，因此利用原型能统一用户和软件开发人员对软件项目需求的理解，有助于需求的定义和确认。利用原型定义和确认软件需求之后，就可以对软件系统进行设计、编码、测试和维护。

3. 螺旋模型

螺旋模型(Spiral Model)是B. Boehm于1988年提出的。它是生存周期模型与原型模型的结合，不仅体现了两个模型的优点，而且还增加了新的成分——风险分析。它由4部分组成：

(1) 需求定义：当初次建立原型时，必须对用户需求进行分析；当针对已有原型构造新的、更为丰富和完善的原型时，必须将用户对已有原型的评价意见、改进建议以及对新原型的需求进行分析。

(2) 风险分析：根据初始需求或改进意见，评审可选方案，给出消除或减少风险的途径。

(3) 工程实现：针对前面得到的用户需求，进行软件设计、编码、调试和测试。

(4) 评审：检查原型是否实现了用户需求，邀请用户实际操作该原型并进行评估，提出改进意见和进一步的需求。

螺旋模型是由以上步骤组成的迭代模型。软件开发过程每迭代一次，螺旋线就增加一周，软件开发又前进一个层次，系统又生成一个新版本，而软件开发的时间和成本又有了新的投入。在大多数场合，软件开发过程沿螺旋线的路径连续进行，希望最终得到一个用户满意的软件版本。理论上，迭代过程可以无休止地进行下去，但在实践中，迭代结果必须尽快收敛到用户允许的或可接受的目标范围内。只有降低迭代次数，减少每次迭代的工作量，才能降低软件开发的时间和成本。螺旋模型的每一周期都包括需求定义、风险分析、工程实现和评审4个阶段，这是对典型生存周期的发展。它不仅保留了生存周期模型中系统地、按阶段逐步进行地软件开发和边开发边评审的风格，而且还引入了风险分析,并把制作原型作为风险分析的主要措施。用户始终关心、参与软件开发并对阶段性的软件产品提出评审意见,这对保证软件产品的质量是十分有利的。

12.2 面向对象软件开发

面向对象软件开发一般经历 3 个阶段:面向对象系统分析(Object Oriented Anaysis,OOA)、面向对象系统设计(Object Oriented Design,OOD)和面向对象系统实现/编程(Object Oriented Programming,OOP)。在各阶段中均包含面向对象测试(Object Oriented Technology,OOT)。这与传统的生命周期法相似,但各阶段所解决的问题和采用的描述方法却有极大区别。图 12-1 描述了面向对象开发的内容和过程。

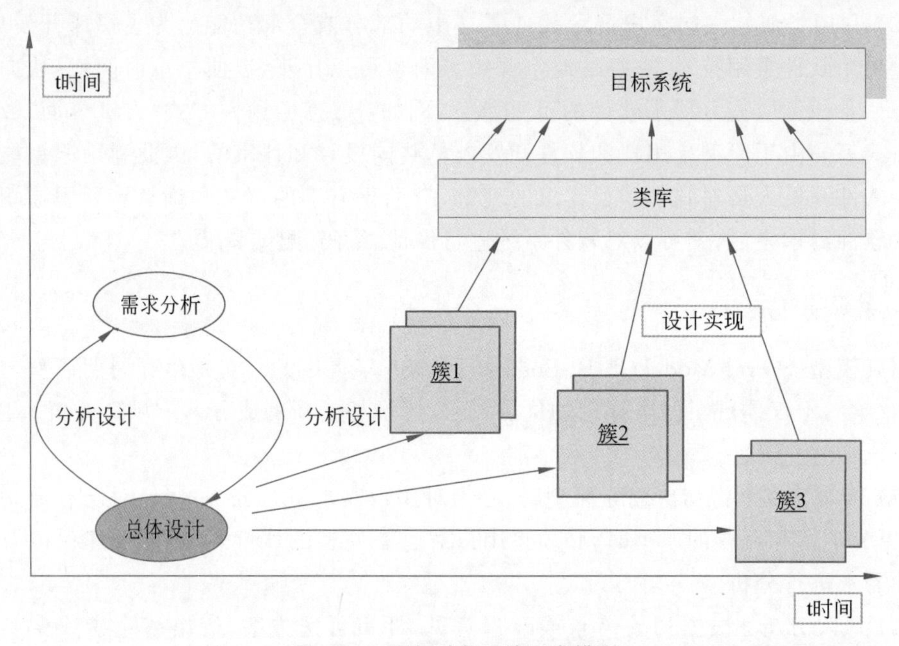

图 12-1 面向对象系统开发模型

系统人员通过需求调查,在反复的分析设计中不断地构建出"簇"。簇就是一组对象,因为用单个对象很难映射出客观实体,所以我们用一组对象来为客观世界的复杂实体建模。一方面,构建的簇经过设计实现被存入系统的类库备用;另一方面,构建簇的对象也可来源于已存在的类库。

12.2.1 统一建模语言和统一软件开发过程

从使用的角度来看,面向对象的开发方法可简单表述为

开发方法=建模语言+开发过程

本节中我们重点学习统一建模语言(Unified Modeling Language,UML)和统一软件开发过程(Rational Unified Process,RUP)。

1. 统一建模语言

随着软件系统复杂程度的提高，对好的建模语言的需求也越来越迫切，面向对象建模语言应运而生。其实早在 20 世纪 70 年代就陆续出现了面向对象的建模方法，在 80 年代末到 90 年代中期，各种建模方法如雨后春笋般地从不到 10 种增加到 50 多种。但方法种类的膨胀，使用户很难根据自身应用的特点选择合适的建模方法，极大地妨碍了用户的使用和交流。在如此众多的方法流派的竞争中，UML 举起了统一的大旗。它融合了多种优秀的面向对象建模方法，以及多种得到认可的软件工程方法，消除了因方法林立且相互独立带来的种种不便。它通过统一的表示法，使不同知识背景的领域专家、系统分析和开发人员以及用户可以方便地交流。

UML 作为一种通用的建模语言，其表达能力相当强，不仅可以用于软件的建模，而且还可以用于业务建模和其他非软件系统的建模。其组成结构可用图 12-2 表示。

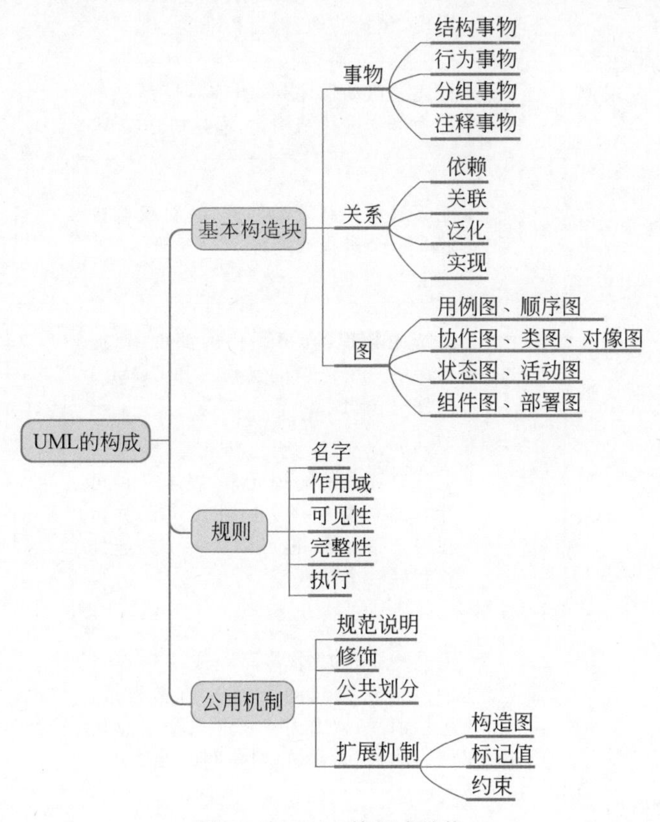

图 12-2 UML 的组成结构

1）UML 中的事物

事物是对模型中最具有代表性的成分的抽象，是 UML 中基本的面向对象的构造块，用它们可以写出结构良好的模型。UML 中的事物分为结构事物、行为事物、分组事物、注释事物 4 类，具体的使用方法和图形表示如表 12-1 所示。

表 12-1 UML 事物的分类与使用

事物类别	名称	用途	图形表示/符号
结构事物：模型的静态部分,用于描述概念或物理元素	类	描述一组具有相同属性、相同操作、相同关系和相同语义的对象	类名称 / 属性 / 操作
	接口	描述一个类或构件的全部或部分行为(外部可见)	接口名称
	协作	定义一个交互,由一组共同工作以提供某协作行为的角色和其他元素构成的一个群体,表现系统构成模式的实现,包括结构、行为和维度	(协作名称)
	用例	描述一组动作序列,用于对模型中的行为事物进行结构化,通过协作实现	用例名称
	活动类	能够启动控制活动的类,其对象至少拥有一个进程或线程	活动类名称 / 属性 / 操作
	构件	系统中物理的、可替代的部件,遵循且提供一组接口的实现。如 COM+构件、Java Beans	(构件名称)
	结点	运行时存在的物理元素,表示一种可计算的资源。一个构件集可以驻留在一个结点内,也可以从一个结点迁移到另一个结点	(结点名称)
行为事物：模型的动态部分,用于描述跨越时间和空间的行为	交互	由在特定语境中共同完成一定任务的一组对象之间交换的消息组成。包括消息、动作序列(由一个消息所引起的行为)和链(对象间的连接)	Display (操作名) →
	状态机	描述一个对象或一个交互在生命期内响应事件所经历的状态序列。包括状态、转换(从一个状态到另一个状态的流)、事件(触发转换的事物)和活动(对一个转换的响应)	状态名称及其子状态

续表

事物类别	名称	用途	图形表示/符号
分组事物：模型的组织部分，由模型分解成的“盒子”	包	用来组织 UML 模型的基本分组事物。构件仅在运行时存在，包仅在开发时存在。包的不同种类包括框架、模型、子系统等	(包名称)
注释事物：模型的解释部分，用来描述、说明和标注模型的任何元素	注解	依附于一个或一组元素之上，对该元素或组进行约束或解释的简单符号	(文字或图形解释)

2）UML 中的关系

UML 中的关系包括依赖、关联（包括聚合、关联、直接关联 3 种）、泛化（也称继承）、实现（即接口实现）4 种，其符号表示如表 12-2 所示。

表 12-2 UML 关系的分类与使用

关系类别	用途	图形表示
依赖	若修改 X 的定义可能会导致 Y 的定义改变，则认为 Y 依赖 X。若两个类有关联，则必然有依赖	- - - - - ->
泛化	定义一般元素和特殊元素之间的分类关系，表示“a-kind-of”。类之间的泛化关系也就是继承关系	——▷
实现	接口声明了一个契约，而实现则表示对该契约的具体实施，它负责如实地实现接口的完整语义	- - - - - -▷
关联	聚合：表示整体与部分的关系，“has-a”	◇——
	组合：表示整体和部分的关系，且部分和整体具有统一的生存期，“contains-a”	◆——
	关联：模型元素之间的一种语义联系	——>

3）UML 中的图

UML 图包括用例图、协作图、活动图、序列图、部署图、构件图、类图、状态图，是模型中信息的图形表达方式。UML 模型独立于 UML 图存在，一个典型的模型应该有多个各种类型的图。UML 图的分类与使用如表 12-3 所示。

表 12-3 UML 图的分类与使用

关系类别	用途
用例图	描述角色以及角色与用例之间的连接关系。说明谁要使用系统，以及使用该系统可以做什么
活动图	描述用例要求进行的活动及活动间的约束关系，便于识别并行活动，展示系统中各种活动的执行次序

续表

关系类别	用　　途
序列图/时序图	用来显示参与者如何以一系列顺序的步骤与系统的对象交互，展示对象之间的动态交互关系。按时间顺序对控制流建模，着重体现对象间消息传递的时间顺序
协作图	和序列图相似，描述对象间的动态合作关系。若强调时间和顺序，则使用序列图。若强调上下级关系，则选择协作图；这两种图合称为交互图
类图	描述系统中的类，以及各个类之间关系的静态视图，表示类、接口和它们之间的协作关系
状态图	描述类的对象所有可能的状态，以及事件发生时状态的转移条件，可以捕获对象、子系统和系统的生命周期。状态图是对类图的补充
对象图	描述对象之间的关系，是类图的一种实例化图
构件图	描述代码构件的物理结构以及各种构件之间的依赖关系，用来建模软件的组件及其相互之间的关系
部署图	用来建模系统的物理部署

4）UML 中的模型

UML 系统开发中有 3 个主要的模型：

(1) 功能模型：从用户的角度展示系统的功能，包括用例图。

(2) 对象模型：采用对象、属性、操作、关联等概念展示系统的结构和基础，包括类图、对象图。

(3) 动态模型：展现系统的内部行为。包括序列图、活动图、状态图。

2. 统一软件开发过程

统一软件开发过程(Rational Unified Process，RUP)是一个通用的软件流程框架。它是一个以架构为中心、用例驱动的迭代化软件开发流程。RUP 是从几千个软件项目的实践经验中总结出来的，对于实际的项目具有很强的指导意义，是软件开发行业事实上的行业标准。

它包括了软件开发中的六大经验：

(1) 迭代式开发。在软件开发的早期阶段就想完全、准确地捕获用户的需求几乎是不可能的。实际上，我们经常遇到的问题是需求在整个软件开发工程中会经常改变。迭代式开发允许在每次迭代过程中需求有变化，并通过不断细化来加深对问题的理解。迭代式开发不仅可以降低项目的风险，而且每个迭代过程都可以执行版本结束，可以鼓舞开发人员。

(2) 管理需求。确定系统的需求是一个连续的过程，开发人员在开发系统之前不可能完全详细地说明一个系统的真正需求。RUP 描述了如何提取、组织系统的功能和约束条件并将其文档化，用例和脚本的使用已被证明是捕获功能性需求的有效方法。

(3) 基于组件的体系结构。组件使重用成为可能，系统可以由组件组成。基于独立的、可替换的、模块化组件的体系结构有助于降低管理复杂性，提高重用率。RUP 描述了如何设计一个有弹性的、能适应变化的、易于理解的、有助于重用的软件体系结构。

(4) 可视化建模。RUP 往往和 UML 联系在一起，对软件系统建立可视化模型帮助人们提供管理软件复杂性的能力。RUP 告诉我们如何可视化地对软件系统建模，获取有关体系结构与组件的结构和行为信息。

(5) 验证软件质量。在 RUP 中软件质量评估不再是事后进行或单独小组进行的分离活动，而是内建于过程中的所有活动，这样可以及时发现软件中的缺陷。

(6) 控制软件变更。迭代式开发中如果没有严格的控制和协调，整个软件开发过程很快就陷入混乱之中，RUP 描述了如何控制、跟踪、监控、修改以确保成功的迭代开发。RUP 通过软件开发过程中的制品，隔离来自其他工作空间的变更，以此为每个开发人员建立安全的工作空间。

1) RUP 软件开发生命周期

RUP 软件开发生命周期是一个二维的软件开发模型，如图 12-3 所示。纵轴代表核心工作流程静态的一面，横轴代表时间显示过程动态的一面，用周期、阶段、迭代、里程碑等名词描述。

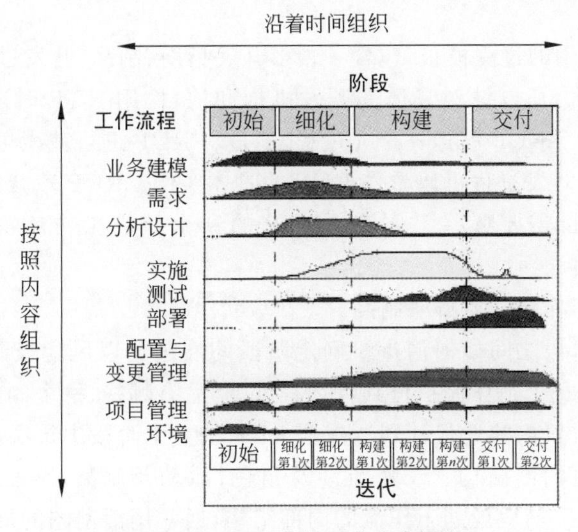

图 12-3　RUP 软件开发生命周期

从横轴来看，RUP 把软件开发生命周期划分为多个循环，每个循环生成产品的一个新版本。每个循环由 4 个连续阶段组成，这 4 个阶段是：

(1) 初始阶段，定义最终产品视图和业务模型，确定系统范围。

(2) 细化阶段，设计、确定系统的体系结构，制订工作计划即资源要求。

(3) 构建阶段，构造产品并继续演进需求、体系结构、计划，直至产品提交。

(4) 交付阶段，把产品提交给用户使用。

RUP 的 9 个核心工作流是：

(1) 业务建模。理解待开发系统所在的机构及其商业运作，确保所有人员对它有共同的认识，评估待开发系统对结构的影响。

(2) 需求。定义系统功能及用户界面，为项目预算及计划提供基础。

(3) 分析与设计。把需求分析结果转换为分析与设计模型。

(4) 实现。把设计模型转换为实现结果,并做单元测试,集成为可执行系统。

(5) 测试。验证所有需求是否已经被正确实现,对软件质量提出改进意见。

(6) 部署。打包、分发、安装软件,培训用户及销售人员。

(7) 配置与变更管理。跟踪并维护系统开发过程中产生的所有制品的完整性和一致性。

(8) 项目管理。为软件开发项目提供计划、人员分配、执行、监控等方面的指导,为风险管理提供框架。

(9) 环境。为软件开发机构提供软件开发环境。

2) RUP 核心概念

RUP 核心概念包括 3 个部分:

(1) 角色:描述某个人或者某个小组的行为与职责。RUP 预先定义了很多角色。

(2) 活动:一个有明确目的的独立工作单元。

(3) 工件:活动生成、创建或修改的一段信息。

3) RUP 裁减

RUP 是一个通用的过程模板,包含了很多开发指南、制品、开发过程所涉及的角色说明。由于它非常庞大,所以针对具体的开发机构和项目,用 RUP 时还要做裁减,也就是要对 RUP 进行配置。RUP 就像一个元过程,通过对 RUP 进行裁减可以得到很多不同的开发过程,这些软件开发过程可以看作 RUP 的具体实例。RUP 裁减可以分为以下几步:

(1) 确定本项目需要哪些工作流。RUP 的 9 个核心工作流不总是需要的,可以取舍。

(2) 确定每个工作流需要哪些制品。

(3) 确定 4 个阶段之间如何演进。确定阶段间演进要以风险控制为原则,决定每个阶段要那些工作流、每个工作流执行到什么程度、制品有哪些、每个制品完成到什么程度。

(4) 确定每个阶段内的迭代计划。规划 RUP 的 4 个阶段中每次迭代开发的内容。

(5) 规划工作流内部结构。工作流涉及角色、活动及制品,它的复杂程度与项目规模,即角色多少有关。最后规划工作流的内部结构,通常用活动图的形式给出。

12.2.2 面向对象分析

面向对象分析与其他分析方法一样,是提取系统需求的过程。面向对象分析的关键是识别出问题域内的对象,并分析它们相互间的关系,最终建立起问题域的正确模型。面向对象分析大体上按照下列顺序进行:建立功能模型、建立对象模型、建立动态模型、定义服务。

1. 建立功能模型

功能模型从功能角度描述对象属性值的变化和相关的函数操作,表明系统中数据之间的依赖关系以及有关的数据处理功能,它由一组数据流图组成。其中的处理功能可以用 IPO 图(或表)、伪码等多种方式进一步描述。建立功能模型首先要画出顶层数据流图,然后对顶层图进行分解,详细描述系统加工、数据变换等,最后描述图中各个处理功能的子功能。

2. 建立对象模型

复杂问题(大型系统)的对象模型由下述 5 个层次组成:主题层(也称为范畴层)、类-&-对象层、结构层、属性层和服务层,如图 12-4 所示。

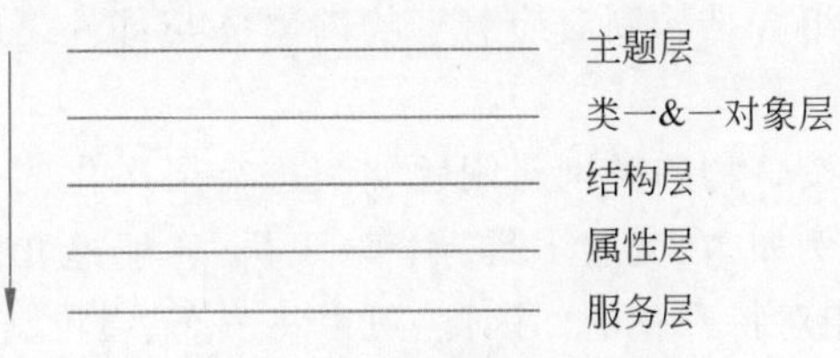

图 12-4　对象模型的层次

这 5 个层次很像叠在一起的 5 张透明塑料片,它们一层比一层显现出对象模型的更多细节。在概念上,这 5 个层次是整个模型的 5 张水平切片。

建立对象模型典型的工作步骤如下:

1) 发现和识别对象

类-&-对象是在问题域中客观存在的,系统分析员的主要任务就是通过分析找出这些类-&-对象。步骤如下:

(1) 找出候选的类-&-对象。一般地,以自然语言书写的需求陈述为依据,把陈述中的名词作为类-&-对象的候选者,把形容词作为确定属性的线索,把动词作为服务(操作)候选者。人们把这种方法称为非正式分析方法。

(2) 筛选出正确的类-&-对象。非正式分析仅仅帮助我们找到一些候选的类-&-对象,接下来应该严格考察候选对象,从中去掉不正确的或不必要的,仅保留确实应该记录其信息或需要其提供服务的那些对象。筛选时主要依据下列标准,删除不正确或不必要的类-&-对象:

① 冗余(如果两个类表达了同样的信息);

② 无关(仅需要把与本问题密切相关的类-&-对象放进目标系统中);

③ 笼统(需求陈述中笼统的、泛指的名词);

④ 属性(在需求陈述中有些名词实际上描述的是其他对象的属性);

⑤ 操作(正确地决定把某些词作为类还是作为类中定义的操作);

⑥ 实现(去掉仅和实现有关的候选的类-&-对象)。

2) 确定关联

两个或多个对象之间的相互依赖、相互作用的关系就是关联。分析确定关联,能促使分析员考虑问题域的边缘情况,有助于发现那些尚未被发现的类-&-对象。

(1) 初步确定关联。首先,通过直接提取需求陈述中的动词词组得出关联关系;然后,进一步分析需求陈述,发现一些在陈述中隐含的关联;最后,与用户及领域专家讨论问题域实体间的相互依赖、相互作用关系,根据领域知识再进一步补充一些关联关系。

(2) 自顶向下。把现有类细化成更具体的子类,这模拟了人类的演绎思维过程。从应用域中常常能明显看出应该做的自顶向下的具体化工作。例如,带有形容词修饰的名词词组往往暗示了一些具体类。但是,在分析阶段应该避免过度细化。

3) 定义结构

结构指的是多种对象的组织方式,用来反映问题空间中的复杂事物和复杂关系。这里的结构包括两种:分类结构与组合结构。分类结构针对的是事物类别之间的组织关系,它表示了继承关系;组合结构则对应着事物的整体与部件之间的组合关系,它表示了聚合关系。

使用分类结构可以按事物的类别对问题空间进行层次化的划分,体现现实世界中事物的一般性与特殊性。例如,在交通工具、汽车、飞机、轮船这几件事物中,具有一般性的是交通工具,其他则是相对特殊化的。因此,可以将汽车、飞机、轮船这几种事物的共有特征概括在交通工具之中,也就是把对应于这些共有特征的属性和服务放在交通工具这种对象之中,而其他需要表示的属性和服务则按其特殊性放在汽车、飞机、轮船这几种对象之中。在结构上,则按这种一般与特殊的关系,将这几种对象划分在两个层次中,如图 12-5(a)所示。组合结构表示事物的整体与部件之间的关系。例如,把汽车看成一个整体,那么发动机、变速箱、刹车装置等都是汽车的部件,相对于汽车这个整体就分别是一个局部,如图 12-5(b)所示。

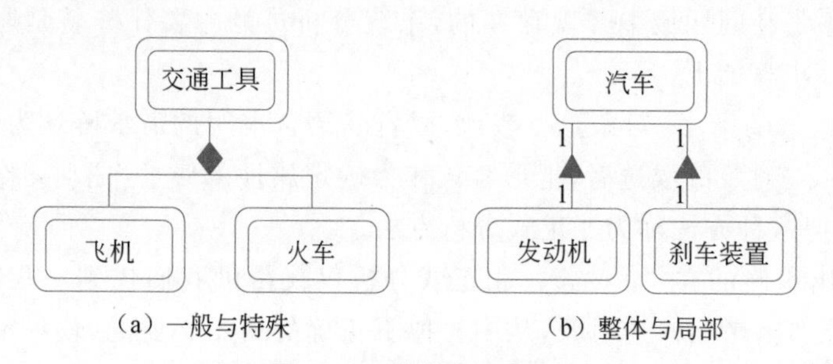

(a) 一般与特殊　　(b) 整体与局部

图 12-5　结构图元表示

4) 识别主题

对一个实际的目标系统,特别是大的系统而言,尽管通过对象和结构的认定对问题空间中的事物进行了抽象和概括,但对象和结构的数目仍然是庞大的,因此如果不对数目众多的对象和结构进行进一步的抽象,势必造成对分析结果理解上的混乱,也难以搞清对象、结构之间的关联关系,因此需要引入主题的概念。

主题是一种关于模型的抽象机制,它给出了一个分析模型的概貌。主题直观地来看就是一个名词或名词短语,与对象的名字类似,只是抽象的程度不同。识别主题的一般方法是:为每一个结构追加一个主题;为每一种对象追加一个主题;如果当前的主题数目超过了 7 个,就对已有的主题进行归并。归并的原则是,当两个主题对应的属性和服务有着较密切的关联时,就将它们归并成一个主题。

5) 认定属性

属性是数据元素,用来描述对象或分类结构的实例。认定一个属性有 3 个基本原则:首先,要确认它对响应对象或分类结构的每一个实例都是适用的;其次,对满足第 1 个条件的属性，还要考察其在现实世界中与这种事物的关系是不是足够密切；最后，认定的属性应该是一种相对的原子概念，即不依赖于其他并列属性就可以被理解。

3. 建立动态模型

当问题涉及交互作用和时序时（例如，用户界面及过程控制等），建立动态模型就是很重要的。

建立动态模型的第一步是编写典型交互行为的脚本。脚本是指系统在某一执行期间内出现的一系列事件。编写脚本的目的是保证不遗漏重要的交互步骤，它有助于确保整个交互过程的正确性和清晰性。第二步，从脚本中提取出事件，确定触发每个事件的动作对象以及接受事件的目标对象。第三步，排列事件发生的次序，确定每个对象可能有的状态以及状态间的转换关系。最后，比较各个对象的状态，检查它们之间的一致性，确保事件之间的匹配。

4. 定义服务

通常在完整地定义每个类中的服务之前，需要先建立起动态模型和功能模型，通过对这两种模型的研究，能够更正确、更合理地确定每个类应该提供哪些服务。

正如前面已经指出的那样，对象是由描述其属性的数据以及可以对这些数据施加的操作（即服务）封装在一起构成的独立单元。因此，为建立完整的动态模型，既要确定类的属性，又要定义类的服务。在确定类中应有的服务时，既要考虑类实体的常规行为，又要考虑在本系统中需要的特殊服务。首先，考虑常规行为，在分析阶段可以认为类中定义的每个属性都是可以访问的，即假设在每个类中都定义了读、写该类每个属性的操作。其次，从动态模型和功能模型中总结出特殊服务。最后，应该尽量利用继承机制以减少所需定义的服务数目。

12.2.3　面向对象设计

面向对象设计模型也由主题、类-&-对象、结构、属性、服务 5 个层次组成（与 OOA 相同），且大多数系统的面向对象设计模型，在逻辑上都由 4 大部分组成，即问题域子系统、人机交互子系统、任务管理子系统和数据管理子系统。

1. 设计问题域子系统

通过面向对象分析所得出的问题域精确模型，为设计问题域子系统奠定了良好的基础，建立了完整的框架。只要可能，就应该保持面向对象分析所建立的问题域结构。通常，面向对象设计仅需从实现角度对问题域模型做一些补充或修改，主要是增添、合并或分解类-&-对象、属性及服务以及调整继承关系等。但是当问题域子系统过分复杂庞大时，应该把它进一步分解成若干个更小的子系统。

在面向对象设计过程中，可能对面向对象分析所得出的问题域模型的补充或修改包括：

（1）调整需求。有两种情况出现需要调整需求：用户需求或外部环境发生了变化；

分析员对问题的理解存在问题。无论哪种情况出现,通常都只需要简单地修改分析的结果,然后把这些修改的结果反映到问题域子系统中即可。

(2) 重用已有的类。代码重用从设计阶段开始,在研究面向对象分析结果时,就应该寻找使用已有类的方法。若没有合适的类可以重用而需要创建新的类,则在设计这些新类的协议时,需要考虑将来的可重用性。

(3) 把问题域类组合在一起。在面向对象设计过程中,设计者往往通过引入一个根类而把问题域组合在一起,但这是在没有更先进的组合机制时才采用的一种组合方法。

(4) 增添一般化类以建立协议。在设计过程中常常发现,一些具体类需要有一个公共的协议,也就是说,它们都需要定义一组类似的服务(很可能还需要相应的属性)。在这种情况下可以引入一个附加类(例如,根类)。

(5) 调整继承层次。如果面向对象分析模型中包含了多重继承关系,然而所使用的程序设计语言却并不提供多重继承机制,则必须修改面向对象分析的结果。即使使用支持多重继承的语言,有时也会出于实现考虑而对面向对象分析结果做一些调整。

2. 设计人机交互子系统

在面向对象分析过程中,已经对用户界面需求做了初步分析。在面向对象设计过程中,则应该对系统的人机子系统进行详细设计,以确定人机交互的细节,其中包括指定窗口和报表的形式、设计命令层次等项内容。人机交互部分的设计结果,将对用户情绪和工作效率产生重要影响。

设计人机交互界面的准则有:

一致性、减少步骤、及时提供反馈信息、提供撤销命令、无须记忆、易学、富有吸引力。

设计人机交互子系统的策略包括:

(1) 分类用户:为设计好人机交互子系统,设计者应该认真研究使用它的用户,首先应该把将来可能与系统交互的用户进行分类。通常从下列几个不同角度进行分类:按技能水平分类(新手/初级/中级/高级);按职务分类(总经理/经理/职员);按所属集团分类(职员/顾客)。

(2) 描述用户:应该仔细了解未来使用系统的每类用户的情况,把获得的下列各项信息记录下来:用户类型;使用系统欲达到的目的;特征(年龄、性别、受教育程度、限制因素等);关键的成功因素(需求、爱好、习惯等);技能水平;完成本职工作的脚本。

(3) 设计命令层次:命令层次,实质上是用过程抽象机制组织起来的、可供选用的服务的表示形式。设计命令层次的工作通常包含以下几项内容:研究现有的人机交互含义和准则;确切初始的命令层次;精化命令层次需要考虑以下因素:次序、整体——部分关系、操作步骤。

(4) 设计人机交互类:人机交互类与所使用的操作系统及编程语言密切相关。

3. 设计任务管理子系统

虽然从概念上说,不同对象可以并发地工作。但是,在实际系统中,许多对象之间往往存在相互依赖的关系。此外,在实际使用的硬件中,可能仅由一个处理器支持多个对象。因此，设计工作的一项重点就是，确定哪些是必须同时操作的对象，哪些是相互排斥的对象。然后进一步设计任务管理子系统，步骤为：

(1) 分析并发性。如果两个对象彼此间不存在交互，或者它们同时接受事件，则这两个对象在本质上是并发的。通过检查各个对象的状态图及它们之间交换的事件，能够把若干个非并发的对象归并到一条控制线中。控制线，是一条遍及状态图集合的路径，在这条路径上每次只有一个对象是活动的。在计算机系统中用任务(task)实现控制线，一般认为任务是进程(process)的别名。通常把多个任务的并发执行称为多任务。

(2) 设计任务管理子系统。常见的任务有事件驱动型任务、时钟驱动型任务、优先任务、关键任务和协调任务等。设计任务管理子系统，包括确定各类任务并把任务分配给适当的硬件或软件去执行。

① 确定事件驱动型任务。某些任务是由事件驱动的，这类任务可能主要完成通信工作。例如，设备、屏幕窗口、其他任务、子系统、另一个处理器或其他系统通信。事件通常是表明某些数据到达的信号。

② 确定时钟驱动任务。某些任务每隔一定时间间隔就被触发以执行某些处理，例如，某些设备需要周期性地获得数据；某些人机接口、子系统、任务、处理器或其他系统也可能需要周期性地通信。在这些场合往往需要使用时钟驱动型任务。

③ 确定优先任务。优先任务可以满足高优先级或低优先级的处理需求。高优先级：某些服务具有很高的优先级，为了在严格限定的时间内完成这种服务，可能需要把这类服务分离成独立的任务。低优先级：与高优先级相反，有些服务是低优先级的，属于低优先级处理(通常指那些背景处理)。设计时可能用额外的任务把这样的处理分离出来。

④ 确定关键任务。关键任务是关系到系统成功或失败的那些关键处理，这类处理通常都有严格的可靠性要求。

⑤ 确定协调任务。当系统中存在三个以上任务时，就应该增加一个任务，用它作为协调任务。

⑥ 确定资源需求。使用多处理器或固件，主要是为了满足高性能的需求。设计者必须通过计算系统载荷来估算所需要的 CPU(或其他固件)的处理能力。

4. 设计数据管理子系统

数据管理子系统是系统存储或检索对象的基本设施，它建立在某种数据存储管理系统之上，并且隔离了数据存储管理模式。设计步骤为：

(1) 选择数据存储管理模式。文件管理系统、关系数据库管理系统、面向对象数据管理系统 3 种数据存储管理模式有不同的特点，适用范围也不同。其中，文件系统用来长期保存数据，具有成本低和简单等特点，但文件操作级别低，为提供适当的抽象级别还必须编写额外的代码；关系数据库管理系统提供了各种最基本的数据管理功能，采用标准化的语言，但其缺点是运行开销大，数据结构比较简单；面向对象数据管理系统增加了抽象数据类型和继承机制，提供了创建及管理类和对象的通用服务。

(2) 设计数据管理子系统。设计数据管理子系统，既需要设计数据格式又需要设计相应的服务。设计数据格式包括用范式规范每个类的属性表以及由此定义所需的文件或数据库;设计相应的服务是指设计被存储的对象如何存储自己。

12.2.4 面向对象编程

面向对象实现主要包括两项工作：把面向对象设计结果翻译成用某种程序语言书写的面向对象程序;测试并调试面向对象的程序。面向对象程序的质量基本上由面向对象设计的质量决定,但是,所采用的程序语言的特点和程序设计风格也将对程序的生成、可重用性及可维护性产生深远影响。

1. 程序设计语言

采用面向对象方法开发软件的基本目的和主要优点是通过重用提高软件的生产率。因此,应该优先选用能够最完善、最准确地表达问题域语义的面向对象语言。在选择编程语言时,应该考虑的其他因素还有：对用户学习面向对象分析、设计和编码技术所能提供的培训操作;在使用这个面向对象语言期间能提供的技术支持;能提供给开发人员使用的开发工具、开发平台,对机器性能和内存的需求,集成已有软件的难易程度。程序设计风格应遵循提高重用性、提高可扩充性、提高健壮性的基本原则。

2. 类的实现

在开发过程中,类的实现是核心问题。在用面向对象风格所写的系统中,所有的数据都被封装在类的实例中,而整个程序则被封装在一个更高级的类中。在使用既存部件的面向对象系统中,可以只花费少量时间和工作量来实现软件。只要增加类的实例,开发少量的新类和实现各个对象之间互相通信的操作,就能建立需要的软件。

3. 应用系统的实现

应用系统的实现是在所有的类都被实现之后的事。实现一个系统是一个比用过程性方法更简单、更简短的过程。有些实例将在其他类的初始化过程中使用,而其余的则必须用某种主过程显式地加以说明,或者当作系统最高层类的表示的一部分。在 C++ 和 C 中有一个 main()函数,可以使用这个过程来说明构成系统主要对象的那些类的实例。

12.2.5 面向对象测试

由于面向对象程序的结构不再是传统的功能模块结构,而且,面向对象软件抛弃了传统的开发模式,对每个开发阶段都有不同以往的要求和结果,已经不可能用功能细化的观点来检测面向对象分析和设计的结果。因此,传统的测试模型对面向对象软件已经不再适用。

面向对象的开发模型突破了传统的瀑布模型,将开发分为面向对象分析,面向对象设计和面向对象编程 3 个阶段。针对这种开发模型,结合传统的测试步骤的划分,我们把面向对象的软件测试分为：面向对象分析的测试、面向对象设计的测试、面向对象编程的测试、面向对象单元测试、面向对象集成测试、面向对象系统测试。

1. 面向对象分析的测试

面向对象分析是把 E-R 图和语义网络模型，即信息模型中的概念，与面向对象程序设计语言中的重要概念结合在一起而形成的分析方法，最后通常是得到问题空间的图表的形式描述。OOA 直接映射问题空间，全面地将问题空间中实现功能的现实抽象化。将问题空间中的实例抽象为对象，用对象的结构反映问题空间的复杂实例和复杂关系，用属性和操作表示实例的特性和行为。对 OOA 的测试，应从以下几个方面考虑：

(1) 对认定的对象的测试。

(2) 对认定的结构的测试。

(3) 对认定的主题的测试。

(4) 对定义的属性和实例关联的测试。

(5) 对定义的服务和消息关联的测试。

2. 面向对象设计的测试

面向对象设计采用"造型的观点"，以 OOA 为基础归纳出类，并建立类结构或进一步构造成类库，实现分析结果对问题空间的抽象。由此可见，OOD 不是在 OOA 基础上的另一思维方式的大动干戈，而是 OOA 的进一步细化和更高层的抽象。所以，OOD 与 OOA 的界限通常是难以严格区分的。OOD 确定类和类结构不仅是满足当前需求分析的要求，更重要的是通过重新组合或加以适当的补充，能方便实现功能的重用和扩增，以不断适应用户的要求。因此，对 OOD 的测试，应从如下 3 方面考虑：

(1) 对认定的类的测试。

(2) 对构造的类层次结构的测试。

(3) 对类库的支持的测试。

3. 面向对象编程的测试

典型的面向对象程序具有继承、封装和多态的新特性，这使得传统的测试策略必须有所改变。面向对象程序是把功能的实现分布在类中。能正确实现功能的类，通过消息传递来协同实现设计要求的功能。因此，在面向对象编程阶段，忽略类功能实现的细则，将测试的目光集中在类功能的实现和相应的面向对象程序风格，主要体现为以下两个方面：

(1) 数据成员是否满足数据封装的要求。

(2) 类是否实现了要求的功能。

4. 面向对象的单元测试

面向对象软件中，单元的概念发生了变化。封装驱动了类和对象的定义，这意味着每个类和类的实例(对象)包装了属性(数据)和操纵这些数据的操作，而不是个体的模块。最小的可测试单位是封装的类或对象，类包含一组不同的操作，并且某特殊操作可能作为一组不同类的一部分存在，因此，单元测试的意义发生了较大变化。我们不再孤立地测试单个操作,而是将操作作为类的一部分。

5. 面向对象的集成测试

面向对象软件的集成测试有两种不同策略:第一种称为基于线程的测试,集成对回应系统的一个输入或事件所需的一组类,每个线程被集成并分别测试,应用回归测试以保证没有产生副作用;第二种称为基于使用的测试,通过测试那些几乎不使用服务器类的类(称为独立类)而开始构造系统,在独立类测试完成后,下一层的使用独立类的类,称为依赖类,被测试。这个依赖类层次的测试序列一直持续到构造完整的系统。

6. 面向对象的系统测试

通过单元测试和集成测试,仅能保证软件开发的功能得以实现,但不能确认在实际运行时,它是否满足用户的需要。为此,对完成开发的软件必须经过规范的系统测试。系统测试应该尽量搭建与用户实际使用环境相同的测试平台,保证被测系统的完整性,对临时没有的系统设备部件,也应有相应的模拟手段。系统测试时,应该参考 OOA 分析的结果,对应描述的对象、属性和各种服务,检测软件是否能够完全再现问题空间。系统测试不仅检测软件的整体行为表现,从另一个侧面看,也是对软件开发设计的再确认。

面向对象测试的整体目标(以最小的工作量发现最多的错误)和传统软件测试的目标是一致的,但是面向对象测试的策略和战术有很大不同。测试的视角扩大到包括复审分析和设计模型。此外,测试的焦点从过程构件(模块)移向了类。

不论是传统的测试方法还是面向对象的测试方法,我们都应该遵循下列原则:

(1) 应当把"尽早和不断地测试"作为开发者的座右铭。

(2) 程序员应该避免检查自己的程序,测试工作应该由独立且专业的软件测试机构来完成。

(3) 设计测试用例时,应该考虑合法的输入和不合法的输入,以及各种边界条件,特殊情况下要制造极端状态和意外状态,例如网络异常中断、电源断电等情况。

(4) 一定要注意测试中的错误集中发生现象,这与程序员的编程水平和习惯有很大的关系。

(5) 对测试错误结果一定要有一个确认的过程。一般由 A 测试出来的错误,一定要有一个 B 来确认,严重的错误可以召开评审会进行讨论和分析。

(6) 制订严格的测试计划,并把测试时间安排得尽量宽松,不要希望在极短的时间内完成一个高水平的测试。

(7) 回归测试的关联性一定要引起充分的注意,修改一个错误而引起更多错误出现的现象并不少见。

(8) 妥善保存一切测试过程文档,其意义是不言而喻的,测试的重现性往往要靠测试文档。

12.3 项目实战：教务综合管理系统

12.3.1 教务综合管理系统需求分析

在面向对象分析的过程中，系统分析员经过详细调查和综合分析后，需要建立软件分析模型。下面，我们以教务综合管理系统为例，介绍其需求分析过程，为系统建立三种模型。对象模型描述软件系统的静态结构；动态模型描述软件系统的控制结构；功能模型描述软件系统必须完成的功能。

1. 需求

教务综合管理系统是一个包含学校的所有教务信息，对人员、设备等一系列与教务相关的资源进行信息化处理的综合应用性系统，主要用于日常教务的信息化处理。它能对教务的安排等信息化处理起到高级管理作用，使得教务安排更加方便、合理、快捷。

教务综合管理系统的功能分为系统管理、基础数据管理、排课管理、公共选修课管理、实验教学管理、考务管理、考试成绩管理、教学质量监控、教学日常管理、学籍管理、新闻管理 11 个功能。

各模块的主要功能如下：

(1) 系统管理：完成对整个教务系统的管理配制、分配权限以及对数据库的备份还原等。

(2) 基础数据管理：为整个系统提供基础信息管理，这些信息包含人员设备等一些相对固定的信息。

(3) 排课管理：主要实现对教学计划、培养方案、教学任务和调课的管理。

(4) 公共选修课管理：主要实现对学院中选修课的发布和审核等管理。

(5) 实验教学管理：主要对学院的实验安排进行管理。

(6) 考务管理：考试中的纪律反馈及对于考试中监考的安排等。

(7) 考试成绩管理：对考试成绩进行录入，对考试成绩的变更进行管理等功能。

(8) 教学质量监控：对教学质量进行一定的管理。

(9) 教学日常管理：主要用于对日常教学的安排及管理。

(10) 学籍管理：主要用于对学籍信息的管理。

(11) 新闻管理：主要实现对日常通知及新闻进行管理。

2. 建立功能模型

功能模型由多张数据流图组成。数据流图说明数据是如何从外部输入，以及经过操作和内部存储输出到外部的。系统主要业务流图如图 12-6 所示。

针对系统功能模型的完备性，各功能模块包含的子功能及其计算机软件部件(Computer Software Component，CSC)的划分如表 12-4 所示。

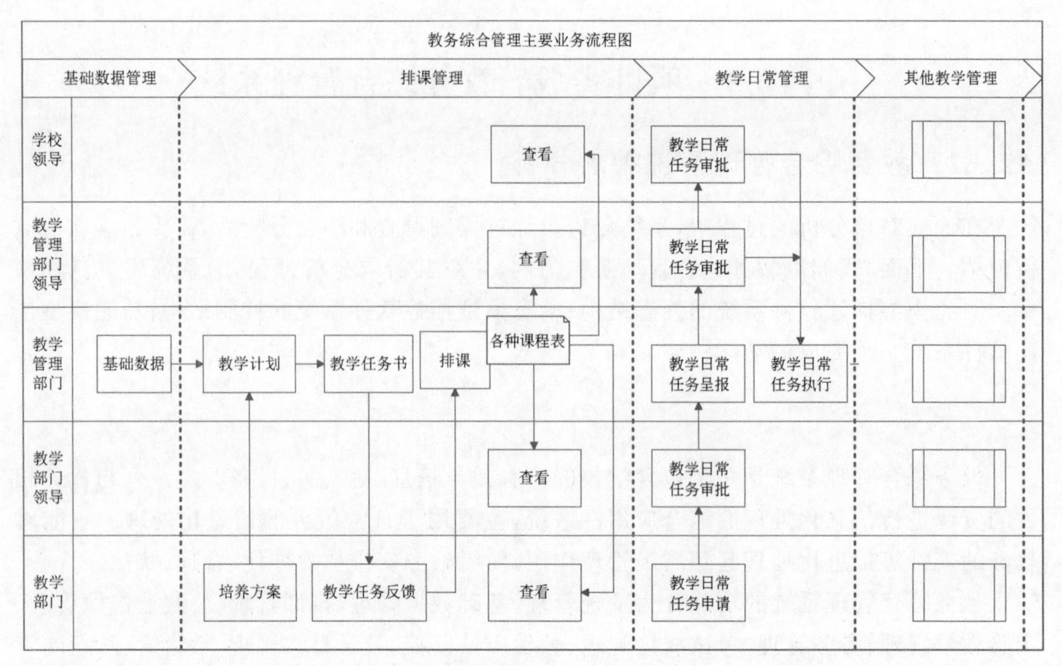

备注：
① 基础数据管理包括：基础教学设施（教室、教学用具、课程）管理、学年设置、院系设置、专业设置、班级设置等；
② 日常教学管理包括：调课管理、教室使用管理、教学用装管理、自编教材管理、讲座管理、教学日志管理、教学工作量管理等；
③ 其他管理包括：实验教学管理、考务管理、考试成绩管理、教学质量监控、学籍管理、系统管理等，具体流程见详细业务需求。

图 12-6　系统主要业务流图

表 12-4　系统管理的 CSC 说明

序号	模块名	子序号	CSC 名称	CSC 标识
1	系统管理子系统	1	角色管理	RoleManagement
		2	用户管理	UserManagement
		3	日志管理	LogManagement
		4	字典管理	DictManagement
		5	用例管理	UseCaseManagement
		6	模块管理	ModelManagement
		7	数据库管理	DataManagement
2	基础数据管理子系统	1	教室管理	ClassRoomManagement
		2	装备管理	EquipmentManagement
		3	院系管理	DepartmentManagement
		4	专业管理	MajorManagement
		5	教员管理	TeacherManagement
		6	学员管理	StudentManagement
		7	学期设置	YearMangement

续表

序号	模　块　名	子序号	CSC 名称	CSC 标识
2	基础数据管理子系统	8	队管理	TeamManagement
		9	教研室管理	BuildingManagement
		10	课程管理	CourseManagement
		11	装备类别	EquipmentTypeManagement
3	排课管理子系统	1	教学计划	TeachPlanManagement
		2	培养方案	TeachPlaningManagement
		3	教学任务	TeachTaskManagement
		4	课表管理	ArrangeCourseManagement
		5	调课管理	ChangeCourseManagement
4	公共选修课管理子系统	1	公共选修课申报	OptionalCourseChange
		2	公共选修课审核	OptionalCourseCheck
		3	公共选修课发布	OptionalCoursePublish
		4	公选课时间设置	OptionalCourseStatistics
		5	公共选修课排课	ArrangeOptionalCourse
		6	公选课排课信息	OptionalCourseArrange
		7	公选课选课信息	OptionalCourseInf
		8	公选课成绩信息	OptionalCourseSoreInformation
		9	公选课成绩录入	OptionalCourseSoreInput
		10	公选课成绩审核	OptionalCourseSoreCheck
		11	公选课补考重修信息	OptionalRepeatExami
5	实验教学管理子系统	1	实验课安排	ArrangeLabCourse
		2	实验课查询	QueryLabCourse
6	考务管理子系统	1	考试申请	ExamApply
		2	考试安排	ExamArrangement
		3	监考安排	InvigilageArrangement
		4	考场情况反馈	ExamSiteationfeedback
7	考试成绩管理子系统	1	考试方式	ExamQuery
		2	考试成绩录入	InputExamScore
		3	成绩查询	ScoreQuery
		4	考试成绩修订	ExamScoreAmendment
		5	考试成绩审核	CheckExamScore

续表

序号	模　块　名	子序号	CSC 名称	CSC 标识
8	教学质量监控子系统	1	评教指标管理	TeachCommentRuleManagement
		2	听课安排	TeachLentinArrange
		3	评教查询	TeachCommentQuery
		4	听课反馈	CheckClassCurrircument
		5	评教统计	TeachCommentStatistics
9	教学日常管理子系统	1	待办中心	PendingCenter
		2	调课申请	AdjustClassApplyManagement
		3	教室申请	ClassRoomApplyManagement
		4	讲座申请	LectureApplyManagement
		5	自编教材申请	SelfTextbookApplyManagement
		6	教学用装申请	EquipmentApplyManagement
		7	教学日志呈报管理	TeachingLogApplyManagement
		8	教员工作量申报	TeacherWorkLoadApplyManagement
10	学籍管理子系统	1	表彰管理	PraiseManagement
		2	学业预警管理	AcademicWarningMangement
		3	学员信息管理	StudentMangement
		4	警示管理	AlertManagement
		5	学籍异动管理	StudentChangeLogManagement
		6	学籍查询	StudentQuery
		7	查询统计	QueryStatistics
		8	未授予学位条件管理	NoDegreeConditionManagement
		9	未授予学位学生	NoDegreeStudentManagement
11	新闻管理子系统	1	新闻分类管理	LinksManagement
		2	新闻管理	PostsManagement
		3	友情链接管理	PostTypeManagement

3. 建立对象模型

建立对象模型就是确定软件系统模型中的类与对象。对系统的静态结构建模，有时也被看成给出系统的静态视图。

以考务管理子系统为例，我们抽象出来的类有 4 个：课程类、教室类、人员类、考试科目类(课程类的子类)，他们之间的关系如图 12-7 所示。也可以将监考人员、学生设计成人员类的子类，这样类的层次更加清晰，请读者自行绘制相应的类图。

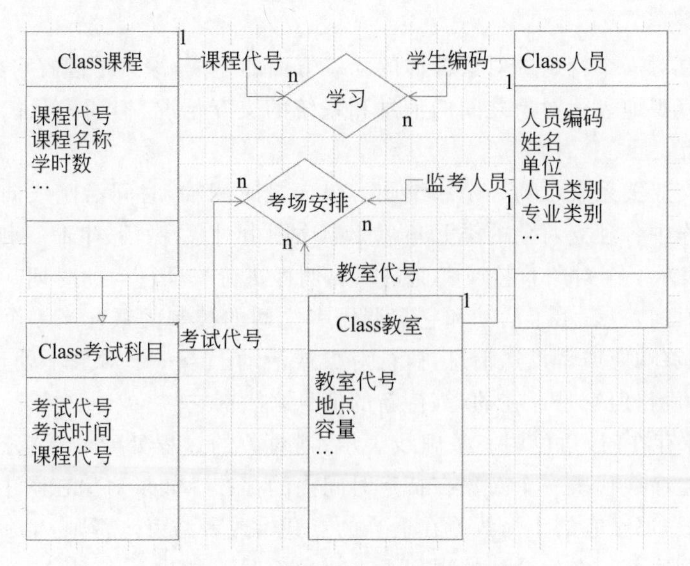

图 12-7　考务管理子系统对象模型

4. 建立动态模型

建立动态模型是对系统的动态方面进行可视化、详述、构造和文档化，其描述可以用自然语言和动态行为图来表示。动态行为图能够帮助分析服务及服务之间的关系，动态行为图包括用例图、顺序图、协作图、状态图和活动图等。

动态模型是对行为建模，需要捕获对象是怎么提供服务的，识别依赖于其他对象提供的附加服务。如何定义行为，或者说如何定义操作（方法），是构建动态模型必须考虑的问题。一般都是从输入、输出和对象是怎么提供服务的这 3 个角度来考虑。

1）画用例图

用例图是一种表示对象之间以及对象与系统外部的参与者之间动态联系的图形文档。它直观地表现了一组相互协作的对象所需进行的操作和所能提供的服务。

以考务管理子系统为例，我们画出的用例图如图 12-8 所示。

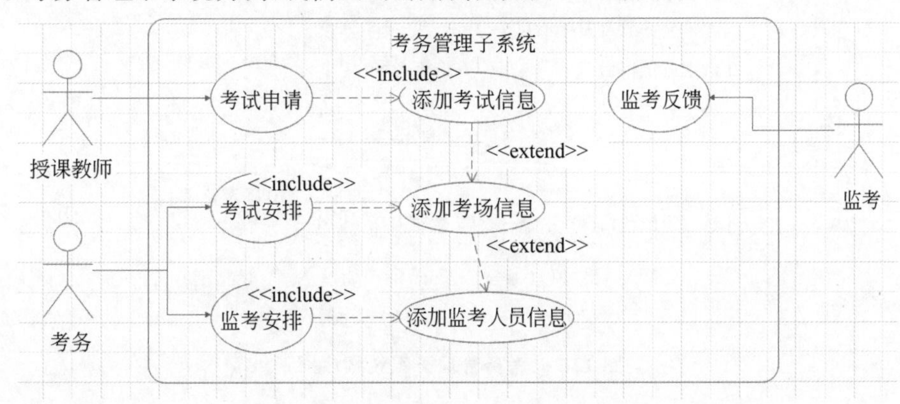

图 12-8　考务管理子系统用例图

2）画顺序图

顺序图通过对一个特定的对象群体的动态方面的建模，深刻地理解对象之间的交互，能够详细而又直观地表达对象之间的消息和系统的交互情况，但通常只能表示少数几个对象之间的交互。

顺序图将交互关系表示为一个二维图。纵向是时间轴，时间沿竖线向下延伸。横向轴代表了在协作中各独立对象的类元角色。顺序图由对象、激活、生命线和消息组成。

(1) 激活表示一个对象直接或者通过从属例程执行一个行为的时期。它既表示了行为执行的持续时间，也表示了活动和它与调用者之间的控制关系。当一个对象处于激活期时，该对象能够响应或者发送消息，执行对象或活动。当一个对象不处于激活期时，该对象不做什么事情，但它是存在的，等待新的消息来激活它。

(2) 当对象存在时，角色用一条虚线表示；当对象的过程处于激活状态时，生命线是一个双道线。生命线代表一个对象在特定时间内的存在。如果对象在图中所示的时间段内被创建或销毁，那么它的生命线就在适当的点开始或者结束。否则，生命线应当从图的顶部一直延续到底部。在生命线的顶部画上对象符号。如果一个对象在图中被创建，那么就把创建对象的箭头头部画在对象符号上。

(3) 消息用从一个对象的生命线到另一个对象的生命线的箭头表示。箭头以时间顺序在图中从上到下排列。可以把各种标签(例如，计时约束、对活动中的行为描述等)放在图的边缘或它们标记的消息的旁边。

以考务管理子系统为例，我们画出的顺序图如图 12-9 所示。

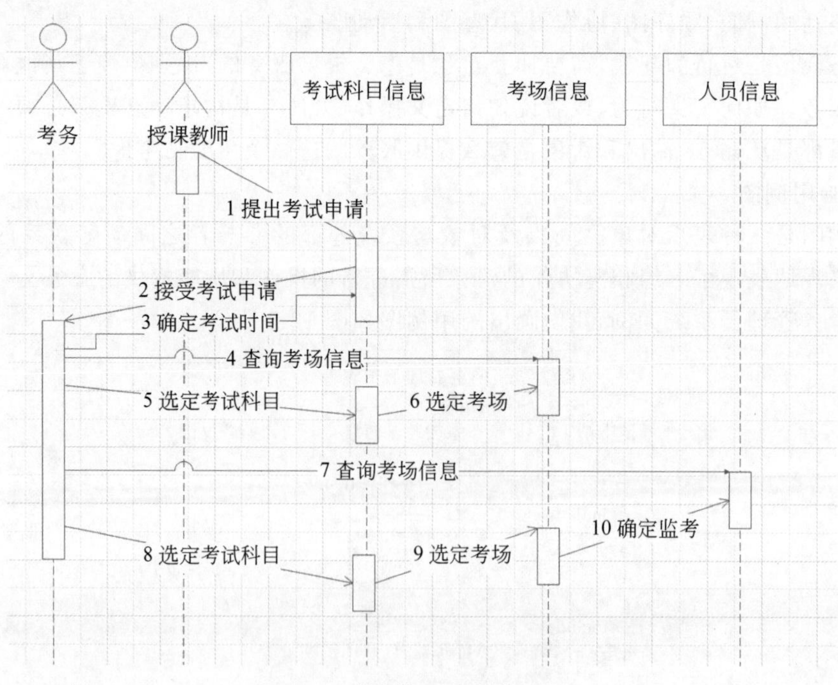

图 12-9 考务管理子系统顺序图

3）画协作图

与顺序图不同，协作图表示扮演不同角色的对象之间的关系，不表示作为单独纬度的时间，因此协作图无法表示交互的顺序，而并发进程必须用顺序数决定。因而可以定义，协作图是一种强调发送和接收消息的对象的结构组织的交互图，显示围绕对象以及它们之间的链组织的交互。协作图由对象、链以及链上的消息构成。顺序图和协作图在语义上是等价的，它们可以从一种形式的图转换为另一种形式的图。

4）画状态图

状态图显示一个对象从创建到摧毁的整个生命周期。在 Rational Rose 软件工具中，状态图和类图相互配合，以便完整描述类的特征。仅用类图是不够的，因为它只能描述类对象的静态特征，而状态图可以对类对象的动态行为进行建模。状态图对个体类和所有其他类型对象的动态行为进行建模，包含特定类的不同状态、转换、活动和动作。

5）画活动图

活动图是一种特殊形式的状态机，用于对计算流程和工作流程建模。活动图中的状态表示计算过程中所处的各种状态，而不是普通对象的状态。通常，活动图假定在整个计算处理的过程中没有外部事件引起的中断。否则，普通的状态机更适宜描述这种情况。

活动图可以包含活动状态，也可以包含动作状态。活动状态表示过程中命令的执行或工作流程中活动的进行。在活动完成后，执行流程转入到活动图中的下一个活动状态。当一个活动的前导活动完成时，活动图中的完成转换被激发。活动状态通常没有明确表示出引起活动转换的事件，当转换出现闭包循环时，活动状态会异常终止。动作状态与活动状态有些相似，但是它们是原子活动，且当它们处于活动状态时不允许发生转换。动作状态通常用于短的记账操作。

13.3.2　教务综合管理系统概要设计

1. 设计问题域子系统

根据 12.3.1 节需求分析的结果，我们进一步对问题域进行分析，为完成系统主要功能的对象/类提供实现途径，主要考虑以下几点：

(1) 重用软部件：尽量将 OOA 模型中的类看作是类库中标准的子类，改造 OOA 模型中有普遍意义的类，以供将来重用。

(2) 引入新父类，捕获公共性：简化软件结构，提高清晰度。

(3) 调整继承结构以适应实现限制：多重继承改为单重继承。

(4) 合并通信频繁、耦合度很高的对象/类，在对象/类中增加保存临时性结构的属性。

按照上述分析，我们以考务管理子系统为例，对系统的概要设计加以描述。从宏观上来看，考务管理子系统的活动图如图 12-10 所示。

考务管理子系统包含 4 个子模块：考试申请、考试安排、监考安排、监考反馈。其中，任课教师使用考试申请模块，考务人员使用考试安排和监考安排模块，监考人员使用监考反馈模块。

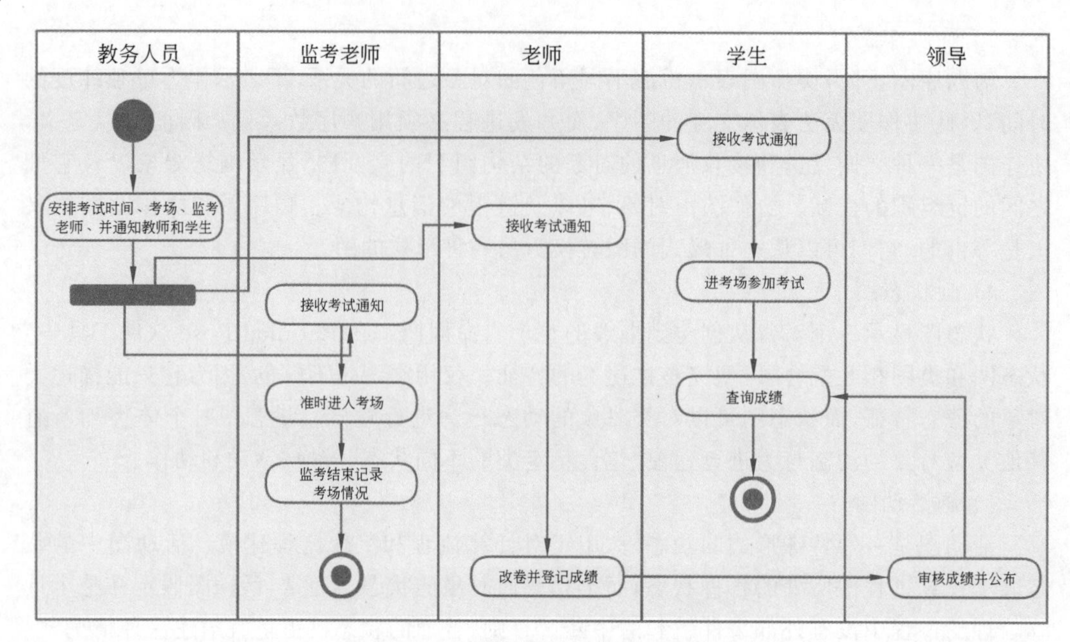

图 12-10　考务管理子系统活动图

2. 设计人机交互子系统

从以下 3 方面设计人机交互子系统：增加 UI 专用对象/类；增加它们与其他对象之间的消息传递与协调；通过原型开发和演示，改进 UI 设计。

考务管理子系统主界面如图 12-11 所示。

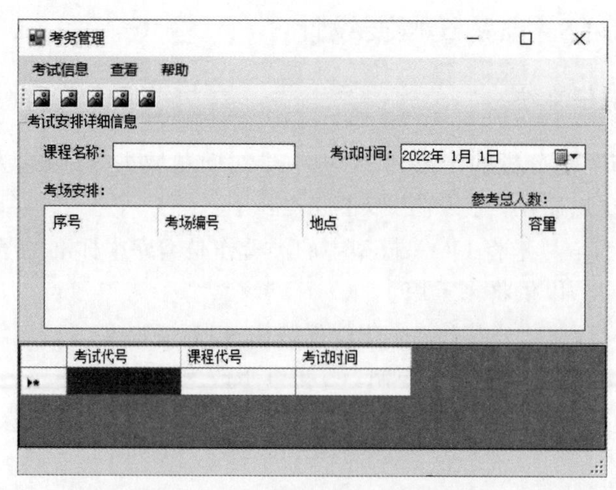

图 12-11　考务管理子系统主界面

3. 设计任务管理子系统

对于多任务应用系统，通过任务管理部件可描述目标软件中各子系统之间的通信和协同。

任务管理子系统是人们在多任务、多用户、多线程操作系统上开发软件系统的需要，它可以提高软件的可移植性。

4. 设计数据管理子系统

数据管理子系统可以将目标软件系统中依赖于开发平台的数据存取部分与其他功能独立开来，以此提高系统的可移植性。

以考务管理子系统为例，涉及的关系数据库表结构可设计如图 12-12 所示。

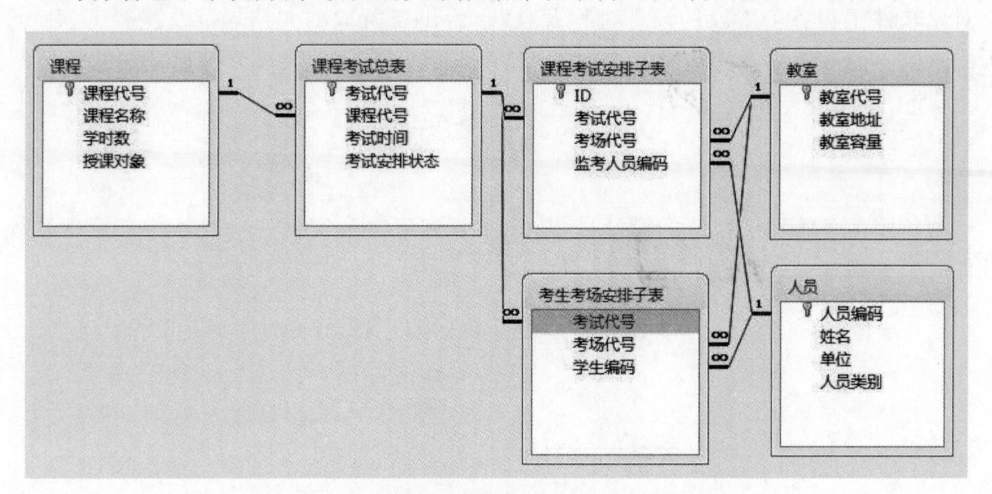

图 12-12　数据管理子系统的关系数据库表结构

根据系统需求设计监考安排视图和学生考试安排视图，结构如表 12-5 所示。

表 12-5　监考安排和学生安排视图

视图名称	SQL 语句表示
监考安排	SELECT 课程考试安排子表.考试代号，课程.课程名称，课程考试安排子表.考场代号，教室.教室地址，课程考试安排子表.监考人员编码，人员.姓名，人员.单位，课程考试总表.考试安排状态 FROM 人员 INNER JOIN（课程 INNER JOIN（课程考试总表 INNER JOIN（教室 INNER JOIN 课程考试安排子表 ON 教室.教室代号 = 课程考试安排子表.考场代号）ON 课程考试总表.考试代号 = 课程考试安排子表.考试代号）ON 课程.课程代号 = 课程考试总表.课程代号）ON 人员.人员编码 = 课程考试安排子表.监考人员编码；
考生安排	SELECT 考生考场安排子表.考试代号，课程.课程名称，考生考场安排子表.考场代号，教室.教室地址，考生考场安排子表.学生编码，人员.姓名，人员.单位 FROM 教室 INNER JOIN（人员 INNER JOIN（课程 INNER JOIN（课程考试总表 INNER JOIN 考生考场安排子表 ON 课程考试总表.考试代号 = 考生考场安排子表.考试代号）ON 课程.课程代号 = 课程考试总表.课程代号）ON 人员.人员编码 = 考生考场安排子表.学生编码）ON 教室.教室代号 = 考生考场安排子表.考场代号；

本系统采用10.3.1节所描述的三层架构设计,数据库选用SQL Server数据库。因此,数据管理子系统主要以SQLServerDAL的形式实现,在此不做赘述。

本章小结

本章在简要介绍软件工程基本理论的基础上,从中/大型软件设计需求出发,基于目前普适的UML、RUP方法,重点阐述面向对象的软件工程,即OOA、OOD、OOP、OOT。

另外,本章还从实际应用的角度出发,以教务综合管理系统设计为例,重点阐述了面向对象软件工程各个阶段的设计过程及技巧,给出各阶段的文档规范及主要UML图的画法示例。能够让读者在短时间内熟悉UML语言,了解中/大型软件设计的管理规范。

习　　题

请仿照考务管理子系统的设计过程,设计并完善本章实例——教务综合管理系统的其他几个子系统。(请分组协作完成,每组任选其中一个子系统即可)

附录A ASCII字符编码表

ASCII 字符编码表如表 A.1 所示。

表 A.1 ASCII 字符编码表

ASCII 值（十进制）	控制字符	ASCII 值（十进制）	控制字符	ASCII 值（十进制）	控制字符	ASCII 值（十进制）	控制字符
O	NULL	32	(space)	64	@	96	、
1	SOH	33	!	65	A	97	a
2	STX	34	"	66	B	98	b
3	ETX	35	#	67	C	99	c
4	EOT	36	$	68	D	100	d
5	ENQ	37	%	69	E	101	e
6	ACK	38	&	70	F	102	f
7	BEL	39	'	71	G	103	g
8	BS	40	(	72	H	104	h
9	HT	41	)	73	I	105	i
10	LF	42	*	74	J	106	j
11	VT	43	+	75	K	107	k
12	FF	44	,	76	L	108	l
13	CR	45	-	77	M	109	m
14	SO	46	.	78	N	110	n
15	SI	47	/	79	0	111	o
16	DLE	48	0	80	P	112	p
17	DC1	49	1	81	Q	113	q
18	DC2	50	2	82	R	114	r
19	DC3	51	3	83	S	115	s
20	DC4	52	4	84	T	116	t
21	NAK	53	5	85	U	117	u
22	SYN	54	6	86	V	118	v
23	ETB	55	7	87	W	119	w
24	CAN	56	8	88	X	120	x
25	EM	57	9	89	Y	121	v
26	SUB	58	:	90	Z	122	z
27	ESC	59	;	91	[	123	{
28	FS	60	<	92	\	124	|
29	GS	61	=	93	]	125	}
30	RS	62	>	94	^	126	~
31	US	63	?	95	_	127	DEL

附录B 运算符优先级和结合性表

运算符优先级和结合性表如表 B.1 所示。

表 B.1 运算符优先级和结合性表

优先级	运 算 符	解 释	结 合 性
1	.() [] -> .	括号(函数等) 数组下标 指向结构体成员运算 取结构体成员运算	自左向右
2	sizeof() (type) ~ ! * & + - ++ --	取数据或类型字节运算 强制类型转换 位非运算 逻辑非运算 取指针所指内容运算 取地址运算 正号 负号 自增 自减	自右向左
3	* / %	乘法运算 除法运算 求余运算(整数)	自左向右
4	+ -	加法运算 减法运算	自左向右
5	<< >>	左移位运算 右移位运算	自左向右
6	< <= >= >	小于 小于或等于 大于或等于 大于	自左向右
7	== !=	等于 不等于	

续表

<table>
<tr><th>优先级</th><th>运　算　符</th><th>解　　释</th><th>结　合　性</th></tr>
<tr><td>8</td><td>&</td><td>按位与运算</td><td rowspan="5">自左向右</td></tr>
<tr><td>9</td><td>^</td><td>按位异或运算</td></tr>
<tr><td>10</td><td>|</td><td>按位或运算</td></tr>
<tr><td>11</td><td>&&</td><td>逻辑与运算</td></tr>
<tr><td>12</td><td>||</td><td>逻辑或运算</td></tr>
<tr><td>13</td><td>?:</td><td>条件运算</td><td>自右向左</td></tr>
<tr><td>14</td><td>=、+=、-=、*=、/=、%=、&=、^=、|=、<<=、>>=</td><td>各种赋值运算</td><td>自右向左</td></tr>
<tr><td>15</td><td>,</td><td>逗号(顺序)运算</td><td>自左向右</td></tr>
</table>

附录C

C 库 函 数

为了用户使用方便，每一种 C 语言编译版本都提供一批由厂家开发编写的函数，放在一个库中，这就是函数库。函数库中的函数称为库函数。应当注意每一种 C 语言编译系统提供的库函数的数目、函数名和函数功能都不尽相同。这里以 Visual C++ 标准提供的库函数为依据，列出部分常用的库函数供教学使用。

编程时使用库函数还需注意，应该使用 #include 文件包含命令，将库函数头文件包含到源程序中。

1. 字符函数

调用字符函数(见表 C.1)时，要求在源文件中包含头文件 ctype.h。

表 C.1 字符函数

函数名	函数原型说明	函数功能	函数返回值
isalnum	int isalnum(int ch);	判断 ch 是否为字母或数字	是，返回一个正整数；否则返回 0
isalpha	int isalpha(int ch);	判断 ch 是否为字母	是，返回一个正整数；否则返回 0
iscntrl	int iscntrl(int ch);	判断 ch 是否为控制字符	是，返回一个正整数；否则返回 0
isdigit	int isdigit(inl ch);	判断 ch 是否为数字	是，返回一个正整数；否则返回 0
isgraph	int isgraph(int ch);	判断 ch 是否为可打印字符，不含空格及控制字符	是，返回一个正整数；否则返回 0
islower	int islower(int ch):	判断 ch 是否为小写字母	是，返回一个正整数；否则返回 0
isprint	int isprint(int ch);	判断 ch 是否为可打印字符(含空格)	是，返回一个正整数；否则返回 0
ispunct	int ispunct(int ch);	判断 ch 是否为标点字符	是，返回一个正整数；否则返回 0

续表

函数名	函数原型说明	函 数 功 能	函数返回值
isspace	int isspace(int ch)；	判断 ch 是否为空格、水平制表符('\t')、回车符('\r')、走纸换行('\f')、垂直制表符('\v')或换行符('\n')	是，返回一个正整数；否则返回 0
isupper	int isupper(int ch)；	判断 ch 是否为大写字母	是，返回一个正整数；否则返回 0
isxdigit	int isxdigit(int ch)；	判断 ch 是否为十六进制数字	是，返回一个正整数；否则返回 0
tolower	int tolower(int ch)；	把 ch 中的字母转换成小写字母	返回相应的小写字母
toupper	int toupper(int ch)；	把 ch 中的字母转换成大写字母	返回相应的大写字母

2. 字符串函数

调用字符串函数(见表 C.2)时，要求在源文件中包含头文件 string. h。

表 C.2　字符串函数

函数名	函数原型说明	函 数 功 能	函数返回值
strcat	char * strcat(char * s1，const char * s2)；	将字符串 s2 连接到 s1 后面	s1 所指地址
strchr	char * strchr(const char * s，int c)；	找出字符 C 在字符串 s 中第一次出现的位置	返回找到的字符的地址，找不到返回 NULL
strcmp	int strcmp(const char * s1，const char* s2)；	比较字符串 s1 与 s2 的大小	s1＜s2，返回负数； s1＝s2，返回 0； s1＞s2，返回正数
strcpy	char * strcpy(char * s1，const char * s2)；	将字符串 s2 复制到 s1 中	s1 所指地址
strlen	unsigned strlen(const char * s)；	返回字符串 s 的长度	返回字符串中有效字符的个数，不包含'\O'字符
strstr	char * strstr(const char * s1，const char * s2)；	在字符串 s1 找出字符串 s2 第一次出现的位置(不包括 s2 的'\0')	返回找到的字符串的地址，找不到返回 NULL

3. 数学函数

调用数学函数(见表 C.3)时，要求在源文件中包含头文件 math.h。

表 C.3　数学函数

函数名	函数原型说明	函 数 功 能	函数返回值
abs	int abs(int x)；	求整数 x 的绝对值	计算结果
acos	double acos(double x)；	计算 $\cos^{-1}(x)$的值，x 应在－1～1	计算结果

续表

函数名	函数原型说明	函数功能	函数返回值
asin	double asin(double x);	计算 $\sin^{-1}(x)$的值,x应在−1~1	计算结果
atan	double atan(double x);	计算 $\tan^{-1}(x)$的值	计算结果
atan2	double atan2(doublex,double y);	计算 $\tan^{-1}(x/y)$的值	计算结果
cos	double cos(double x);	计算cos(x)的值,x为弧度	计算结果
cosh	double cosh(double x);	计算双曲余弦cosh(x)的值	计算结果
exp	double exp(doublex);	求 e^x 的值	计算结果
fabs	doublefabs(double x);	求实型x的绝对值	计算结果
floor	double floor(double x);	求不大于x的最大整数	计算结果
fmod	double fmod(double x,double y);	求x/y整除后的双精度余数	计算结果
log	double log(double x);	求 $\log_e x$,即ln(x)的值	计算结果
log10	double loglO(double x);	求 $\log_{10} x$ 的值	计算结果
modf	double modf(double val,double* ip)	把双精度数val分解成整数和小数部分,整数部分存放在ip所指的变量中	返回小数部分
pow	double pow(doublex,double y);	计算xy的值	计算结果
sin	double sin(double x);	计算sin(x)的值,x为弧度	计算结果
sinh	double sinh(double x);	计算x的双曲正弦函数sinh(x)的值	计算结果
sqrt	double sqrt(double x);	计算x的平方根	计算结果
tan	double tan(double x);	计算tan(x)的值	计算结果
tanh	double tanh(double x);	计算x的双曲正切函数tanh(x)的值	计算结果

4. 动态分配函数和随机函数

调用动态分配函数和随机函数(见表C.4)时,要求在源文件中包含文件stdlib.h。

表C.4 动态分配函数和随机函数

函数名	函数原型说明	函数功能	函数返回值
calloc	void * callco(unsigned n,unsigned size);	分配n个内存空间,每个内存空间的大小是size字节	分配存储空间的起始地址;若不成功返回0
free	void free(void p);	释放p所指的内存空间	无
malloc	void * malloc(unsigned size);	分配size字节的存储空间	分配内存空间的起始地址;若不成功返回0
realloc	void * realloc(void * p, unsigned size);	把p所指内存空间的大小改为size个字节	重新分配内存空间的起始地址;若不成功返回0

5. 输入输出函数

调用输入输出函数(见表C.5)时,要求在源文件中包含文件 stdio.h。

表C.5　输入输出函数

函数名	函数原型说明	函数功能	函数返回值
clearer	void clearer(FILE * fp);	清除与文件指针fp有关的所有出错信息	无
fcose	int fclose(FILE * fp);	关闭fp所指向的文件,释放内存缓冲区	出错返回非0,否则返回0
feof	int feof(FILE * fp);	检查是否到达fp所指向的文件的末尾	文件结束返回非0,否则返回0
fgetc	int fgetc(FILE * fp);	从fp所指向的文件中读取下一个字符	出错返回EOF,否则返回所读字符
fgets	char * fgets(char * buf,int n,FILE * fp);	从fp所指向的文件中读取一个长度为(n−1)的字符串,将其存入buf所指存储区	返回buf所指地址,若遇文件结束或出错返回NULL
fopen	FILE * fopen(const char * filename,const char * mode);	以mode指定的方式打开名为filename的文件	成功则返回文件指针,否则返回NULL
fprintf	int fprintf(FILE * fp,char * format,args…);	把args…的值以format指定的格式输出到fp所指定的文件中	实际输出的字符数
fputc	int fputc(int ch,FILE * fp);	把字符ch输出到fp所指文件	成功返回该字符,否则返回非0
fputs	int fputs (const char * str, FILE * fp);	把str所指字符串输出到fp所指文件	成功返回0,否则返回非0
fread	int fread (char * pt, unsigned int size,unsigned int n,FILE * fp);	从fp所指向的文件中读取一个长度为size的n个数据项,将其存入pt所指向的内存区中	读取的数据项个数,文件结束或出错返回0
fscanf	int fscanf(FILE * fp,char * format,args…);	移动fp所指向的文件中按format指定的格式把输入数据存入到arg…所指的内存中	已输入的数据个数,遇文件结束或出错返回0
fseek	int fseek(FILE * fp,long int offet,int base);	将fp所指向文件的位置指针移到以base指出的位置为基准、以offet为偏移量的位置	成功返回当前位置,否则返回−1
ftell	long ftell(FILE * fp);	返回fp所指向的文件当前的读写位置	读写位置
fwrite	unsigned int fwrite (const char * pt,unsigned int size,unsigned int n,FILE * fp);	把pt所指向的size * n字符的内容输出到fp所指向的文件中	输出的数据项个数

续表

函数名	函数原型说明	函 数 功 能	函数返回值
getc	int getc(FILE * fp);	从fp所指向的文件中读入一个字符	返回所读字符,若出错或文件结束返回EOF
getchar	int getchar();	从标准输入设备读取并返回下一个字符	返回所读字符,否则返回-1
getw	int getw(FILE * fp);	从fp所指向的文件中读取一个整数	所读的整数,否则返回-1
printf	int printf(const char * format,args…);	把args…的值以format指定的格式输出到标准设备	输出的数据项个数,若出错返回-1
putc	int putc(int ch,FILE * fp);	把字符ch输出到fp所指文件	成功返回该字符,否则返回EOF
putchar	int putchar(char ch);	把字符ch输出到标准输出设备	返回输出的字符,否则返回EOF
puts	int puts(const char * str);	把str所指向的字符串输出到标准设备,将'\0'转换成回车换行	返回换行符,若出错返回EOF
putw	int putw(int w,FILE * fp);	把一个整数w输出到fp所指文件	返回该整数,否则返回EOF
rename	int rename(const char * oldname,const char * newname);	把oldname所指向的文件名改为newname所指向的文件名	成功返回0,出错返回-1
rewind	void rewind(FILE * fp);	将文件位置指针fp置于文件开头,并清除文件结束标志和错误标志	无
scanf	int scanf(const char * format,args…);	从标准输入设备按format指定的格式把输入数据存入到args…所指向的内存单元	已输入的数据个数,出错返回0

附录D 常用软件设计文档编写规范(GJB 438B—2009)

1.《软件研制任务书》的正文格式

1 范围
  1.1 标识
  1.2 系统概述
  1.3 文档概述
2 引用文档
3 运行环境要求
  3.1 硬件环境
  3.2 软件环境
4 技术要求
  4.1 功能
  4.2 性能
  4.3 输入输出
  4.4 数据处理要求
  4.5 接口
  4.6 固件
  4.7 关键性要求
    4.7.1 可靠性
    4.7.2 安全性
    4.7.3 保密性
5 设计约束
6 质量控制要求
  6.1 软件关键性等级
  6.2 标准
  6.3 文档
  6.4 配置管理
  6.5 测试要求
  6.6 对分承制方的要求
7 验收和交付
8 软件保障要求
9 进度和里程碑
10 注释

2.《系统/子系统规格说明》的正文格式

1 范围
  1.1 标识
  1.2 系统概述
  1.3 文档概述
2 引用文档
3 需求
  3.1 需求的状态和方式
  3.2 系统能力需求
    3.2.X(系统能力)
  3.3 系统外部接口需求
    3.3.1 接口标识和接口图
    3.3.X (接口的项目唯一的标识符)
  3.4 系统内部接口需求
  3.5 系统内部数据需求
  3.6 适应性需求
  3.7 安全性需求
  3.8 保密性需求
  3.9 系统环境需求
  3.10 计算机资源需求
    3.10.1 计算机硬件需求
    3.10.2 计算机硬件资源利用需求
    3.10.3 计算机软件需求
    3.10.4 计算机通信需求
  3.11 软件质量因素
  3.12 设计和构造的约束
  3.13 人员需求
  3.14 培训需求
  3.15 保障需求
  3.16 其他需求
  3.17 包装需求
  3.18 需求的优先顺序和关键性
4 合格性规定
5 需求可追踪性
6 注释

3.《软件设计说明》的正文格式

1　范围
　1.1　标识
　1.2　系统概述
　1.3　文档概述
2　引用文档
3　CSCI 级设计决策
4　CSCI 体系结构设计
　4.1　CSCI 部件
　4.2　执行方案
　4.3　接口设计
　　4.3.1　接口标识和接口图
　　4.3.X　(接口的项目唯一的标识符)
5　CSCI 详细设计
　5.X　(软件单元的项目唯一的标识,或者一组软件单元的标识符)
6　需求可追踪性
7　注释

4.《数据库设计说明》的正文格式

1　范围
　1.1　标识
　1.2　数据库概述
　1.3　文档概述
2　引用文档
3　数据库级设计决策
4　数据库详细设计
　4.X　(数据库设计级别的名称)
5　用于数据库访问或操纵的软件单元的详细设计
　5.X　(软件单元的项目唯一的标识符,或者一组软件单元的标识符)
6　需求可追踪性
7　注释

5.《软件测试说明》的正文格式

1 范围
  1.1 标识
  1.2 系统概述
  1.3 文档概述
2 引用文档
3 测试准备
  3.X (测试的项目唯一的标识符)
    3.X.1 硬件准备
    3.X.2 软件准备
    3.X.3 其他测试前准备
4 测试说明
  4.X (测试的项目的唯一标识符)
    4.X.Y (测试用例的项目的唯一标识符)
      4.X.Y.1 涉及的需求
      4.X.Y.2 先决条件
      4.X.Y.3 测试输入
      4.X.Y.4 预期的测试结果
      4.X.Y.5 评价结果的准则
      4.X.Y.6 测试规程
      4.X.Y.7 假设和约束
5 需求的可追踪性
6 注释

6.《软件测试报告》的正文格式

1 范围
  1.1 标识
  1.2 系统概述
  1.3 文档概述
2 引用文档
3 测试结果概述
  3.1 对被测软件的总体评估
  3.2 测试环境的影响
  3.3 改进建议
4 详细测试结果
  4.X 测试的项目的唯一标识符
    4.X.1 测试结果总结
    4.X.2 遇到的问题
      4.X.2.Y (测试用例的项目唯一的标识地)
    4.X.3 与测试用例/规程的不一致
      4.X.3.Y (测试用例的项目的唯一标识符)
5 注释

7.《软件用户手册》的正文格式

1 范围
  1.1 标识
  1.2 系统概述
  1.3 文档概述
2 引用文档
3 软件综述
  3.1 软件应用
  3.2 软件清单
  3.3 软件环境
  3.4 软件组织和操作概述
  3.5 意外事故及运行的备用状态和方式
  3.6 保密性
  3.7 帮助和问题报告
4 软件入门
  4.1 软件的首次用户
    4.1.1 熟悉设备
    4.1.2 访问控制
    4.1.3 安装和设置
  4.2 启动
  4.3 停止和挂起
5 使用指南
  5.1 能力
  5.2 约定
  5.3 处理规程
    5.3.X 软件使用方面
  5.4 有关的处理
  5.5 数据备份
  5.6 错误、故障和紧急情况下的恢复
  5.7 消息
  5.8 快速参考指南
6 注释

8.《软件研制总结报告》的正文格式

1 范围
  1.1 标识
  1.2 系统概述
  1.3 文档概述
2 任务来源和研制依据
3 软件概述
4 软件研制过程
  4.1 软件研制过程概述
5 软件满足任务指标情况
6 质量保证情况
  6.1 质量保证措施实施情况
  6.2 软件重大技术质量问题和解决情况
7 配置管理情况
  7.1 软件配置管理要求
  7.2 软件配置管理实施情况
  7.2 软件配置状态变更情况
8 测量和分析
9 结论
10 注释

参考文献

[1] 谭浩强. C程序设计[M]. 4版. 北京：清华大学出版社，2021.

[2] 谭浩强. C程序设计教程[M]. 3版. 北京：清华大学出版社，2020.

[3] 孟朝霞. 实用C语言程序设计教程[M]. 2版. 北京：清华大学出版社，2011.

[4] 胡明，王红梅. 程序设计基础——从问题到程序[M]. 3版. 北京：清华大学出版社，2021.

[5] 黄维通，郑浩，田永红. C程序设计教程[M]. 2版. 北京：清华大学出版社，2011.

[6] 何钦铭，颜晖. C语言程序设计[M]. 4版. 北京：高等教育出版社，2020.

[7] 龚沛曾，杨志强. C/C++程序设计教程[M]. 北京：高等教育出版社，2009.

[8] 龚尚福，贾澎涛. C/C++语言程序设计[M]. 西安：西安电子科技大学出版社，2012.

[9] 裘宗燕. 从问题到程序—— 程序设计与C语言引论[M]. 2版. 北京：机械工业出版社，2011.

[10] 王立柱. C语言程序设计[M]. 2版. 北京：机械工业出版社，2016.

[11] 陈怀义，刘春林，曹介南. 计算机软件技术基础[M]. 长沙：国防科技大学出版社，2000.

[12] 田淑清.全国计算机等级考试二级教程[M]. 2016年版. 北京：高等教育出版社，2015.

[13] 王新，孙雷. C语言课程设计[M]. 北京：清华大学出版社，2009.

[14] 周纯杰，刘正林，何顶新，等. 标准C语言程序设计及应用[M]. 武汉：华中科技大学出版社，2005.

[15] 李健，张杰，周立友，等. C语言程序设计[M]. 成都：电子科技大学出版社，2006.

[16] 徐士良，孙甲松. C程序设计教程[M]. 北京：清华大学出版社，2009.

[17] 凌云. C语言程序设计与实践[M]. 2版. 北京：机械工业出版社，2017.

[18] 苏小红，王宇颖. C语言程序设计[M]. 3版. 北京：高等教育出版社，2015.

[19] KING K N. C语言程序设计——现代方法[M]. 2版. 吕秀锋，译. 北京：人民邮电出版社，2010.

[20] ADRIAN K H，KATHIE K H. 程序设计入门经典[M]. 顾晓峰，译. 北京：清华大学出版社，2006.

[21] BRIAN W K，DENNIS M R. C程序设计语言(英文影印版)[M]. 2版. 北京：机械工业出版社，2006.